高等职业教育系列教材

施耐德 M241/262 PLC、触摸屏、变频器和伺服基础及工程应用

主　编　工兆宁
副主编　杨　龙
参　编　方　平　杜云飞　李　融
　　　　沈高炜　查云佳　龚子华　潘晓刚

机械工业出版社

本书从工程应用实际出发，以目前工业自动化控制系统中发挥重要作用的 PLC、伺服控制器、变频器和触摸屏为主要对象，全面介绍了施耐德 M241/251/262 PLC 在项目中的硬件操作、功能、编程、通信及其与 ATV320/340 变频器、LXM28A/28S 伺服控制器和 GXU5512 HMI 的实战应用。

全书共分 6 个项目，内容包括 EcoStruxure Machine Expert（ESME）软件平台和 SoMove 调试软件的应用，PLC 的项目创建、硬件组态、编程方法、程序下载，PLC 之间的通信，HMI 的编程、组态和变量创建及变量链接、仿真和模拟；变频器 ATV320 的典型应用与调试；使用 SoMove 调试 ATV320、LXM28A 伺服的 PTO 控制与调试；用 CAN 总线实现 M262 PLC 与 ATV340 变频器的通信；用 M241 控制 LXM28A 实现库房 3 轴机械手自动取货机的取货操作的项目应用；M262 手轮电子齿轮的多轴同步应用的实现，M262 多轴电子凸轮的追剪同步的实现。每个项目均由学习目标、设计任务和任务实现等部分组成，并同步配备了项目的源程序和项目文件。

本书从应用角度组织内容编写，将理论知识贯穿到实际的项目当中，通俗易懂，突出重点。本书可作为职业院校电气自动化专业相关课程的教材，也可作为相关工程技术人员自学用书和相关专业师生的参考资料及培训用书。

本书配有电子课件等资料，教师可登录 www.cmpedu.com 免费注册，审核通过后下载，或联系编辑索取（微信：13261377872，电话：010-88379739）。

图书在版编目（CIP）数据

施耐德 M241/262 PLC、触摸屏、变频器和伺服基础及工程应用 / 王兆宇主编. —北京：机械工业出版社，2024.7

高等职业教育系列教材

ISBN 978-7-111-75188-5

Ⅰ. ①施… Ⅱ. ①王… Ⅲ. ①可编程序控制器-高等职业教育-教材 Ⅳ. ①TP332.3

中国国家版本馆 CIP 数据核字（2024）第 042507 号

机械工业出版社（北京市百万庄大街 22 号 邮政编码 100037）
策划编辑：李文铁 责任编辑：李文铁 杨晓花
责任校对：景 飞 薄萌钰 责任印制：李 昂
北京捷迅佳彩印刷有限公司印刷
2024 年 7 月第 1 版第 1 次印刷
184mm×260mm · 15.25 印张 · 394 千字
标准书号：ISBN 978-7-111-75188-5
定价：59.00 元

电话服务 网络服务
客服电话：010-88361066 机 工 官 网：www.cmpbook.com
010-88379833 机 工 官 博：weibo.com/cmp1952
010-68326294 金 书 网：www.golden-book.com

机工教育服务网：www.cmpedu.com

Preface

前言

可编程序控制器（PLC）、触摸屏、变频器和伺服控制器是电气自动化工程系统中的主要控制设备。本书以这四类产品为主，分 6 个项目 13 个任务进行软硬件的融合介绍，其中穿插网络通信的知识点，每个任务的硬件都有侧重，PLC 主要以施耐德 EcoStruxure 支持的 M241/251/262 PLC 为主体，触摸屏以 GXU5512 为对象，并对 ATV320 变频器和 LXM28A/28S 伺服控制器的产品特点、设计和通信应用进行了详细说明，对工程中常用的 CANopen、Sercos、以太网 UDP 通信网络的通信要点、通信配置和参数设置进行了手把手操作。

项目 1 侧重 M262 PLC 在实际工程中的作用，使用 ESME 软件进行项目创建和硬件组态，POU 对象添加，CFC 编程连线，存盘、编译和程序的下载，NVL 以太网实现两台 PLC 中变量的数据交换。

项目 2 介绍了 ATV320 变频器的正反转、点动和三段速的电气设计和项目运行，包括参数设置、变频器点动和正反转运行的验证过程，以及 ATV320 运行的动作分析。

项目 3 以 SoMove 软件的调试与应用为主，通过对 ATV340 变频器和 LXM28A 伺服控制器的参数设置和调试，学会在线扫描变频器设备和 LXM28A 的通信连接、高级设置、伺服参数设置，并通过 SoMove 软件实现上使能和点动运行的操作。

项目 4 通过 3 个任务详细给出了 M241 PTO 的项目创建、程序编制、登录和下载过程、PLC 的运行操作、调试 LXM28A 电子齿轮比的方法、点动测试、PLC 探针功能、故障复位的 ACT 动作、探针工作过程的跟踪、机械手的控制、常用 SFC 隐式变量的使用方法，并通过编制 SFC 主程序和分步程序实现了机械手按照设置的路径进行准确移动。

项目 5 以 CAN 总线在 ATV340 和 LXM28A 的控制项目中的应用为主，实现了 M262 控制变频器按设置的机器速度运行，把机器速度转换为 ATV340 的给定速度，并给出了 HMI 画面、文本、变量、数值显示、指示灯和开关按钮的创建和添加方法。通过 M241 控制 LXM28A 使用 CAN 总线实现了库房的 3 轴机械手自动取货机的取货操作，对伺服寻原点方式、回原点功能块、CANopen 参数设置、HMI 手动模式、变量设置和三维机械手路径都进行了介绍。

项目 6 描述了 SERCOS 网络的应用、单轴和多轴伺服运动的区别、机械凸轮和电子凸轮的优缺点、主轴编码器的配置和连线，在两个任务中分别实现了 M262 的多轴同步应用和飞剪功能，说明了电子齿轮和电子凸轮在项目中的实现方法和控制过程，包括项目创建、GearIn 功能块的应用，SERCOS 主站、从站和 TM5 扩展模块的添加、触摸屏上的编程、项目的编译下载和跟踪。

本书中的 13 个任务都由作者用实际设备验证过，有变量强制、跟踪、实时曲线、位置、速度的截图，并提供了项目的源文档和操作视频，可供致力于电气自动化工程的工控人员使用。尤其是本书理论与实际相结合的编写方式，还适用于未来要走入职场的电气自动化专业大学生使用。

限于作者水平和时间，书中难免有疏漏之处，希望广大读者多提宝贵意见。

作　者

目 录 Contents

项目 1　PLC 的编程与应用

基于物联网、即插即用、开放式且具有互操作性的 EcoStruxure 架构与平台，是施耐德公司推出的服务于家居、楼宇、数据中心、基础设施和工业市场的软件平台。本项目详细描述了项目的创建、POU 的操作、程序的编制、存盘和编译、项目程序的下载和项目的操作，并给出了 M241 和 M251 PLC 的以太网 NVL 数据交换案例的实现方法和源程序。

任务 1.1　M262 PLC 的项目创建、硬件组态和编程

使用 EcoStruxure Machine Expert Logic 软件平台创建 M262 PLC 的新项目，并掌握项目的相关操作。

1.1.1　施耐德 PLC 的分类和功能

1. 施耐德 PLC 的分类

施耐德公司生产的 PLC 产品种类繁多，配置灵活、紧凑结构，并有丰富的通信方式、完善的编程软件，可以分别用于小、中和大型项目。

目前，施耐德 PLC 广泛应用于钢铁、石油、化工、电力、建材、机械制造、汽车、轻纺、交通运输、环保及文化娱乐等行业，使用情况大致可归纳为开关量逻辑控制、模拟量控制、运动控制、过程控制、数据处理、通信及联网。

施耐德 PLC 可分为工业机械自动化控制器（PLC）、专用于伺服控制的伺服控制器、过程自动化控制平台、安全控制产品、商用机械自动化控制器（PLC）和扩展 I/O 平台。

2. M262 PLC 的功能

Modicon M262 是一款集成逻辑与运动控制的 PLC，内存和闪存达到 256MB，实时时钟支持 1000h，PLC 的运行环境温度为-20～60℃。

TM262M PLC 内置 8 个快速 I/O，即内嵌了 4 个高速数字输入和 4 个高速数字输出，通过位于控制器正面的螺钉端子与控制器连接。

输入类型为源型/漏型，DC 24V，8.1mA，带滤波。在输入点的上升沿或下降沿出现后的 20μs 内激活事件任务，锁存或用于捕捉编码器的位置。

输出类型为源型，DC 24V，50～200mA，3μs，当故障发生时，输出点可以保持预设的自定义输出状态。

所有输入和输出都配有状态 LED 指示灯。

Modicon M262 内嵌 1 个编码器输入接口（接口支持 SSI 或增量式编码器），提供 1 个 DC 5V 或 DC 24V 可配置输出直流电源，最大电流为 150mA。

TM262M35MESS8T 的本体结构如图 1-1 所示。

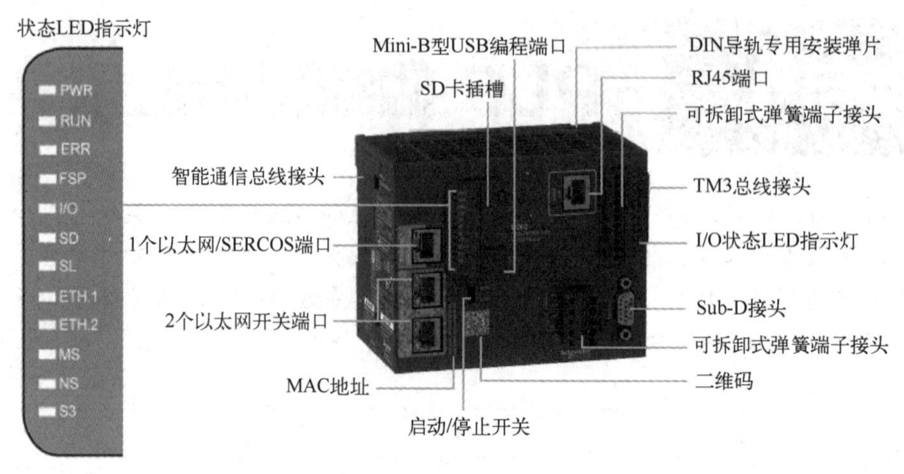

图 1-1　TM262M35MESS8T 的本体结构

Modicon M262 逻辑/运动控制器配有 1 个集成的 RTC、1 个启动/停止开关和 1 个常开报警继电器触点，DC 24V/2A。

在每一台 M262 的左侧下部有一个二维码，可以查询 M262 的序列号的产品信息，在二维码上方是 M262 的启动/停止开关，右侧支持扩展 Modicon TM3 I/O 模块。M262 还配备了智能通信总线，可以在 M262 左侧扩展智能总线扩展模块（TMS…）。

Modicon M262 运动控制器具有 SSI 或增量型编码器接口，编码器的脉冲频率最高达 200kHz，以太网口支持 SERCOS 实时运动控制总线（支持 EtherNet/IP 和 SERCOS 在同一电缆中运行）。

1.1.2　M262 PLC 的项目创建和组态

1．项目创建

单击“文件”→“新建项目”→“缺省项目”→“控制器”，为项目选择 PLC，在 SR_Main 的语言列表框中选择 5 种编程语言中的一种，选择项目存放的位置，并编辑项目的名称为“TM262 的项目创建和硬件组态”，单击“确定”按钮，创建项目的过程如图 1-2 所示。

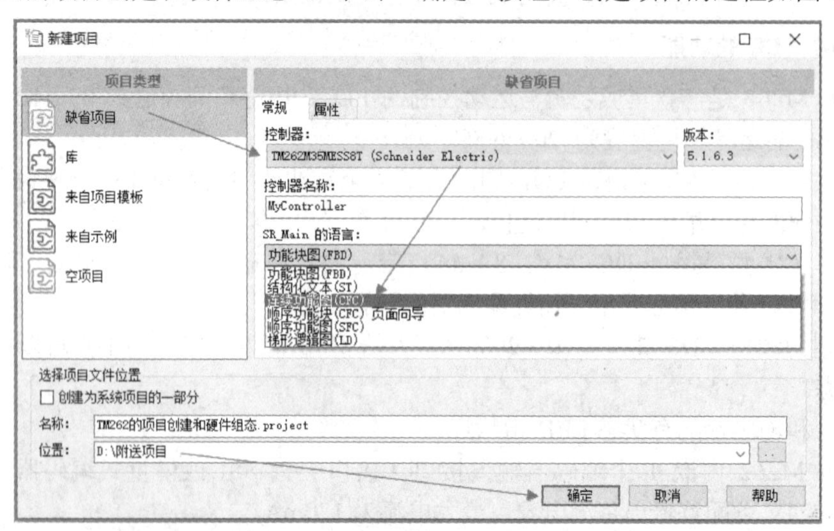

图 1-2　创建项目的过程

2．项目的 IO_Bus 扩展

在 ESME 软件的应用程序树下进行扩展模块的添加，添加的 I/O 模块在“设备和模块”界面中，单击“视图”→“硬件目录”→“设备和模块”调出界面，如图 1-3 所示。

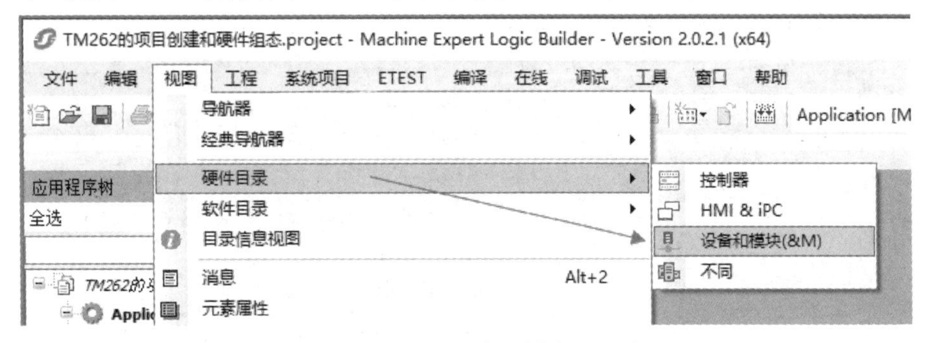

图 1-3　调出“设备和模块”界面

在 M262 PLC 系统中添加扩展模块 TM3DI16 时，单击工具箱中的“设备和模块”→“Digital In”，选择要添加的输入模块“TM3DI16/G”，拖拽到设备树下的“IO_Bus（IO bus-TM3）”中，如图 1-4 所示。

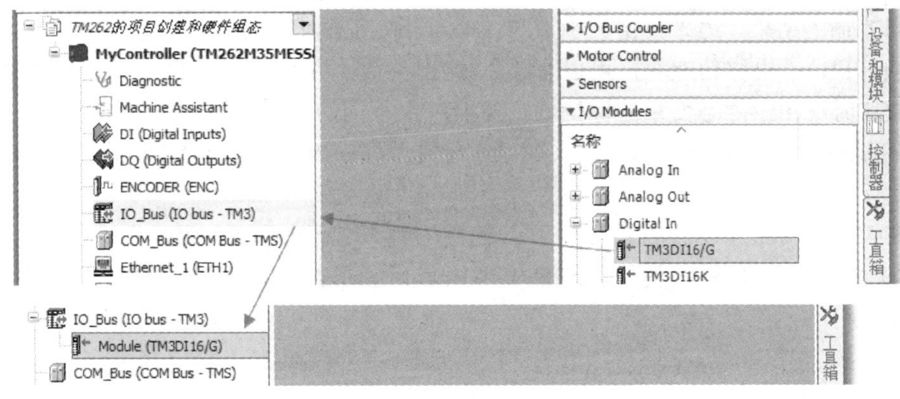

图 1-4　添加 TM3DI16 模块

采用类似的方法添加设备清单中的其他扩展模块，单击工具箱中的“设备和模块”→“Digital Out”用于添加逻辑输出模块 TM3DQ16R/G；单击工具箱中的“设备和模块”→“Safety”用来添加安全模块 TM3SAC5R；单击工具箱中的“设备和模块”→“Transmitter&Receiver”用来添加 TM3 发送与接收模块 TM3XTRA1、TM3XREC1。

另一种添加设备的方法是单击“设备树”→“IO_Bus（IO bus-TM3）”，在右键下拉菜单中选择“添加设备”添加模块。以添加发射器（接收器）扩展模块 TM3XTRA1（TM3XREC1）为例，如图 1-5 所示。添加发射器模块时，软件会自动添加接收器模块。

1.1.3　POU 和 POU 对象的添加

ESME 提供符合 IEC 61131-3 标准的编程开发环境。IEC 61131-3 是 PLC 编程开发的国际标准，这个标准将程序的基本单位称为程序组织单元（Program Organization Unit，POU），并定义了三种程序组织单元：函数（FC）、函数块（FB）和程序（PROG）。POU 有助于简化软件的编程，并有利于功能和功能块的模块化重用，减小编程工作量。经过声明后，POU 可相互调用。

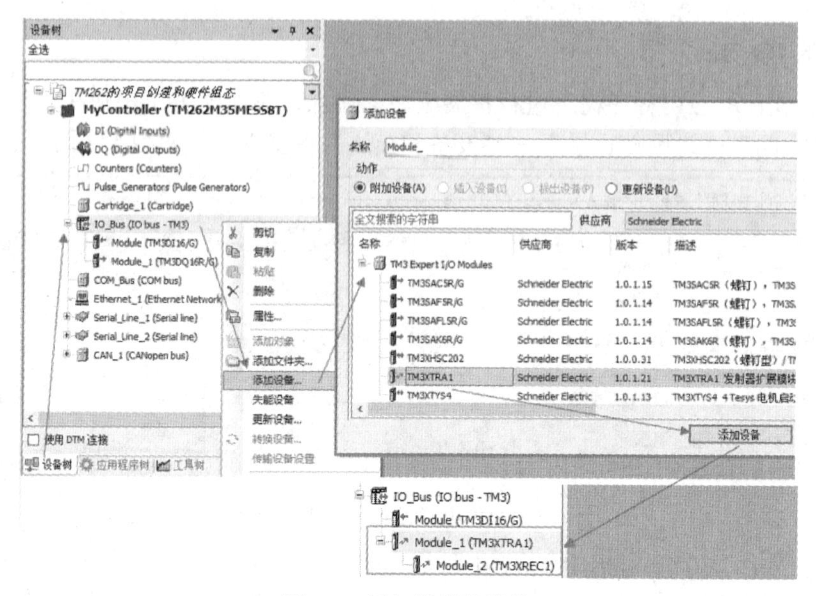

图 1-5　添加发射器模块

函数（FC）：可以有输入/输出参数，但是没有静态变量。使用相同的参数调用函数时，总会产生相同的输出结果。另外，定义函数时，必须指定返回值类型。

函数块（FB）：也称功能块，可以有输入/输出参数，并且可以有静态变量。使用相同的参数调用函数块时，由于静态变量的保持性，可能产生不同的输出结果。

程序（PROG）：类似于 C 语言的 Main 函数。程序内部调用函数或函数块，外部被任务（Task）调用而执行。

在 ESME 中添加 POU 的方法如下：使用右键单击“MyController”→“添加对象”→“POU”，编写 POU 的名称和类型，选择实现语言后，单击“打开”按钮添加 POU 对象，如图 1-6 所示。

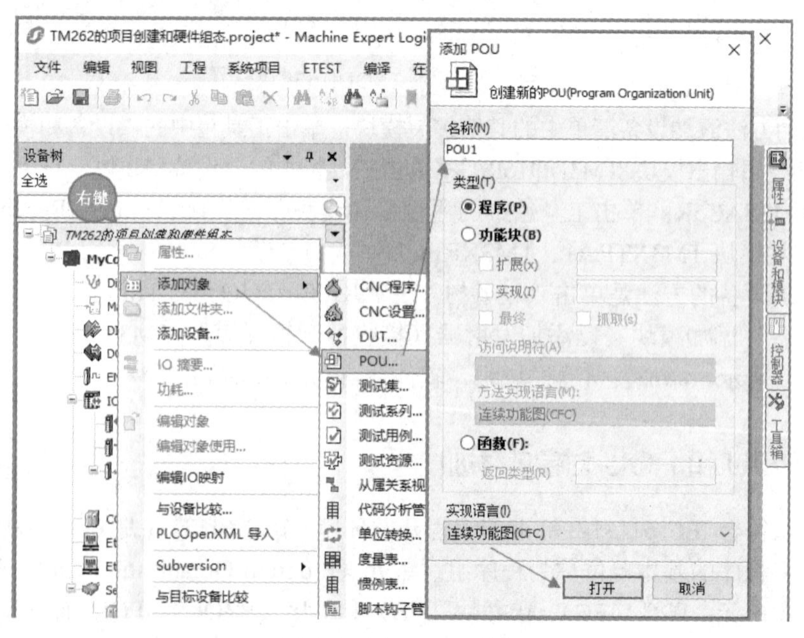

图 1-6　添加 POU 对象

每个程序组织单元都包括名称、变量声明区和代码区 3 部分。

1.1.4　CFC 编程的连线

对 CFC 编程语言下的功能块进行连线时，使用鼠标左键单击节点并将其拖拽至连线的另一端，流程如图 1-7 所示。

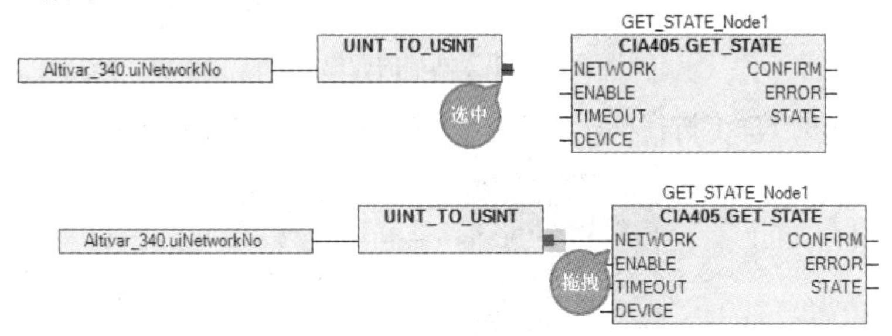

图 1-7　CFC 的连线方法

1.1.5　存盘和编译

项目创建完成后，用户就可以进行硬件的组态、编程、下载和调试。每一步完成后都可以单击工具栏上的图标进行存盘。

单击菜单栏中的“编译”，如果在消息栏中有错误或警告的提示，则按照提示进行处理后，重新进行编译，编译后检测没有错误才能下载。编译后的消息框显示如图 1-8 所示。

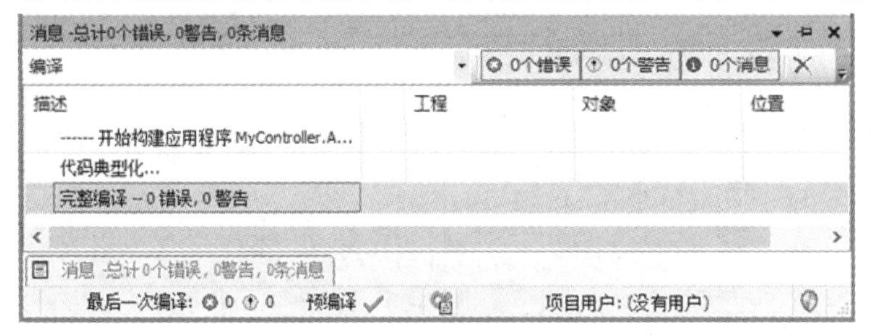

图 1-8　编译后的消息框显示

1.1.6　下载项目程序至 M262 PLC 的方法

TM262 PLC 上有 3 种方式可以进行程序的下载。通过 USB Mini-B 端口下载时，根据通信距离的不同可以选用两款 USB 电缆，型号分别是 BMXXCAUSBH018 和 TCSXCNAMUM3P，如图 1-9 所示。

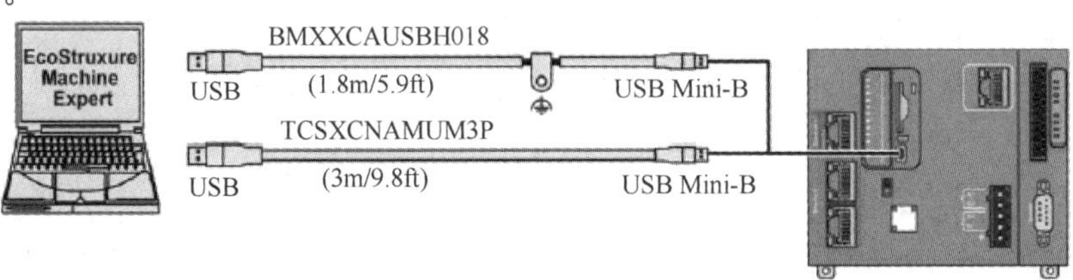

图 1-9　USB Mini-B 端的通信连接

通过以太网端口下载时，选择 490NTW000+长度的以太网通信电缆，如图 1-10 所示。

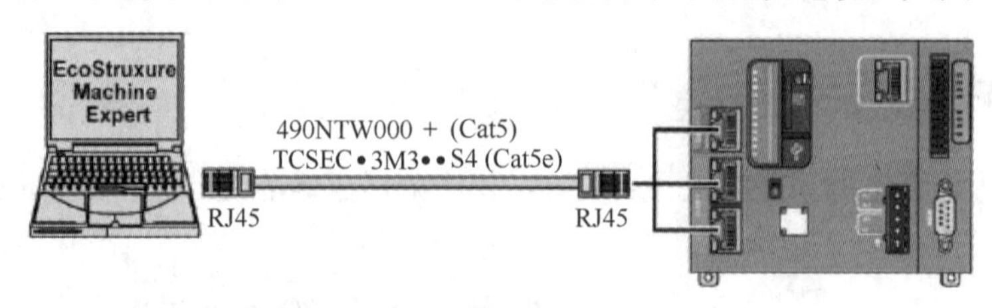

图 1-10　以太网端的通信连接

通过 M262 通用的 SD 卡进行程序下载，SD 卡的插入位置如图 1-11 所示。

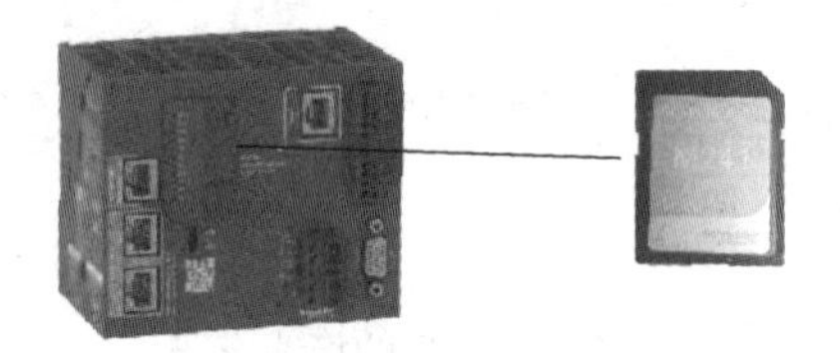

图 1-11　SD 卡的插入位置

1.1.7　使用 SD 卡下载程序

选择 SD 卡（容量小于 32GB），右键单击，在下拉菜单中选择“格式化”，在弹出的“格式化”对话框中，选择“FAT32（默认）”，勾选“快速格式化”，单击“开始”按钮，如图 1-12 所示。在弹出的删除卡上内容的菜单中选择“确定”，格式化完成后进入下一步操作。

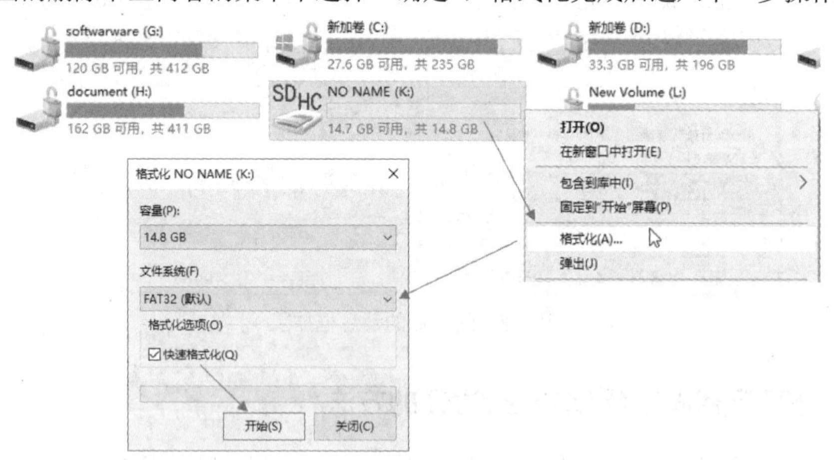

图 1-12　格式化 SD 卡

单击“工程”→“大容量存储（USB 或 SD 卡）”，如图 1-13 所示。

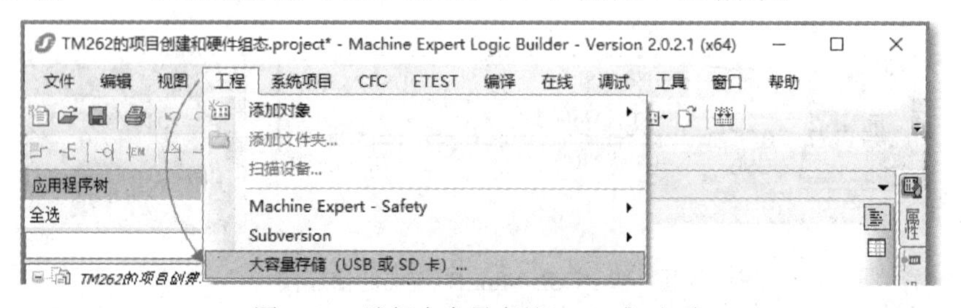

图 1-13　选择大容量存储 USB 或 SD 卡

选择“宏”→“Download App（a）”，如图 1-14 所示。

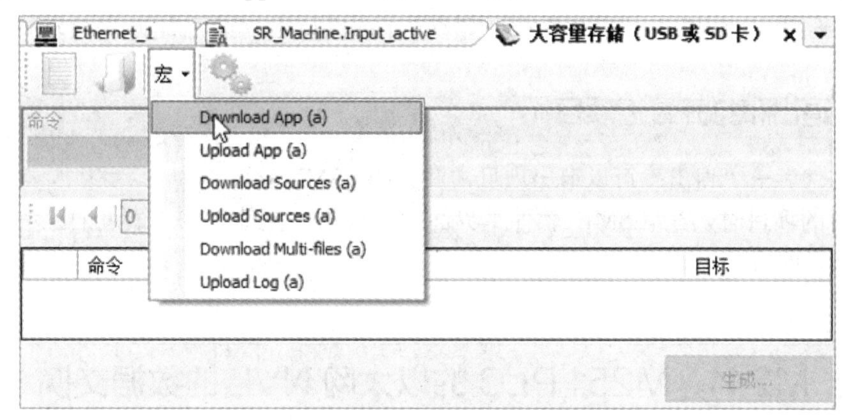

图 1-14　宏的设置

宏设置后进行生成，单击图标或“生成”按钮，如图 1-15 所示。

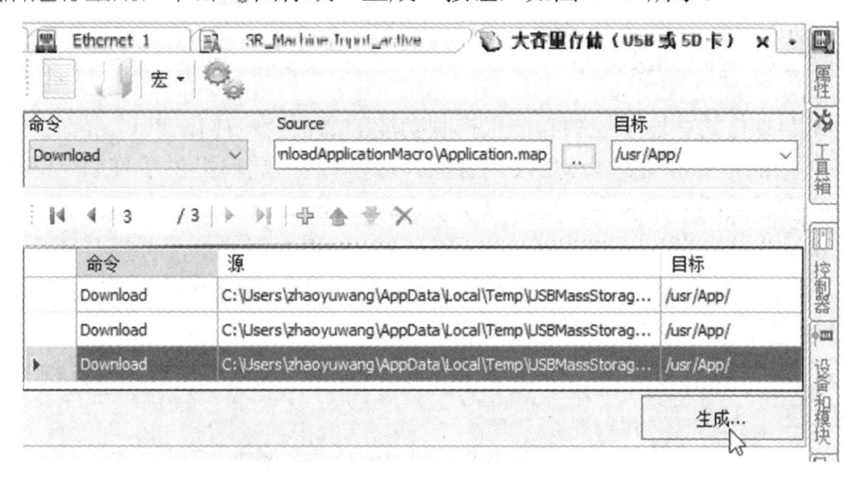

图 1-15　生成的图示

选择 SD 卡，单击“确定”按钮，如图 1-16 所示。

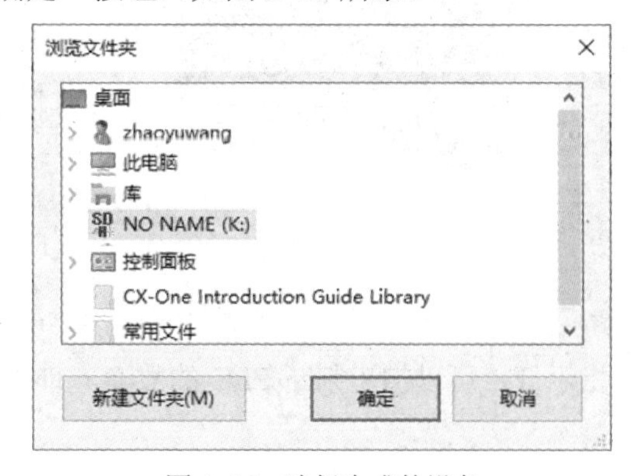

图 1-16　选择生成的设备

断开 TM262M35MESS8T 的电源，翻开 M262 的 SD 卡的插槽盖，将导入程序的 SD 卡的标识向外、金手指向下插入 SD 卡的插槽内，盖紧插槽盖。

恢复 PLC 的供电，启动下载，SD LED 闪烁，如果 SD LED（绿色）亮起，且 ERR LED

（红色）有规律地闪烁，则表示下载成功完成。如果 SD LED（绿色）熄灭，且 ERR 和 I/O LED（红色）有规律地闪烁，则表示检测到错误，移除 SD 卡以重新启动 TM262M35MESS8T。

1.1.8 退出和打开最近项目

单击“文件”→“退出”可以退出项目，并关闭 ESME 软件。

打开已有的项目时，在 ESME 软件主界面中，单击“文件”→“最近的工程列表”，选择最近编辑的项目即可。

任务 1.2 M241、M251 PLC 的以太网 NVL 的数据交换

使用 ESME 软件的功能实现 M241 和 M251 PLC 中变量的数据交换。

1.2.1 M241 PLC 的功能

Modicon M241 是具有速度控制和位置控制功能的高性能一体化 PLC，配置了双核 CPU，能够进行各种数据的运算和处理。M241 配置的以太网通信端口提供了 FTP 和网络服务器功能，能够整合到控制系统的架构中，还可以实现远程监控和维护。

M241 PLC 内置了 Modbus 串行通信端口、USB 编程专用端口，有些型号还集成了用于分布式架构的 CANopen 现场总线、位置控制功能（伺服电动机控制用的高速计数器和脉冲输出功能），可以根据工艺的需求选配适合的 M241。

M241 PLC 按照 I/O 点数来分，有 24 点 I/O 和 40 点 I/O 两款。M241CEC24T PLC 的外观和功能区域分配如图 1-17 所示。

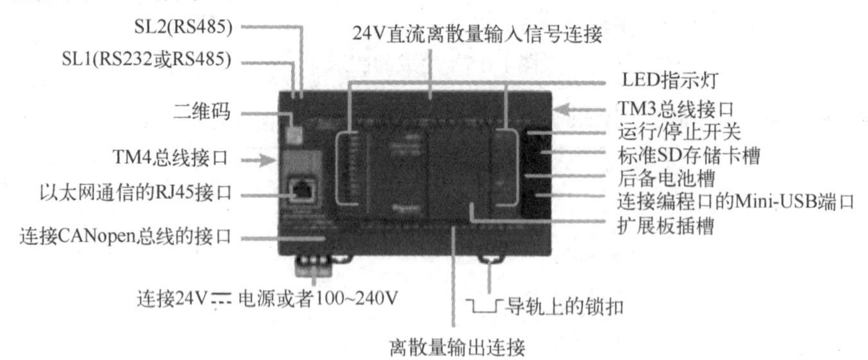

图 1-17 M241CEC24T PLC 的外观和功能区域分配图

通过 PLC 的 LED 状态指示灯，可以初步判断 PLC 的故障。TM241CEC24T PLC 的指示灯位置如图 1-18 所示。

1.2.2 M251 PLC 的功能

Modicon M251 是一款模块化和分布式架构的 PLC，与 M241 PLC 不同的是 M251 PLC 没有内置的 I/O，但可以通过配置 TM2/TM3 模块来扩展 I/O。M251 全系列 PLC 配置了串行通信端

口和编程端口，并内置了以太网通信端口，有 FTP 和 Web 服务器功能，可以整合到控制系统架构当中，可以实现远程监控和维护。

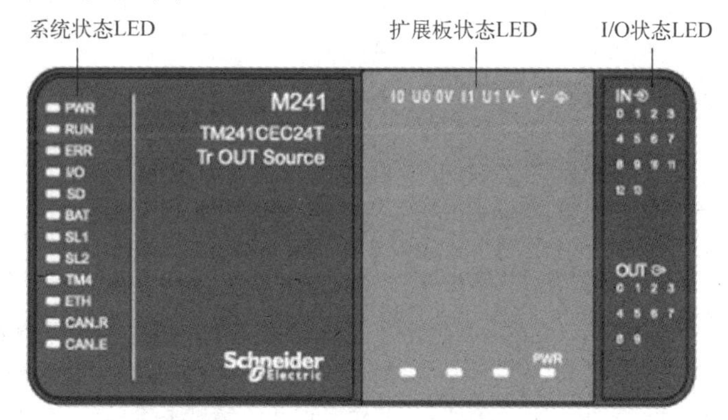

图 1-18　TM241CEC24T PLC 的状态指示灯位置

M251 有 TM251MESE 和 TM251MESC 两款 PLC，现场设备（如变频器）和远程 I/O 可以通过 CANopen 总线或以太网端口与 M251 进行通信。TM251MESE 配备了 2 个 RJ45 以太网 1 端口，和 1 个 RJ45 以太网 2 端口。TM251MESC 配备 2 个 RJ45 以太网端口和 CANopen 主站通信端口。TM251MESE 的外观和功能区域分配图如图 1-19 所示。

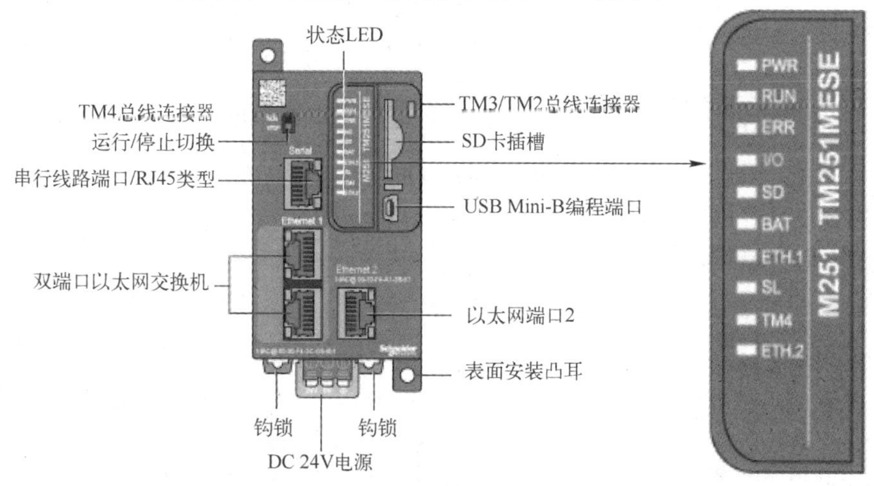

图 1-19　TM251MESE 的外观和功能区域分配图

1.2.3　以太网 NVL 通信和性能限制

ESME 软件提供了多个 PLC 之间数据交换的通信方式，即 NVL 网络变量列表，是基于以太网 UDP 通信的数据交换方式。

从一个 NVL（发送器）到一个 NVL（接收器）的数据传输不能超过 200B。一个控制器的多个 NVL（发送器）与其关联 NVL（接收器）之间的数据交换不能超过 1000B 的变量。NVL 网络变量的通信方式中，一个发送器最多对应 7 个接收器。

1.2.4　NVL 数据交换的项目创建和硬件组态

首先按照 1.1.2 节的内容创建 PLC 为 M241 的新项目，名称为 Tm 241 251 通信，右键单击设备树下的项目名称，添加新的 M251 PLC，如图 1-20 所示。

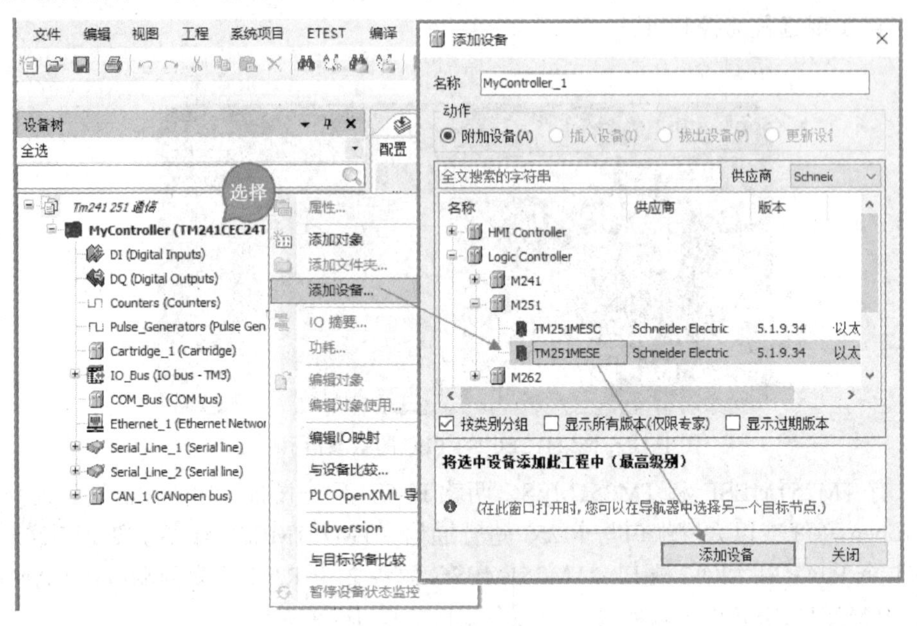

图 1-20　添加 M251 PLC

1.2.5　添加发送端对象 POU 并组态

单击“应用程序树”→“Application（MyController:TM241CEC24T）”，在右键下拉菜单中选择“添加对象”→“网络变量列表（发送端）”，如图 1-21 所示。

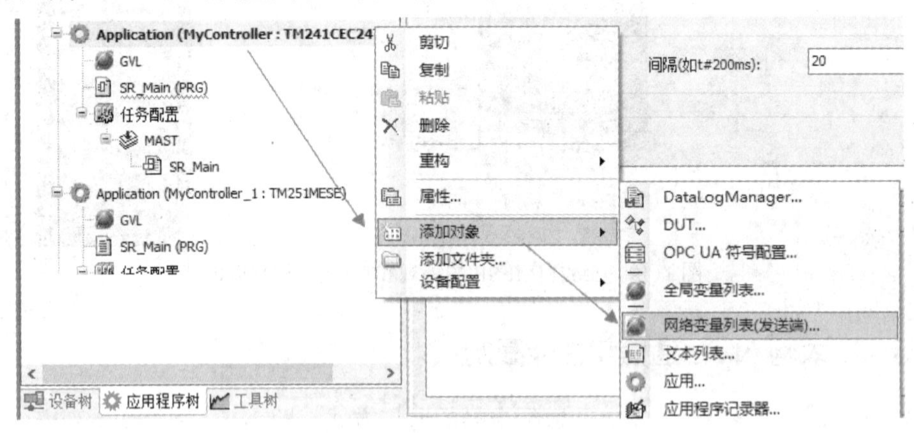

图 1-21　添加网络变量列表（发送端）

设置网络变量列表（发送端）的一些基本参数，包括列表的名称为“NVLTM241_Sender”，网络类型为“UDP”，任务为“MAST”，列表标识符为“1”，勾选“打包变量”发送，并将数据传输方式设为“循环传输”，将间隔（即发送周期）设为“500ms”，如图 1-22 所示。

右键单击“NVLTM241_Sender”→“属性”，在“链接到文件”选项卡中，设置网络变量列表保存文件的路径和名称，为 TM251 的接收做好准备，如图 1-23 所示。

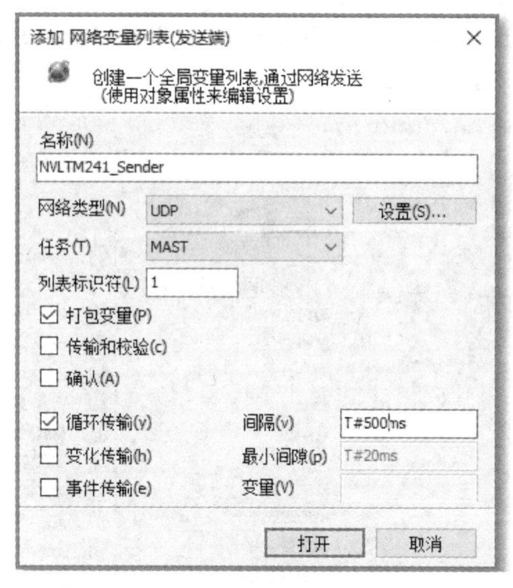

图 1-22　网络变量列表的基本参数设置

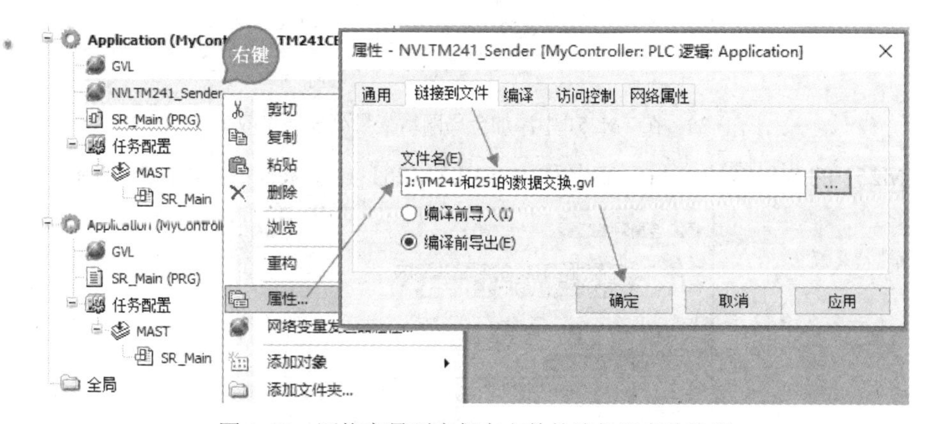

图 1-23　网络变量列表保存文件的路径和名称设置

1.2.6　添加接收端对象 POU 并组态

创建需要在 TM251 的接收端接收的变量，4 个全局发送的 DINT 变量，如图 1-24 所示。

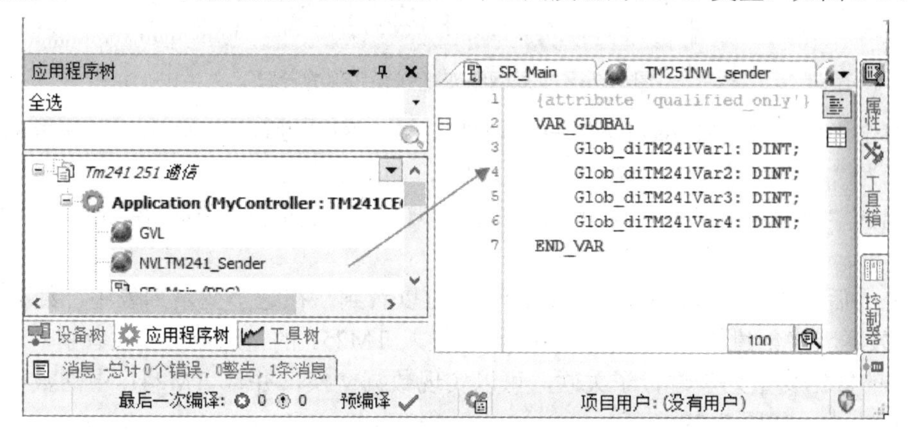

图 1-24　添加接收端接收的变量

单击应用程序树→“Application（MyController_1:TM251MESE）”→“添加对象”→“全局网络变量列表（接收者）”，如图 1-25 所示。

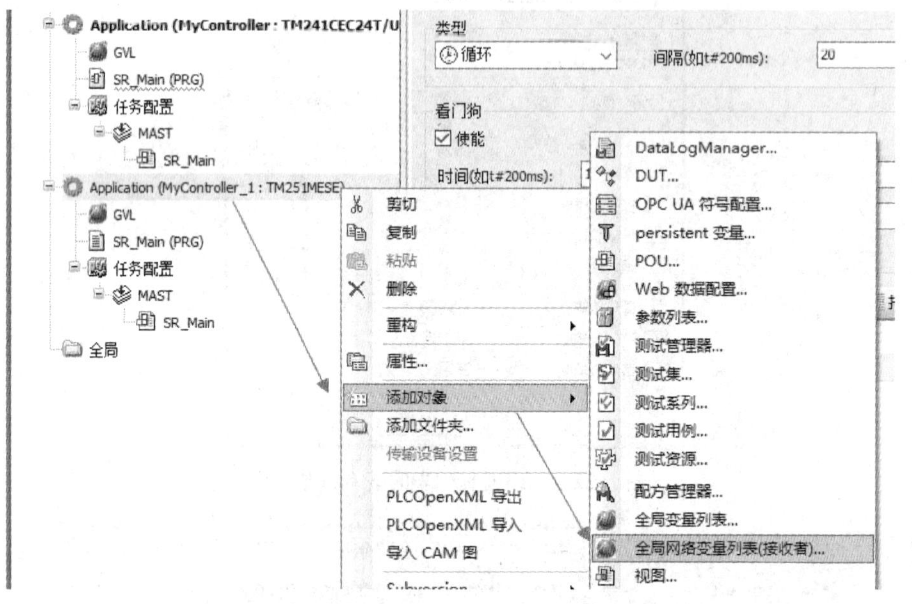

图 1-25　在 TM251 中添加全局网络变量列表（接收者）

设置 TM251 的全局网络变量列表名称为 NVLTM251_receiver，如图 1-26 所示。

图 1-26　全局网络变量列表名称的设置

右键单击“NVLTM251_receiver”→“属性”，在“网络设置”选项卡中，设置网络变量列表的发送者为“从文件导入”，单击“确定”按钮，如图 1-27 所示。

在弹出的“选择导入文件”对话框中选择 TM241 发送的文件的路径和名称，如图 1-28 所示。

添加完成后，双击“NVLTM251_receiver”可以看到，在这个变量列表中已经自动生成了在 TM241 发送者中创建的 4 个变量，并且已经导入 TM251 的全局变量接收者中，这就意味着两台 PLC 的数据变量列表进行了关联，可以实现数据交换，并且 TM241 中的数据已经写入 TM251 PLC 当中，如图 1-29 所示。

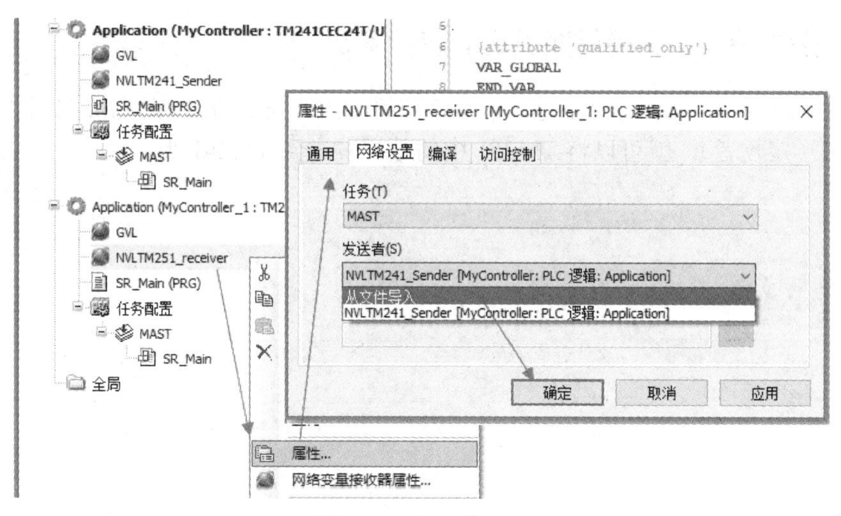

图 1-27　设置发送者

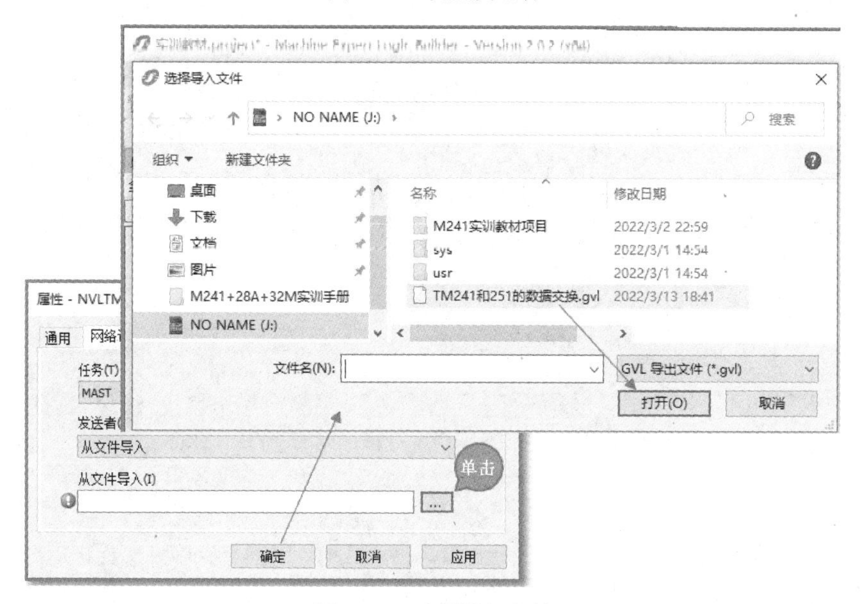

图 1-28　选择导入文件

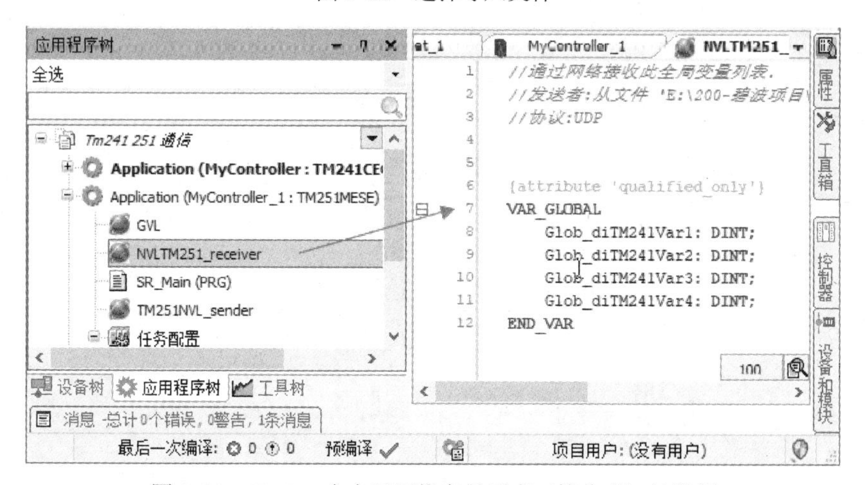

图 1-29　TM251 中全局网络变量列表（接收者）的数据

1.2.7 接收端和发送端互换发送变量的实现

用类似的方法，在 TM251 中创建一个网络变量列表（发送者），在 TM241 中创建一个全局网络变量列表（接收者），就可以将 TM251 中的数据发送到 TM241 中。

项目2 ATV320 变频器的典型应用与调试

ATV320 变频器在 OEM 市场中得到了广泛应用。本项目首先介绍了 ATV320 变频器的正反转运行和点动控制的电气设计，并给出了使用集成面板进行参数设置和调试的方法，然后对多段速功能进行了介绍，对变频器多段速的控制和运行进行了分析，对 ATV320 变频器三段速预置速度的设定给出了具体操作方法。

任务 2.1 ATV320 变频器的正反转运行和点动控制

掌握 ATV320 变频器的正反转运行和点动控制的电气设计，熟悉 ATV320 变频器的参数设置，学会集成面板的使用。

2.1.1 ATV320 变频器的功能

ATV320 变频器属于御卓系列变频器，采用书本型和紧凑型兼有的设计，无论是在机器上布局还是放置在电控柜里都很方便，兼具灵活性和成本效益。

ATV320 变频器有 150 多种内置的应用功能，能够在较高的温度、有化学气体或机械粉尘的恶劣环境中连续工作。ATV320 变频器驱动的电动机额定功率为 0.18kW/0.25 马力～15kW/20 马力。

ATV320 变频器适用于 OEM 最常见的应用场合，包括包装、物料搬运、纺织、材料加工和起重等很多行业，还可以应用于印刷、物料搬运、塑机、机械执行器、风机和泵等领域。

2.1.2 ATV320 变频器集成面板的结构和功能

ATV320 变频器集成面板上有 3 个操作键，即 ESC 键、ENT 键和导航键。面板上还有一个用于连接通信选件卡的通信口，以及一个显示单元，其功能如图 2-1 所示。

1）ESC 键用于退到上一级菜单导航或取消参数调节值。

2）微调刻度盘用于上、下移动所选参数/菜单或增加/减小参数数值。

3）ENT 键（按下微调刻度盘）用于菜单导航（进入菜单或参数）与参数调节（确认所做的参数修改）。

4）电源 LED 灯用于显示变频器动力部分是否有电。

5）三角形 LED 灯用于显示变频器故障。

6）2 个 CANopen LED 用于 CANopen 通信的故障诊断，其中 CANRun LED 用于显示 CANopen 是否处于运行状态，CANErr LED 用于判断是否有故障和故障类型。

7）在集成屏幕左侧有 3 个灯，分别是：Ref 灯，给定模式，用于变频器运行速度、PID 给定值的设置；Mon 灯，监视模式，监视变频器的输入、输出、电流、运行程序等；Conf 灯，配置模式，用于对变频器的参数进行设置。

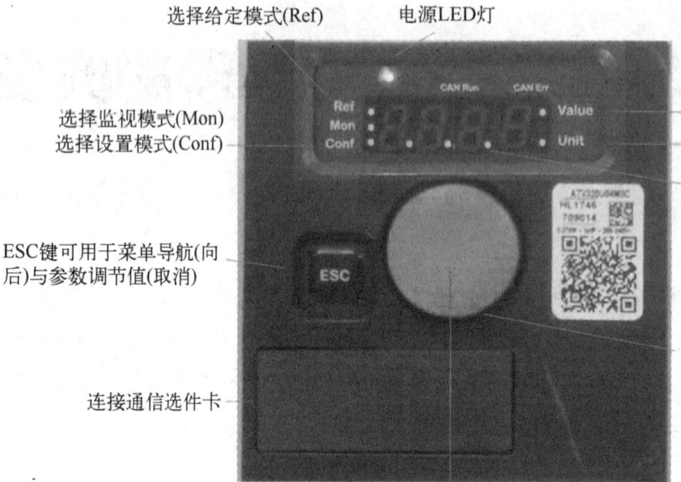

图 2-1　ATV320 变频器集成面板的结构和功能

8）屏幕的正中间是 4 位 7 段码显示，用于显示工作模式、菜单、参数或参数值。

2.1.3　ATV320 变频器正反转运行和点动控制的电气设计

在实际接线中，ATV320 变频器端子的控制功能除正转由专用固定端子实现以外，其余如点动、复位、使能等功能都由多功能端子实现。如果使用 SoMove 调试软件进行编程，则可以取消正转固定为 DI1（两线制）或 DI2（三线制）的限制。所以在工程中，由 ATV320 变频器拖动电动机负载并进行正转和反转运行就变得非常简单，只需改变控制电路，即激活正转或反转功能就可以轻松实现，而无须改变主电路。

使用自锁按钮 QA1 启动正转运行，使用 QA2 启动反转运行，即由外部线路控制 ATV320 变频器的运行，QA1 实现电动机正转控制，QA2 实现电动机反转控制。其中端口 DI1 设为正转控制，端口 DI3 设为反转控制。

多按钮控制 ATV320 变频器正反转运行的电气原理图如图 2-2 所示。

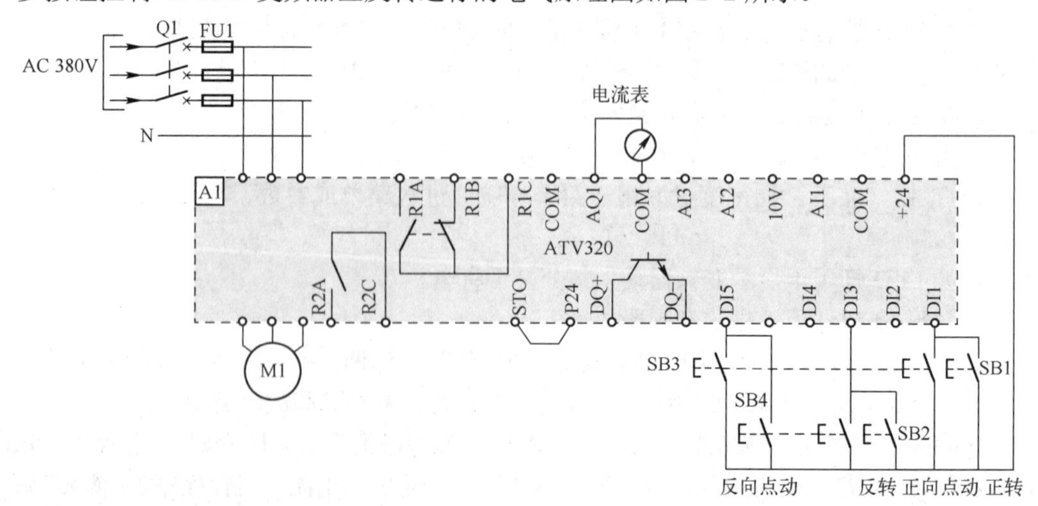

图 2-2　多按钮控制 ATV320 变频器正反转运行的电气原理图

2.1.4 ATV320 变频器的参数设置

1．使用集成面板返回出厂设置

在 ATV320 变频器集成面板的 cOnF 模式下找到 FCS，按 ENT 键进入。首先设置 Fry 为 ALL，按下 ENT 键后，ALL 右下方的两个小点会跳到右上方，然后进入 GFS 参数，选择 Yes，按住 ENT 键 2s 以上，即可返回出厂设置。

2．使用集成面板设置电动机起动前的参数

在集成面板的 cOnF 模式下找到 FULL，按 ENT 键进入找到 SIN 菜单，按 ENT 键进入进行设置，如电动机铭牌参数、电动机加减速时间、高低速频率和 IR 补偿等。

3．设定最大输出频率和高低速频率

ATV320 变频器出厂设置的最大输出频率 tFr 参数用来限制高速频率 HSP 上限，如果高速频率达到最大输出频率后还需要再提高，那么首先要提高最大输出频率，然后才能提高高速频率。单击菜单“Sin-”→“tFr”，在 tFr 参数中进行修改。

如果要将高速频率也就是 ATV320 变频器实际输出的最大频率修改为 110Hz，要先将最大输出频率修改为 110Hz，否则高速频率不能修改为 110Hz。在出厂设置的条件下，高速频率最大只能为 60Hz。

ATV320 的高低速频率是 ATV320 变频器输出频率的限幅，高速频率的最大值受到最大输出频率限制，低速频率 LSP 要小于高速频率 HSP。

ATV320 的高速频率是最大速度给定值时的电动机频率，低速频率是最小速度给定值时的电动机频率。在增大高速频率时，一定要考虑电动机和设备的承受能力。如果高速频率超过电动机或设备允许的上限，将会导致设备损坏和人身伤害。

在工程实践中，如果希望起动时 ATV320 变频器速度即达到 35Hz，并且最高速度不超过 45Hz，可将低速频率设为 35Hz、高速频率设为 45Hz。

4．设置加减速时间和高低频率

加速时间在“CONF”→“FULL”→“SIM”→“ACC”中进行设置，同样，减速时间是在“CONF”→“FULL”→“SIM”→“DEC”中进行设置，如 5s，修改后需要按 ENT 键确认。

通过参数路径“CONF”→“FULL”→“I_O-”→“AO1-”，找到模拟量 AO1 设置为电动机输出频率 OFr，按 ENT 键确认即可。

同样地，通过参数路径“CONF”→“FULL”→“I_O-”→“AO1-”，找到 AOL1 设置为 4.0mA。然后设置参数 AOH1 模拟量的最高输出为 20.0mA，按 ENT 键确认即可。

2.1.5 ATV320 变频器正反转运行的验证

当按下自锁按钮 SB1 时，ATV320 变频器数字端口 DI1 为 ON，电动机按 ACC 所设置的 5s 斜坡上升时间正向起动运行，经 5s 后稳定运行在 AI1 模拟量对应的转速给定值。松开按钮 SB1，变频器数字端口 DI1 为 OFF，电动机按 DEC 所设置的 5s 斜坡下降时间停止运行。

当按下自锁按钮 SB2 时，ATV320 变频器数字端口 DI3 为 ON，电动机按 ACC 所设置的 5s 斜坡上升时间正向起动运行，经 5s 后稳定运行在模拟量 AI1 对应的转速给定值。松开按钮

SB2，变频器数字端口 DI3 为 OFF，电动机按 DEC 所设置的 5s 斜坡下降时间停止运行。

2.1.6 ATV320 变频器正反转点动运行的验证

1．正向点动运行的验证

本任务设计电动机点动的电气控制，要求同时按下带锁按钮 SB3 和正转运行按钮 SB1 时，变频器数字端口 DI5、DI1 为 ON，则变频器按照 0.1s 上升时间正向启动运行，直到达到设置的点动频率 10Hz 为止，此转速与参数寸动频率所设置的 10Hz 对应。同时松开按钮 SB1 和 SB3，变频器按 0.1s 点动斜坡下降时间停止运行。

2．反向点动运行

同时按下带锁按钮 SB3 和正转运行按钮 SB2 时，ATV320 变频器数字端口 DI5、DI3 为 ON，则 ATV320 变频器按照 0.1s 上升时间反向启动运行，直到达到设置的点动频率 10Hz 为止，此转速与参数寸动频率所设置的 10Hz 对应。同时松开按钮 SB2 和 SB3，ATV320 变频器会按 0.1s 点动斜坡下降时间停止运行。

3．电动机的点动延时

为防止过于频繁进行 ATV320 变频器的点动，可以配置 ATV320 变频器的点动延时参数，在第一次点动停止后，必须等待超过这个参数设置的时间再进行点动，新的点动操作才能生效，在寸动参数 JOG 下，通过参数 JGt 修改延时时间，出厂的缺省设置为 0.5s，可以根据需要修改为 0.2s 等数值。

4．电动机的点动速度调节

如果不连接 AI1 的模拟量输入接线，而在“SET”菜单中直接设置低速频率（LSP），则可调整电动机的正常运行速度。方法是在“应用功能”→“JOG”→“JGF”中设置点动的运行速度，如设置点动速度为 6Hz。

任务 2.2 ATV320 变频器的三段速控制

掌握变频器多段速运行的电气设计，学会 ATV320 变频器三段速控制的参数设置。

2.2.1 变频器的多段速功能

多段速是通过逻辑输入的接通和断开来切换变频器的几个固定速度，也称预制速度，在机床、堆垛机、输送机、起重、包装等行业中得到广泛应用。

2.2.2 ATV320 变频器的多段速功能

ATV320 变频器的多段速功能就是用开关量端子选择固定频率的组合，可以实现最多 16 段速的频率控制。8 段速的预置速度输入组合如图 2-3 所示。

8个速度 L1(PS8)	4个速度 L1(PS4)	2个速度 L1(PS2)	速度给定值
0	0	0	给定值(1)
0	0	1	SP2
0	1	0	SP3
0	1	1	SP4
1	0	0	SP5
1	0	1	SP6
1	1	0	SP7
1	1	1	SP8

图 2-3　8 段速的预置速度输入组合

三段速运行采用的就是速度控制，实现使用 ATV320 变频器控制电动机 M1 进行三段速运转。速度给定值不需要连续调节，而是运行在几个固定的速度上，通过几个开关的通、断组合来选择几个不同的固定运行频率，实现变频器在不同转速下运行的目的。

2.2.3　ATV320 变频器多段速运行的电气设计

ATV320 变频器控制电动机 M1 进行三段速频率运转。其中，DI1 端口连接 ST1，并设置为电动机的起停控制，DI5 和 DI3 端口设置为三段速频率的输入选择。ATV320 变频器的三段速控制电路原理图如图 2-4 所示。第一段输出频率为 10Hz，电动机转速为 560r/min，第二段输出频率为 30Hz，电动机转速为 1680r/min，第三段输出频率为 50Hz，电动机转速为 2800r/min。

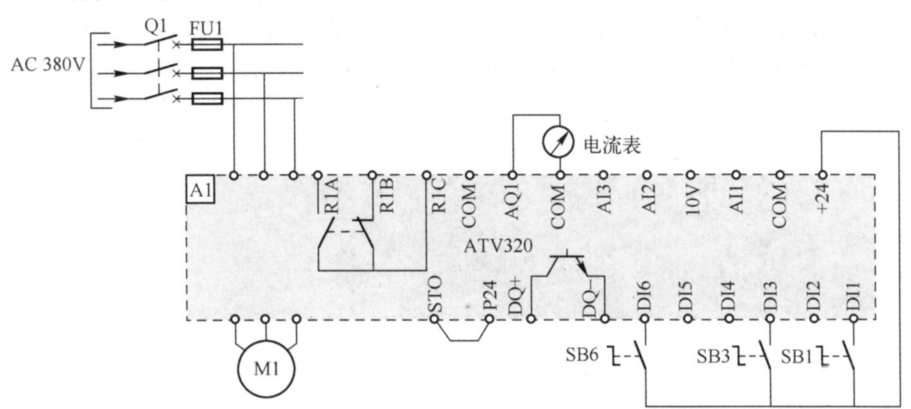

图 2-4　ATV320 变频器的三段速控制电路原理图

2.2.4　三段速频率的参数设置

通过端子切换 ATV320 变频器运行频率的功能称为变频器的预置速度功能。根据多段速的预置速度输入组合，三段速要设置 2 个预置速度和 4 个预置速度。

通过参数路径“DRI”→“CONF”→“FULL”→“FUN”→“PSS”，找到 ATV320 变频器 2 个预置速度参数 PS2，将此参数设为变频器输入点 DI6，即变频器本体的 DI6 用于切换第一个速度频率。类似的，在 4 个预置速度参数 PS4 下选择端子排输入 DI3，设置完成后，再将预置速度 2 参数 SP2 设置为 10Hz，预置速度 3 参数 SP3 设置为 30Hz，最后再将预置速度 4 参数 SP4 设置为 50Hz。

2.2.5 ATV320 变频器运行的动作分析

电动机 M1 的参数设置完成后，就可以实现三段速运行。

ATV320 变频器上电后，连接在端子 DI1 上的选择开关 SB1 接通后，如果 DI3 和 DI6 未接通，那么 ATV320 变频器将按照模拟输入 AI1 的输入频率运行。本任务没有为 AI1 连接输入端，所以，没有这个频率段的运行，即 SB1 接通后，变频器启动，频率为 0，电动机 M1 没有运行。根据实际情况可在项目中进行选择设置。

一段速：连接在端子 DI1 上的选择开关 SB1 接通，选择开关 SB6 也接通时，即 DI1 和 DI6 都置 1，电动机 M1 将按照预置速度 2 参数 SP2 设置的 10Hz 运行。

二段速：连接在端子 DI1 上的选择开关 SB1 接通，选择开关 SB3 也接通时，即 DI1 和 DI3 都置 1，电动机 M1 将按照预置速度 3 参数 SP3 设置的 30Hz 运行。

三段速：连接在端子 DI1 上的选择开关 SB1 接通，选择开关 SB3 和 SB6 也同时接通时，即 DI1、DI3 和 DI6 都置 1，电动机 M1 将按照预置速度 4 参数 SP4 设置的 50Hz 运行。

ATV320 变频器在进行多段速控制时，端子 DI1 固定用于变频器启停，但由于 ATV320 变频器具有可编程功能，可以使用 SoMove 变频器的调试软件 ATVlogic 对 ATV320 进行编程，将固定在 DI1 的变频器启停编辑到 DI2～DI6 任意一个端子上。

ATV320 变频器参数设置完成后，在 ABE1 开关板上开关 A1～A6 对应 ATV320 变频器的 DI1～DI6 输入端子。在测试多段速时，手动通断相对应的逻辑输入开关即可，如测试多段速 1，可将 CH1 的拨钮开关拨到上方，再将 CH6 的开关闭合，得到多段速 1，其余的两个速度切换与此类似。实验台 ATV320 变频器的接线示意图如图 A-9 所示。

项目 3　SoMove 软件的应用与调试

施耐德的 SoMove 软件可以调试伺服控制器、变频器、电动机保护器和软起动器等设备，可以存储修改参数和调节电动机性能。本项目通过两个任务充分介绍了 SoMove 软件调试 ATV320 变频器和 LXM28 伺服的方法，包括通信连接、高级设置、创建拓扑结构、点动、伺服上使能和变频器回到出厂设置，以及伺服的寸动。

任务 3.1　使用 SoMove 软件调试 ATV320 变频器

本任务使用 SoMove 软件创建 ATV320 变频器的调试项目，要求熟悉变频器参数的设置，学会在线扫描变频器设备。

3.1.1　SoMove 软件

SoMove 软件可以调试伺服控制器、变频器、电动机保护器和软起动器等设备，可以存储修改参数和调节电动机性能，使用示波器功能可以抓取运动曲线并观察电动机的运行曲线，包括位置、位置误差、速度和转矩等参数，还可以查找故障设备的历史记录和故障产生的原因。SoMove 软件可以在离线状态下提前准备设备配置文件，节约调试时间，提高效率。

SoMove 软件支持的伺服控制器有 Lexium16、Lexium18、Lexium26/28、Lexium32、Lexium 32i 伺服驱动器，以及电动机起动器 Tesys U 和电动机管理系统 Tesys T。

SoMove 软件支持的变频器有 Altivar12、Altivar31、Altivar32、Altivar61、Altivar71、Altivar212、Altivar312、Altivar Machine ATV320、Altivar Machine ATV340、Altivar Process ATV600 和 Altivar Process ATV900 变频器。

SoMove 软件支持的软起动器有 Altistart 22、Altistart 48 和 Altistart 480 软起动器。

3.1.2　SoMove 软件支持的连接方式及硬件

SoMove 软件支持通过串口、以太网、CANopen 或蓝牙连接变频器。

1. 串口连接方式

SoMove 软件的串口连接方式支持的产品范围最广，推荐使用 USB 转串口 RJ45 接口的通信线 TCSMCNAM3M002P，如图 3-1 所示。

图 3-1　USB 转串口 RJ45 接口的通信线 TCSMCNAM3M002P

2. 以太网

安装 SoMove 软件的 PC 使用以太网线连接至变频器。

ATV320 变频器选配以太网卡、PROFINET 卡、EtherCAT，ATV340 以太网版本或 ATV340 非以太网版本变频器选配 PROFINET 通信口。ATV600/900 全系列变频器都可以使用 SoMove 软件通过 ModbusTCP 通信建立连接，进行调试、参数配置和故障读取与诊断。

3. CANopen

CANopen 的连接方式推荐使用 IXXAT 的 USB 转 CANopen 的转换器。

变频器本体支持的 CANopen 或选配 CANopen 通信卡后，PC 通过 USB 转 CANopen 的转换器连接至变频器的 CANopen 口。连接变频器时要断开和 PLC 的 CANopen 主站的连接，因为 CANopen 网络上不允许有两个主站。

3.1.3 离线创建 ATV320 变频器的调试项目

在 SoMove 软件中，单击“离线创建项目”→“ATV320”，单击“下一步”按钮，如图 3-2 所示。

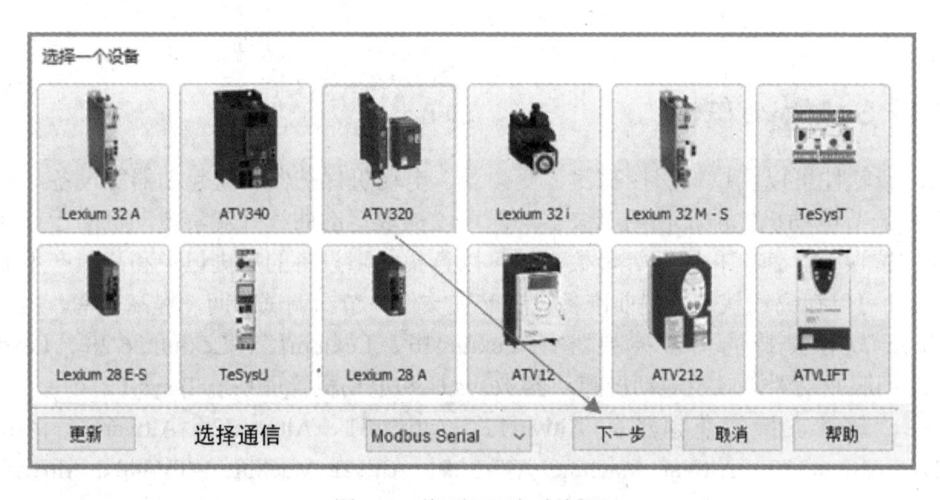

图 3-2 为项目添加变频器

3.1.4 创建拓扑结构

选择 ATV320 变频器的防护等级、参考号、软件版本、固件卡、可选的附件卡，设备名称可以选填，单击“创建”按钮，如图 3-3 所示。

3.1.5 设置参数

选择“参数列表”→“满”，根据需要在“Conf0”列中修改参数值，按回车键确认，所有参数修改完成后，单击“保存”按钮，如图 3-4 所示。

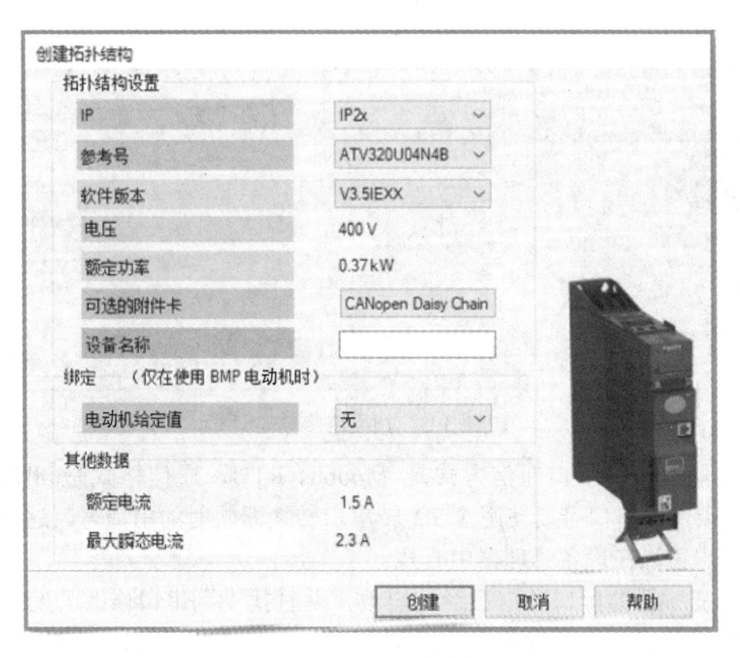

图 3-3　创建拓扑结构

ATV320
- 我的菜单
- 满
- 参数切换
- Modified Parameters

可选的附件卡
- CANopen 菊链通信

范围　搜索

代码	长标签	Conf0		缺省值	最小值	最大值	逻辑地址
LAC	访问等级	标准权限		标准权限			3006
▼ 简单起动							
TCC	2/3线控制	两线控制		两线控制			11101
CFG	宏配置	起动/停止		起动/停止			3052
BFR	电动机标准	50Hz		50Hz			3015
IPL	输入断相管理	自由停车		自由停车			7002
NPR	电动机额定功率	0.37 kW		0.37 kW	0.09 kW	0.75 kW	9613
UNS	电动机额定电压	400 V		400 V	200 V	480 V	9601
NCR	电动机额定电流	2 A		1 A	0.3 A	2.2 A	9603
FRS	额定电动机频率	50 Hz		50 Hz	10 Hz	800 Hz	9602
NSP	电动机额定转速	1440 rpm		1425 rpm	0 rpm	65535 rpm	9604
TFR	最大输出频率	60 Hz		60 Hz	10 Hz	500 Hz	3103
STUN	参数整定选择	默认		默认			9617
ITH	电动机热电流	2 A		1 A	0.3 A	2.2 A	9622
ACC	加速时间	3 s		3 s	0 s	999.9 s	0001
DEC	减速时间	3 s		3 s	0 s	999.9 s	9002
LSP	低速频率	0 Hz		0 Hz	0 Hz	50 Hz	3105
HSP	高速频率	50 Hz		50 Hz	0 Hz	60 Hz	3104
▶ 设置							

图 3-4　设置参数

3.1.6　进行编辑连接/扫描操作

在线最频繁使用的功能就是扫描功能，扫描时根据实际应用选择连接方式，再单击“高级设置”图标进行配置，连接方式如图 3-5 所示。

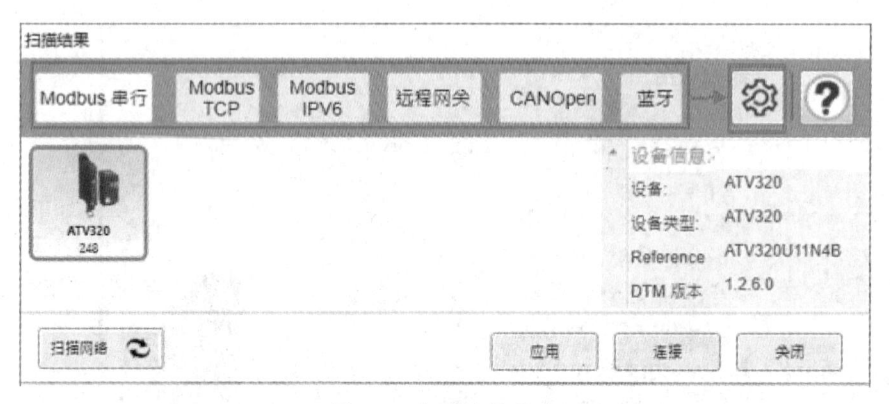

图 3-5　扫描连接方式

ATV320 变频器默认的串口通信方式是 Modbus RTU，通信格式是 8E1，通信波特率为 19200bit/s，COM 端口的串口号要使用 USB 转串口转换器映射的串口号，这个串口号可以在下拉列表框中选择，也可以在设备管理器中查找。

调试时，如果变频器的串口数据已经被修改，并且找不到串口修改的配置信息，可以勾选“自动适配”，这样软件就会自动查找正确的串口配置，但是搜索的时间会比较久，高级设置如图 3-6 所示。

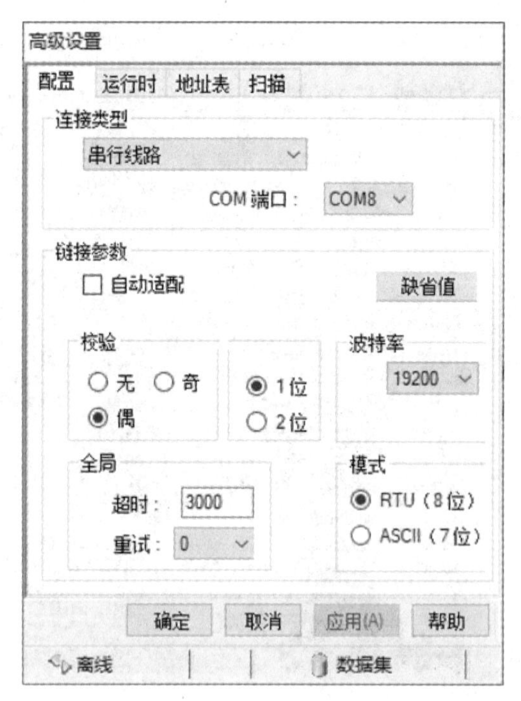

图 3-6　高级设置

设置完成后，可以单击“扫描网络”按钮，如果硬件连接和配置都正确，在软件上会显示变频器的图标，单击“连接”按钮，软件会自动连上，并自动将变频器的参数上传。

3.1.7　SoMove 修改硬件

在原有的 SoMove 配置中修改硬件型号或者更换通信卡时，需要在“我的设备”选项卡中单击“修改”按钮，如图 3-7 所示。

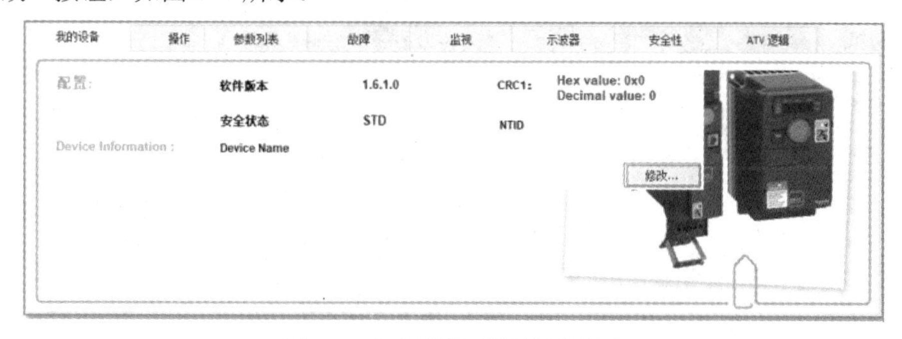

图 3-7　修改硬件配置的操作界面

在“参考号”下拉列表框中选择“ATV320U07M2C”，弹出的对话框提示选中的那部分需要修改的参数会回到出厂设置，单击“确定”按钮完成所做的修改，如图 3-8 所示。

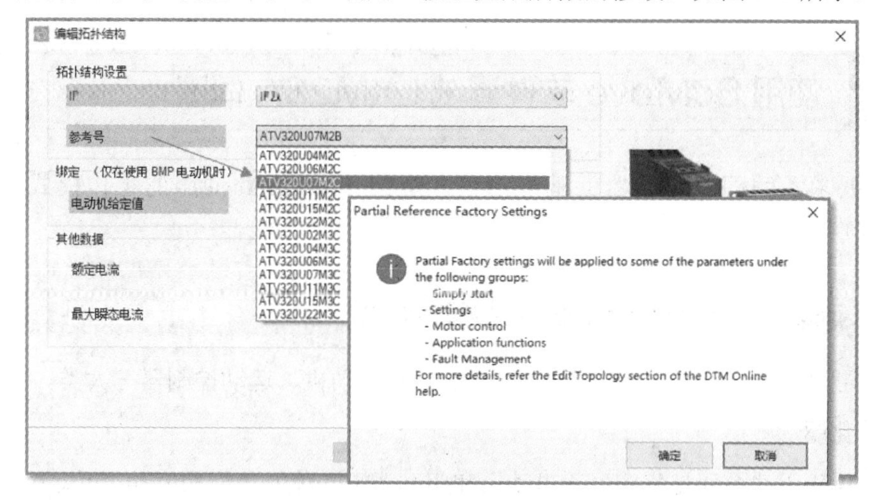

图 3-8　更改变频器的型号

修改硬件完成后，可以看到变频器型号已经成功更改，如图 3-9 所示。

结构:	卡	参考号	序列号	版本	供应商名称
	设备	ATV320U07M2C		V3.5IEXX	Schneider Electric
	控制板				
	电源板				
	可选的附件卡	None			
	电动机	无			
配置:	软件版本	1.6.1.0		CRC1:	Hex value: 0x0 Decimal value: 0
	安全状态	STD		NTID	
Device Information :	Device Name				

图 3-9　变频器型号已经更改成功

3.1.8　使用 SoMove 软件回到出厂设置

单击“设备”→“出厂设置”，选择“Schneider Electric 出厂设置”，单击“确定”按钮，将 ATV320 变频器回到出厂设置，如图 3-10 所示。

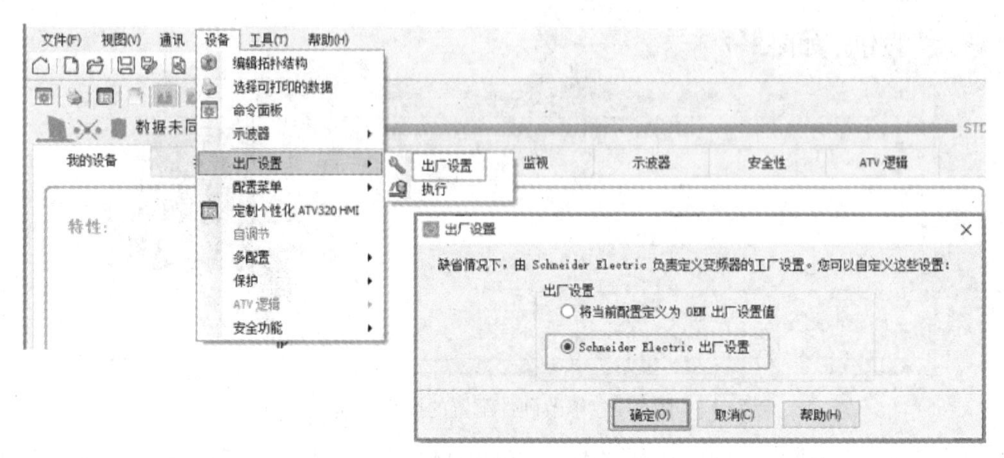

图 3-10　回到出厂设置操作

任务 3.2　使用 SoMove 软件调试 LXM28A 伺服

本任务要求了解伺服驱动器的基本知识，掌握 LXM28A 伺服的工作模式，熟练使用 SoMove 软件设置 IO 参数。

3.2.1　施耐德伺服驱动器的分类和应用场景

施耐德伺服驱动器分为一体化驱动、伺服驱动与电动机、运动控制器三大类。

1．一体化驱动

LXM 一体化驱动系列是集施耐德电动机和驱动器于一体的智能型驱动产品。

LXM32i 一体化驱动：集成驱动器与电动机的一体化驱动装置。

LXM Drive 一体化电动机：具有步进与伺服的双重优势。

2．伺服驱动与电动机

LXM16 系列伺服：脉冲型伺服控制器。

LXM18 系列伺服：脉冲型和通信型伺服控制器。

LXM23 Plus 系列伺服：高性能的伺服驱动器。

LXM26 系列伺服：具有 Modbus 通信，是没有 STO 和现场通信的脉冲控制型伺服驱动器。

LXM28 系列伺服：具有 CANopen 现场通信和 STO 的施耐德运动控制伺服驱动器。

LXM32 系列伺服：功率范围为 0.15～16kW，书本型高性能伺服驱动器。

3.2.2　LXM28A 伺服的功能

LXM28 系列伺服是一款与 BCH2 交流伺服电动机配套使用的交流伺服驱动器，功率范围为 50W～4.5kW，电压等级为 200～240V，速度范围根据不同电动机为 0～3000r/min 或 0～5000r/min。

LXM28 系列伺服能够满足不同应用场合的运动控制需求，可以在多轴机床和切削机的材料加工、传送带、码垛机、仓库的物料运输、包装、印刷和收放卷等场合应用。LXM28A 伺服支持 CANopen 总线，LXM28E 伺服支持 EtherCAT 总线，LXM28S 伺服支持 SERCOS 总线。LXM28AU04M3X 伺服控制器（100W）外观和接口说明如图 3-11 所示。

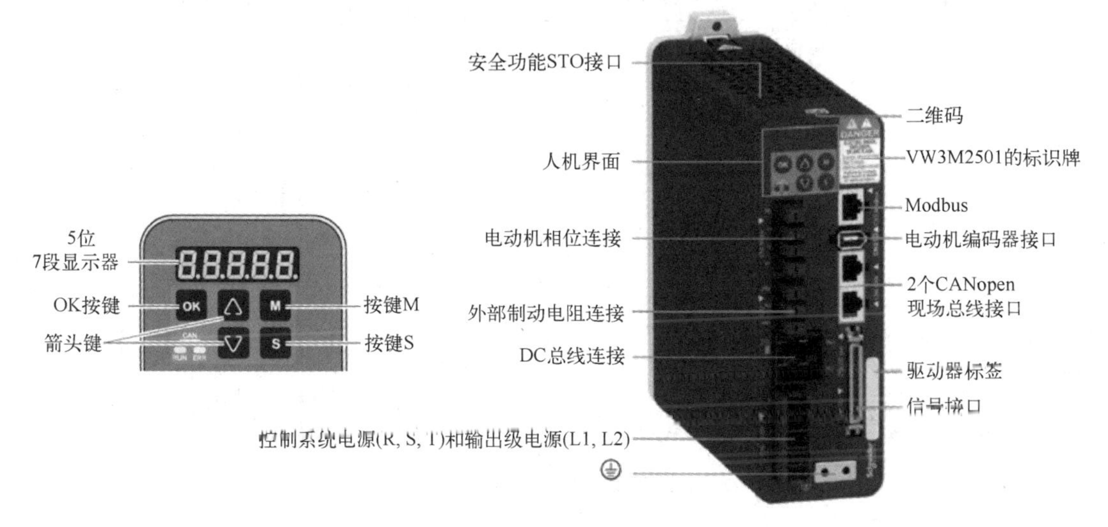

图 3-11 LXM28AU04M3X 伺服控制器（100W）的外观和接口说明

3.2.3 通信连接

使用施耐德 TCSMCNAM3M002P 通信线连接 PC 的 USB 口和 LXM28A 伺服的 CN3 Modbus 接口。双击打开 SoMove 软件，软件版本 V2.9，单击“编辑连接/扫描”进行 USB 转串口的通信线的通信设置，如图 3-12 所示。

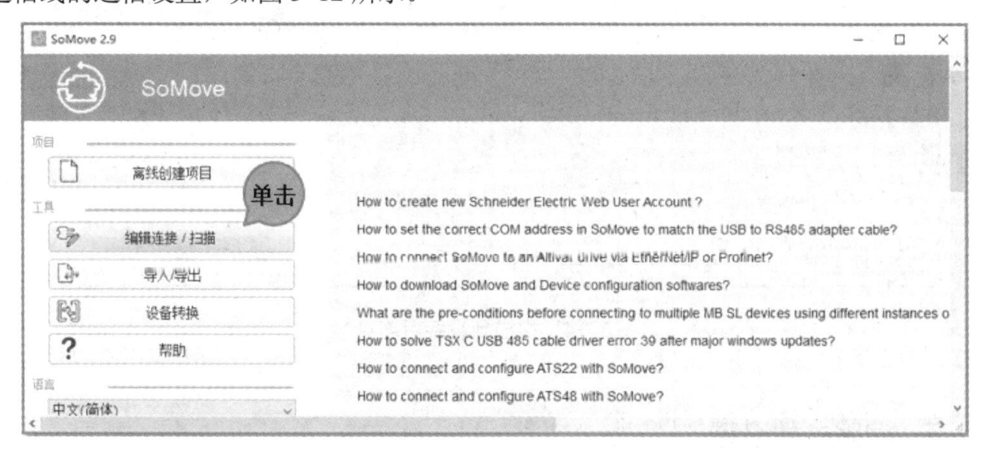

图 3-12 USB 转串口的通信线的通信设置

3.2.4 高级设置

在通信设置界面，单击“高级设置”，在弹出的“高级设置”对话框中确认 COM 端口的 COM 号正确，正确的 COM 口有“TSX C USB 485（COM××）”字样，单击“确定”按钮，如图 3-13 所示。如果 COM 端口的 COM 号错误，需重新选择 COM 号直到正确为止。

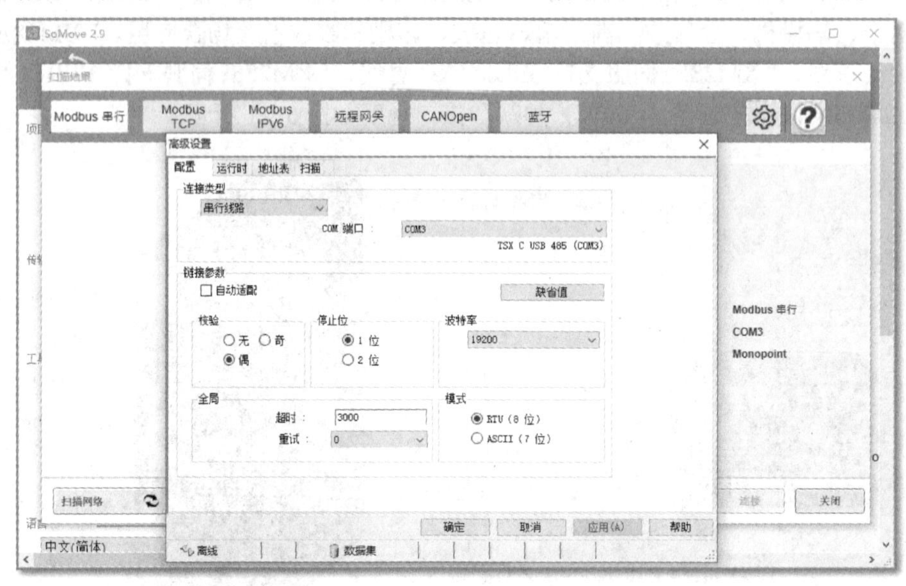

图 3-13　设置 COM 口

串口的波特率、校验、停止位默认设置与 LXM28A 伺服的默认设置相同，一般不需要修改，可以在 LXM28A 伺服的前面板上检查 P3-01 的串口波特率设置，默认设置为 2，P3-02 的默认设置为 7，8 位数据位、偶校验和 1 位停止位。

单击“扫描设备”可以看到已经扫描到 LXM28A 伺服，单击“连接”按钮，如图 3-14 所示。

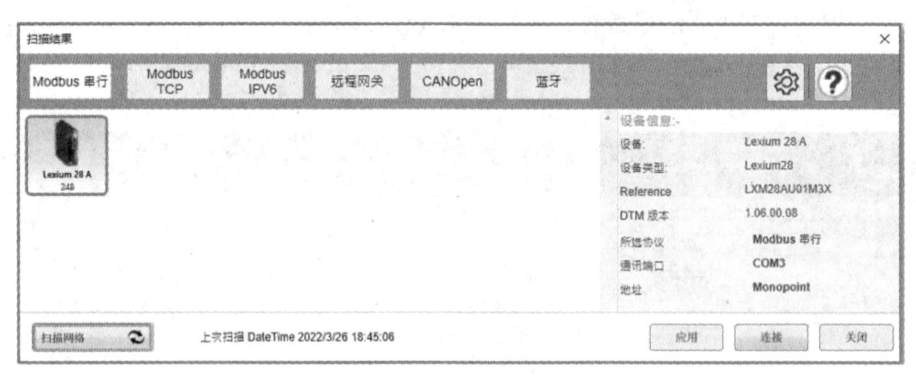

图 3-14　扫描到设备后连接

3.2.5　伺服参数设置

设备参数正常上传后，单击“设备”→“用户功能”→“恢复出厂设置”，完成后将伺服断电再上电，如图 3-15 所示。

LXM28A 伺服重新上电后，先在 P1-01AB 处选择脉冲控制“（0x0）Pulse Train（PT）”，按回车键确认，如图 3-16 所示。

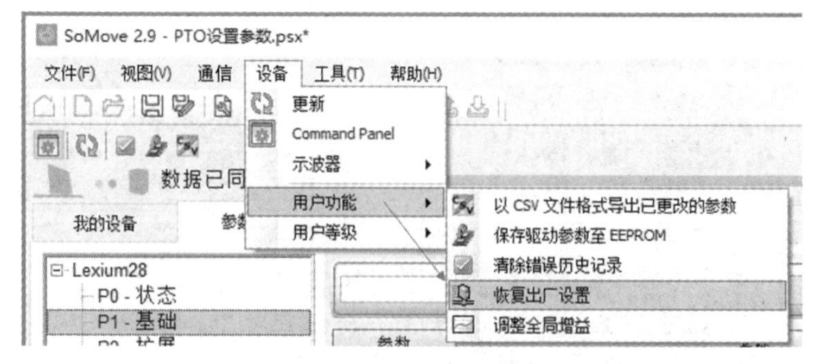

图 3-15　恢复出厂设置

参数	名称		值
P1-00	PTT		0x0002
P1-00 A	Type of reference value signals		(2) Pulse + Direction
P1-00 B	Signal frequency		(0) 500Kpps (D=low), 4Mpps (D=high)
P1-00 C	Input polarity		(0) Positive Logic
P1-00 D	Source of reference value signals		(0) Low-speed pulse CN1
P1-01	CTL		0x000B
P1-01 AB	Operating mode		(0xB) CANopen
P1-01 C	Direction of movement		(0x0) Pulse Train (PT)
P1-01 D	Reset signal input and output functions after operating mode switching		(0x1) Position Sequence (PS)
P1-02	PSTL		(0x2) Velocity (V)
P1-02 A	Velocity limitation		(0x3) Torque (T) (0x4) Velocity (Vz)
P1-02 B	Torque limitation		(0x5) Torque (Tz)
P1-03	AOUT		0x0000
P1-03 A	Polarity of analog outputs MON1 and MON2		(0) MON1(+), MON2(+)
P1-03 B	Polarity of pulse outputs		(0) Not inverted

图 3-16　设置 LXM28A 伺服为脉冲控制模式

设置 DI1 为使能端子，P2-10AB 设为使能“（0X01）SON Servo On”，如图 3-17 所示。

参数			
P2-09	DRT		2 ms
P2-10	DITF1		AB(0),C(1)
P2-10 AB	Signal input function		(0x00) Disabled
P2-10 C	Type		(0x01) SON Servo On
P2-11	DITF2		(0x02) FAULT_RESET Fault Reset
P2-11 AB	Signal input function		(0x03) GAINUP Increase Gain (0x04) CLRPOSDEV Clear Position Deviation
P2-11 C	Type		(0x05) ZCLAMP Zero Clamp
P2-12	DITF3		(0x06) INVDIRROT Invert Direction Of Rotation
P2-12 AB	Signal input function		(0x00) Disabled
P2-12 C	Type		(1) Normally open (contact a)
P2-13	DITF4		AB(0),C(1)
P2-13 AB	Signal input function		(0x00) Disabled
P2-13 C	Type		(1) Normally open (contact a)
P2-14	DITF5		AB(36),C(0)
P2-14 AB	Signal input function		(0x24) ORGP Reference Switch

图 3-17　设置 DI1 为使能端子

将正负限位和急停开关 P2-15、16 和 17 的 C 位设为常开，然后单击“保存”驱动参数至 EEPROM 图标，如图 3-18 所示。然后把 LXM28A 伺服断电再上电。

伺服上电后设置电子齿轮比 P1-44 为“1280”，P1-45 设为“5”，完成后按回车键确认，即每圈 5000 个脉冲，单位为μm。单击“保存参数至 EEPROM”图标保存参数，如图 3-19 所示。至此，SoMove 伺服参数设置完成。

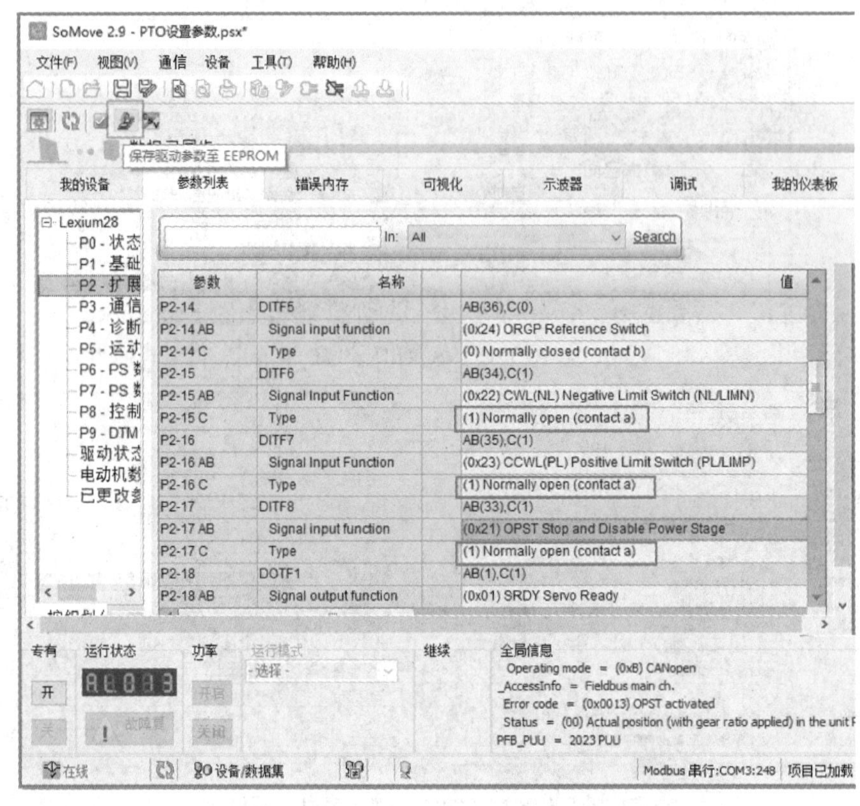

图 3-18　设置 P2-15、16 和 17 的 C 位为常开

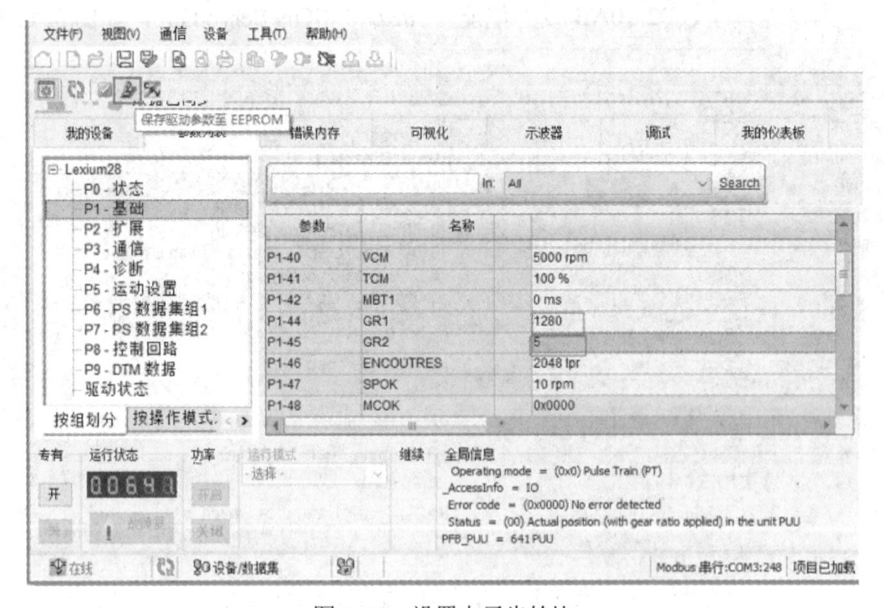

图 3-19　设置电子齿轮比

3.2.6　使用 SoMove 软件获取 LXM28A 伺服的控制权

通过 SoMove 软件试运行 LXM28A 伺服，如果 P1-01 设为 0，则脉冲模式时，连上伺服后，单击 SoMove 软件界面下面的“开”按钮，在弹出的控制伺服警告对话框中，同时按 ALT

键和 F 键可获得伺服的控制权，获得控制权之前应确认电动机的意外运动不会导致人员受伤和设备损坏，如图 3-20 所示。

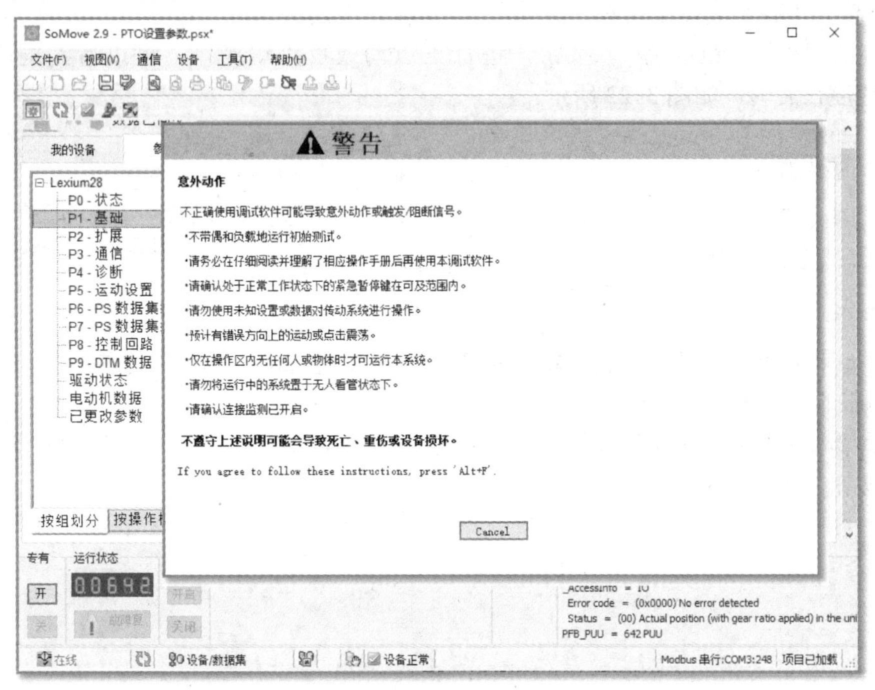

图 3-20　使用 SoMove 软件获得伺服的控制权

3.2.7　使用 SoMove 软件给伺服使能

SoMove 软件通过功率下面的“开启”按钮给伺服上使能，“关闭”按钮用来给伺服下使能，如图 3-21 所示。

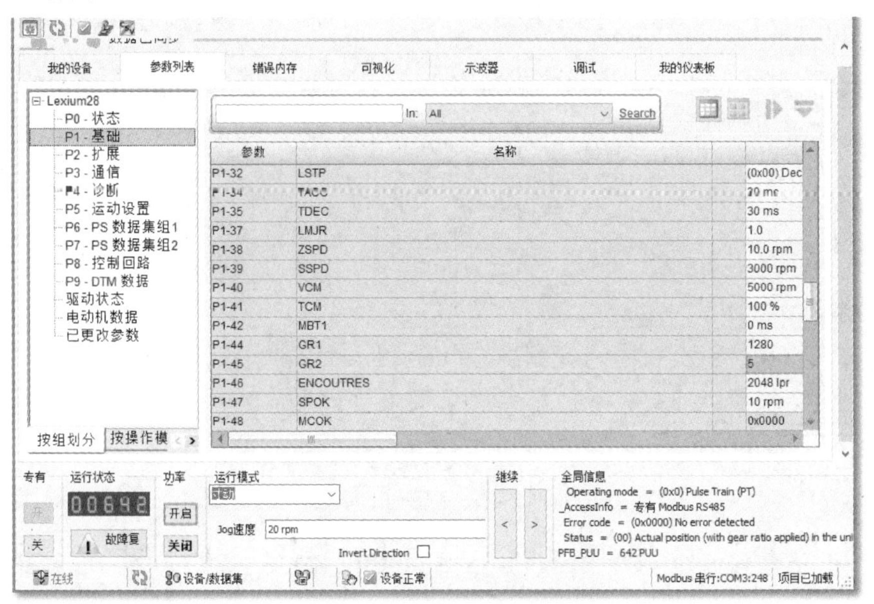

图 3-21　通过软件给伺服使能

3.2.8 伺服的点动运行

在运行模式下拉列表框中选择“寸动”，在 Jog 速度的输入框中设定电动机的点动速度，选择继续下方的“<”按钮或“>”按钮，进行正点动或反点动操作，可以看到伺服电动机按 20r/min 的速度在旋转，如图 3-22 所示。

图 3-22 点动举例

此外，如果选择了非线性算法，即 P8-32 选择默认的 207，则可以通过选择自动调整运行模式，对伺服的性能进行自动整定。

点动后，应先单击“关闭”按钮，去掉使能，再单击“关”按钮，在弹出的警告界面中选择“OK”按钮交出控制权。

项目4 LXM28A伺服的PTO控制与调试

本项目通过 3 个任务介绍了 PTO 的项目创建、程序编制、登录和下载过程，以及 PLC 的运行操作；给出了调试 LXM28A 伺服电子齿轮比的方法、伺服电动机的点动测试、PTO 中的探针功能、探针工作过程的跟踪、故障复位的编程方法等。

在任务 4.3 中顺序流程图（SFC）编程语言详细介绍了，包括常用 SFC 隐含变量的使用方法，然后根据 PTO 的运动状态图和机械手的移动路径，列写了程序的组织架构，创建了 3 个 PTO 功能，通过编制 SFC 主程序和分步程序实现了机械手的移动路径。

任务 4.1 PTO 的项目配置和安全模块编程

本任务要求了解 M241 的 PTO 功能，掌握 PTO 伺服项目的创建和硬件组态、ACT 动作的创建与编程、主程序中动作的调用，以及程序的编译、下载和 PLC 的项目运行。

4.1.1 伺服运动的常用物理量

1. 伺服电动机的位置或角度

伺服电动机的实际位置或角度由伺服电动机的编码器直接提供，位置用英文字母 P 表示，长度单位从小到大依次为纳米（nm）、微米（μm）、毫米（mm）、厘米（cm）、分米（dm）、米（m）等。

角度是用以量度角的单位，单位为度，符号为°。1 周角分为 360 等份，每份定义为 1 度（1°）。

在伺服应用中，整数的角度不够精准，需要使用更准确的角度值，方法是把角度细分为角分（′）和角秒（″），即 1 度为 60 分（60′），1 分为 60 秒（60″）。

另外，因为角度制是 60 进制，所以在计算两个角的加减时经常需要进行单位转换。因此在数学或者工程上，经常使用弧度来度量角，把等于半径长的圆弧所对的圆心角称为 1 弧度的角，记作 1rad。

弧度和角度的转换关系为 1rad=(180/π)°。一周的弧度数为 $2\pi r/r=2\pi$，360°角=2πrad，1rad 约为 57.3°。根据弧度的定义，1 周角为 2πrad，1 平角为πrad，1 直角为π/2rad。

2. 速度和角速度

速度按物体的移动方式分为速度和角速度两个物理量。

在一段时间内，直线移动的位置变化的快慢称为平均速度，瞬间速度是位置对时间的导数，表示位置变化的快慢，以字母 v 表示。

在一段时间内，旋转运动物体角度变化的快慢称为平均角速度，瞬间角速度是角度对时间的导数，表示物体旋转角度变化的快慢，以字母 ω 表示。平移物体的速度的常用单位有 cm/s、m/s、km/h 等。伺服旋转的角速度单位为转速单位 r/min、1/s，r/min 和 1/s 的换算关系为 1/s=2π(r/min)/60。

3．加速度和减速度

加速度按物体移动的方式分为平移加速度和旋转加速度。

平移加速度是速度变化量与发生这一变化所用时间的比值 $\Delta v/\Delta t$，描述的是物体速度变化快慢，通常用 a 表示，对应平移物体的单位为 m/s^2。平移加速度计算公式为

$$a = \frac{\omega_2 - \omega_1}{t_2 - t_1} = \frac{\Delta\omega}{\Delta t}$$

旋转物体的加速度也称为角加速度，是用来描述角速度变化快慢和方向的物理量。如果物体的角速度是变化的，则表示这个物体具有角加速度。设 t_1 时刻刚体的角速度为 ω_1，经过 Δt 时间，刚体的角速度变为 ω_2，则在 Δt 时间内的角速度变化量为平均角加速度，是描述角速度变化快慢和方向的物理量。

角加速度的单位为 rad/s^2，因为弧度无量纲，于是角加速度的单位可写作 $1/s^2$。

在伺服和变频器的工程应用中，为了方便，还经常使用另一种定义方法，即从静止加速到额定频率转速或某个规定的电动机转速的时间，在 ATV320 等变频器中，参数 ACC 用于设置加速时间，此参数定义电动机从静止加速到电动机额定频率（FrS）所需的时间，显然，加速时间越短，加速度就越快。与加速度类似，减速时间参数 DEC 用于设置电动机从额定频率转速减速到静止的时间。

在 LXM28 伺服中，使用参数 P1-34 和 P1-35 来设置脉冲和模拟量控制模式下的加减速时间，加速时间 P1-34 定义的是从 0 至 6000r/min 的时间，单位为 ms。减速时间 P1-35 定义的是从 6000r/min 降低到 0 的时间，单位也为 ms。

在 CANopen 模式下使用 16#6083 和 16#6084 来设置伺服的加减速度。具体的设置方法见 5.2.3 节中的描述。

4．加加速度

加加速度又称变加速度、急动度、冲动度、跃度，是描述加速度变化快慢的物理量。加加速度的符号一般用 J 来表示。加加速度可以用一段时间的加速度变化量求出，加加速度是矢量。国际单位制中，加加速度的单位为 $m \cdot s^{-3}$ 或 m/s^3。

在日常生活中，加加速度也很常见，如乘坐电梯的不适感和汽车加速时的推背感的变化，电梯和交通工具在加速时乘客产生的不适感不仅来自加速度，也与加加速度有关。较大的加加速度将会使人体产生相当的不适感或晕眩。

根据牛顿第二定律，加在物体的力或者转矩产生了加速度，而加加速度则反映了这个力或力矩的变化，过大的加加速度会使材料产生疲劳，对设备产生冲击，因此在设计和调试伺服控制器时，加加速度是必须考虑的因素。

当伺服电动机的加速度或减速度斜坡呈梯形曲线形状时，称为梯形斜坡；当伺服电动机的加速度或减速度斜坡呈 S 形曲线形状时，称为 S 斜坡。S 斜坡会有效降低加加速度的变化值，因此在伺服应用中为了减小加加速度对设备的影响，在不影响工作节拍的前提下，可以增大 S 斜坡的时间来减小加加速度对设备的冲击，即将 LXM28 伺服的参数 P8-32 适当加大。如果使用

TM241 的脉冲输出控制伺服，可通过加大功能块的 jerkRatio 参数来限制加加速度对设备运行的影响和冲击。

4.1.2　脉冲串输出和 M241 的 PTO 功能

脉冲串输出（Pulse Train Output，PTO）即 PLC 的快速输出点根据位置、速度、加速度和加加速度的要求，发送 50%占空比的方波脉冲信号，伺服驱动器或者步进驱动器接收该方波脉冲信号实现运动控制。因为 PTO 控制时，伺服驱动器并不将实际位置的信号反馈给 PLC，所以，PTO 本质上是开环控制。

TM241 的 PTO 功能最多可以控制 4 个独立的线性单轴步进器或伺服驱动器，实现伺服轴的定位或速度应用。

M241 的 PTO 通道支持以下功能：

1）4 个输出模式，包括正向脉冲/反向脉冲、单相脉冲、脉冲加方向、正交模式。

2）单轴移动，包括速度移动和位置移动。

3）梯形和 S 曲线加速和减速。

4）7 种回原点方式。

5）动态加速、减速、速度和位置修改。

6）速度模式与位置模式之间的切换。

7）位置、速度动作队列。

8）使用色标输入的事件来触发位置捕捉和相对移动。

9）正交模式下可对机械间隙进行补偿。

10）硬件限位和软件软限位。

11）诊断功能。

4.1.3　LXM28A 脉冲模式的参数设置

1．设置 LXM28A 的脉冲模式

LXM28A 伺服默认的工作模式是 CANopen 通信控制模式，当使用 PTO 控制 LXM28A 伺服时，需要将工作模式修改为脉冲模式，即将参数 P1-01 设为 0 或 100（设为 100 也是脉冲模式，与工作模式设为 0 的差别是伺服电动机的运动方向相反），修改后将 LXM28A 伺服的控制电断电再上电，使工作模式的修改生效。

2．设置脉冲模式下的加减速度

LXM28A 的脉冲模式是通过接收到的脉冲个数来执行伺服转动的位置或角度，内部的加减速度参数用来设定伺服在脉冲模式下的加减速度的最大值。为了使伺服尽快地跟随外部给定的速度变化，参数 P1-34 和 P1-35 设置的加减速度必须快于 PLC 发出的 PTO 脉冲的加减速度，P1-34 和 P1-35 最短设置时间为 6ms。

3．设置脉冲配置参数 P1-00

P1-00 的个位用来设置与 PLC 的脉冲输出模式匹配的工作模式，例如，如果在 M241 的脉冲输出模式配置中选择的是 A 顺时针(CW)/B 逆时针(CCW)模式，则 LXM28A 的 P1-00 应设为 X01。

P1-00 的十位用来设置最大的脉冲输入频率，B=0 时，低速脉冲为 500kpps（仅在 LXM28A 的脉冲输入模式是 RS422 时，才允许使用此设置），高速脉冲为 4Mpps；B=1 时，低速脉冲为 200kpps，高速脉冲为 2Mpps；B=2 时，低速脉冲为 100kpps，高速脉冲为 1Mpps。B=3 时，低速脉冲为 50kpps，高速脉冲为 500kpps。

P1-00 的百位用来选择伺服脉冲输入的极性，以改变伺服的运动方向。P1-00 的输入极性和脉冲输入工作模式如图 4-1 所示。

脉冲输入模式	P1-00的输入极性			
	C=0 正输入极		C=1 负输入极	
	正运动方向	负运动方向	正运动方向	负运动方向
A=0 A/B信号	PULSE SIGN		PULSE SIGN	
A=1 CW/CCW信号	PULSE SIGN		PULSE SIGN	
A=2 P/D信号	PULSE SIGN		PULSE SIGN	

图 4-1　P1-00 的输入极性和脉冲输入工作模式

P1-00 的千位用来选择使用伺服的高速脉冲口还是低速脉冲口接线端子。高低速脉冲口的接线不同，其中高速脉冲使用的硬件端子是 HPULSE、/HPULSE、HSIGN 和/HSIGN，而低速脉冲使用的 PULSE、SIGN 端子。

4.1.4　PTO 伺服控制项目的创建和组态

参照 1.1.2 节中的方法创建项目，PLC 选择 TM241CEC24T，在 IO_Bus 下添加 TM3 模块，包括逻辑输出模块 TM3DQ16R、安全模块 TM3SAC5R、TM3 总线发送模块 TM3XTRA1、TM3 总线接收模块 TM3XREC1、逻辑输入模块 TM3DI16、逻辑输出模块 TM3DQ16R。

在设备树下双击“GVL”全局变量，双击扩展输入 I/O 模块“Module_5（TM3DI16/G）”，删除模块的自动声明，否则不能对 I/O 端子进行变量声明，如图 4-2 所示。

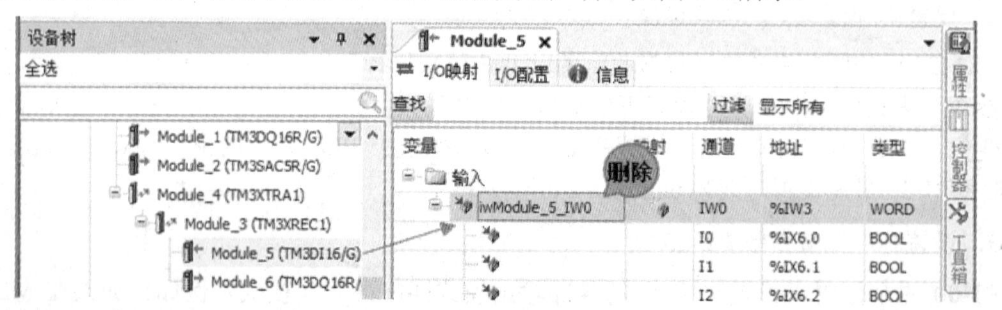

图 4-2　端子的变量链接

4.1.5　创建 A01_Safety 动作和编程

单击“应用程序树”，在“SR_Main（PRG）”的右键下拉菜单中，单击“添加对象”→“动作”，名称为“A01_Safety”，单击“打开”按钮，如图 4-3 所示。

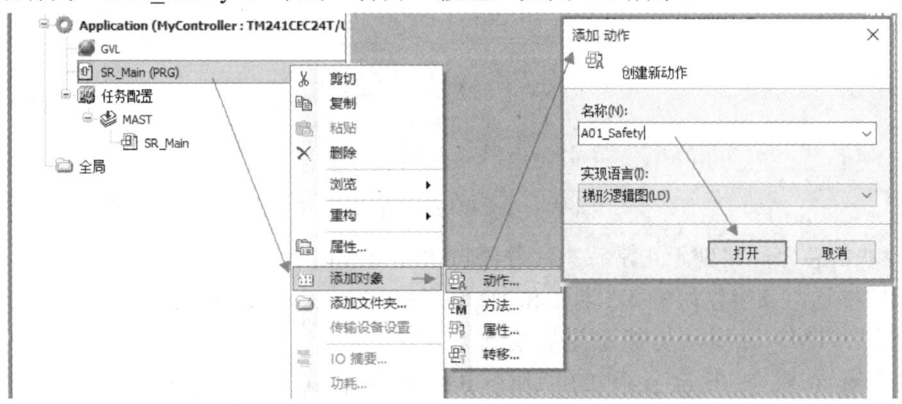

图 4-3　创建 A01_Safety 动作

在 A01_Safety 中添加 TM3_Safety 功能块，拖入空的功能块后，在功能块的“输入助手”界面声明功能块。安装 TM3 的安全模块 TM3_Safety 时，可以在文本搜索的输入栏中输入“TM3”进行快速搜索，找到功能块后，单击“确定”按钮，然后在功能块的上方将名称修改为“GVL.fbSafety”，如图 4-4 所示。

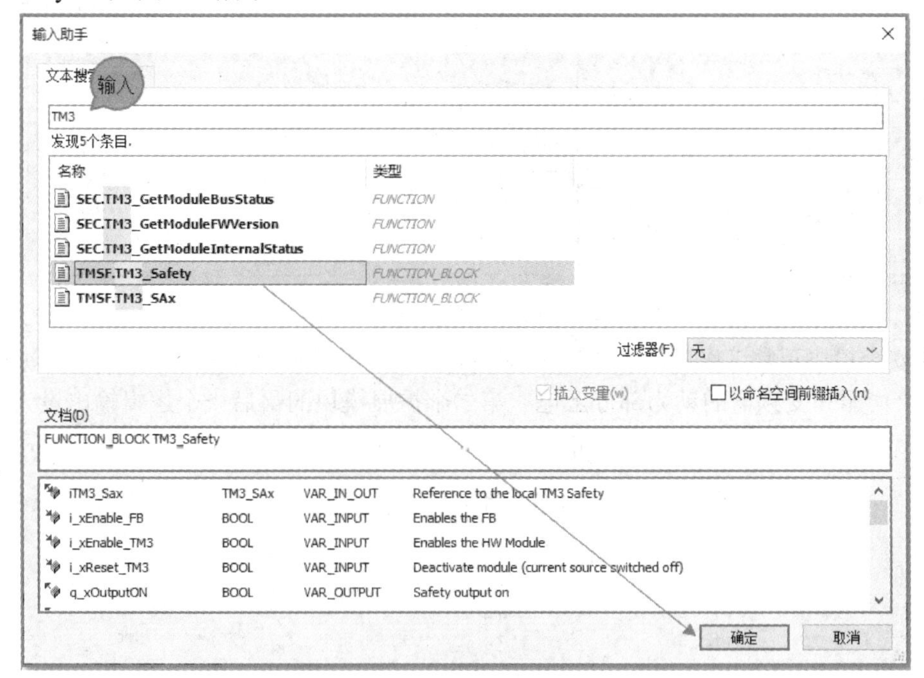

图 4-4　在 A01_Safety 中添加安全模块

利用上电第一个周期功能 IsFirstMastCycle 的输出将功能块启用变量 xEnable_1 设为真，只有把 TM5 扩展逻辑输入模块的最后一个开关 xPowerON 拨到 ON 的位置，安全模块启动输出 xSafety_Start 继电器线圈才能得电，安全模块启动输出继电器得电后再延时 2s，延时到达后，再让 TM3 安全模块启用变量 xEnable_2 变为真，这样安全模块才能正常工作，程序如图 4-5 所示。

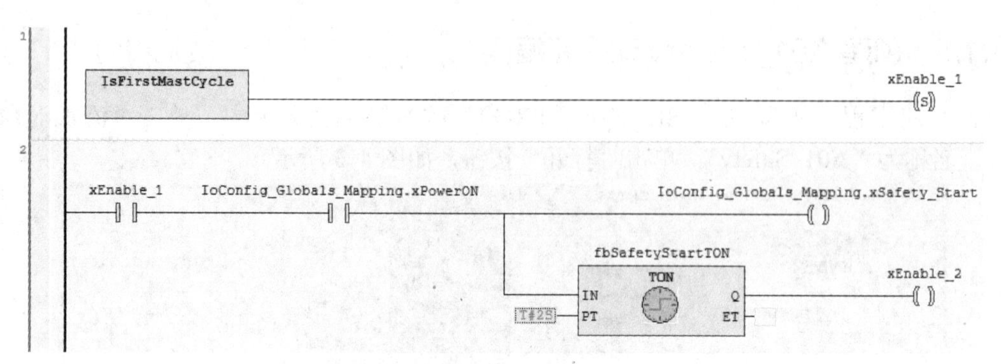

图 4-5　安全模块 Safety 的程序

安全模块的急停回路处于正常状态，急停按钮没有被按下（A1 端子与 24V 接通，A2 端子与电源的 0V 接通，安全模块的 Y1 端子和 Y2 端子接通），是启动安全模块的条件之一。

程序调用 TM3_Safety 功能块进行管理，TM3_Safety 功能块的 iTM3_Sax 引脚配置为 Module_2（安全模块在设备树的 TM3 IO 总线的第二个模块），全局变量 GVL.xRstSafeModuleEStop 用于复位安全模块，为真时禁止模块，输出停用，并将内部联锁并复位，如图 4-6 所示。

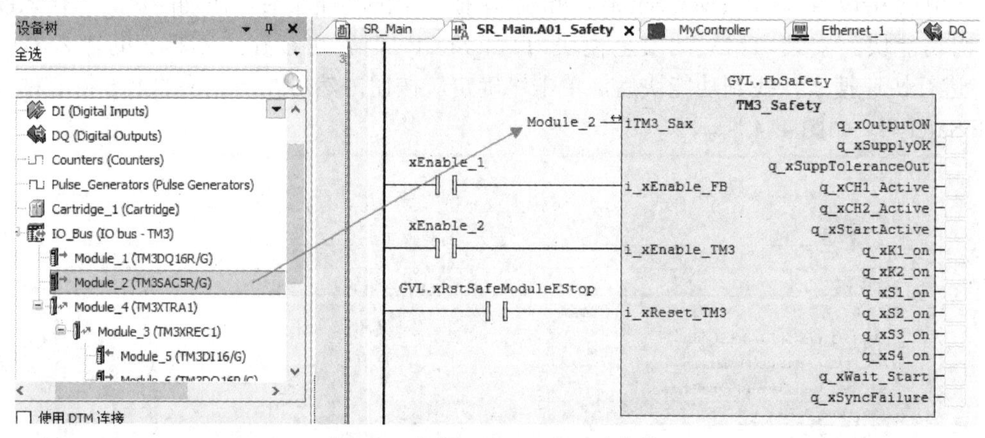

图 4-6　调用 TM3_Safety 功能块

TM3 安全模块正常工作后，q_xK1_on 和 q_xK2_on 同时输出高电平后，动力部分的主接触器吸合来给伺服和变频器的动力部分上电。第二个扩展模块的最后一个逻辑输出设为 ON，用于指示安全模块已经开始正常工作，如图 4-7 所示。

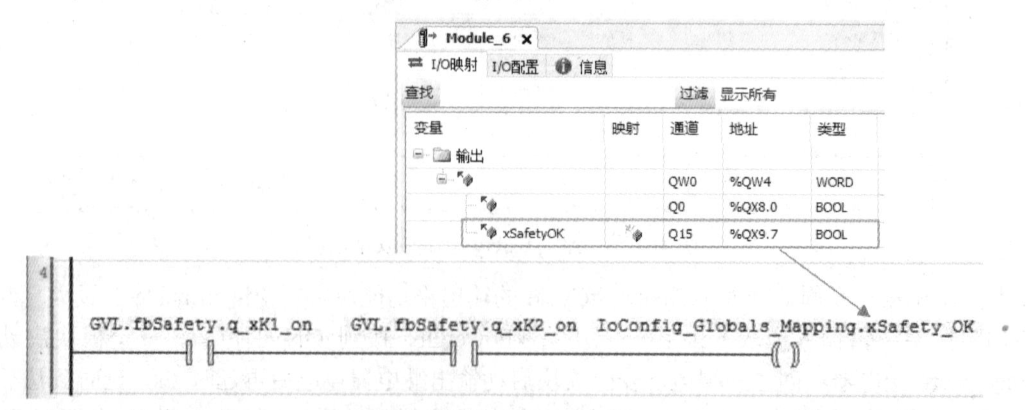

图 4-7　安全模块正常工作后输出

4.1.6　主程序中调用 ACT 动作

在 SR_Main（PRG）中，插入空的运算块来调用两个 Action，方法是在“输入助手”对话框中单击“模块调用”，选择要调用的“A01_Safety”，单击“确定”按钮即可，如图 4-8 所示。

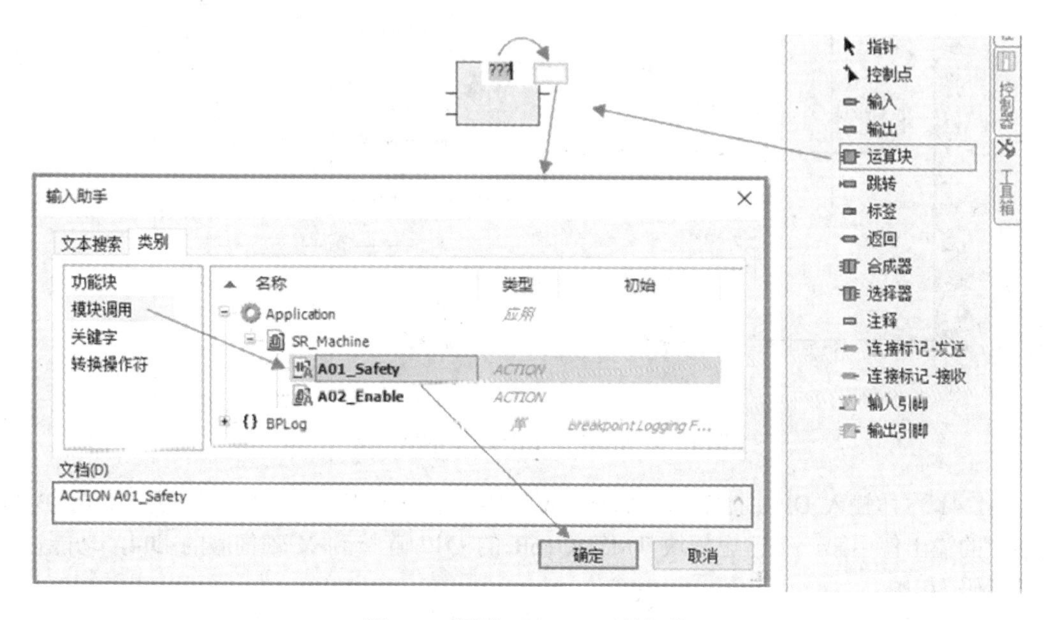

图 4-8　调用 A01_Safety 的操作

4.1.7　使用 PTO 控制 LXM28A 伺服的接线和参数设置

M241CEC24T 快速晶体管输出的逻辑类型是源极输出，对应 LXM28A 脉冲输入的正逻辑，集电动机开路，M241 的 PTO 伺服控制系统连接的示意图如图 4-9 所示。

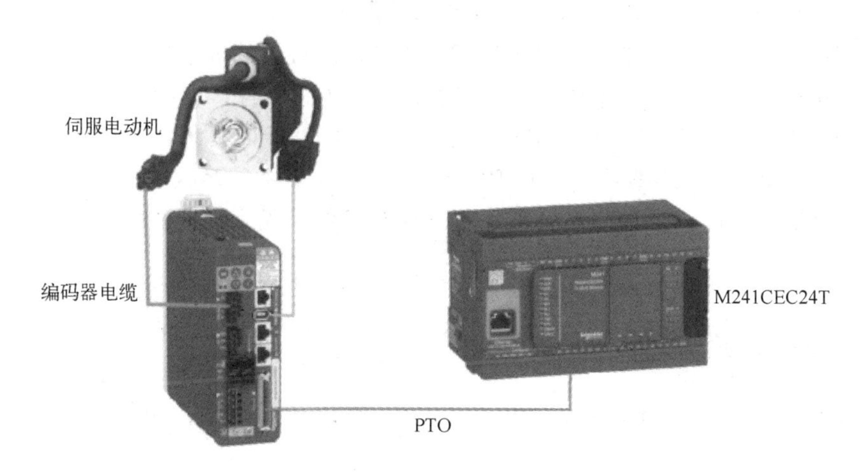

图 4-9　M241 的 PTO 伺服控制系统连接的示意图

将 M241 的 Q0 连接 LXM28A 伺服的 39 号端子，Q1 接 LXM28A 的 35 号端子，V0+接

DC 24V。V0−接 0V，LXM28A 的 37 和 41 号端子接 0V，如图 4−10 所示。

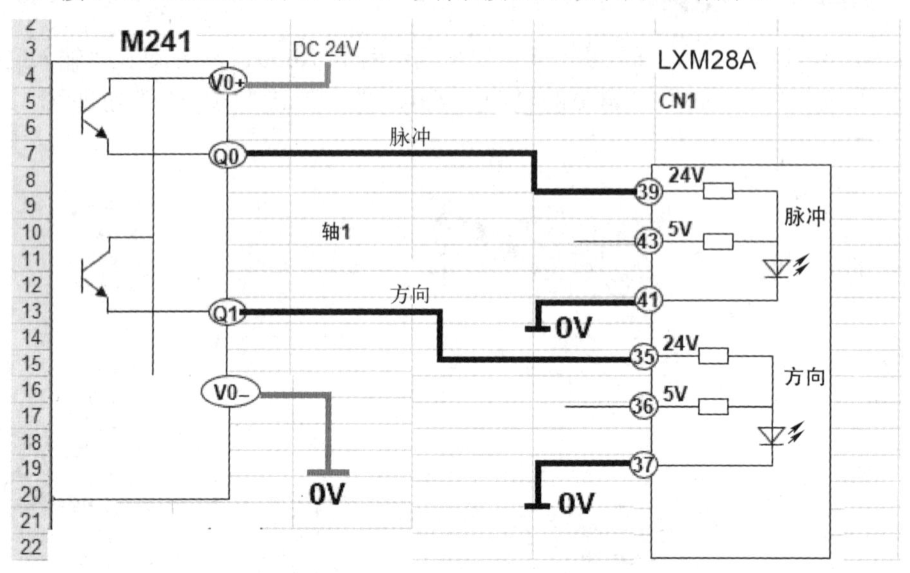

图 4−10　M241 和 LXM28A 的脉冲接线

将 M241 本体输入 DI10 接 X 轴 LXM28A 伺服的逻辑输出 D01 准备好信号，X 轴 PTO 使能功能块的输出使用第一个输出模块 TM3DQ16R 的 Q12 连接到 X 轴伺服的 DI4，功能设为使能，功能码为 101。

PTO 项目实验时，还需将 X 轴的原点开关信号接入 M241 本体输入端子 DI0，如图 4−11 所示。

参考任务 3.2 中的内容，打开 SoMove 软件对伺服进行 PTO 参数设置，步骤如下：

1）回到出厂设置，P2-08=10，断电再上电完成参数的复位。

2）设为脉冲模式，P1-01=0，如果要调整方向，设置 P1-01=100，设置后要重新上电。

3）设置电子齿轮比，P1-44=1280，P1-45=5，伺服 5000 个脉冲走 1 圈。

4）设置脉冲模式的加减速度，将 P1-34/35 都设为 6ms。

5）设置限位和急停功能，P2-15～P2-17=0，去掉出厂设置的屏蔽限位和急停功能。

6）设置伺服的 DI1 为原点信号，P2-10=124；DI2 为正限位，设为 22；DI3 为负限位，设为 23；DI4 为使能信号，P2-13=101；DI5 为故障复位，P2-14=102。

设置完成后，单击“保存参数到 EEPROM”图标，将参数的修改保存到 EEPROM 中，伺服驱动器断电再次上电后，参数修改将被保留。存储参数完成后，将伺服断电再上电，使参数修改生效。

4.1.8　登录和下载程序

双击“Application（MyController）”中要连接的 PLC，等待 PLC 的名字变为粗体后，单击工具栏中的“登录”快捷图标。

在弹出的警告对话框中，按 Alt+F 键前务必确认电动机的移动不会伤人或者损伤设备，在随后的登录确认对话框中选择“是”确认登录，程序编译信息会不匹配，需要覆盖 PLC 的程序，单击“是（Y）”按钮下载程序，如图 4−12 所示。

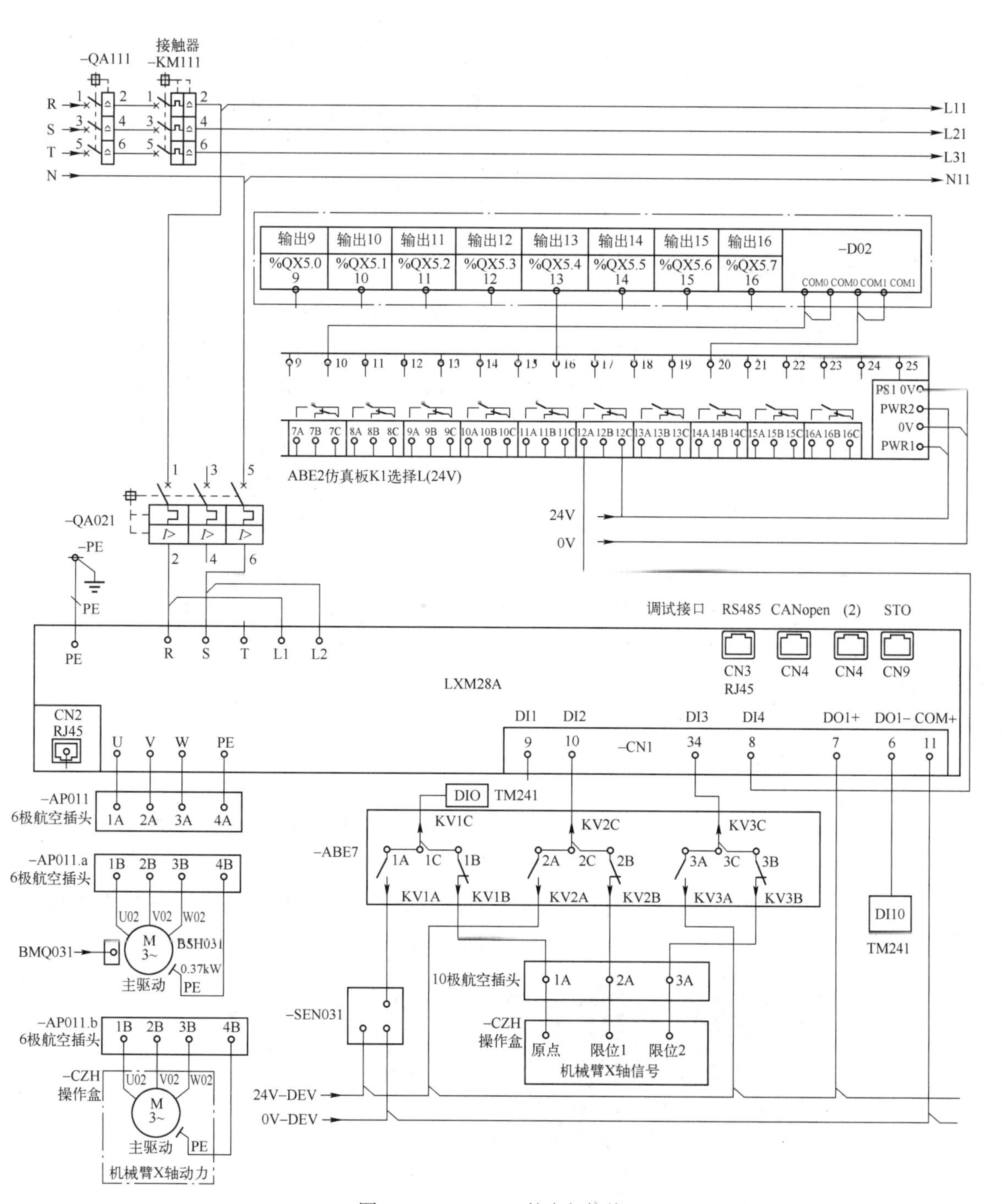

图4-11　LXM28A的电气接线

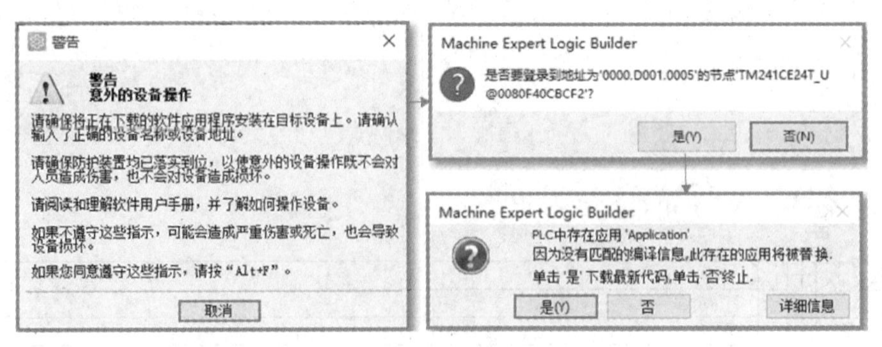

图 4-12　程序下载前的操作

4.1.9　存盘编译和下载连接

调用完成后，存盘并编译，查看消息栏，修改错误，重新编译没有错误消息后，下载程序。

本任务中使用以太网的方式下载程序，首先，用网线连接 PC 的以太网口和 PLC 的以太网口。单击“设备树”，双击“Application（MyController）”，然后单击“刷新”图标，可以看到扫描到 TM241 的 PLC，如图 4-13 所示。

图 4-13　扫描 TM241 中的 PLC

单击 PC 的无线网络，在弹出的网络连接显示中，单击“网络和 Internet 设置”修改 PC 的以太网设置，选择“以太网”→“更改适配器选项”，如图 4-14 所示。

图 4-14　Win10 的以太网设置

双击网络连接中的“以太网”，如图 4-15 所示。

图 4-15　进入以太网配置

在弹出的“以太网状态”对话框中，选择“属性”→“Internet 协议版本 4（TCP/IPv4）”，再单击“属性”按钮，如图 4-16 所示。

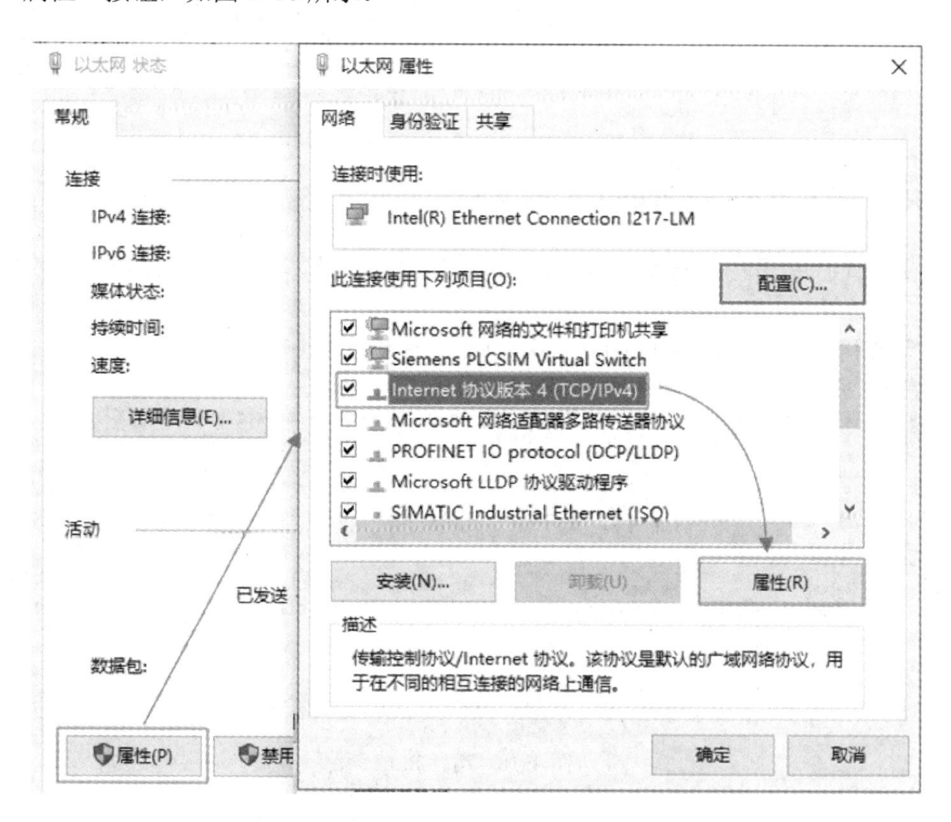

图 4-16　进入 Internet 协议版本 4（TCP/IPv4）

设置 PC 的 IP 地址为“192.168.0.210”，子网掩码为“255.255.255.0”，如图 4-17 所示。

图 4-17　设置 PC 的 IP 地址

4.1.10　PLC 的运行操作

下载程序后，按 F5 键或者单击工具栏中的“启动（F5）”图标运行 PLC，如图 4-18 所示。

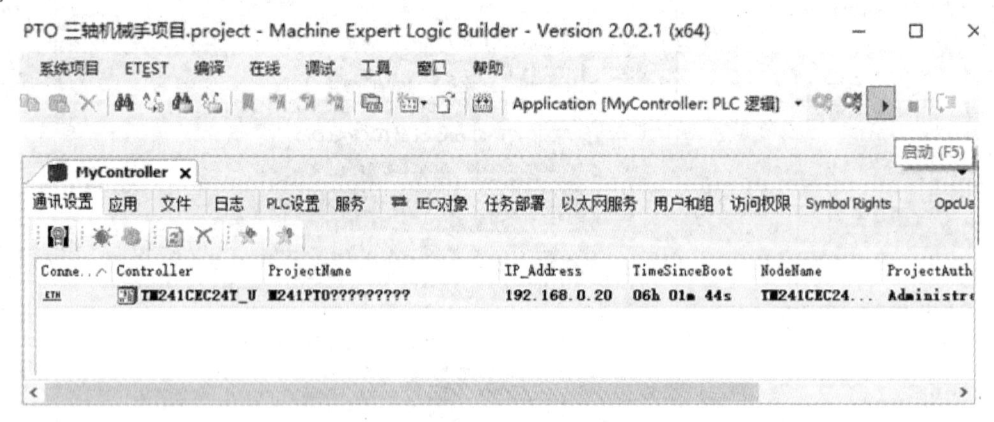

图 4-18　运行 PLC

编译下载后，运行 PLC，正常运行情况下，安全模块的 K1 和 K2 输出都为 TRUE，并且将主回路接触器 KM111 吸合，L11 通电，LXM28A 的断路器的进线端 QA021 得电，程序运行结果如图 4-19 所示。

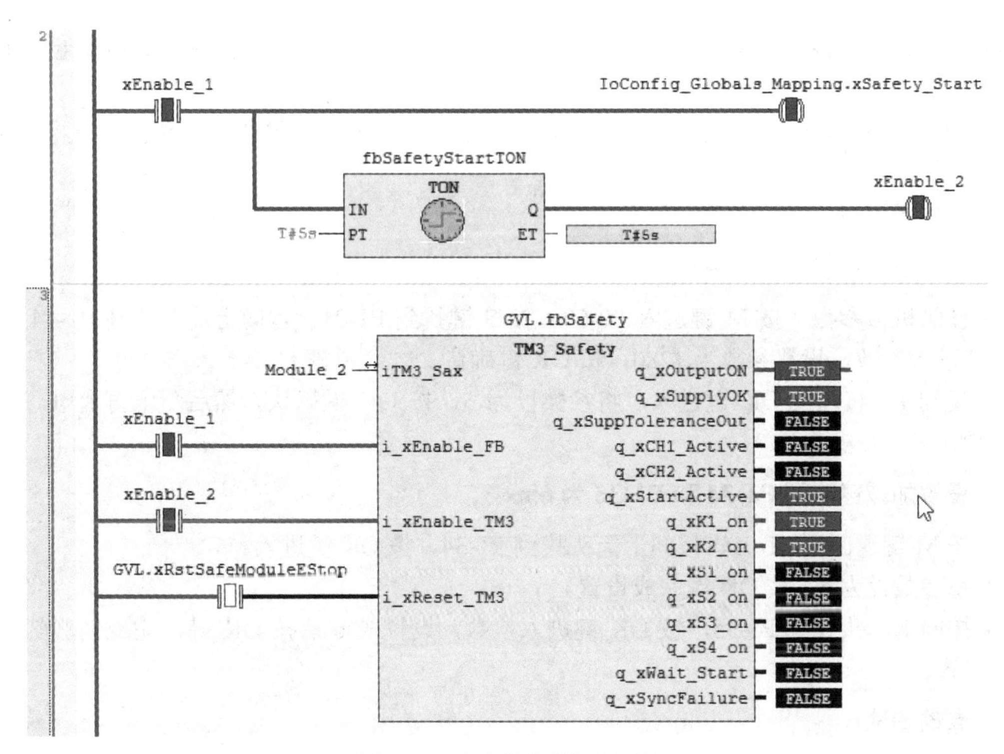

图 4-19 安全模块的运行结果

4.1.11 使用集成面板调试 LXM28A

1. 使用集成面板恢复出厂设置

将 P2-08 设为 10，恢复出厂设置，过程如下：

1）在 LXM28A 伺服的集成面板上按 M 键进入 P0-00。

2）按 S 键找到 P2-01。

3）按向下的方向键找到 P2-08，按 OK 键进入参数，按 S 键移动到十位，按向上箭头设成 10，然后按 OK 键，面板显示 Po-on，提示断电再上电。

4）将伺服的 AC 220V 电源断开再上电，即可恢复出厂设置。

2. 使用集成面板设置伺服的工作模式

将 P1-01 设为 0，设置 LXM28A 的工作模式为脉冲控制模式。

1）在 LXM28A 伺服的集成面板上按 M 键进入 P0-00。

2）按 S 键找到 P1-01。

3）按向下箭头将工作模式设成 0，将 LXM28A 伺服设为脉冲控制模式。

3. IO 端子的功能设置

设置 LXM28A 上电使能，并将限位和急停功能关闭。

1）按 M 键退回到 P1-01，再按 S 键，出现 P2-01，按向上箭头找到 P2-10，按 OK 键进入。

2）将参数设为 1，按 OK 键完成设置。

3）按向上箭头找到 P2-68，按 OK 键进入参数，设置成 01 后按 OK 键，完成伺服上电自动使能。

4）如果不使用限位，可以将 P2-15、16 的百位设 1，然后不接线，当然也可以将 P2-15、16 设为 0。

5）如果不使用急停，将 P2-17 设为 0。

4．设置电子齿轮比为 5000

1）按照机械参数，按 M 键进入 P0-00，按 S 键找到 P1-01，按向上箭头找到 P1-44 参数，按 OK 键进入参数，设置参数为 1280，按 OK 键确认。

2）找到 P1-45，按 OK 键进入，将参数设为 5，按 OK 键确认。然后断电再上电，使参数修改生效。

5．设置加减速时间 P1-34 和 P1-35 为 6ms

1）按 M 键退回到 P1-01，按向上箭头找到 P1-34，按 OK 键进入。

2）将参数设为 6，按 OK 键完成设置。

3）按向上箭头找到 P1-35，按 OK 键进入参数，设置成 6 后按 OK 键，完成伺服脉冲加减速度的设置。

6．点动测试

点动运行用来确认驱动器和伺服电动机的工作正常与否，并检查机械和电动机的旋转方向。

1）按 M 键切换到 P0-00，按 S 键找到 P4-00，按向上箭头找到参数 P4-05，按 OK 键进入，启动 JOG 运行模式。

2）LXM28A 上将显示 JOG（手动运行）的速度，单位为 min^{-1}。

3）设置转速为 50，按 OK 键确认。

4）在 LXM28A 上显示 JOG；

5）按向上箭头键电动机开始正向运动。

6）按向下箭头键电动机开始反向转动。

7）通过按键 M 可再次结束 JOG 运行模式。

7．LXM28A 的自动整定

出厂的电动机控制是非线性模式，P8-35 设置为 207，可以进行电动机自整定。

1）按 M 键切换到 P0-00，按 S 键找到 P2-01，按向上箭头找到参数 P2-32，按 OK 键进入，按向上箭头设为 1，按 OK 键开始轻松整定。

2）通过 P2-32 开启轻松整定之后，进度会以 tn000～tn100 的百分比显示在 HMI 显示器上。

3）按伺服集成面板上的 M 键可中断自动调整。

4）自动调整成功完成后，会在伺服集成面板的显示器上显示 done。

5）按伺服集成面板上的 OK 键可储存控制电路参数的值。HMI 显示器会显示 saved。

6）按伺服集成面板上的 M 键可放弃自动调整的结果。

8．线性控制模式的手动整定电动机的性能参数

将 P8-35 设为 4001，启动线性模式，根据设备性能要求，调整伺服性能。

1）按 M 键切换到 P0-00，按 S 键找到 P8-35，按 OK 键进入，然后将 P8-35 设为 4001，按 OK 键确认，将伺服断电再上电。

2）对于要求不高的应用，可以手动调整 P8-57，一般是将 P8-57 慢慢调高，电动机刚性达到要求即停止，然后逐渐增大 P8-53，直到定位精度达到要求。

对定位和性能要求比较高的应用，必须使用 SoMove 软件抓取伺服位置、速度和记录等数据，然后在软件中画出图形，并进行分析，根据机械和工艺的要求，调整 P8-53、57、58 等参数，有时还要调整 P8-32 S 斜坡时间，P8-60 和 P8-63 等速度滤波参数、位置和速度前馈等参数。

任务 4.2　探针和故障复位功能的项目实现

本任务要求了解探针和故障复位功能块在程序中的作用，掌握功能块在定长应用中的使用方法。

4.2.1　故障复位功能

故障复位功能块 MC_reset_PTO 用来复位 PTO 的故障，使 PTO 轴从故障 ErrorStop 状态转换为静止 Standstill 状态。Execute 引脚的上升沿用来启动 MC_reset_PTO 功能块，来复位轴的错误。当 Execute 引脚出现下降沿，则在下降沿执行完成后复位功能块的输出。

4.2.2　PLC 的探针功能

PLC 的探针功能用来捕捉位置，同时启动一个位置移动功能块的运动。

TM241 的探针功能需要在硬件配置中先配置一个 Probe 的快速的逻辑输入，然后调用 MC_TouchProbe_PTO 功能块启用探针功能。

MC_TouchProbe_PTO 功能块激活后，功能块输出引脚 Busy 变量出现上升沿，只能使用 Busy 上升沿后的第一个探针输入事件。当探针输入事件出现后，功能块完成位 Done 变为 TRUE，如果再出现色标输入，PLC 将不再响应，为了再次响应探针事件，需要把 Execute 引脚的变量设为 FALSE，然后再设为 TRUE，才能重新激活探针事件功能块。

MC_TouchProbe_PTO 功能块可以选择只在某个特定的位置区间才能进行位置捕捉。

功能块的输入布尔型引脚变量 TriggerLevel 设置为 TRUE 时，选择当色标输入出现的上升沿进行位置捕捉，当 TriggerLevel 设置为 FALSE 时，选择当色标输入出现的下降沿进行位置捕捉。MC_TouchProbe_PTO 功能块输入引脚的描述见表 4-1。

表 4-1　MC_TouchProbe_PTO 功能块输入引脚的描述

输入	类型	初始值	描述
Axis	AXIS_REF_PTO		将执行功能块的轴（实例）的名称。在设备树中，在 PTO 配置中声明名称
Execute	BOOL	FALSE	在上升沿启动功能块的执行。如果出现下降沿，则在其执行结束时，复位功能块的输出引脚

（续）

输入	类型	初始值	描述
WindowOnly	BOOL	FALSE	如果为 TRUE，则仅使用 FirstPosition 和 LastPosition 定义的窗口接受触发事件
FirstPosition	DINT	0	接受触发事件（正方向）的绝对起始位置（窗口中包含的值）
LastPosition	DINT	0	接受触发事件（负方向）的绝对停止位置（窗口中包含的值）
TriggerLevel	BOOL	FALSE	如果为 FALSE，则在下降沿进行位置捕捉。如果为 TRUE，则在上升沿进行位置捕捉

4.2.3 色标和色标传感器

色标是印刷在包装膜上的与图案背景颜色的灰度有较大反差（较强对比度）的标记。

使用色标传感器检测色标信号，PLC 会记录光标的位置，这样切刀切断包装膜时不会导致图案出现错乱，另外送料的位置也能明确，即光标位置点加上设定的包装袋子的长度。色标传感器（Contrast Sensor）是用来检测色标的传感器，通常用来检测和比较物体表面的色彩灰度，如图 4-20 所示。

图 4-20　色标和色标传感器

包装机的色标传感器连接 PLC 的快速逻辑输入（在 ESME 软件中将这个 PLC 的快速逻辑输入称为 Probe），PLC 在接收光标输入事件后，内部通过中断终止当前的伺服移动动作，并立即开启一个定长的相对移动，这个定长就是设置的包装袋的长度，因为使用了中断，所以定位精度较好，一般可达±(0.4～1)mm。

4.2.4 创建立式包装机的探针功能的项目

立式包装机通过材料拉伸进给装置进行上料操作，塑料薄膜经过薄膜圆筒形成筒状，再经过热纵封装置封住侧面，并将包装内容物注入包装袋，此时，通过横封机构色标光电传感器检测到色标后，PLC 控制伺服轴移动一段包装袋的长度，再进行一次塑封后切断，从而完成一个包装的操作了。

新建项目名称为 M241 和 LXM28A 伺服系统的探针和故障复位功能的实现，语言选择梯形图。编程时使用 Move_Velocity 功能送料，缓冲模式设为 seTrigger，然后 MC_Touch_Probe 激活色标功能块，当色标信号到达后，PLC 自动启动相对位置移动功能块，完成包装袋的定长送料，相对移动的缓冲模式也设为 seTrigger。

4.2.5 PTO 配置

在设备树下双击“Pulse_Generators”，PTO 配置为命令加方向，光标输入配置为 I3，如图 4-21 所示。

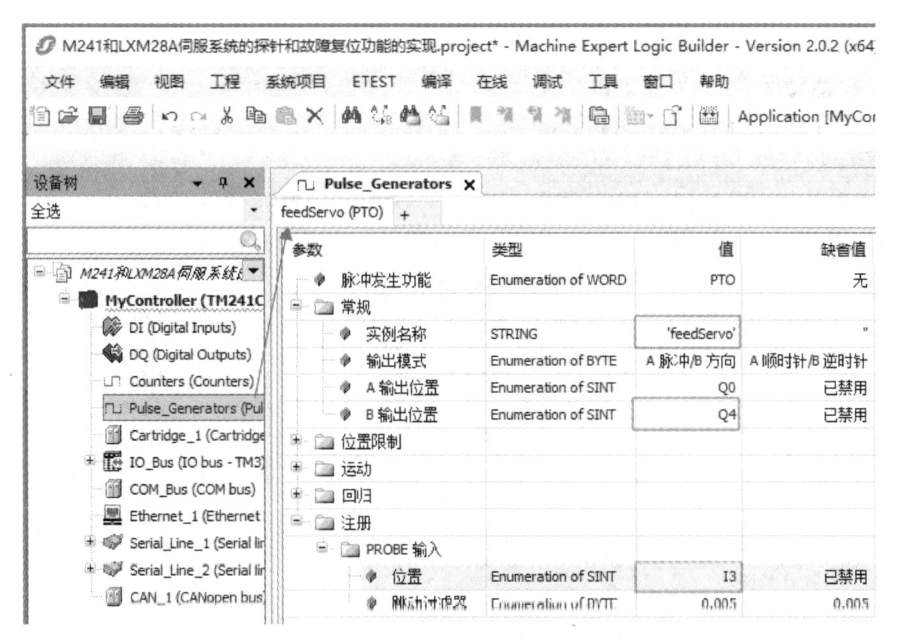

图 4-21　PTO 的配置

4.2.6　DI 变量和 DQ 变量

声明 M241 本体输入 DI 的变量，其中 xTP 是光电开关输入，连接 I4；xfeedReady 是 X 轴伺服的准备好信号，连接 I10 输入点；xProductfeed 是上料开关，连接 I6；xStop 是停止开关，连接 I7，如图 4-22 所示。

I/O映射　I/O配置

查找　过滤　显示所有

变量	映射	通道	地址	类型	描述
输入					
		IW0	%IW0	WORD	
		I0	%IX0.0	BOOL	快速输入，漏极/源极
		I1	%IX0.1	BOOL	快速输入，漏极/源极
		I2	%IX0.2	BOOL	快速输入，漏极/源极
xDoorSafety		I3	%IX0.3	BOOL	安全门开关
xTP		I4	%IX0.4	BOOL	快速输入，漏极/源极
		I5	%IX0.5	BOOL	快速输入，漏极/源极
xProductfeed		I6	%IX0.6	BOOL	快速输入，漏极/源极
xStop		I7	%IX0.7	BOOL	快速输入，漏极/源极
		I8	%IX1.0	BOOL	常规输入，漏极/源极
		I9	%IX1.1	BOOL	常规输入，漏极/源极
xfeedReady		I10	%IX1.2	BOOL	常规输入，漏极/源极
		I11	%IX1.3	BOOL	常规输入，漏极/源极
		I12	%IX1.4	BOOL	常规输入，漏极/源极
		I13	%IX1.5	BOOL	常规输入，漏极/源极
ibDI_IB1		IB1	%IB2	BYTE	

图 4-22　声明 M241 本体输入 DI 的变量

声明 M241 本体输入 DQ 的变量，如图 4-23 所示。

DQ ×

I/O映射 I/O配置

查找 过滤 显示所有 给IO通道添加FB...

变量	映射	通道	地址	类型	默认值	单元	描述
输出							
		QW0	%QW0	WORD			
		Q0	%QX0.0	BOOL			快速输出，推/拉
		Q1	%QX0.1	BOOL			快速输出，推/拉
		Q2	%QX0.2	BOOL			快速输出，推/拉
		Q3	%QX0.3	BOOL			快速输出，推/拉
		Q4	%QX0.4	BOOL			常规输出
		Q5	%QX0.5	BOOL			常规输出
		Q6	%QX0.6	BOOL			常规输出
XTPTrigger		Q7	%QX0.7	BOOL			常规输出
xfeeding		Q8	%QX1.0	BOOL			常规输出
xSafety_Start		Q9	%QX1.1	BOOL			常规输出
qbDQ_QB1		QB1	%QB2	BYTE	0		

图 4-23　声明 M241 本体输入 DQ 的变量

4.2.7　探针和故障复位功能的 ACT 动作

在 Application 中创建新的动作，动作名称为 feedPack，用于完成立式包装机的输送包装袋薄膜。在 feedPack 动作中调用 MC_Power_PTO 功能块，作为送料伺服的使能，如图 4-24 所示。

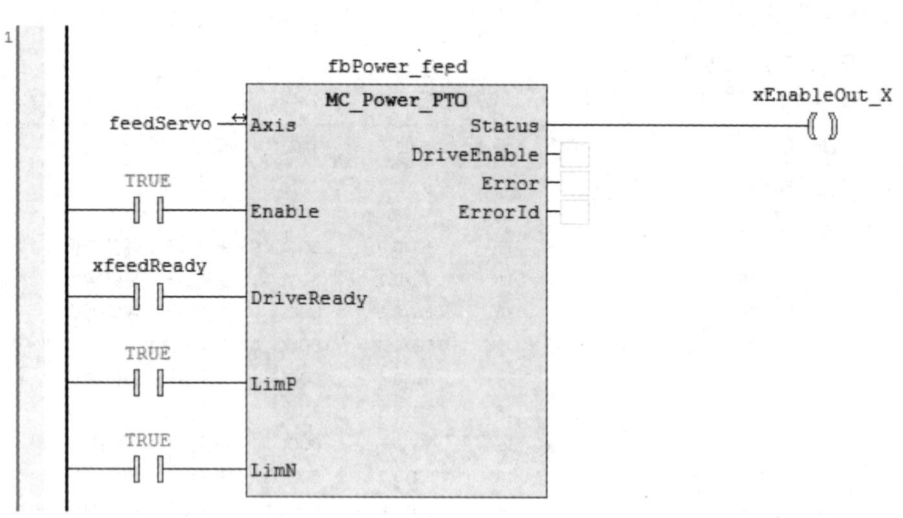

图 4-24　送料伺服的使能

如图 4-25 所示，在网络 2 中，采用速度控制来启动送料，程序采用典型的自保电路编程。首先将上料 I6 开关（变量 xProductfeed）闭合，xfeeding 上料 Q8 指示灯点亮。在网络 3 中，上料指示灯点亮后，将启动变量 xStart1 置位为真，该变量用来启动探针功能块 MC_TouchProbe_PTO 和速度移动功能块 MC_MoveVelocity_PTO，检测到色标后的相对移动功能块 MC_MoveVelocity_PTO 的到位信号的下降沿也会将 xStart1 置位为真，以开启下一个循环。在网络 4 中，功能块 MC_MoveVelocity_PTO 的到位信号的上升沿会复位 xStart1 运行命令。关闭 xfeeding 上料指示灯也会将 xStart1 运行命令清除。

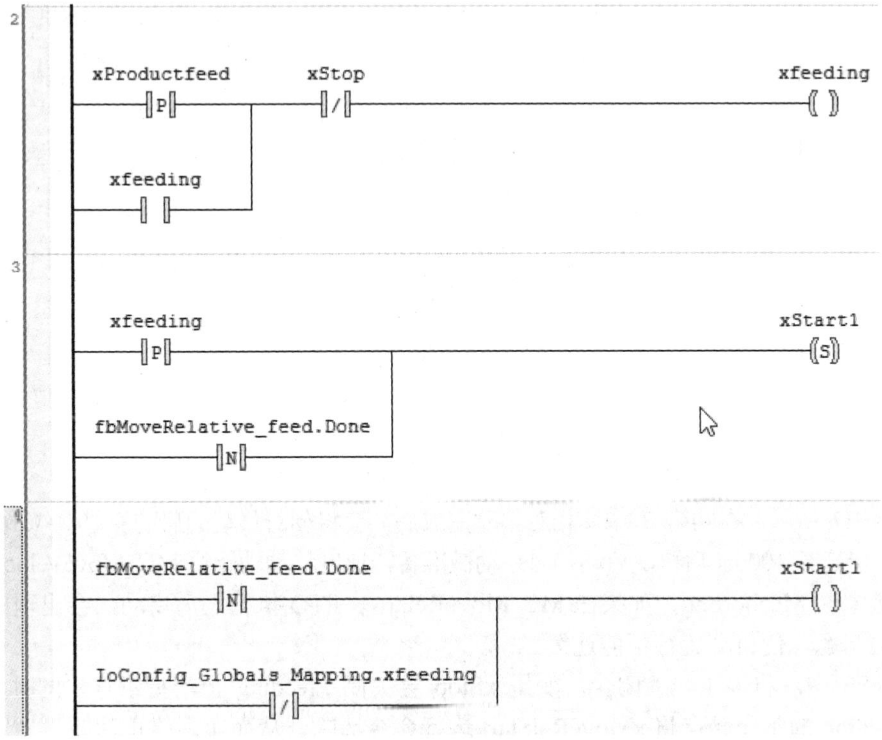

图 4-25　上料指示灯和启动变量 xStart1 的程序

如图 4-26 所示，在网络 5、6 中，使用内部变量 xStart1 先激活色标功能块 fbTP_feed，再激活速度移动功能块 fbMoveVelocity_feed，因为检测的是色标的上升沿信号，所以使用 TRUE 使功能块的引脚 TriggerLevel 为真，因为不使用位置区间捕捉，所以其余 fbTP_feed 功能块的其他输入引脚保持缺省值，色标功能块激活后，它的输出引脚 Busy 会变为真，等待光标信号到来。程序同时给 MC_MoveVelocity_PTO 功能块的输入引脚 Execute 上升沿触发运行，目标速度使用变量 diMachineSpd 进行设置，默认速度为 2000Hz，对应伺服电动机转速为 120r/min，方向根据现场机械的运动方向设为正向，缓冲模式设为中断模式，加减速设定为 200Hz/ms。

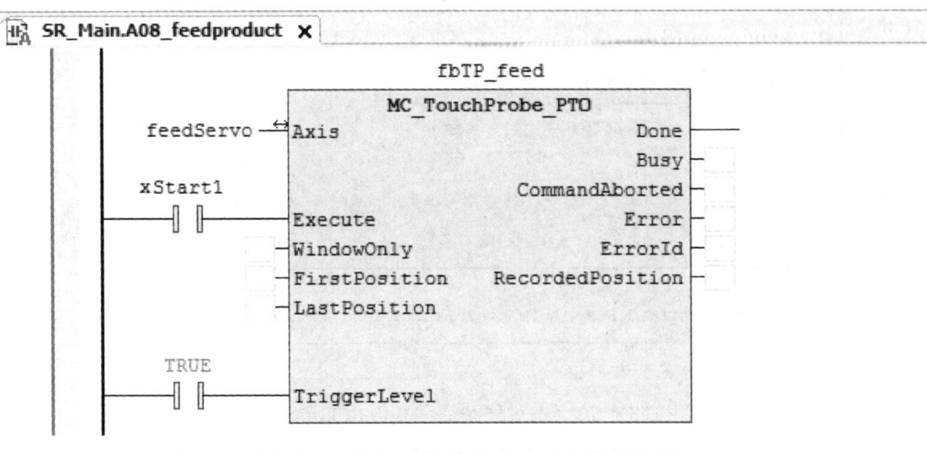

图 4-26　色标功能块和速度功能块的编程

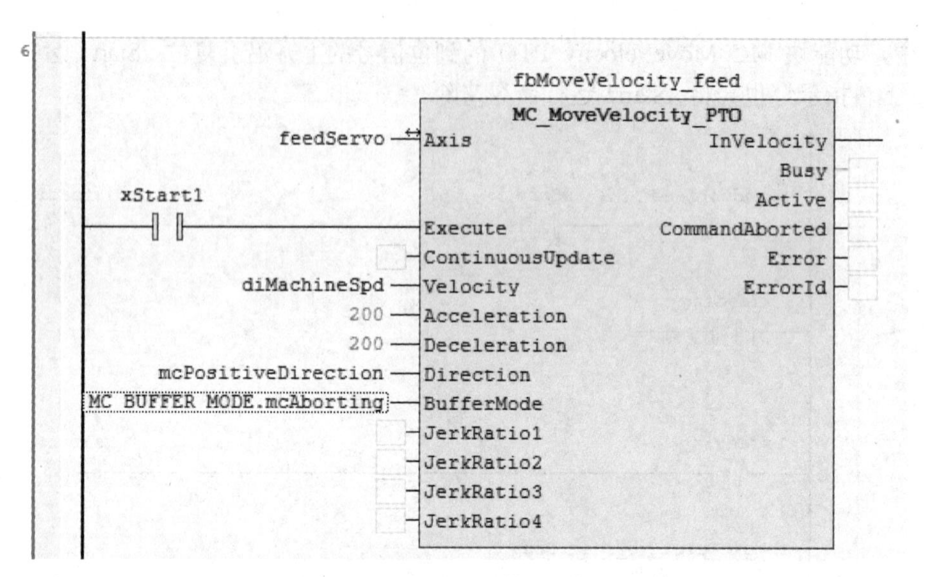

图 4-26　色标功能块和速度功能块的编程（续）

如图 4-27 所示，在网络 7 中，相对移动完成后，会将相对移动的启动变量 xMoveRelStart 复位，为下一步延时 100ms 后再次启动相对移动做准备，速度移动功能块 MC_MoveVelocity_PTO 的缓冲模式是中断 Mcaborting，如果在 MC_MoveRelative_PTO 执行之后启动，会出现中断相对移动功能块的问题，使自动运行不能连续。

在网络 2 中，将停止开关闭合，变量 xStop 会关闭 xfeeding 上料指示灯，同时，在网络 7 中使用 xfeeding 的常闭触点将 xMoveRelStart 运行命令清除，从而实现停止功能。

在网络 8 中，fbTON_0 定时器实现的是 100ms 延时。

在网络 9 中，速度移动功能块的 Busy 和 Active 引脚也会置位 xMoveRelStart 变量，来启动第一次相对移动。

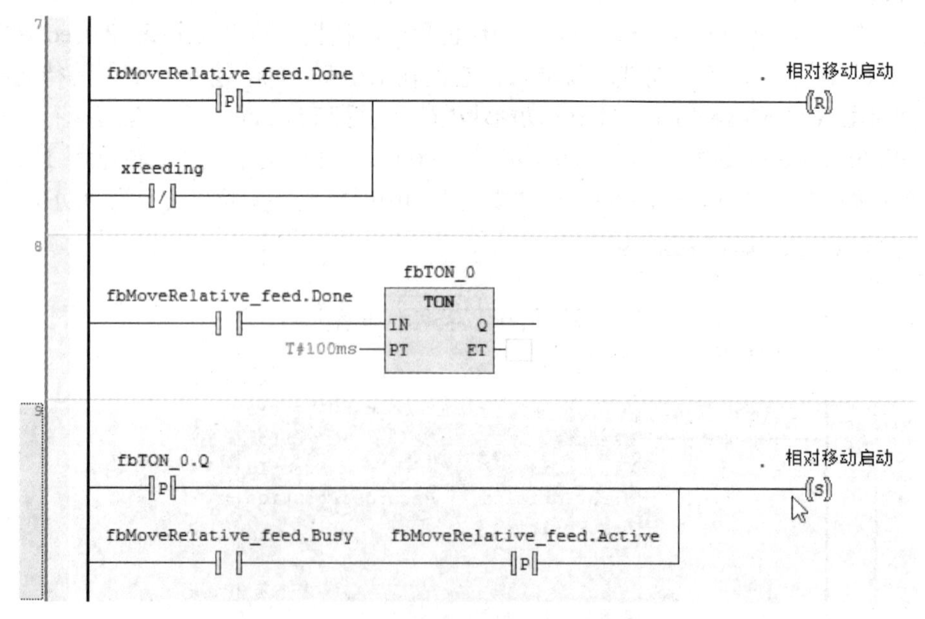

图 4-27　相对移动启动和停止的逻辑

如图 4-28 所示，在网络 10 中，相对移动的目标位置的输入变量是包装的长度，设置范围由机械决定，默认长度为 50000（50mm）。设置的目标速度为 20000，对应转速 240r/min，加速度和减速度均设为 200，缓冲模式必须使用 setrigger 探针。PLC 在检测到光标信号后，自动停止相对速度运动，立即开始相对位置移动功能块 fbMoveRelative_feed 的执行，内部使用中断保证包装袋的长度准确。

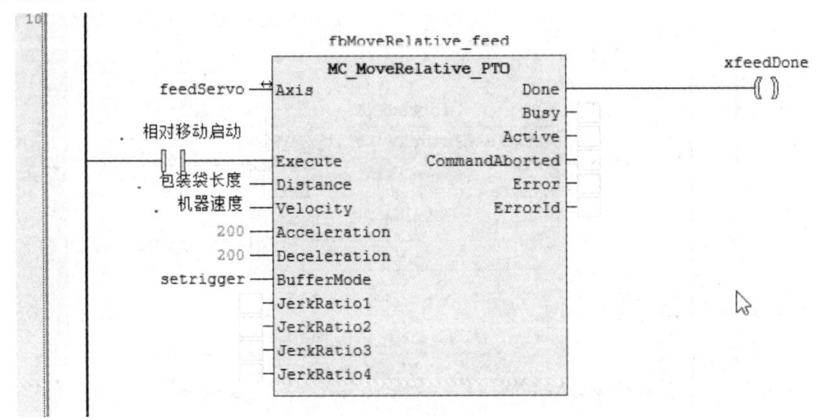

图 4-28　相对定位的程序

如图 4-29 所示，在网络 11 中，为了在不接色标传感器的情况下测试程序的正确性，将 TM241 PLC 的输出 Q2 上连接一段导线，直接接至色标逻辑输入 I4 端子上，并使用 BLINK 功能块输出 6s 的方波信号，相当于每 6s 就接收一个色标输入信号，可以直接观察接收光标信号后的运行效果。

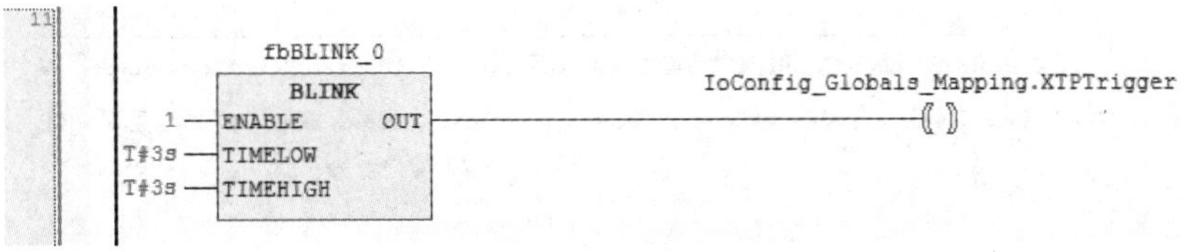

图 4-29　BLINK 功能块的程序编制

如图 4-30 所示，在网络 12 中，调用 MC_Reset_PTO 故障复位功能块来复位可能遇到的功能块的运行错误。

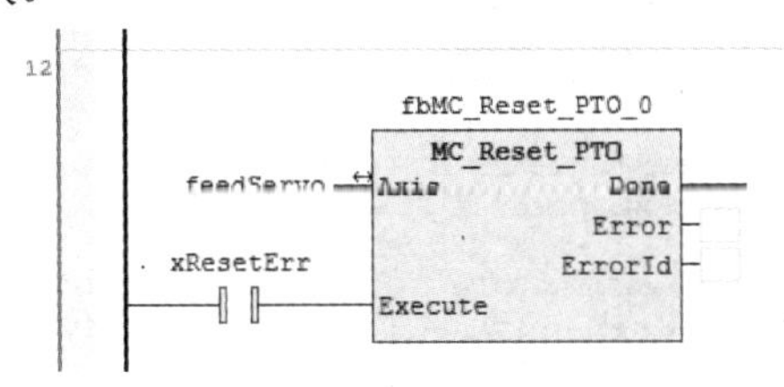

图 4-30　故障复位功能块

如图 4-31 所示，在网络 13 和 14 中，调用实际位置和实际速度功能块来读取伺服轴的实际位置和速度，目的是在跟踪曲线中清晰地观察程序的执行结果。

如果安全门打开，调用 MC_Stop_PTO 功能块停止伺服的运动。

4.2.8　SR_Main 主程序

在 SR_Main 中调用动作，并编写内部变量，如图 4-32 所示。

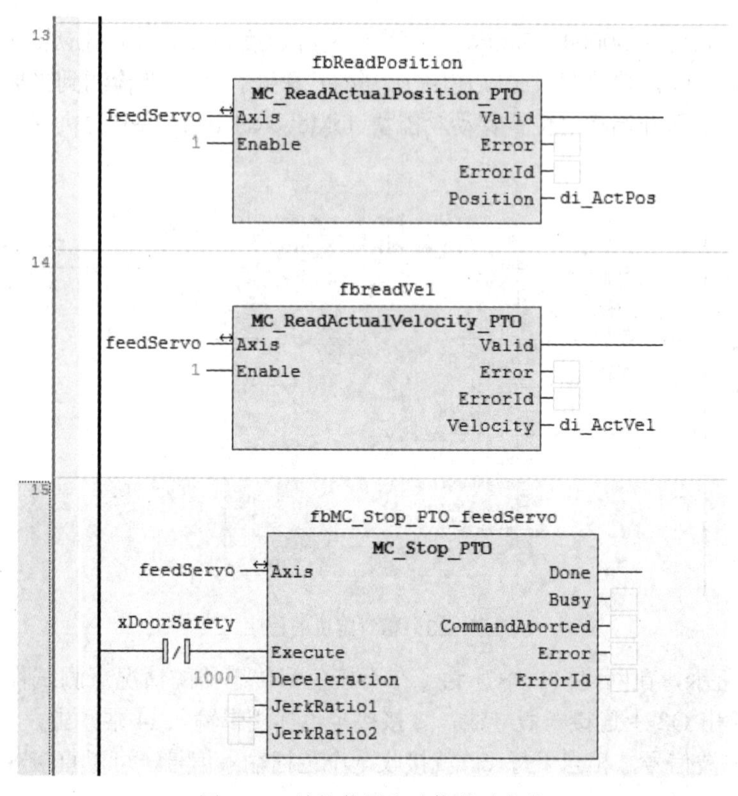

图 4-31　读取位置和速度的功能块

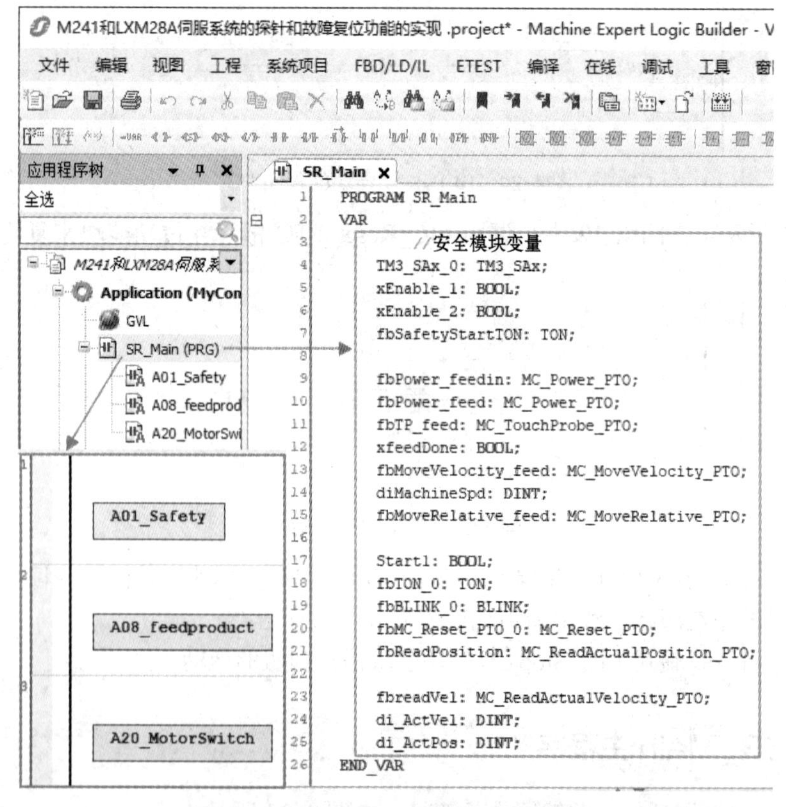

图 4-32　在 SR_Main 中调用动作的操作

4.2.9　探针工作过程的跟踪

下载程序，运行 PLC 后开启跟踪，跟踪中添加的变量包括伺服电动机的位置 SR_Main.di_actpos、伺服电动机的速度 SR_Main.di_actVel、启动 MC_touchProbe_PTO 和相对移动的 xStart1，以及相对位置的启动变量。将 xProductfeed（I6 开关）闭合，伺服开始运行，运行一段时间后，闭合停止开关 xStop（I7 开关）停止伺服的运行。

由图 4-33 探针功能的跟踪图可以看出，伺服轴首先以 2000Hz 的速度运行，获取色标信号后，伺服轴切换到相对位置移动运行，速度为 20000，到位后停止，下个色标又会到来。

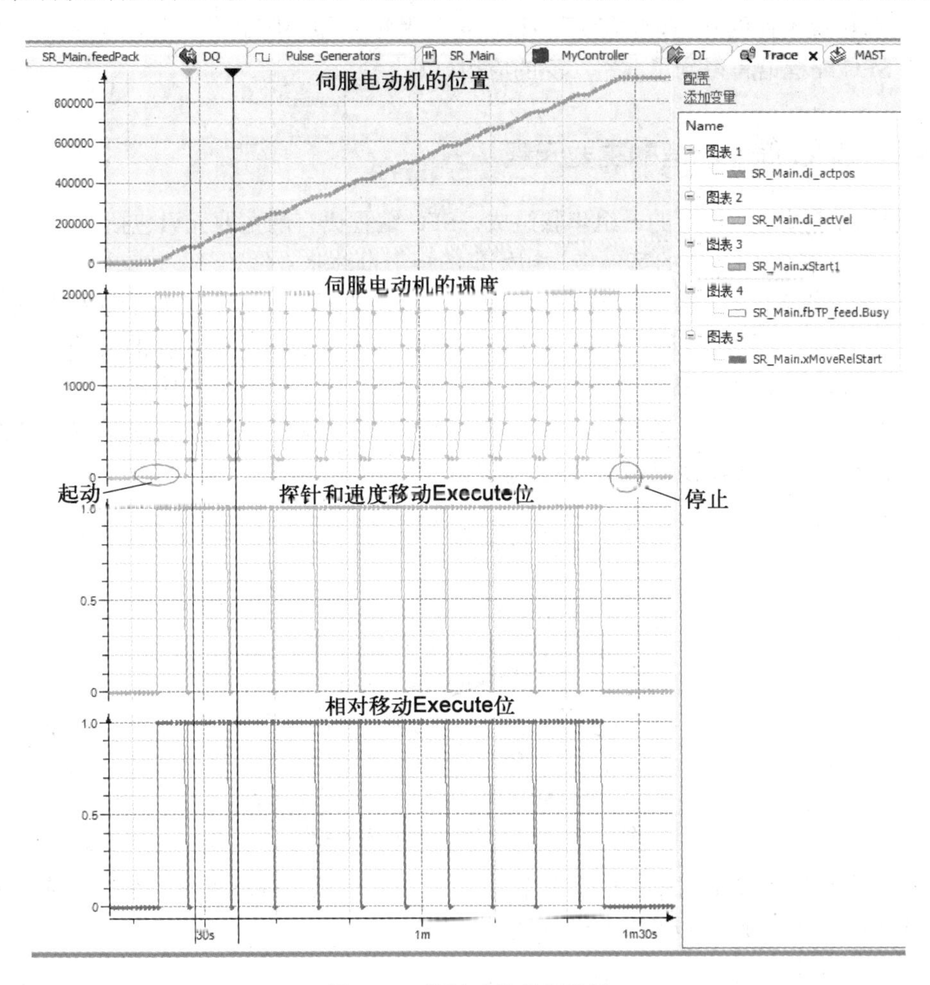

图 4-33　探针功能的跟踪图

任务 4.3　使用 M241 PTO 功能实现机械手的伺服控制

本任务使用三维机械手实现物品的抓取和放置。三维机械手的机械结构是滚珠丝杠，螺距为 5mm，移动范围为 400mm×400mm 的正方形，X 轴和 Y 轴每隔 50mm 有一条线，形成 64 个棋盘状的交叉点，Z 轴伺服实现机械手的上升和下降。

三维机械手抓取和放置的物品是白色棋子。机械手装置上安有气动吸嘴，其真空由气泵提供，在机械手接触棋子时打开阀门将白色棋子吸住，关闭阀门白色棋子会因为重力下落。

4.3.1 顺序流程图编程语言

顺序流程图（Sequential Function Chart，SFC）是一种按照工艺流程进行编程的图形编程语言，正因为它是按照工艺流程动作顺序编制程序，编程人员只需要根据工艺动作流程即可快速编程。SFC 编程不需要复杂的互锁电路，编程更加容易且不易出错，程序下载后，可很直观地在线监视步和转换条件的状态，排查程序和设备问题很方便。因此，在有确定工作顺序的自动化设备上，SFC 编程语言得到了非常广泛的应用。

4.3.2 SFC 编程语言的主要元素

SFC 程序由通过转换连接的一组步骤组成，SFC 编程语言的主要元素包括：

1）初始步，SFC 中运行的第一步，初始步的矩形框体是双线。

2）步，就是机器工作的某一个步骤，采用带步名称的框体表示，矩形的框是单线。

3）转换，有时也称为转移、切换条件等，通俗地讲就是满足什么样的条件切换到下一步骤，条件满足就转换，否则就不转换到下一步骤。转换条件可以用 TRUE，FALSE、Bool 变量、Bool 地址或者表达式等来表示，也可以直接双击“转移”转移...图标或“属性对象”属性...图标，然后在转移或属性对象中编写转换条件。

步、初始步和转换的示例如图 4-34 所示。

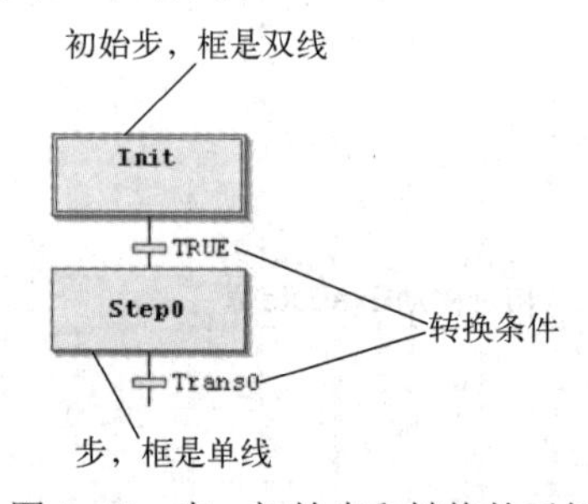

图 4-34 步、初始步和转换的示例

可通过双击初始步或步创建活动步操作（动作），还可以右键单击步，在下拉菜单中添加入口步动作或/和出口步动作。步的 3 个动作如图 4-35 所示。

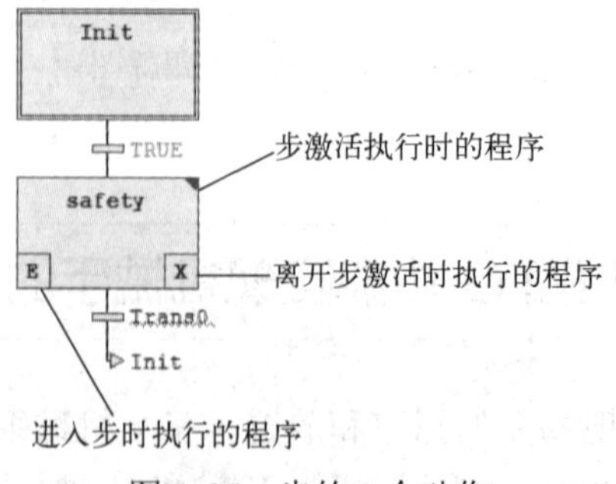

图 4-35 步的 3 个动作

除此之外，还可以通过插入前关联动作和后关联动作，把 SFC POU 下的某个或某几个 IEC

动作连接到某个步，这些 IEC 动作还可以使用限定符。使用 IEC 动作的示例如图 4-36 所示。

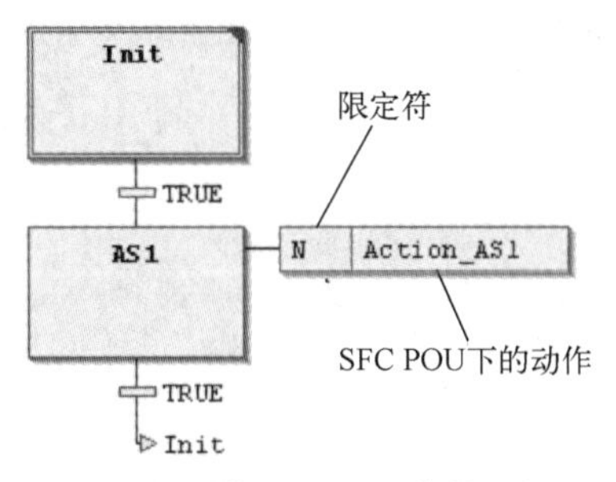

图 4-36　使用 IEC 动作的示例

IEC 动作使用的限定符见表 4-2。

表 4-2　IEC 动作的限定符

限定符	长格式	描述
N	不存储	只要步为活动状态，该操作就为活动状态
R0	覆盖复位	操作变为停用状态
S0	置位（存储）	在步变为活动状态时操作将开始，并且会在步停用后继续，直至操作复位
L	时间受限	操作将在步变为活动状态时开始。其将继续执行，直到步变为非活动状态或者超出设定时间
D	时间延迟	如果步变为活动状态，将启动延迟定时器。如果步在延迟时间后仍然处于活动状态，将开始操作，并一直继续执行到停用时 注意：当两个连续步具有 D（时间延迟）操作时（用于设置相同的布尔变量），此变量在从一个步向另一个步转换时将不会重置。为了重置该变量，在两个步之间插入中间步
P	脉冲	在步变为活动/停止活动状态时将开始操作，并将执行一次
SD	存储和时间延迟	该操作将在设定的时间延迟后开始，并且将继续执行到复位
DS	延迟和存储	如果步在指定延迟时间后仍然处于活动状态，将开始操作，并将一直继续执行到复位时
SL	存储和时间受限	在步变为活动状态时将开始操作，并将继续执行指定的时间或一直继续执行到复位时

分支分为选择分支和并行分支，并行分支的水平线是双线，竖线下的步会同时运行（并行处理）；选择分支的水平线是单线，竖线下的步同一时间只能运行其中的一个。

并行分支和选择分支的工作流程如图 4-37 所示。

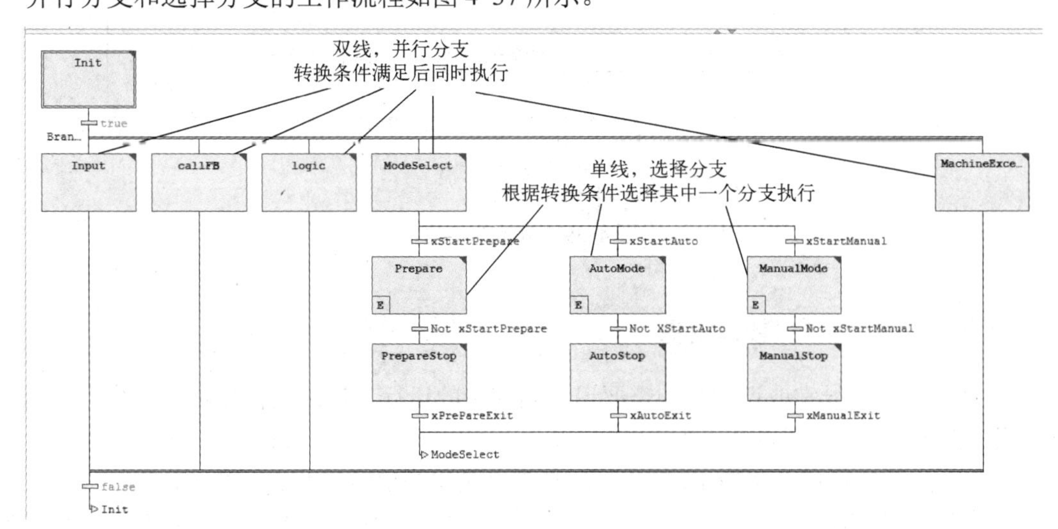

图 4-37　并行分支和选择分支的工作流程

并行分支和选择分支可相互切换，右键单击选择分支或者并行分支的水平线，在下拉菜单中选择并行分支或选择分支，可实现选择分支到并行分支或并行分支到选择分支的切换，如图 4-38 所示。

图 4-38　并行分支和选择分支的切换

跳转由垂直连接线加水平箭头以及跳转目标的步名称组成，在它前面的转移条件为 TRUE 时，程序跳转到水平箭头所指的步去执行。跳转的示例如图 4-39 所示。

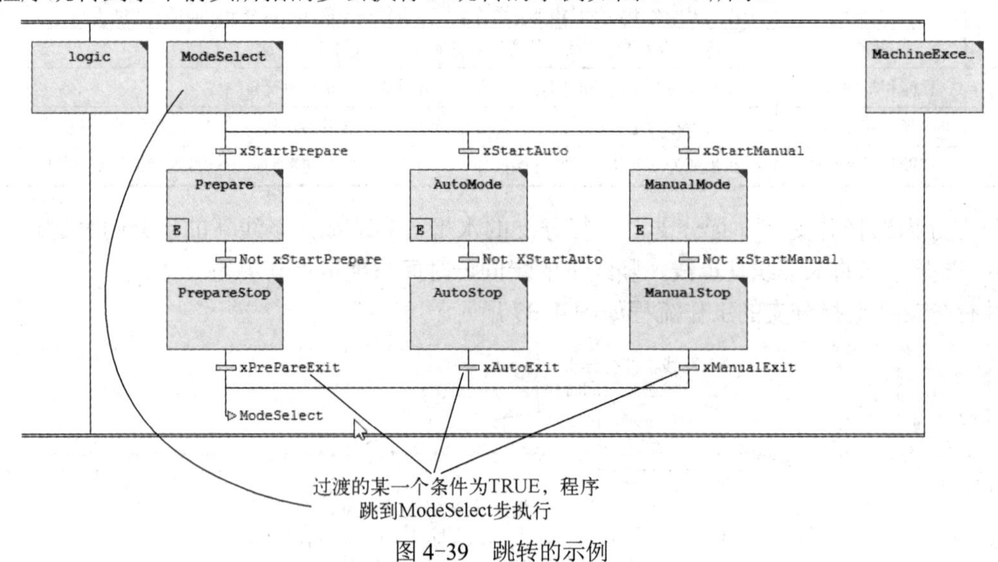

图 4-39　跳转的示例

4.3.3　常用 SFC 隐式变量

在处理一些程序异常或调试时，需要退出当前步的运行，返回到初始步重新执行，这时可以使用隐式变量 SFCInit 或者 SFCReset 来实现。

隐式变量 SFCInit 和 SFCReset 的作用类似，都是将当前运行的步切换到初始步，但是两者也有一些区别，SFCInit 设为 TRUE 除了回到初始步以外，还会把所有步和操作及其他的 SFC 隐含变量复位，并且初始步不会执行，只有将 SFCInit 再次修改为 FALSE 才会执行初始步。

SFCReset 设为 TRUE 也会回到初始步，此时初始步会执行，因此需要在初始步中把 SFCReset 设为 FALSE。使用隐含变量时需要在项目设置中勾选使用的变量，如图 4-40 所示。

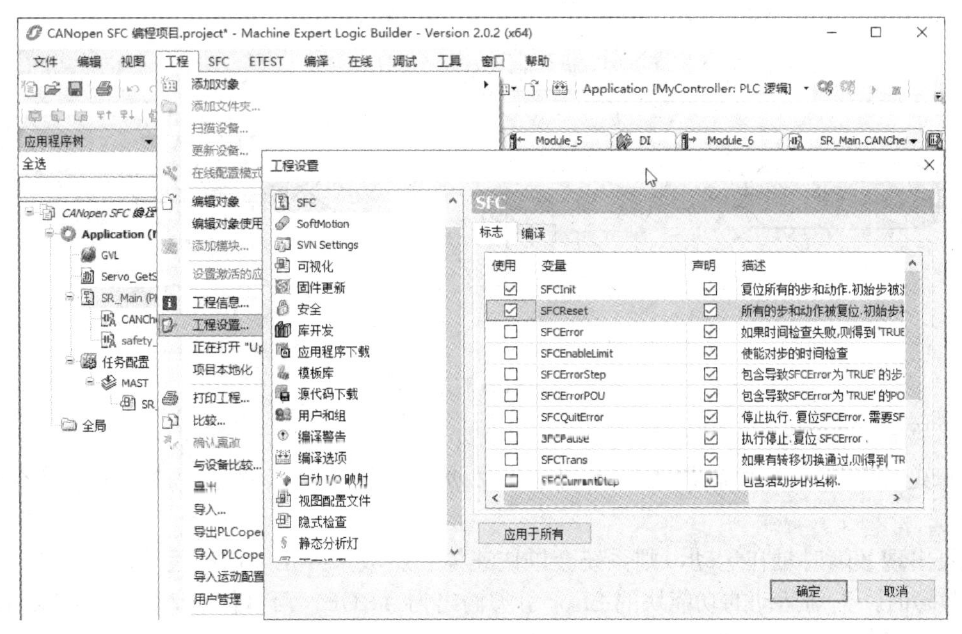

图 4-40　在项目设置中激活隐含变量

4.3.4　使用中文变量

使用中文变量可以增加程序的可读性，单击“工程”→“工程设置”，在“工程设置”对话框中勾选“允许标识符使用 Unicode 字符”选项，然后单击“确定”按钮。

4.3.5　PTO 的运动状态图

PTO 的运动状态图表示 PTO 控制伺服轴时，在不同的轴状态之间切换的条件，根据不同的情况来切换到不同的运行方式。PTO 的运动状态图如图 4-41 所示。图中，①表示当功能块检测到错误进入此状态；②表示除故障停止（ErrorStop）外，程序中如果把 MC_Power_PTO.Status 引脚设为 FALSE，则进入已禁用状态；③表示将故障复位 MC_Reset_PTO.Done 引脚设为 TRUE、MC_Power_PTO.Status 设为 FALSE；④表示 MC_Reset_PTO.Done 设为 TRUE 且去掉使能 MC_Power_PTO.Status 设为 TRUE；⑤表示加上使能 MC_Power_PTO.Status 设为 TRUE；⑥表示停止功能块完成 MC_Stop_PTO.Done 设为 TRUE 且停止功能块的执行引脚 Execute 设为 FALSE，即 MC_Stop_PTO.Execute= FALSE。

PTO 的运动状态图将伺服轴的状态分为 7 种，分别是已禁用、故障（ErrorStop）、静止（Standstill）、回原点、停止、不连续运动和连续运动，可以调用 MC_ReadStatus_PTO 功能块来获取伺服轴的当前状态。

（1）已禁用状态

伺服动力部分没有得电，且没有故障的状态。

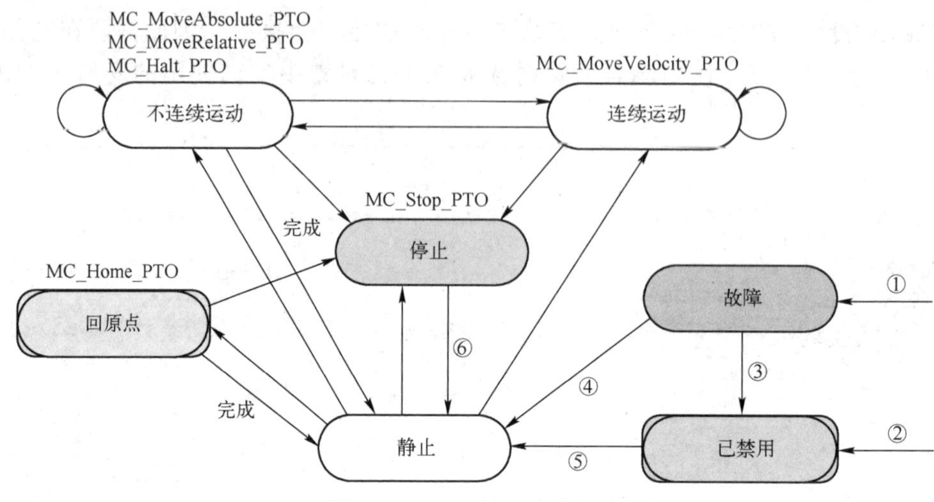

图 4-41 PTO 的运动状态图

（2）故障（ErrorStop）状态

故障是在轴上或在控制器中检测到错误后进入的状态，在所有的轴状态中具有最高优先级。

如果出现故障时轴在运动，则系统会以快速停止斜坡来终止当前的运动，然后断开伺服的使能。故障时，当前运动的功能块的 Error 引脚输出为 TRUE，可以使用 MC_ReadAxisError 功能的 ErrorId 引脚查询当前的故障码，从而查找问题。

故障产生后，使用 MC_Reset_PTO 功能块完成复位故障，故障复位后，MC_Power_PTO 的 Enable 引脚的状态如果为 TRUE，MC_Power_PTO 的 Status 输出引脚也就为 TRUE，则进入静止状态，如果为 FALSE，则进入已禁用的轴状态。

（3）静止（Standstill）状态

静止指的是伺服已经使能，没有故障并且速度为 0 的状态。

静止是进入回原点、单步运动、连续运动和停止轴状态的前提条件。

（4）回原点状态

回原点是在轴状态处于静止后，调用 MC_home_PTO 后进入的轴状态。

回原点只能被 MC_Stop_PTO 功能块打断。在不打断的情况下，轴会完成回原点的动作，回原点正常完成后，伺服轴的状态进入静止。

在回原点正常完成之前，不能执行不连续运动和连续运动。

（5）不连续运动状态

不连续运动状态是指单次运动，即不连续运动，完成后会自动返回静止状态，即运动只执行一次，绝对移动、相对移动、暂停都属于这类运动。

（6）连续运动状态

连续运动状态指的是速度移动 MC_MoveVelocity_PTO，一旦执行，在不被其他功能块或故障打断的情况下，会一直执行下去。

（7）停止状态

在调用 MC_Stop_PTO 功能块时会进入停止的轴状态，仅用于急停或一些工艺上要求快速停止的场合，在 MC_Stop_PTO 功能块执行完毕后，它的完成位 Done 为 TRUE，并且将 MC_Stop_PTO 的 Execute 输入引脚置为 FALSE 时，轴状态才能进入静止，才能进行新的轴运动。

4.3.6　机械手的移动路径

连接在 M241 本体 I7 上的自动启动开关（变量名 xAutoStart）接通，此开关信号的上升沿启动自动程序。机械手的移动路径是一个多边形，它的自动运行步骤如下：

第一步，完成 3 个轴的回原点，回原点位置在棋盘的 0 点，Z 轴的原点在上方。

第二步，回原点完成后，移动 X 和 Y 轴到 A 点，坐标（10,20）（单位为 cm，以下同）。

第三步，Z 轴下降 36cm 到棋子的上方，开启吸气阀。

第四步，延时 5s 后确认已经抓取物品。

第五步，三维机械手上升到原点。

第六步，速度 40000 移动到 B 点，坐标（25,5），速度 80000，对应速度设置值为 480r/min。

第七步，再次移动到 C 点，坐标（5,25），速度 40000，对应速度设置值为 240r/min。

第八步，回到 A 点，坐标（35,30），速度 10000，对应速度设置值为 60r/min。

第九步，Z 轴下降到 35cm，放下棋子，速度 80000，对应速度设置值为 480r/min。

第十步，延时 2s 放下棋子。

第十一步，Z 轴返回到原点。

第十二步，X 和 Y 轴返回原点，整个动作周期完成。

等待下一次的 xAutoStart 变量的上升沿，再次开始下一个工作循环。

在程序运行过程中，如果安全门被打开，3 个轴将快速停止。

安全门关闭后，操作人员必须再次闭合 Module_5 扩展模块%IX6.0 上连接的开关进行故障复位，变量为 xResetErorButton，如果此时故障状态已经解除，故障将被复位，机械手才能再次启动。

安全要求：在安全门关闭前，不能运行伺服轴，程序中必须有相关联锁，在启动伺服轴移动之前应得到指导老师的同意，防止出现意外情况导致学员受伤和设备损坏！

3 个伺服轴的正、负限位都要安装到位且工作正常，伺服参数设置中必须使用正、负限位，使用急停按钮在出现意外时快速停止设备，防止机械手设备损坏！

在触摸屏主画面将电动机切换为外部电动机，使机械手上的急停按钮和正、负限位起保护作用！在启动 Z 轴运行前，应确认抱闸电动机的抱闸工作良好，保证 Z 轴正常动作！

机械手运动的路径如图 4-42 所示。

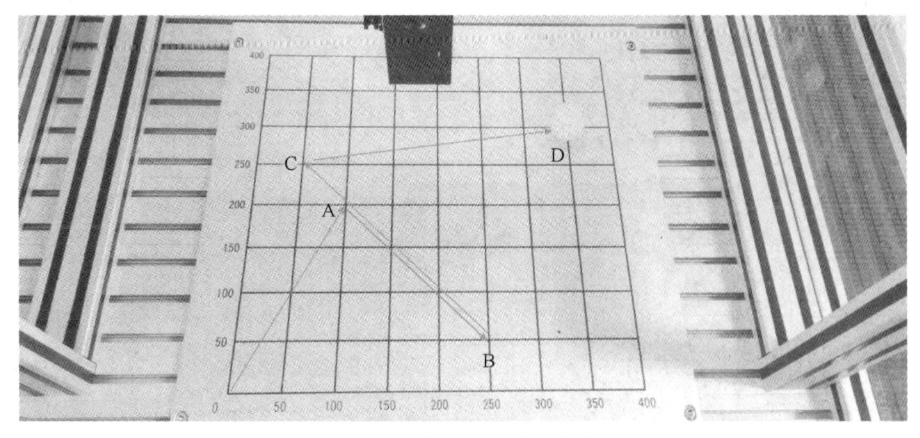

图 4-42　机械手运动的路径

4.3.7 创建项目和设置 3 个 PTO 功能

创建一个新的项目，项目名称为 PTO 三轴机械手项目，选择 SFC 编程语言，在设备树的“Pulse_Generators”中，首先添加一个 PTO，这个轴对应机械手的 X 轴，声明 X 轴的实例名称为“Axis_X”，脉冲逻辑输出设为 Q0，方向逻辑输出设为 Q4，X 轴的回原点开关接到逻辑输入 I0 上。X 轴的配置如图 4-43 所示。

SR_Main　Pulse_Generators

Axis_X (PTO)

参数	类型	值
脉冲发生功能	Enumeration of WORD	PTO
常规		
实例名称	STRING	'Axis_X'
输出模式	Enumeration of BYTE	A 脉冲/B 方向
A 输出位置	Enumeration of SINT	Q0
B 输出位置	Enumeration of SINT	Q4
位置限制		
软件限制		
启用软件限制	Enumeration of BYTE	已启用
SW 下限	DINT(-2147483648.....	-2147483648
回归		
REF 输入		
位置	Enumeration of SINT	I0
跳动过滤器	Enumeration of BYTE	0.005
类型	Enumeration of WORD	常开

图 4-43　X 轴的配置

同样的方法再添加两个 PTO，机械手 Y 轴实例名称为“Axis_Y”，脉冲逻辑输出设为 Q1，方向逻辑输出设为 Q5，Y 轴的回原点开关接到逻辑输入 I1 上。

机械手 Z 轴的实例名称为“Axis_Z”，脉冲逻辑输出设为 Q2，方向逻辑输出设为 Q6，Z 轴的回原点开关接到逻辑输入 I2 上。

4.3.8 SFC 主程序编制

在应用程序树下的 SR_Main（PRG）程序中，右键单击初始步下面的过渡变量 TRUE，在下拉菜单中单击“插入后步转移”，如图 4-44 所示。

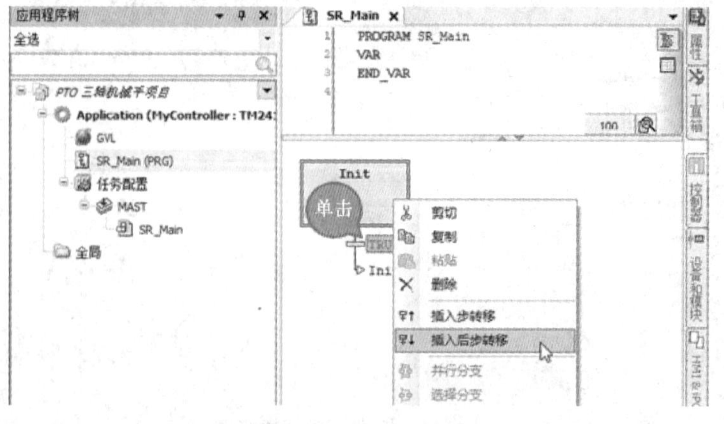

图 4-44　在 TRUE 转换条件添加后步转移

单击新添加的步并修改名称为 safety，同时把此步后面的转换条件设为变量 xDrivePowerOK，双击新步，为 safety 添加动作，并选择动作中的“梯形逻辑图（LD）”编程语言，单击“打开”按钮，如图 4-45 所示。

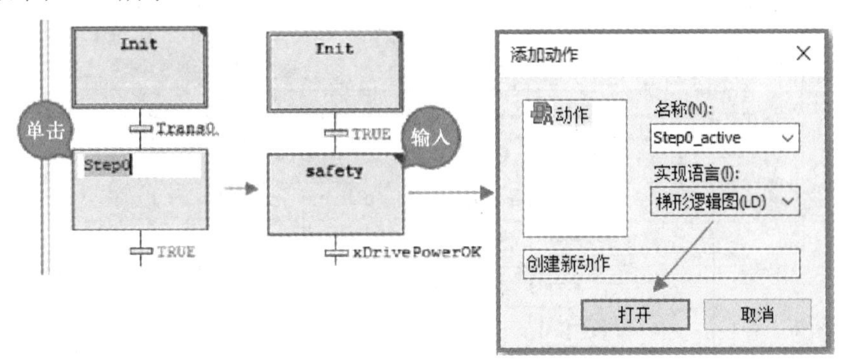

图 4-45 添加的安全 safety 步

SFC 编程中创建的所有的步都会有对应的动作，每个动作的编程语言都在添加动作时进行选择，如初始步中使用的是 ST 编程语言。

右键单击变量 xDrivePowerOK 添加后步转移，并将名称设置为模式选择 ModeSelect，右键单击此步，在下拉菜单中单击“插入右分支”，如图 4-46 所示。

右键单击 ModeSelect 步再次添加左分支，将右分支名称设置为故障处理步 Exception，左分支名称设置为调用 PTO 功能块的步 callFBs，如图 4-47 所示。

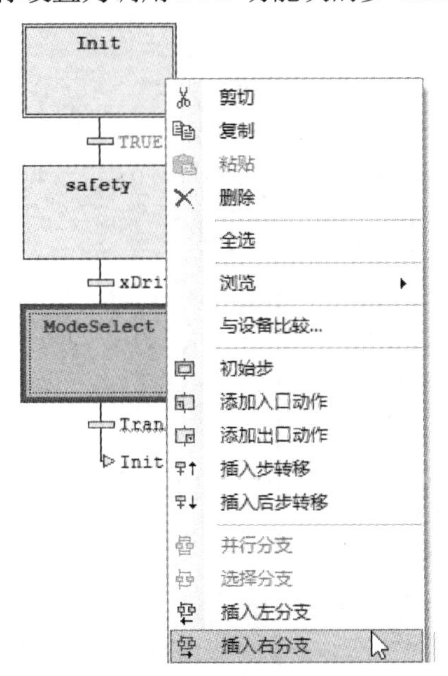

图 4-46 在 ModeSelect 步中添加右分支

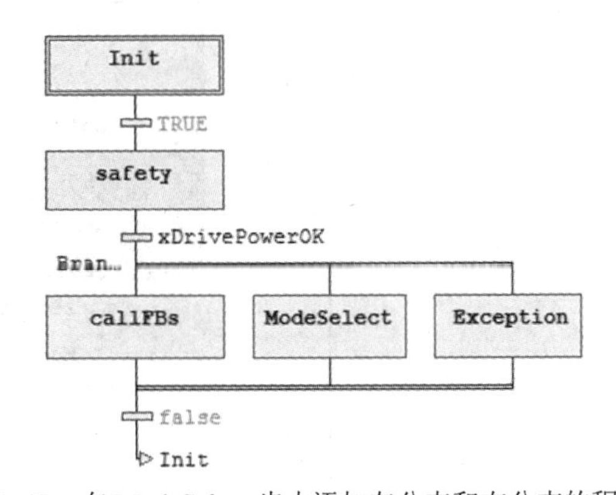

图 4-47 在 ModeSelect 步中添加左分支和右分支的程序

在 ModeSelect 步添加两次后步转移，修改步名称为准备模式 Prepare 和准备模式停止 PrepareStop。准备模式 Prepare 步前的转移，填入布尔变量 xStartPrepare，准备模式 Prepare 步后的转移，填入 Not xStartPrepare，准备模式停止 PrepareStop 步后的转移，填入布尔变量准备模式退出标志 xPrepareExit，并在此变量后面拖入一个跳转，将跳转步设为 ModeSelect 步，如图 4-48 所示。

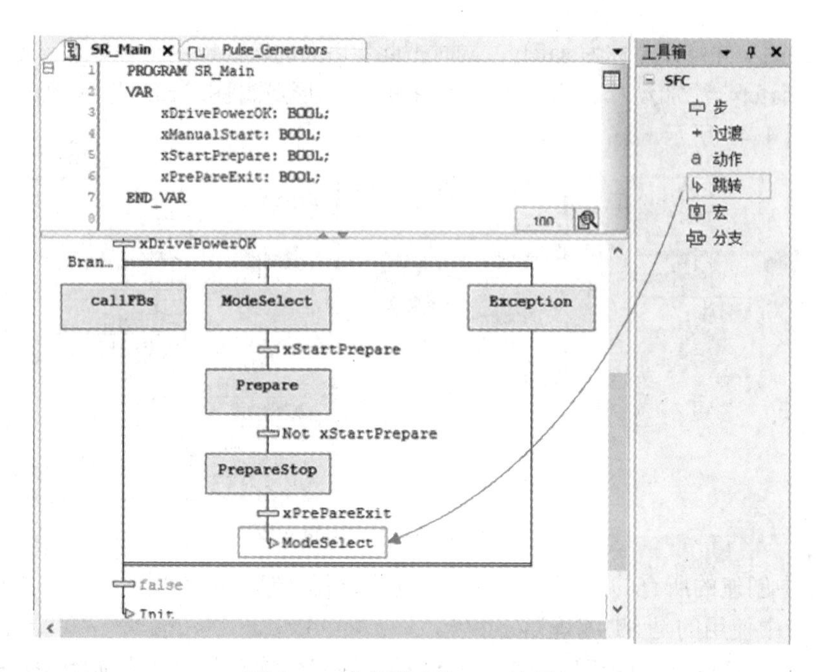

图 4-48　准备模式的 SFC 步添加

使用鼠标同时框选 Prepare 和 PrepareStop 和 3 个转换条件，在它们变色后，单击右键，在下拉菜单中单击“插入右分支”，如图 4-49 所示。

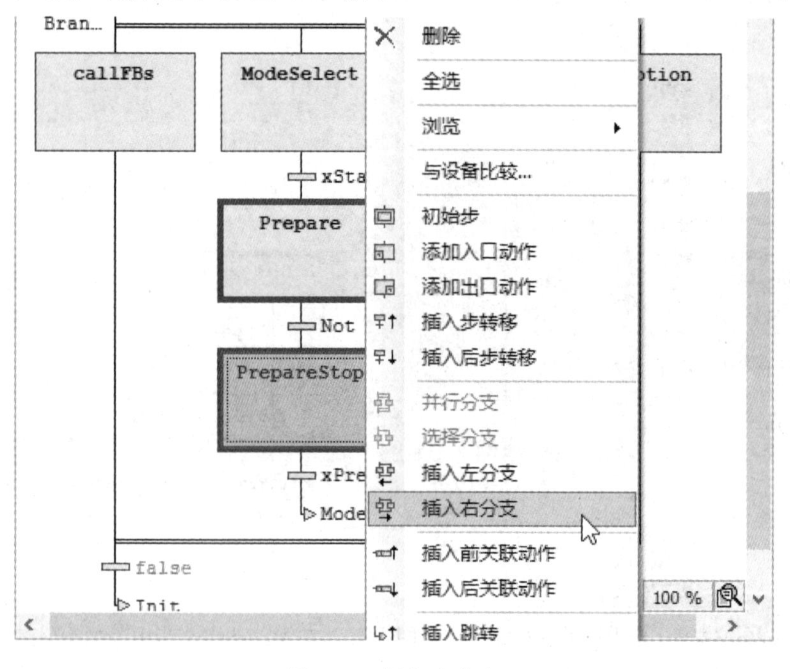

图 4-49　插入右分支

采用与准备模式类似的方法添加自动模式，完成后如图 4-50 所示。

采用类似的方法添加手动模式，手动模式添加完成后，PTO 的 SFC 编程结构如图 4-51 所示。

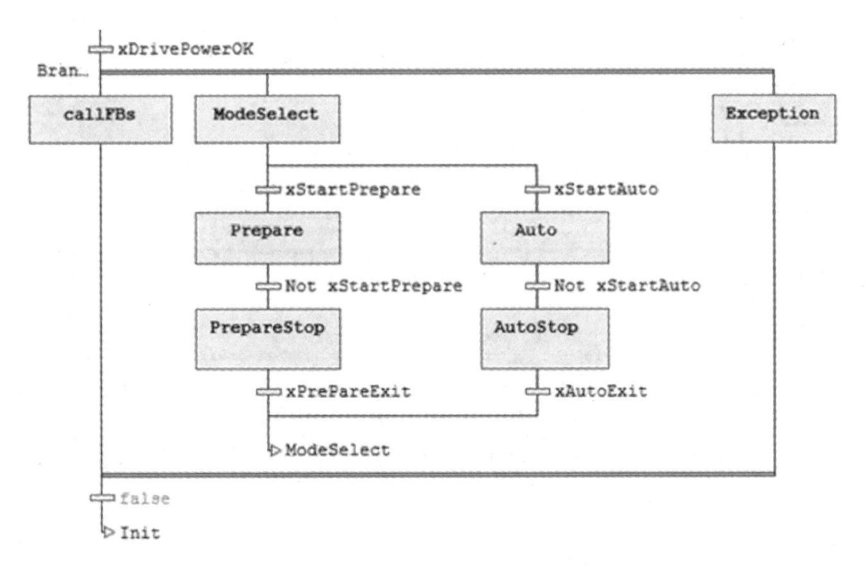

图 4-50　自动模式的 SFC 步添加

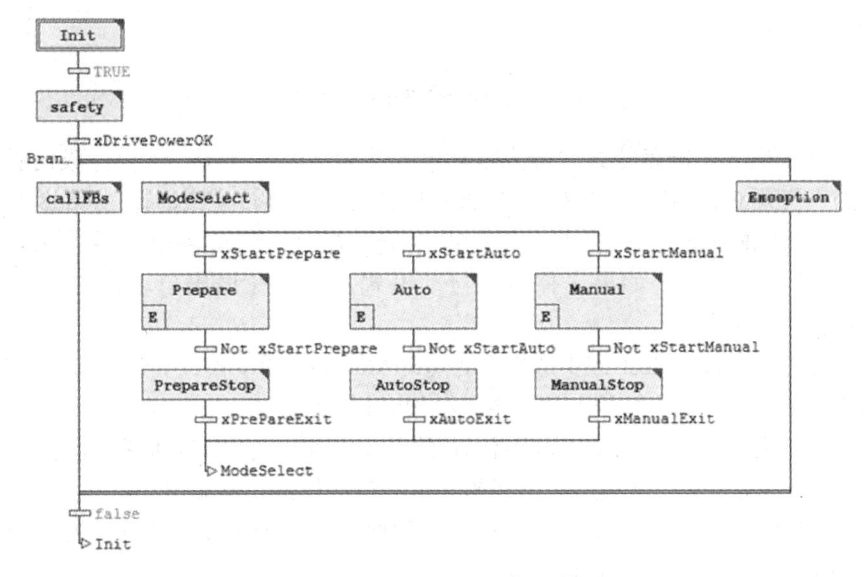

图 4-51　PTO 的 SFC 编程结构

在 Exception 步的右侧添加一个选择电动机 SelectMotor 分支，用于柜内和柜外电动机的选择，如图 4-52 所示。

4.3.9　程序的组织架构

首先执行初始步 Init 中的程序，在初始步中的主要工作是初始化功能块参数和机械相关变量的初始值。初始步 Init 完成后自动进入 safety 步，如果安全模块正常会给伺服正常上电，并进入下一步操作。程序会进入 3 个并行执行的分支，分别是 callFBs 步、ModeSelect 步和 Exception 步。

在 callFBs 步中调用各个工作模式要使用的 PTO 功能块和用于监控、跟踪的伺服轴状态、位置、故障码等。模式选择 ModeSelect 步中完成准备模式 Prepare、自动模式 Auto 和手动模式

Manual 的选择，这 3 种模式是选择分支，最多只能有一个模式在执行。

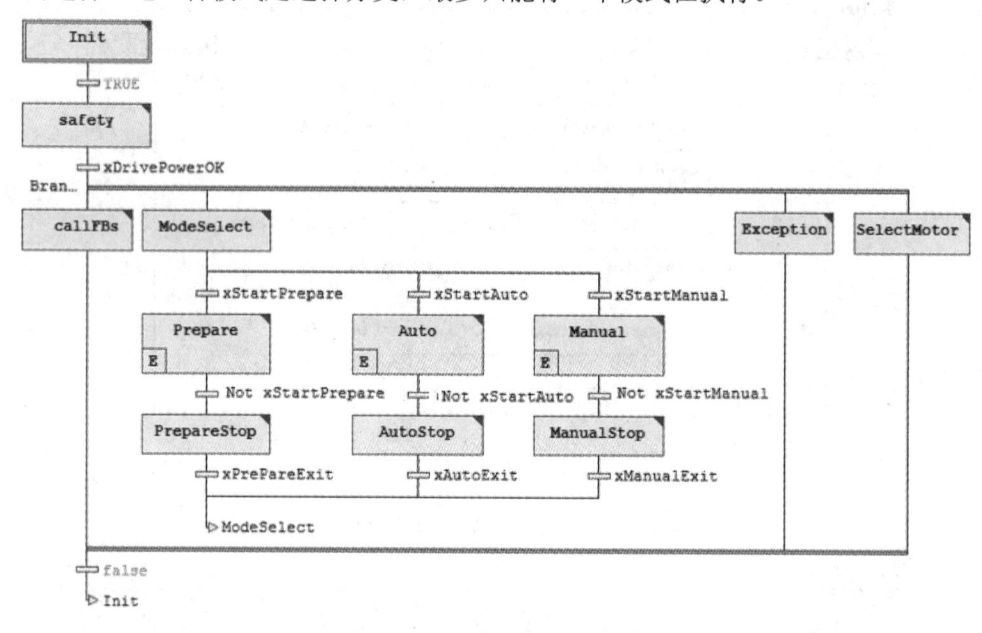

图 4-52　添加一个 SelectMotor 分支

如果选择准备模式，准备模式将会为自动模式的运行做好准备，主要完成伺服的使能、机械手的回原点、气泵的起动等，完成后给出准备好标志，并跳转模式选择 ModeSelect 步执行。如果在模式选择 ModeSelect 步中选择自动模式 Auto，在自动模式 Auto 中会完成任务要求的行走路径和抓放棋子的要求。如果选择退出自动模式，程序在退出自动模式后跳到模式选择 ModeSelect 步执行。

如果在模式选择 ModeSelect 步中选择手动模式 Manual，手动模式主要完成设备的上使能和去使能、设备的点动操作，检查机械和伺服电动机的运行方向是否正确，在手动模式中还可以调用 Setpositon 功能块设置原点，也可以设置绝对运行的目标和速度，进行自动模式运行前的调试。

Exception 步的功能是处理程序中出现的异常，包括气泵、伺服电动机和 PTO 功能块出现异常的处理和故障复位，以及按下急停按钮后的程序处理。如果安全模块的硬件回路有问题，在异常处理程序中也为回到初始步留了接口。

4.3.10　初始步 Init 中的程序

双击 Init 步，添加初始化步的 ST 语言程序，将 SFCReset 变量设置为 FALSE，程序如图 4-53 所示。

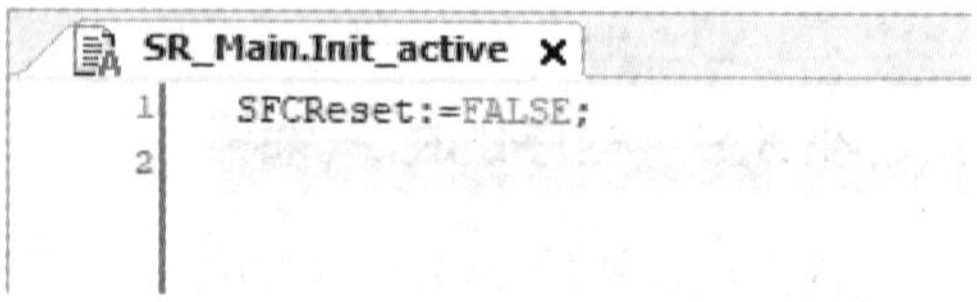

SR_Main.Init_active

```
1  SFCReset:=FALSE;
2
```

图 4-53　初始步的程序

4.3.11　safety 步中的程序

双击 safety 步，添加步的梯形图语言程序。safety 步中的程序与之前介绍的大体类似，闭合上电开关后开始 Safety 模块的工作程序，如图 4-54 所示。

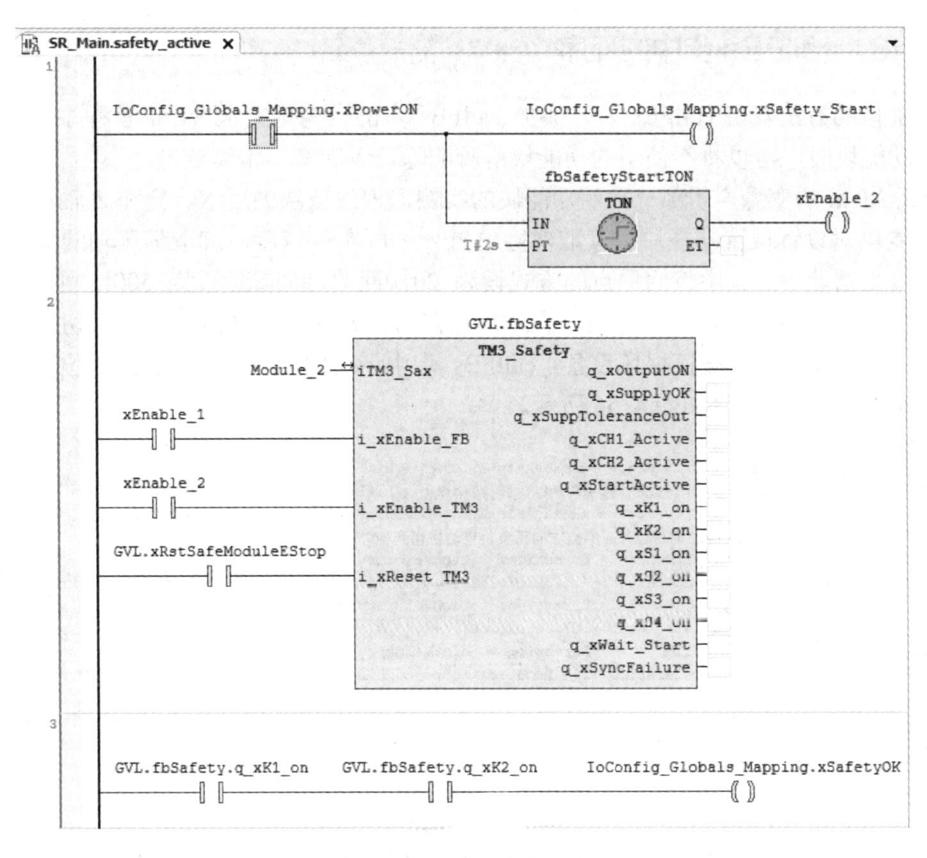

图 4-54　safety 步的程序

4.3.12　S 曲线的加速度/减速度斜坡

S 曲线斜坡用于机器高惯量负载，或需要减小冲击的易碎物品等应用中，需要将功能块的 4 个 JerkRatio 参数设置为大于 0 且小于等于 100 的值，JerkRatio1 对应 S 曲线加速起始段的 S 曲线百分比，JerkRatio2 对应 S 曲线加速结束段的 S 曲线百分比，JerkRatio3 对应 S 曲线减速起始段的 S 曲线百分比，JerkRatio4 对应 S 曲线减速结束段的 S 曲线百分比。

修改 JerkRatio 参数同时会影响 PTO 的加减速时间，设置 100% JerkRatio 时，加速度/减速度的实际效果将是 Acceleration/Deceleration 参数所配置值的 2 倍。

如果将 JerkRatio 都设为 0，加速度/减速度斜坡曲线将呈梯形。

在 ESME 软件中，可以设置加速度开始段 JerkRatio1、加速度结束段 JerkRatio2、减速度开始段 JerkRatio3 和减速段结束段 JerkRatio4 共 4 段参数，示例如图 4-55 所示。

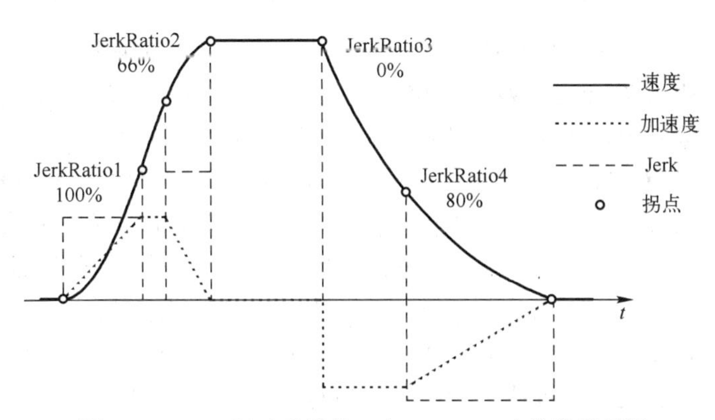

图 4-55　PTO 运动曲线的 4 个 JerkRatio 参数设置示例

4.3.13 callFBs 步中的程序

采用类似的方法双击 callFBs 步，添加 callFBs 步的结构化文本 ST 语言程序。使用结构化文本调用功能块时，可以将不使用的功能块引脚删除，看起来非常简洁。

在 SR_Main 的变量声明部分声明功能块的实例，程序依次调用 X、Y 和 Z 轴使能功能块、回原点功能块、设置位置功能块、读取实际位置、读取实际速度、读取伺服轴的运动状态、快速停止、停止功能块，其中将回原点的方式设为 20，回原点加减速设为 500，回原点方向接上机械手以后经过校对，确认为负方向，在做回原点方向校对时，注意把电动机切换到柜外，让限位生效，防止发生机械碰撞损坏设备。callFBs 步中调用回原点功能块、绝对位置移动模块和停止功能块的 ST 语言程序如图 4-56 所示。

```
//使能
fbMC_Power_X(Axis:=Axis_X,DriveReady:=xReadyAxis_X,LimN:=1,LimP:=1,Status=>xEnableOut_X);
fbMC_Power_Y(Axis:=Axis_Y,DriveReady:=xReadyAxis_Y,LimN:=1,LimP:=1,Status=>xEnableOut_Y);
fbMC_Power_Z(Axis:=Axis_Z,DriveReady:=xReadyAxis_Z,LimN:=1,LimP:=1,Status=>xEnableOut_Z);
//回原点，校对方向后修改P1-01的百位和回原点方向正负，电动机切到柜外，注意安全
fbMC_Home_PTO_X(Axis:=Axis_X,Mode:=20,Direction:=0,highVelocity:=100*5000/60,
lowVelocity:=10*5000/60,Acceleration:=500,Deceleration:=500,Direction:=SEC_PTOPWM.mcNegativeDirection,);
fbMC_Home_PTO_Y(Axis:=Axis_Y,Mode:=20,Direction:=0,highVelocity:=100*5000/60,
lowVelocity:=10*5000/60,Acceleration:=500,Deceleration:=500,Direction:=SEC_PTOPWM.mcNegativeDirection,);
fbMC_Home_PTO_Z(Axis:=Axis_Z,Mode:=20,Direction:=0,highVelocity:=100*5000/60,
lowVelocity:=10*5000/60,Acceleration:=500,Deceleration:=500,Direction:=SEC_PTOPWM.mcNegativeDirection,);

// 设置原点，用于手动模式
fbMC_SetPosition_PTO_X(Axis:=Axis_X);
fbMC_SetPosition_PTO_Y(Axis:=Axis_Y);
fbMC_SetPosition_PTO_Z(Axis:=Axis_Z);

//绝对位置移动
fbMC_MoveAbsolute_PTO_X(Axis:=Axis_X,Acceleration:=500,Deceleration:=500,
JerkRatio1:=100,JerkRatio2:=100,JerkRatio1:=100,JerkRatio2:=100,);
fbMC_MoveAbsolute_PTO_Y(Axis:=Axis_Y,Acceleration:=500,Deceleration:=500,
JerkRatio1:=100,JerkRatio2:=100,JerkRatio1:=100,JerkRatio2:=100,);
fbMC_MoveAbsolute_PTO_Z(Axis:=Axis_Z,Acceleration:=500,Deceleration:=500,
JerkRatio1:=100,JerkRatio2:=100,JerkRatio1:=100,JerkRatio2:=100,);
//停止
fbHalt_X(Axis:=Axis_X,Deceleration:=500);
fbHalt_Y(Axis:=Axis_Y,Deceleration:=500);
fbHalt_Z(Axis:=Axis_Z,Deceleration:=500);
//快速停止
fbMC_Stop_PTO_X(Axis:=Axis_X,Deceleration:=1000);
fbMC_Stop_PTO_Y(Axis:=Axis_Y,Deceleration:=1000);
fbMC_Stop_PTO_Z(Axis:=Axis_Z,Deceleration:=1000);
```

图 4-56　callFBs 步中调用回原点功能块、绝对位置移动模块和停止功能块的 ST 语言程序

首先编辑使能程序，使能的前提条件是伺服驱动器的动力线、编码器线、限位、急停信号和 STO 等信号接线正确，伺服驱动的控制电和动力电已经上电，并且伺服的电压在设备允许的范围内，如果是通信控制，除以上描述的条件外，伺服驱动还要先进入总线要求的通信状态（如 CANopen 要求进入 operational 状态），并且驱动器和电动机硬件都正常，没有故障。伺服电动机的成功使能是位置、速度、转矩等运动命令功能块执行的前提。

有两个功能块可以设置 PTO 回原点，一个是使用设置轴的位置 MC_SetPosition_PTO 功能块，当伺服电动机处于静止（Standstill）状态时，设置轴的实际位置坐标值，得到原点，如值为 0，在功能块执行过程中伺服不移动；另一个是使用命令轴移动至参考位置 MC_Home_PTO 功能块，通过移动伺服轴接近或触碰接至 PLC 输入点（在 PLC 配置中，此逻辑输入设置为 REF）的原点开关，得到原点。

绝对位置移动总是基于原点的运动，并且在绝对位置移动过程中将轴的状态转换为非连续

运动。当使用不能保存伺服电动机位置信息的单圈伺服电动机时，在执行绝对位置移动前，要先给伺服上使能，然后通过 MC_Home_PTO 或 MC_Setposition_PTO 等功能块获得原点，否则，绝对位置移动将会报错。

MC_SetPosition_PTO 功能块是把当前点设置为一个位置而得到原点，在程序中调用 MC_ReadStatus_PTO 功能块来确认 PTO 的回原点是否已经成功，MC_ReadStatus_PTO 功能块能够获取 PTO 轴的状态，如果 MC_ReadStatus_PTO 功能块的数据有效输出引脚变量 Valid 变为高电平，并且功能块的原点有效输出引脚变量 isHomed 也变为高电平，则说明 PTO 轴的原点有效，可以进行绝对位置移动。

然后调用复位故障功能块、读取轴故障功能块、读取轴状态功能块、读取位置功能块和读取速度功能块，将读取的实际速度转换为 r/min 为单位的数据，程序如图 4-57 所示。

```
//复位故障
fbReset_X(Axis:=Axis_X);
fbReset_Y(Axis:=Axis_Y);
fbReset_Z(Axis:=Axis_Z);
//读取轴故障
fbReadAxisError_X(Axis:=Axis_X,Enable:=TRUE);
fbReadAxisError_Y(Axis:=Axis_Y,Enable:=TRUE);
fbReadAxisError_Z(Axis:=Axis_Z,Enable:=TRUE);
//读取轴状态
fbReadStatus_X(Axis:=Axis_X,Enable:=TRUE);
fbReadStatus_Y(Axis:=Axis_Y,Enable:=TRUE);
fbReadStatus_Z(Axis:=Axis_Z,Enable:=TRUE);

//读取位置
fbReadAPos_X(Axis:=Axis_X,Enable:=TRUE,Position=>GVL.X轴实际位置,);
fbReadAPos_Y(Axis:=Axis_Y,Enable:=TRUE,Position=>GVL.Y轴实际位置,);
fbReadAPos_Z(Axis:=Axis_Z,Enable:=TRUE,Position=>GVL.Z轴实际位置,);

//读取速度
fbReadAVel_X(Axis:=Axis_X,Enable:=TRUE,Velocity=>);
fbReadAVel_Y(Axis:=Axis_Y,Enable:=TRUE,Velocity=>);
fbReadAVel_Z(Axis:=Axis_Z,Enable:=TRUE,Velocity=>);
IF fbReadAVel_X.Valid THEN
GVL.X轴速度:=fbReadAVel_X.Velocity*60/5000;
END_IF
IF fbReadAVel_Y.Valid THEN
GVL.Y轴速度:=fbReadAVel_Y.Velocity*60/5000;
END_IF
IF fbReadAVel_Z.Valid THEN
GVL.Z轴速度:=fbReadAVel_Y.Velocity*60/5000;
END_IF
```

图 4-57　调用复位故障功能块、读取轴故障功能块、读取轴状态功能块、读取位置功能块和读取速度功能块程序

4.3.14　ModeSelect 步中的程序

双击 ModeSelect 步，采用类似的方法添加梯形图语言程序。首先把 3 种模式的退出标志复位，在安全门正常的前提下，选择进入准备模式、手动模式，只有在准备模式中完成了 3 个伺服轴的自动使能和回原点成功后，才能进入自动模式，程序如图 4-58 所示。

4.3.15　准备模式的入口程序和激活步

在准备模式的入口程序 Prepare_entry 中，将准备模式的完成标志复位，同时激活准备模式工作状态，并将准备模式的自动步数变量设置为 0，如图 4-59 所示。

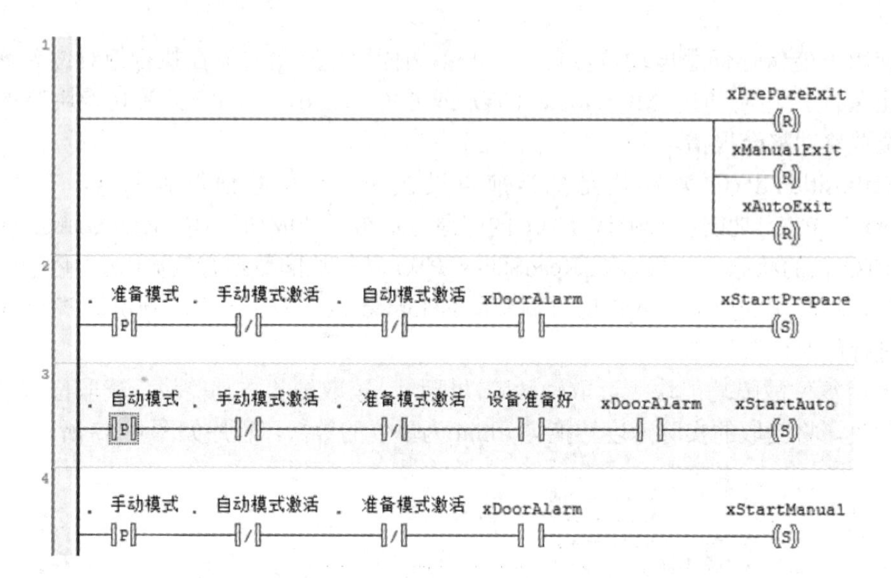

图 4-58　ModeSelect 步中的程序

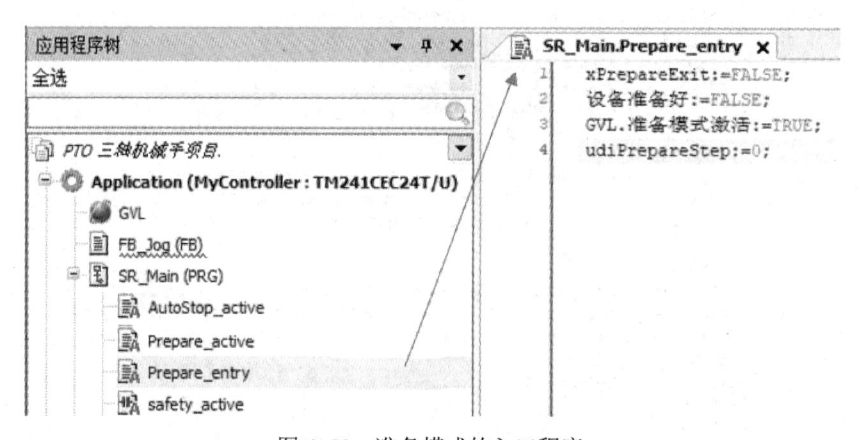

图 4-59　准备模式的入口程序

准备模式激活步的主要任务就是将机械手的 3 个伺服轴上使能后，完成回原点。

在准备模式激活 Prepare_active 步中，首先检查急停按钮正常、安全门已关好，X、Y、Z 轴输出的准备好信号、驱动器动力部分供电正常，并且 3 个 PTO 轴在没有故障的情况下，输出机械准备好信号。

准备好信号为 TRUE 后，将机械手的 3 个伺服轴上使能，使能正常，则开始回原点，回原点成功结束后，准备好信号 xPrepareDone 为 TRUE，如果出错则进入 100，等待用户复位故障，故障复位后回到开始步，接着完成准备模式的工作流程，程序如图 4-60 所示。

在启动回原点之前，应先调用 MC_Power_PTO 功能块给伺服加上使能，轴处于静止时才能开始回原点。

TM241 的 PTO 回原点功能就是在 PLC 内部建立伺服运动的坐标系原点，在回原点的过程中将轴的状态转换为 Homing。

然后回原点，注意在使用机械手时，一定要在触摸屏上选择柜外电动机，使机械手上的限位和急停生效！防止意外导致机械手发生碰撞，损坏设备！3 个轴的回原点成功后，会自动退出准备模式激活步，程序如图 4-61 所示。

```
//准备模式，设备准备好标志位20200709去掉测试变量
GVL.机器运行条件:=  xDoorAlarm   AND  xReadyAxis_X AND xReadyAxis_Y AND xReadyAxis_Z
            AND  IoConfig_Globals_Mapping.xSafetyOK AND NOT fbReadStatus_X.ErrorStop
             AND NOT fbReadStatus_Y.ErrorStop  AND fbReadStatus_Z.ErrorStop  ;

CASE udiPrepareStep OF
    0:
     设备准备好:=FALSE;
    fbMC_Home_PTO_X.Execute:=FALSE;
    fbMC_Home_PTO_Y.Execute:=FALSE;
    fbMC_Home_PTO_Z.Execute:=FALSE;
    fbMC_Power_X.Enable:=FALSE;
    fbMC_Power_Y.Enable:=FALSE;
    fbMC_Power_Z.Enable:=FALSE;
     IF GVL.机器运行条件 THEN    //如果满足条件则进入下一步
        udiPrepareStep:=udiPrepareStep+10;
     END_IF
    10: //完成3个轴的使能
     fbMC_Power_X.DriveReady:=xReadyAxis_X ;
     fbMC_Power_Y.DriveReady:=xReadyAxis_Y;
     fbMC_Power_Y.DriveReady:=xReadyAxis_Z;
    fbMC_Power_X.Enable:=TRUE;
    fbMC_Power_Y.Enable:=TRUE;
    fbMC_Power_Z.Enable:=TRUE;
    IF fbMC_Power_X.Status AND fbMC_Power_Y.Status AND fbMC_Power_Z.Status AND NOT 设备准备好  THEN
        udiPrepareStep:=udiPrepareStep+10;
        ELSIF fbMC_Power_X.Error OR fbMC_Power_Y.Error OR fbMC_Power_Z.Error THEN
        udiPrepareStep:=100;
    END_IF
```

图 4-60　准备模式中 3 个伺服轴的自动使能程序

```
    20://完成3个伺服轴的回原点
    fbMC_Home_PTO_X.Execute:=TRUE;
    fbMC_Home_PTO_Y.Execute:=TRUE;
    fbMC_Home_PTO_Z.Execute:=TRUE;
     IF fbReadStatus_X.ishomed AND fbReadStatus_Y.ishomed  AND fbReadStatus_Z.ishomed AND GVL.机器运行条件   THEN
        设备准备好:=TRUE; //设置准备好标志位
        xStartPrepare:=FALSE;//退出准备好程序
     END_IF
     100://等待故障复位，重新启动
    IF  NOT fbReadStatus_X.ErrorStop AND NOT fbReadStatus_Y.ErrorStop AND NOT  fbReadStatus_Z.ErrorStop
        AND NOT fbMC_Home_PTO_X.Error  AND NOT fbMC_Home_PTO_Y.Error AND NOT fbMC_Home_PTO_Z.Error THEN
       udiPrepareStep:=0;
    END_IF

END_CASE
```

图 4-61　准备模式回原点程序

4.3.16　准备模式的退出程序

准备模式的退出程序 PrepareStop_active 将选择准备模式位和准备模式激活位复位，同时把准备模式退出位设置为 TRUE，退出后进入模式选择 Mode_Select 步，如图 4-62 所示。

4.3.17　手动模式的入口程序和激活步

手动模式主要实现机械手的手动上使能、去掉使能，3 个轴的点动、设置原点、绝对位置移动试运行等任务。在模式选择中选择手动模式后，在手动模式入口程序 Manual_entry 中，将手动模式退出步设置为 FALSE，并将手动模式激活位设置为 TRUE，如图 4-63 所示。

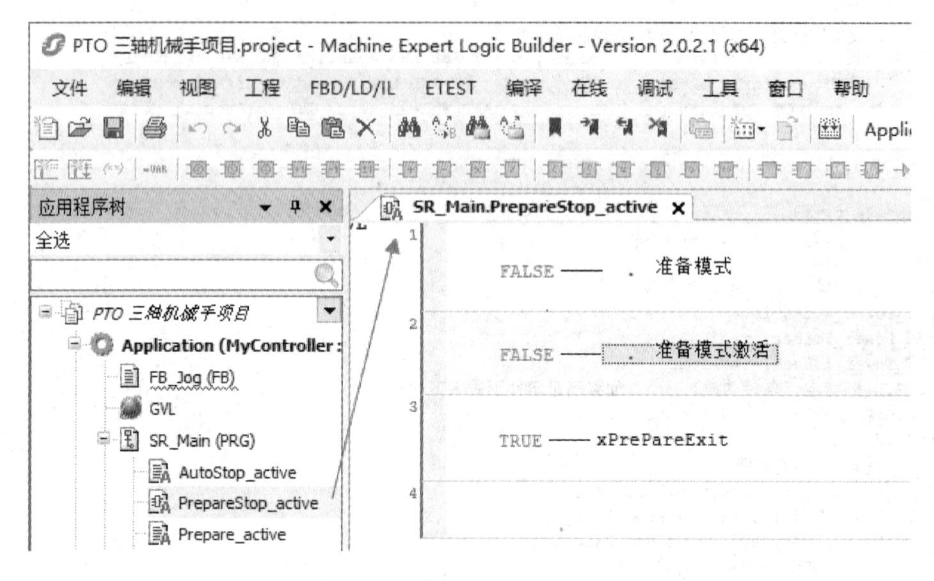

图 4-62 准备模式的退出程序

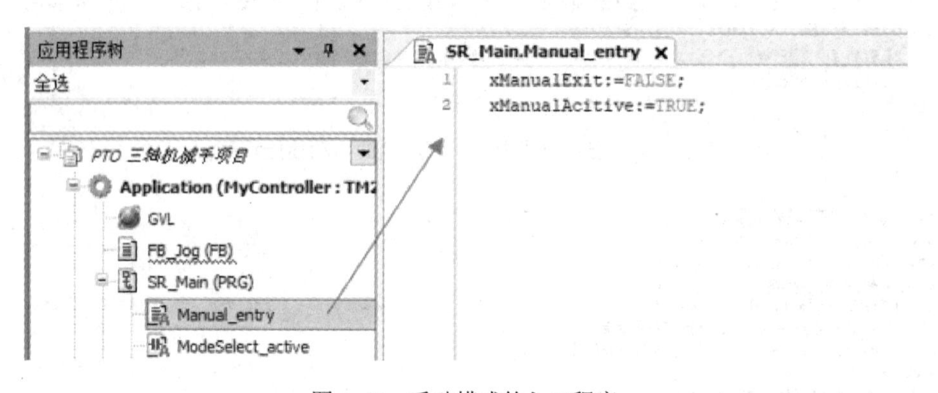

图 4-63 手动模式的入口程序

手动模式激活 Manual_active 步采用梯形图语言编程，首先完成 3 个伺服轴使能和 3 个轴的点动，点动的前提是 X 轴、Y 轴或 Z 轴已经使能，手动模式画面上有 6 个开关来完成 3 个轴的正、反两个方向的点动，程序调用 FB_Jog 自定义的功能块。X 轴点动和 3 个轴的手动使能操作程序如图 4-64 所示。

图 4-64 X 轴点动和 3 个轴的手动使能操作程序

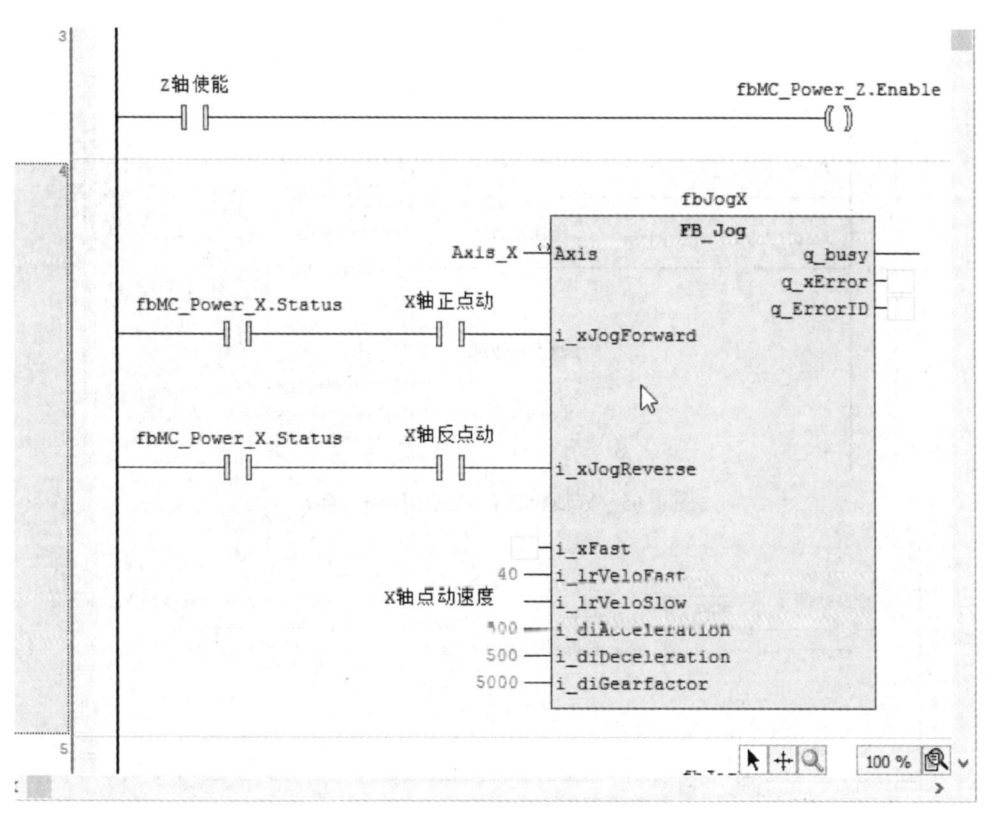

图 4-64　X 轴点动和 3 个轴的手动使能操作程序（续）

Y 轴和 Z 轴的点动与 X 轴的程序类似，如图 4-65 所示。

使用 MC_SetPosition 机械手设置 3 个轴的原点，为下一步绝对位置单步移动做好准备，如图 4-66 所示。

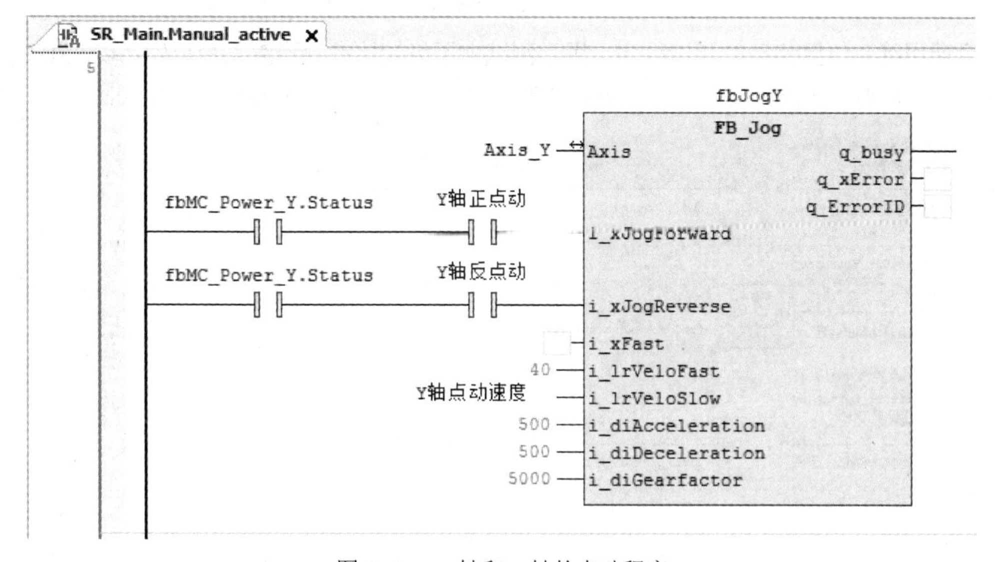

图 4-65　Y 轴和 Z 轴的点动程序

6
fbJogZ
FB_Jog
Axis_Z
Axis
q_busy
q_xError
q_ErrorID
fbMC_Power_Z.Status
Z轴正点动
i_xJogForward
fbMC_Power_Z.Status
Z轴反点动
i_xJogReverse
i_xFast
40
i_lrVeloFast
Z轴点动速度
i_lrVeloSlow
500
i_diAcceleration
500
i_diDeceleration
5000
i_diGearfactor

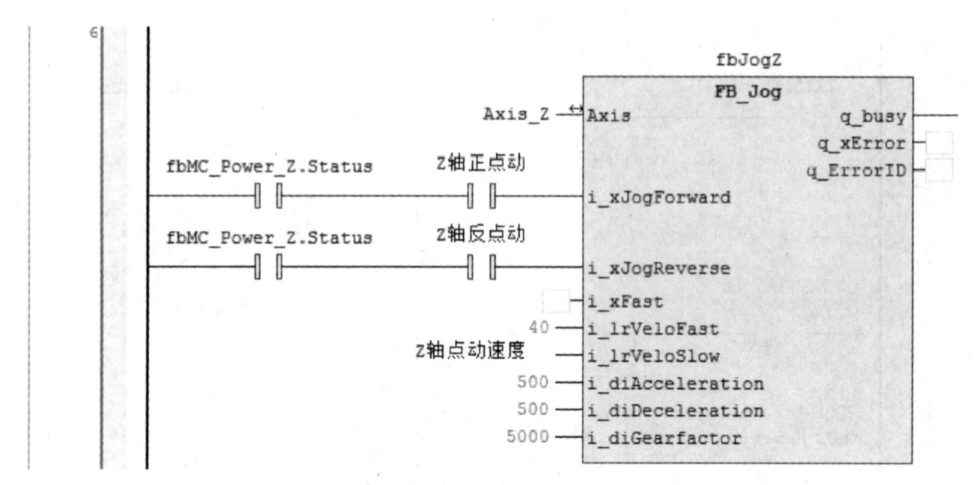

图 4-65　Y 轴和 Z 轴的点动程序（续）

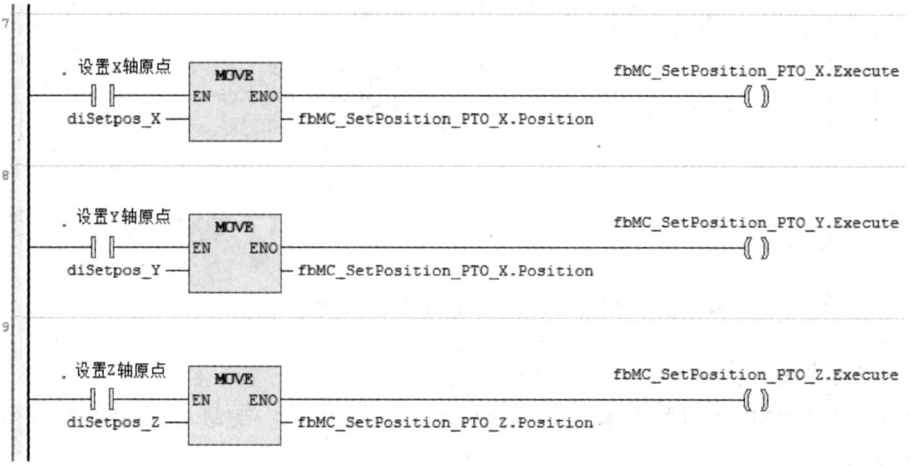

7
设置X轴原点
MOVE
EN ENO
fbMC_SetPosition_PTO_X.Execute
diSetpos_X
fbMC_SetPosition_PTO_X.Position
8
设置Y轴原点
MOVE
EN ENO
fbMC_SetPosition_PTO_Y.Execute
diSetpos_Y
fbMC_SetPosition_PTO_X.Position
9
设置Z轴原点
MOVE
EN ENO
fbMC_SetPosition_PTO_Z.Execute
diSetpos_Z
fbMC_SetPosition_PTO_Z.Position

图 4-66　手动模式下设置原点的程序

然后调用绝对位置移动的测试程序，用于测试电子齿轮比参数设置是否正确，以及绝对位置移动的方向是否正确，如果方向不正确，可以调整 LXM28A 中 P1-01 的百位，程序如图 4-67 所示。

10
fbReadStatus_X.isHomed
X轴绝对位置移动测试
MOVE
EN ENO
fbMC_MoveAbsolute_PTO_X.Execute
X轴绝对位置移动测试位置
fbMC_MoveAbsolute_PTO_X.Position
11
fbReadStatus_Y.isHomed
Y轴绝对位置移动测试
MOVE
EN ENO
fbMC_MoveAbsolute_PTO_Y.Execute
Y轴绝对位置移动测试位置
fbMC_MoveAbsolute_PTO_Y.Position
12
fbReadStatus_Z.isHomed
Z轴绝对位置移动测试
MOVE
EN ENO
fbMC_MoveAbsolute_PTO_Z.Execute
Z轴绝对位置移动测试位置
fbMC_MoveAbsolute_PTO_Z.Position
13
MOVE
EN ENO
5000
fbMC_MoveAbsolute_PTO_X.Velocity
MOVE
EN ENO
5000
fbMC_MoveAbsolute_PTO_Y.Velocity
MOVE
EN ENO
5000
fbMC_MoveAbsolute_PTO_Z.Velocity

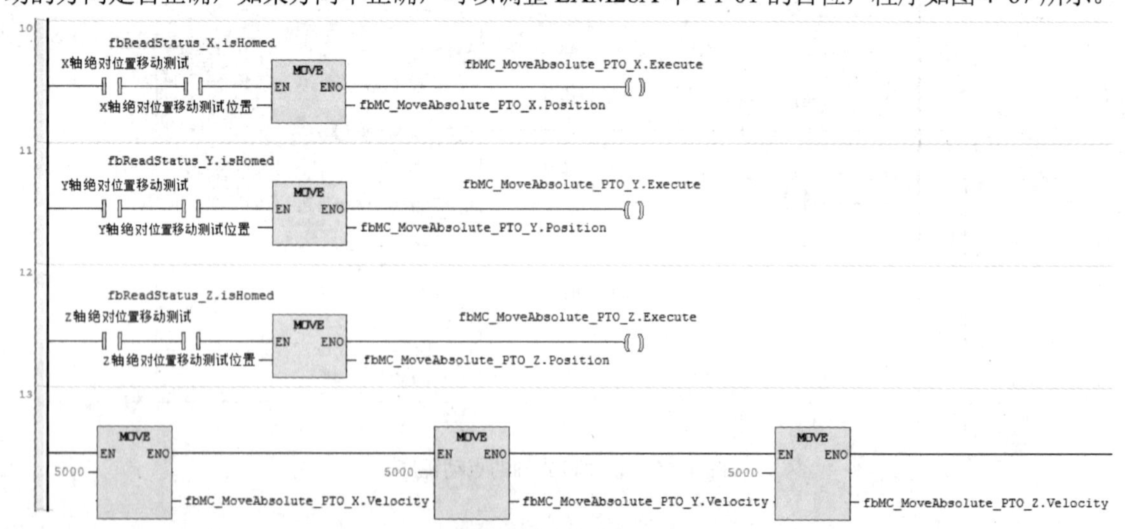

图 4-67　绝对位置移动测试程序

倒数第二个梯级的程序用来测试机械手的吸气阀，最后一步触摸屏的手动模式停止按钮用来退出手动模式，如图 4-68 所示。

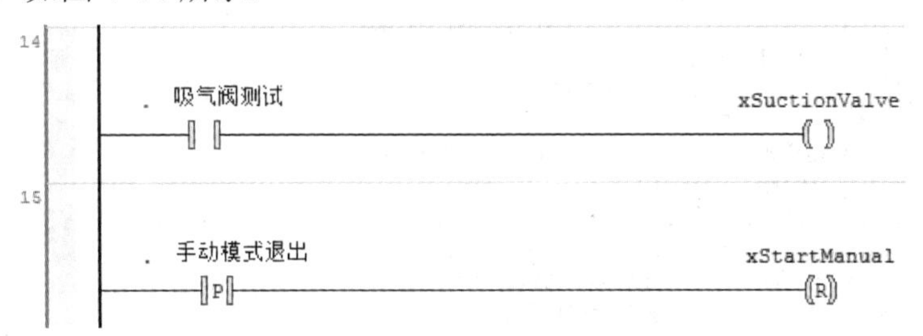

图 4-68　吸气阀测试程序和退出手动模式的程序

4.3.18　手动模式的退出程序

手动模式的退出程序 ManualStop_active 复位手动模式的激活位、置位手动模式的退出位，如图 4-69 所示。

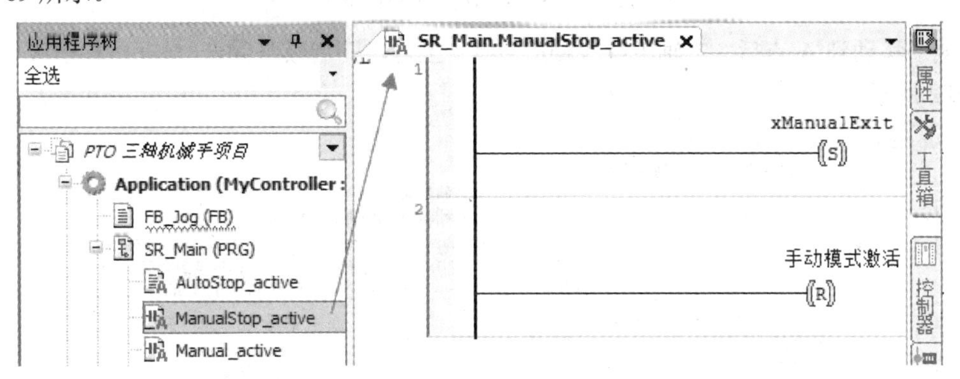

图 4-69　手动模式的退出程序

4.3.19　自动模式的入口程序和激活步

如果在模式选择步选择了自动模式，则进入自动模式的入口程序 Auto_entry，在入口程序中置位自动模式激活步、复位自动模式退出步，并将自动化步变量设置为 0，如图 4-70 所示。

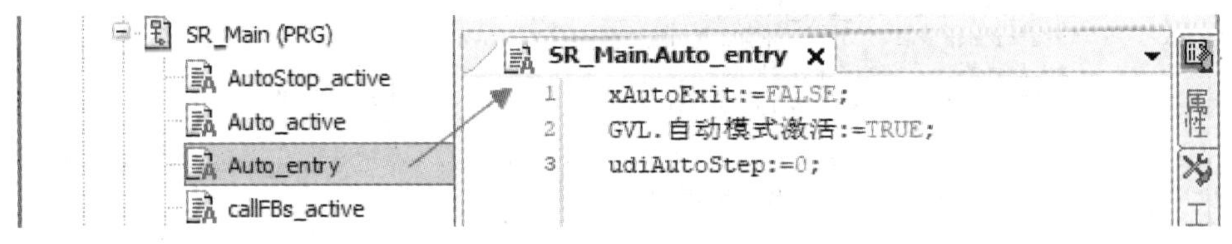

图 4-70　自动模式的入口程序

在自动模式激活 Auto_active 步中，机械手按任务要求完成机械的自动运行。

自动模式设置了两个延时闭合的定时器，一个用于棋子的吸取延时，一个用于棋子的放开延时。自动模式的启动通过触摸屏上的开关 GVL.xMachineStart 的置 1 完成，程序检查此信号的上升沿，开始机械手的移动。第一步 X 轴和 Y 轴移动到 A 点坐标（10,20）的准备程序如图 4-71 所示。

```
SR_Main.Auto_active
1
2   fbTon1(IN:=xdelayOn ,PT:=T#5S);//吸取棋子的延时
3   fbTon2(IN:=xdelayOff ,PT:=T#2S);//放开棋子的延时
4   //等待自动启动的上升沿
5   fbR_TRIG1(CLK:= xAutoStart OR GVL.自动启动 AND GVL.机器运行条件 AND 设备准备好, Q=> );
6   CASE udiAutoStep OF
7       0://自动模式初始化，将3个轴的Execute设为FALSE
8       fbMC_MoveAbsolute_PTO_X.Execute:=FALSE;
9       fbMC_MoveAbsolute_PTO_Y.Execute:=FALSE;
10      fbMC_MoveAbsolute_PTO_Z.Execute:=FALSE;
11      xdelayOn :=FALSE;//吸取棋子的延时
12      xdelayOff:=FALSE;//放下棋子的延时
13      fbMC_MoveAbsolute_PTO_X.Position:=100000;//目标坐标(10, 20)
14          fbMC_MoveAbsolute_PTO_X.Velocity:=80000;
15          fbMC_MoveAbsolute_PTO_Y.Position:=200000;
16          fbMC_MoveAbsolute_PTO_Y.Velocity:=80000;
17      IF fbR_TRIG1.Q  THEN
18      GVL.自动运行标志:=TRUE;
19      udiAutoStep:=udiAutoStep+10;
20      END_IF
```

图 4-71　X、Y 轴移动到 A 点的准备程序

机械手移动到 A 点后，Z 轴下降 36cm 到棋子上方，开启吸气阀延时 5s 将棋子吸住，程序如图 4-72 所示。

```
SR_Main.Auto_active
23      10://开始移动X、Y轴，到位后移动到A点
24      fbMC_MoveAbsolute_PTO_X.Execute:=TRUE;// 开始移动X和Y轴到坐标(10, 20)
25      fbMC_MoveAbsolute_PTO_Y.Execute:=TRUE;// 开始移动X和Y轴到坐标(10, 20)
26      IF fbMC_MoveAbsolute_PTO_X.Done  AND fbMC_MoveAbsolute_PTO_Y.Done THEN//到A点后，设置Z轴行程
27          fbMC_MoveAbsolute_PTO_Z.Position:=360000;//Z轴向下吸合棋子，Z轴原点到台面36cm
28          fbMC_MoveAbsolute_PTO_Z.Velocity:=80000;//Z轴80000÷5000×60r/min=960r/min
29          fbMC_MoveAbsolute_PTO_X.Execute:=FALSE;
30          fbMC_MoveAbsolute_PTO_Y.Execute:=FALSE;
31          udiAutoStep:=udiAutoStep+10;
32      END_IF
33      IF  fbMC_MoveAbsolute_PTO_X.Error OR fbMC_MoveAbsolute_PTO_X.CommandAborted
34      OR fbMC_MoveAbsolute_PTO_Y.Error OR fbMC_MoveAbsolute_PTO_Y.CommandAborted THEN
35          udiAutoStep:=999;   //程序出错步骤
36      END_IF
37
38      20://Z轴向下移动到棋子上方
39          fbMC_MoveAbsolute_PTO_Z.Execute:=TRUE;// 开始移动Z轴到360000
40
41      IF fbMC_MoveAbsolute_PTO_Z.Done THEN// 到位后设置延时
42          fbMC_MoveAbsolute_PTO_Z.Execute:=FALSE;
43          xSuctionValve:=TRUE;//开启吸气阀吸住棋子
44          xdelayOn :=TRUE;//开启延时5s
45          udiAutoStep:=udiAutoStep+10;
46      END_IF
47      IF  fbMC_MoveAbsolute_PTO_Z.Error OR fbMC_MoveAbsolute_PTO_Z.CommandAborted THEN
48          udiAutoStep:=999;   //程序出错步骤
49      END_IF
50
51      30:
52      IF fbTon1.Q  THEN //延时到，已吸住棋子，上升到原点
53          fbMC_MoveAbsolute_PTO_Z.Position:=0;
54          fbMC_MoveAbsolute_PTO_Z.Velocity:=60000;
55          udiAutoStep:=udiAutoStep+10;
56      END_IF
57                                                                          100
```

图 4-72　机械手到 A 点后 Z 轴下降至棋盘上方吸住棋子的程序

机械手吸住棋子后，Z 轴上升到原点，然后移动机械手到 B 点[坐标（25,5）]，到达后设置 C 点的坐标（5,25），程序如图 4-73 所示。

```
40:
//Z轴向上移动到原点
    fbMC_MoveAbsolute_PTO_Z.Execute:=TRUE;//移动Z轴到原点
    xdelayOn :=FALSE;
IF fbMC_MoveAbsolute_PTO_Z.Done THEN//到位后设置向B点移动做准备，B点坐标(25, 5)
    fbMC_MoveAbsolute_PTO_Z.Execute:=FALSE;
    fbMC_MoveAbsolute_PTO_X.Position:=250000;
    fbMC_MoveAbsolute_PTO_X.Velocity:=40000;
    fbMC_MoveAbsolute_PTO_Y.Position:=50000;
    fbMC_MoveAbsolute_PTO_Y.Velocity:=40000;
    udiAutoStep:=udiAutoStep+10;
END_IF
IF  fbMC_MoveAbsolute_PTO_Z.Error OR fbMC_MoveAbsolute_PTO_Z.CommandAborted THEN
    udiAutoStep:=999;    //程序出错步骤
END_IF


50://移动到B点
    fbMC_MoveAbsolute_PTO_X.Execute:=TRUE;
    fbMC_MoveAbsolute_PTO_Y.Execute:=TRUE;
IF fbMC_MoveAbsolute_PTO_X.Done AND fbMC_MoveAbsolute_PTO_Y.Done THEN//B到位后设置到C点的位置，C点坐标(5, 25)
    fbMC_MoveAbsolute_PTO_X.Execute:=FALSE;
    fbMC_MoveAbsolute_PTO_Y.Execute:=FALSE;
    fbMC_MoveAbsolute_PTO_X.Position:=50000;
    fbMC_MoveAbsolute_PTO_X.Velocity:=40000;
    fbMC_MoveAbsolute_PTO_Y.Position:=250000;
    fbMC_MoveAbsolute_PTO_Y.Velocity:=40000;
    udiAutoStep:=udiAutoStep+10;
END_IF
IF  fbMC_MoveAbsolute_PTO_X.Error OR fbMC_MoveAbsolute_PTO_X.CommandAborted  OR
     fbMC_MoveAbsolute_PTO_X.Error OR fbMC_MoveAbsolute_PTO_X.CommandAborted THEN
     udiAutoStep:=999;  //程序出错步骤
END_IF
```

图 4-73　移动到 B 点后为移动到 C 点做准备的程序

机械手开始向 C 点移动，到达 C 点后，设定 D 点坐标（35,30），机械手到达 D 点后移动 Z 轴将机械手下降到棋盘上方，到位后关闭吸气阀，然后延时 2s，放开棋子，程序如图 4-74 所示。

```
60:// 移动到C点，设置D点坐标(35, 30)
    fbMC_MoveAbsolute_PTO_X.Execute:=TRUE;
    fbMC_MoveAbsolute_PTO_Y.Execute:=TRUE;
IF fbMC_MoveAbsolute_PTO_X.Done AND fbMC_MoveAbsolute_PTO_Y.Done THEN
    fbMC_MoveAbsolute_PTO_X.Execute:=FALSE;
    fbMC_MoveAbsolute_PTO_Y.Execute:=FALSE;
    fbMC_MoveAbsolute_PTO_X.Position:=350000;
    fbMC_MoveAbsolute_PTO_X.Velocity:=80000;
    fbMC_MoveAbsolute_PTO_Y.Position:=300000;
    fbMC_MoveAbsolute_PTO_Y.Velocity:=80000;
    udiAutoStep:=udiAutoStep+10;
END_IF
IF  fbMC_MoveAbsolute_PTO_X.Error OR fbMC_MoveAbsolute_PTO_X.CommandAborted  OR
     fbMC_MoveAbsolute_PTO_X.Error OR fbMC_MoveAbsolute_PTO_X.CommandAborted THEN
     udiAutoStep:=999;  //程序出错步骤
END_IF

70:// 到D点后，将机械手下降到棋盘上方
       fbMC_MoveAbsolute_PTO_X.Execute:=TRUE;
```

图 4-74　到 D 点后机械手下降关闭吸气阀程序

```
    fbMC_MoveAbsolute_PTO_Y.Execute:=TRUE;
IF fbMC_MoveAbsolute_PTO_X.Done AND fbMC_MoveAbsolute_PTO_Y.Done THEN
    fbMC_MoveAbsolute_PTO_X.Execute:=FALSE;
    fbMC_MoveAbsolute_PTO_Y.Execute:=FALSE;
    fbMC_MoveAbsolute_PTO_Z.Position:=350000;
    fbMC_MoveAbsolute_PTO_Z.Velocity:=100000;
    udiAutoStep:=udiAutoStep+10;

END_IF
IF  fbMC_MoveAbsolute_PTO_X.Error OR fbMC_MoveAbsolute_PTO_X.CommandAborted  OR
     fbMC_MoveAbsolute_PTO_Y.Error OR fbMC_MoveAbsolute_PTO_Y.CommandAborted THEN
     udiAutoStep:=999;  //程序出错步骤
END_IF

80://移动机械手到棋盘上方后延时2s松开棋子
fbMC_MoveAbsolute_PTO_Z.Execute:=TRUE;//开始移动z轴到350000
IF fbMC_MoveAbsolute_PTO_Z.Done THEN
    fbMC_MoveAbsolute_PTO_Z.Execute:=FALSE;
    xSuctionValve:=FALSE;//断开吸气阀放开棋子
    xdelayOff :=TRUE;//开始延时
    udiAutoStep:=udiAutoStep+10;
END_IF
IF  fbMC_MoveAbsolute_PTO_Z.Error OR fbMC_MoveAbsolute_PTO_Z.CommandAborted THEN
    udiAutoStep:=999;    //程序出错步骤
END_IF
```

图 4-74 到 D 点后机械手下降关闭吸气阀程序（续）

松开棋子后，机械手上升到原点位置，然后移动 X 轴和 Y 轴到原点，程序如图 4-75 所示。

```
90://放下棋子后，升起机械手到原点
IF fbTon2.Q THEN
    fbMC_MoveAbsolute_PTO_Z.Position:=0;
    fbMC_MoveAbsolute_PTO_Z.Velocity:=40000;
    udiAutoStep:=udiAutoStep+10;
END_IF

100:
fbMC_MoveAbsolute_PTO_Z.Execute:=TRUE;//移动Z轴到原点
    xdelayOff :=FALSE;
IF fbMC_MoveAbsolute_PTO_Z.Done THEN// 到位后设置向(0, 0)点移动做准备
    fbMC_MoveAbsolute_PTO_Z.Execute:=FALSE;
    fbMC_MoveAbsolute_PTO_X.Position:=0;
    fbMC_MoveAbsolute_PTO_X.Velocity:=40000;
    fbMC_MoveAbsolute_PTO_Y.Position:=0;
    fbMC_MoveAbsolute_PTO_Y.Velocity:=40000;
    udiAutoStep:=udiAutoStep+10;
END_IF
IF  fbMC_MoveAbsolute_PTO_Z.Error OR fbMC_MoveAbsolute_PTO_Z.CommandAborted THEN
    udiAutoStep:=999;   //程序出错步骤
END_IF

110:
fbMC_MoveAbsolute_PTO_X.Execute:=TRUE;// 移动回(0, 0)点
fbMC_MoveAbsolute_PTO_Y.Execute:=TRUE;
IF fbMC_MoveAbsolute_PTO_X.Done AND fbMC_MoveAbsolute_PTO_Y.Done THEN
                                                    //到位后设置Z下降到原点
    fbMC_MoveAbsolute_PTO_X.Execute:=FALSE;
    fbMC_MoveAbsolute_PTO_Y.Execute:=FALSE;
    fbMC_MoveAbsolute_PTO_Z.Position:=0;
    fbMC_MoveAbsolute_PTO_X.Velocity:=80000;
    udiAutoStep:=0;
END_IF
```

图 4-75 回到坐标（0，0，0）点程序

当绝对位置移动过程中出现错误，程序进入 999 步，进行出错处理。首先停止轴的运行，如果是出现了轴故障或者轴开始快速停止，或者停止动作已经完成，则程序进入 1000 步，在 1000 步中等待 PTO 的轴故障和 Stopping 状态解除，解除后复位 Halt 指令，并进入步 0，故障出错的处理程序如图 4-76 所示。

```
SR_Main.Auto_active
171        999://出错处理步骤，停止3个轴的运行
172        fbHalt_X.Execute:=TRUE;
173        fbHalt_Y.Execute:=TRUE;
174        fbHalt_Z.Execute:=TRUE;
175        IF fbReadStatus_X.ErrorStop OR fbReadStatus_X.Stopping
176            OR fbReadStatus_Y.ErrorStop OR fbReadStatus_Y.Stopping
177             OR fbReadStatus_Z.ErrorStop OR fbReadStatus_Z.Stopping OR fbHalt_X.done
178              OR fbHalt_Y.done OR fbHalt_Z.done    THEN
179             udiAutoStep:=1000;
180        END_IF
181        1000:// 等待故障复位处理
182        IF NOT (fbReadStatus_X.ErrorStop OR fbReadStatus_X.Stopping
183            OR fbReadStatus_Y.ErrorStop OR fbReadStatus_Y.Stopping
184             OR fbReadStatus_Z.ErrorStop OR fbReadStatus_Z.Stopping )THEN
185             fbHalt_X.Execute:=
186             fbHalt_Y.Execute:=
187             fbHalt_Z.Execute:=FALSE;
188             udiAutoStep:=0;
189        END_IF
190    END_CASE
191
```

图 4-76　故障出错的处理程序

只有将 M241 本体 I7 上连接的拨钮开关（变量为 xAutoStart）拨到 Off 位置，再将 PLC 本体 I8 上连接的拨钮开关（变量为 xAutoExitREQ）拨到 On 的位置，自动化步数置 0 且各个轴没有处在绝对位置移动状态，即不是 DiscreteMotion 状态时，才能退出自动模式。退出自动模式的程序如图 4-77 所示。

```
SR_Main.Auto_active
191
192    //退出自动模式的程序
193    IF NOT xAutoStart AND udiAutoStep=0 AND NOT fbReadStatus_X.DiscreteMotion
194      AND NOT  fbReadStatus_Y.DiscreteMotion AND NOT
195     fbReadStatus_Z.DiscreteMotion AND xAutoExitREQ THEN
196        xStartAuto:=FALSE;
197    END_IF
```

图 4-77　退出自动模式的程序

4.3.20　自动模式的退出程序

在自动模式退出程序 AutoStop_active 中，将变量退出自动模式请求 xAutoExitREQ、自动模式激活和机器运行 GVL.xMachineStart:=FALSE 复位，将自动模式退出 xAutoExit 设置为 TRUE，程序如图 4-78 所示。

```
SR_Main.AutoStop_active
1
2    GVL.自动模式激活:=FALSE;
3    GVL.自动运行标志:=FALSE;
4    xAutoExit:=TRUE;
```

图 4-78　自动模式退出的程序

4.3.21 Exception 步中的程序

当安全门、急停、LXM28 伺服驱动器出现故障或者 PTO 出现轴故障时，将执行 MC_Stop 功能块，使 3 个轴停止以保证安全，急停完成后将 MC_Stop 功能块执行设置为 FALSE，程序如图 4-79 所示，

```
SR_Main.Exception_active
1  //出现安全门、急停按钮，28伺服ready信号丢失，PTO轴故障自动触发快速停止
2  IF NOT xReadyAxis_X OR NOT xReadyAxis_Y OR NOT xReadyAxis_Z
3  OR NOT xEStopAlarm OR NOT xDoorGuardAlarm THEN
4      fbMC_Stop_PTO_X.Execute:=TRUE;
5      fbMC_Stop_PTO_Y.Execute:=TRUE;
6      fbMC_Stop_PTO_Z.Execute:=TRUE;
7  END_IF
8
9  // 快速停止完成后复位
10 IF fbMC_Stop_PTO_X.Done THEN
11     fbMC_Stop_PTO_X.Execute:=FALSE;
12 END_IF
13 IF fbMC_Stop_PTO_Y.Done THEN
14     fbMC_Stop_PTO_Y.Execute:=FALSE;
15 END_IF
16 IF fbMC_Stop_PTO_Z.Done THEN
17     fbMC_Stop_PTO_Z.Execute:=FALSE;
18 END_IF
19
```

图 4-79 快速停止的程序

通过触摸屏和复位按钮均可复位故障，伺服出现故障，可以选择断电重启或使用逻辑输出接到 LXM28A 的输入来清除故障，同时在 LXM28A 的参数中将逻辑输入设置为故障复位，逻辑输入参数设为 102，程序如图 4-80 所示。

```
fbBlink(ENABLE:= TRUE, TIMELOW:=T#1S , TIMEHIGH:=T#1S , OUT=> );
IF  xResetErorButton OR GVL.故障复位 AND fbBlink.OUT THEN
    fbReset_X.Execute:= fbReset_Y.Execute:= fbReset_Z.Execute:=TRUE;
    ELSE
    fbReset_X.Execute:= fbReset_Y.Execute:= fbReset_Z.Execute:=FALSE;
END_IF
```

图 4-80 故障复位的程序

将 X、Y 轴伺服的 DO1 逻辑输出准备好信号，Z 轴伺服的 DO1 逻辑用于抱闸输出，DO2 设置为输出准备好信号，在 PLC 程序中取反输出伺服的故障信号。

在三轴机械手的伺服没有使能的情况下，可通过内部变量 xGoInit 回到初始步，程序如图 4-81 所示。

```
//程序回到初始步，要求去使能且程序初始化请求，需要在项目中配置使能SFCreset
GVL.X轴故障:=NOT xReadyAxis_X;
GVL.Y轴故障:=NOT xReadyAxis_Y;
GVL.Z轴故障:=NOT xReadyAxis_Z;
IF NOT  fbMC_Power_X.Status AND NOT  fbMC_Power_Y.Status AND NOT  fbMC_Power_Z.Status
    AND xGoInit THEN
    SFCReset:=TRUE;
END_IF
```

图 4-81 回到初始步程序

4.3.22　变量

DI 变量的设置如图 4-82 所示。

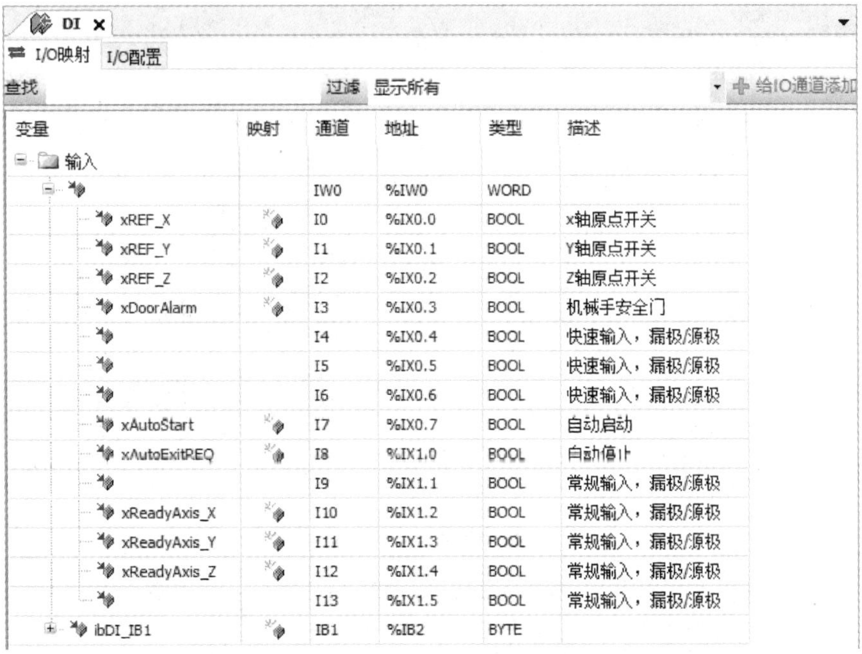

DI ×

I/O映射　I/O配置

查找　过滤 显示所有　给IO通道添加

变量	映射	通道	地址	类型	描述
输入					
		IW0	%IW0	WORD	
xREF_X		I0	%IX0.0	BOOL	x轴原点开关
xREF_Y		I1	%IX0.1	BOOL	Y轴原点开关
xREF_Z		I2	%IX0.2	BOOL	Z轴原点开关
xDoorAlarm		I3	%IX0.3	BOOL	机械手安全门
		I4	%IX0.4	BOOL	快速输入，漏极/源极
		I5	%IX0.5	BOOL	快速输入，漏极/源极
		I6	%IX0.6	BOOL	快速输入，漏极/源极
xAutoStart		I7	%IX0.7	BOOL	自动启动
xAutoExitREQ		I8	%IX1.0	BOOL	自动停止
		I9	%IX1.1	BOOL	常规输入，漏极/源极
xReadyAxis_X		I10	%IX1.2	BOOL	常规输入，漏极/源极
xReadyAxis_Y		I11	%IX1.3	BOOL	常规输入，漏极/源极
xReadyAxis_Z		I12	%IX1.4	BOOL	常规输入，漏极/源极
		I13	%IX1.5	BOOL	常规输入，漏极/源极
ibDI_IB1		IB1	%IB2	BYTE	

图 4-82　DI 变量的设置

DQ 变量的设置如图 4-83 所示。

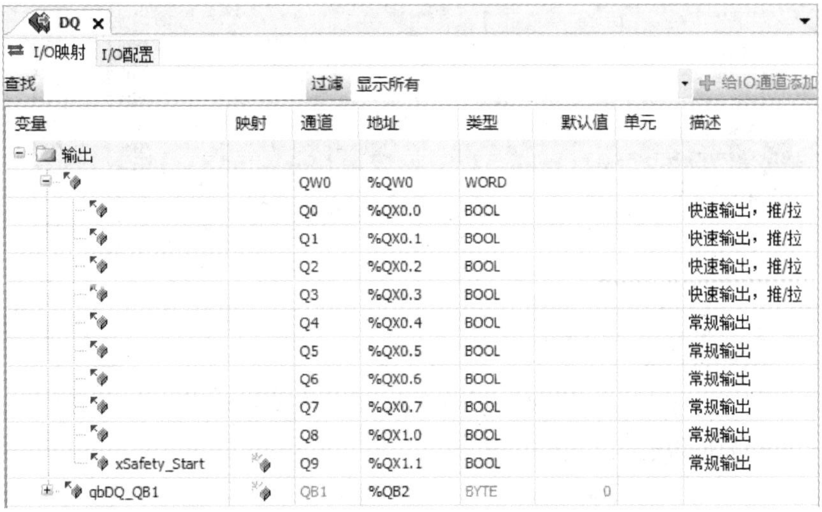

DQ ×

I/O映射　I/O配置

查找　过滤 显示所有　给IO通道添加

变量	映射	通道	地址	类型	默认值	单元	描述
输出							
		QW0	%QW0	WORD			
		Q0	%QX0.0	BOOL			快速输出，推/拉
		Q1	%QX0.1	BOOL			快速输出，推/拉
		Q2	%QX0.2	BOOL			快速输出，推/拉
		Q3	%QX0.3	BOOL			快速输出，推/拉
		Q4	%QX0.4	BOOL			常规输出
		Q5	%QX0.5	BOOL			常规输出
		Q6	%QX0.6	BOOL			常规输出
		Q7	%QX0.7	BOOL			常规输出
		Q8	%QX1.0	BOOL			常规输出
xSafety_Start		Q9	%QX1.1	BOOL			常规输出
qbDQ_QB1		QB1	%QB2	BYTE	0		

图 4-83　DQ 变量的设置

Module_1 变量的设置如图 4-84 所示。

Module_5 变量的设置如图 4-85 所示。

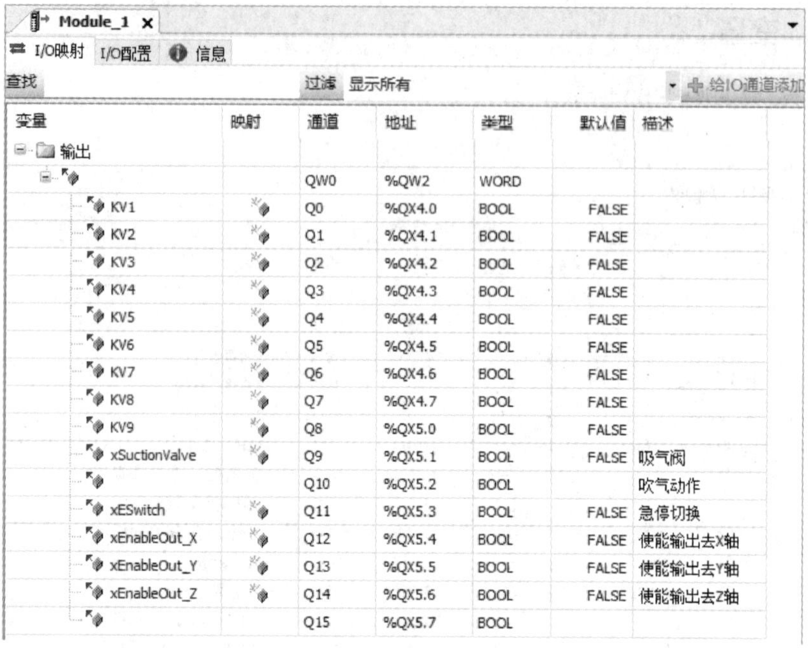

Module_1 ×

I/O映射 I/O配置 信息

查找 过滤 显示所有 给IO通道添加

变量	映射	通道	地址	类型	默认值	描述
输出						
		QW0	%QW2	WORD		
KV1		Q0	%QX4.0	BOOL	FALSE	
KV2		Q1	%QX4.1	BOOL	FALSE	
KV3		Q2	%QX4.2	BOOL	FALSE	
KV4		Q3	%QX4.3	BOOL	FALSE	
KV5		Q4	%QX4.4	BOOL	FALSE	
KV6		Q5	%QX4.5	BOOL	FALSE	
KV7		Q6	%QX4.6	BOOL	FALSE	
KV8		Q7	%QX4.7	BOOL	FALSE	
KV9		Q8	%QX5.0	BOOL	FALSE	
xSuctionValve		Q9	%QX5.1	BOOL	FALSE	吸气阀
		Q10	%QX5.2	BOOL		吹气动作
xESwitch		Q11	%QX5.3	BOOL	FALSE	急停切换
xEnableOut_X		Q12	%QX5.4	BOOL	FALSE	使能输出去X轴
xEnableOut_Y		Q13	%QX5.5	BOOL	FALSE	使能输出去Y轴
xEnableOut_Z		Q14	%QX5.6	BOOL	FALSE	使能输出去Z轴
		Q15	%QX5.7	BOOL		

图 4-84　Module_1 变量的设置

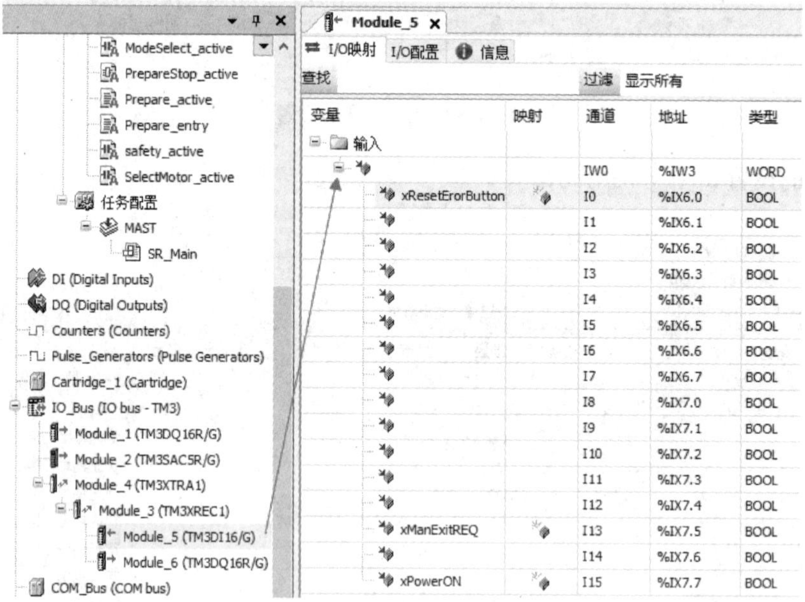

ModeSelect_active
PrepareStop_active
Prepare_active
Prepare_entry
safety_active
SelectMotor_active
任务配置
MAST
SR_Main
DI (Digital Inputs)
DQ (Digital Outputs)
Counters (Counters)
Pulse_Generators (Pulse Generators)
Cartridge_1 (Cartridge)
IO_Bus (IO bus - TM3)
Module_1 (TM3DQ16R/G)
Module_2 (TM3SAC5R/G)
Module_4 (TM3XTRA1)
Module_3 (TM3XREC1)
Module_5 (TM3DI16/G)
Module_6 (TM3DQ16R/G)
COM_Bus (COM bus)

Module_5 ×

I/O映射 I/O配置 信息

查找 过滤 显示所有

变量	映射	通道	地址	类型
输入				
		IW0	%IW3	WORD
xResetErorButton		I0	%IX6.0	BOOL
		I1	%IX6.1	BOOL
		I2	%IX6.2	BOOL
		I3	%IX6.3	BOOL
		I4	%IX6.4	BOOL
		I5	%IX6.5	BOOL
		I6	%IX6.6	BOOL
		I7	%IX6.7	BOOL
		I8	%IX7.0	BOOL
		I9	%IX7.1	BOOL
		I10	%IX7.2	BOOL
		I11	%IX7.3	BOOL
		I12	%IX7.4	BOOL
xManExitREQ		I13	%IX7.5	BOOL
		I14	%IX7.6	BOOL
xPowerON		I15	%IX7.7	BOOL

图 4-85　Module_5 变量的设置

Module_6 变量的设置如图 4-86 所示。

4.3.23　LXM28A 电子齿轮比的设置

设置合适的电子齿轮比是使用好脉冲功能块的基础和前提，也可以避免因为齿轮比设置太大导致达不到最高速度，或者因为每圈脉冲数太小，在伺服电动机移动过程中产生很大的速度波动，导致机械设备振动和损坏。

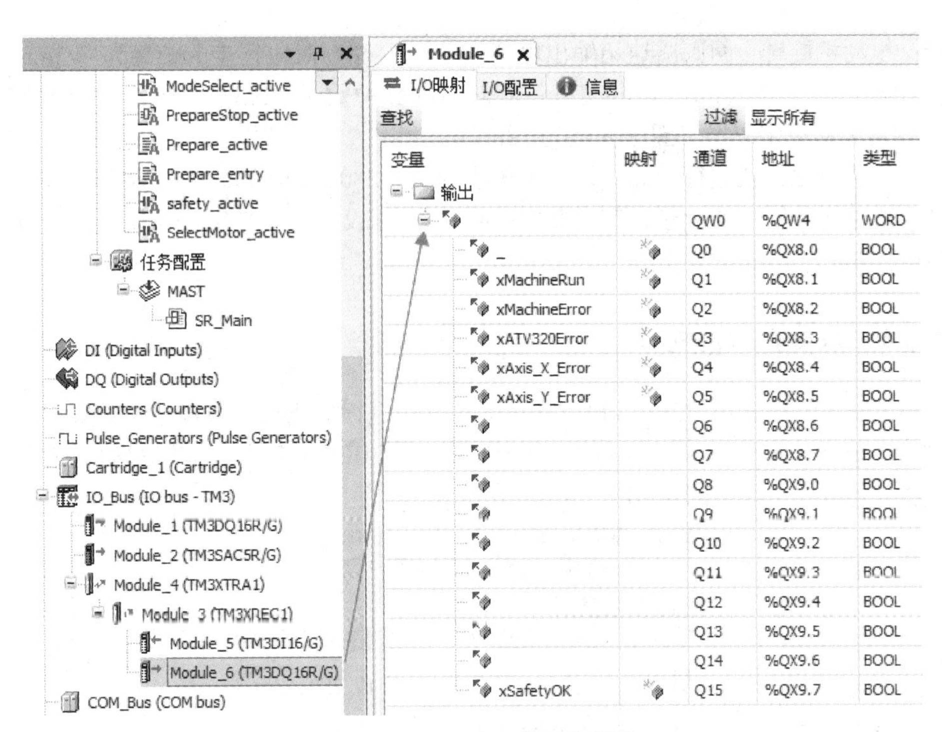

图 4-86　Module_6 变量的设置

LXM28A 电子齿轮比的定义为

$$电子齿轮比=\frac{电动机的位置增量}{给定位置增量}$$

1. LXM28A 无减速机电子齿轮比的设置

设置电子齿轮比的目的是建立 PLC 发送的脉冲与使用机器的用户单位之间的联系。因为电动机的实际位置或角度由伺服电动机的编码器反馈，所以电子齿轮比的设置既要考虑机械的类型和减速比，也要掌握伺服驱动器所规定的每圈的脉冲数。不同的伺服驱动器规定的电动机编码器的每圈脉冲数不一定相同，如 LXM28A 伺服驱动器每圈脉冲数为 1280000，LXM32 驱动器每圈脉冲数为 131072。

例如：某型号机床采用滚珠丝杠结构，螺距为 5mm（即电动机旋转一圈，行走 5mm 距离），使用 LXM28A 电动机拖动，没有减速机，现用户希望 PLC 每发一个脉冲走 0.001mm，电子齿轮比应该如何设置？

分析：电动机旋转一圈对应 5mm 距离，而每个脉冲数对应 0.001mm，则电动机每圈对应的脉冲数为 5/0.001 个=5000 个，而 LXM28A 规定电动机编码器每圈脉冲数为 1280000。

使用电子齿轮比公式进行计算，即：电子齿轮比=1280000/5000=1280/5=256/1。
其中，256 是电子齿轮比的分子，在参数 P1-44 中进行设置；1 是电子齿轮比的分母，在参数 P1-45 中进行设置。

2. 配有减速机的 LXM28A 电子齿轮比的设置

配有减速机的 LXM28A 电子齿轮比的设置举例：某型号机床采用滚珠丝杠结构，螺距为 5mm（即电动机旋转一圈，行走 5mm 距离），使用 LXM28A 电动机拖动，配有减速机，减速比为 3∶1，现用户希望 PLC 每发一个脉冲走 0.001mm，电子齿轮比应该如何设置？

分析：电动机旋转一圈则减速箱输出侧旋转了 1/3 圈，对应行走的距离为 5/3mm，现在要求每个脉冲数对应 0.001mm，则电动机每圈对应的脉冲数是（5/3）/0.001 个=5000/3 个，而 LXM28A 规定电动机编码器每圈脉冲数为 128000。

使用电子齿轮比公式进行计算，即：电子齿轮比=1280000 /(5000/3) =3840/5=768/1。其中，768 是电子齿轮比的分子，在参数 P1-44 中进行设置；1 是电子齿轮比的分母，在参数 P1-45 中进行设置。

4.3.24 登录和下载程序

参照 4.1.7 中的内容对 PTO 控制 LXM28A 伺服进行接线和参数设置，设置完成后，单击“保存参数到 EEPROM”图标，将参数的修改保存到 EEPROM 中，伺服驱动器断电再次上电后，参数修改将被保留，如图 4-87 所示。

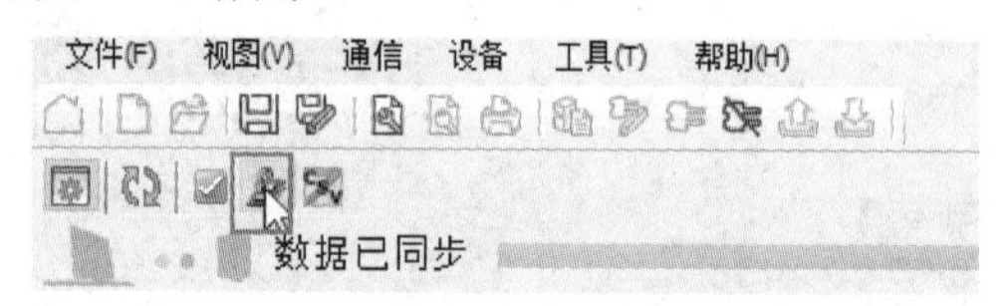

图 4-87 “保存参数到 EEPROM”按钮位置

保存参数完成后，将伺服断电再上电使参数修改生效。

双击“MyController”界面中要连接的 PLC，等待 PLC 的名称变为粗体后，单击工具栏中的“登录”图标，如图 4-88 所示。

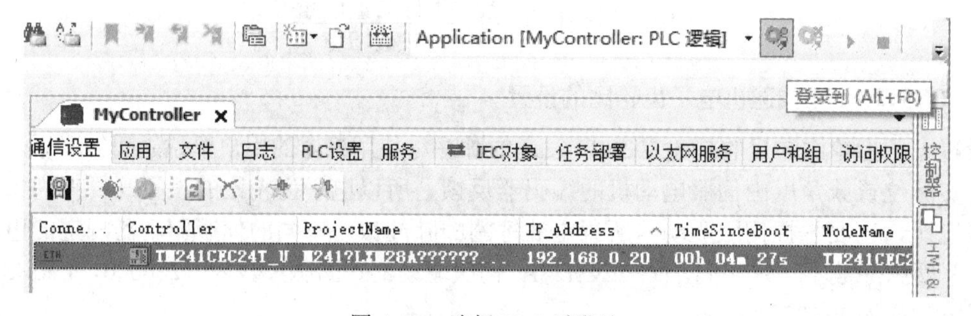

图 4-88 选择 PLC 后登录

至此，项目完成了本任务的工艺要求。

项目 5 CAN 总线下的 PLC 控制与调试

CANopen 协议是 CAN-in-Automation（CiA）定义的标准之一，被认为是在基于 CAN 的工业系统中占领导地位的标准。本项目中，依靠 CANopen 协议的支持，实现了 M262 对 ATV340 变频器的控制，并通过 HMI 的项目创建、画面控制和变量链接完成了 ATV340 变频器的速度给定、点动的参数设置和基本操作。在 5.2 节的自动控制任务中，使用 CAN 总线实现了由 LXM28A 伺服精确控制 X、Y 和 Z 轴的位置移动，同时介绍了 CAN 参数的设置、CAN 网络的创建过程、从站的添加、通信检查 canCheck 动作的创建和故障处理的程序编制，并给出了项目的源程序和 HMI 的项目文件。

任务 5.1 使用 CAN 总线实现 PLC 与 ATV340 变频器的通信

本任务在了解 CAN 总线协议的同时，实现了 M262 PLC 与 ATV340 变频器按设置的机器速度运行，并将机器速度转换为变频器的给定速度，实现了变频器启动、停止、点动和故障复位操作。

5.1.1 CAN 通信协议

CAN（Controller Aera Network，控制器局部网）是德国博世（BOSCH）公司在 1983 年开发的一种串行数据通信协议，最初用于现代汽车中众多的控制与测试仪器之间的数据交换，是一种多主方式的串行通信总线，介质可以是双绞线、同轴电缆和光纤，传输速率可达 1Mbit/s，支持 128 个节点，具有高抗电磁干扰性，而且能够检测出通信时产生的任何错误，从而保证了数据通信的可靠性。CAN 通信机制比较简单，可以降低设备的复杂程度，是欧洲重要的网络标准。

从 OSI 网络模型的角度来看，CAN 总线只定义了 OSI 网络模型的第一层（物理层）和第二层（数据链路层），而在实际设计中，这两层完全由硬件实现，设计人员不需要再为此开发相关的软件或硬件。

同时，CAN 总线除了只定义物理层和数据链路层以外，没有规定应用层，本身并不完整，因此需要一个高层协议来定义 CAN 报文中的 11、29 位标识符和 8 字节数据的使用。

大多数重要的设备类型，如数字/模拟输入/输出模块、驱动设备、操作设备、控制器、PLC 或编码器，都在称为设备描述的协议中进行描述。设备描述定义了不同类型的标准设备及其相应的功能。依靠 CANopen 协议的支持，可实现对不同厂商的设备通过总线进行配置。

在 OSI 模型中，CANopen 协议和 CAN 总线之间的关系如图 5-1 所示。

5.1.2 ATV340 变频器的功能特点

ATV340 变频器是施耐德伺服型变频器，有位置、速度和转矩三种控制模式。ATV340 变频器的特点如下：

1）电压等级为三相 380～480V(−15%～+10%)。

2）功率范围为 0.75～75kW（重载）/1.1～90kW（轻载）。

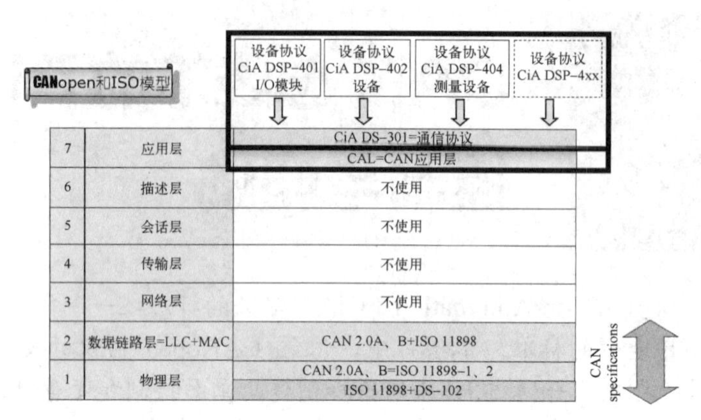

图 5-1　CANopen 协议与 CAN 总线之间的关系

3）速度环带宽高达 400Hz。

4）支持 Web Server 网页服务器功能。

5）应用任务扫描时间为 1ms。

6）最高运行温度 60℃。

7）支持 Modbus、EtherNet/IP、CANopen、PROFINET、EtherCAT、PROFIBUS-Dp、DeviceNet 等多种通信协议，还支持 SERCOS 高速实时以太网通信总线。

8）小功率标配 PTI/PTO。

ATV340 变频器适用于物流自动化、材料加工、起重、印刷、纺织、建材机械、石油/化工等领域。ATV340 变频器应用于开环和闭环的控制时，可以驱动异步电动机和同步电动机、同步磁阻电动机。

5.1.3　CAN 总线通信的网络连接

M262 PLC 的 CANopen 协议控制 ATV340 变频器时，由于 M262 本体没有集成 CAN 接口，因此需要选配 TMSCO1 智能 CANopen 扩展模块，此扩展模块带有一个 Sub D9 形式的 CANopen 接口。ATV340 变频器的型号为 ATV340U07N4，扩展了 VW3A3608 CANopen 通信卡。

HMI 这里选配的是 GXU5512，与 M262 PLC 通过 Modbus TCP/IP 连接，工艺图如图 5-2 所示。

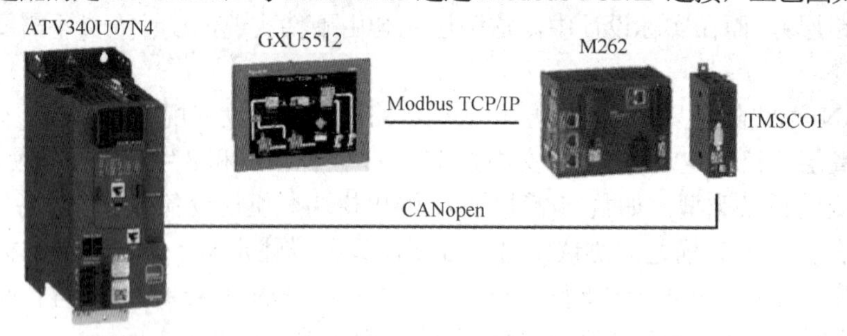

图 5-2　M262 PLC 通过 CANopen 协议控制 ATV340 变频器的工艺图

5.1.4　电气控制

AC 380V 电源经电磁断路器 QA031 连接 ATV340 变频器的电源侧 L1、L2、L3，操作后 ABE1 端子排上的 CH4 开关为本地/远程通信控制变频器切换拨钮，CH1 开关为本地正转拨钮，CH2 开关为本地反转拨钮。ATV340 变频器的电气控制原理图如图 5-3 所示。

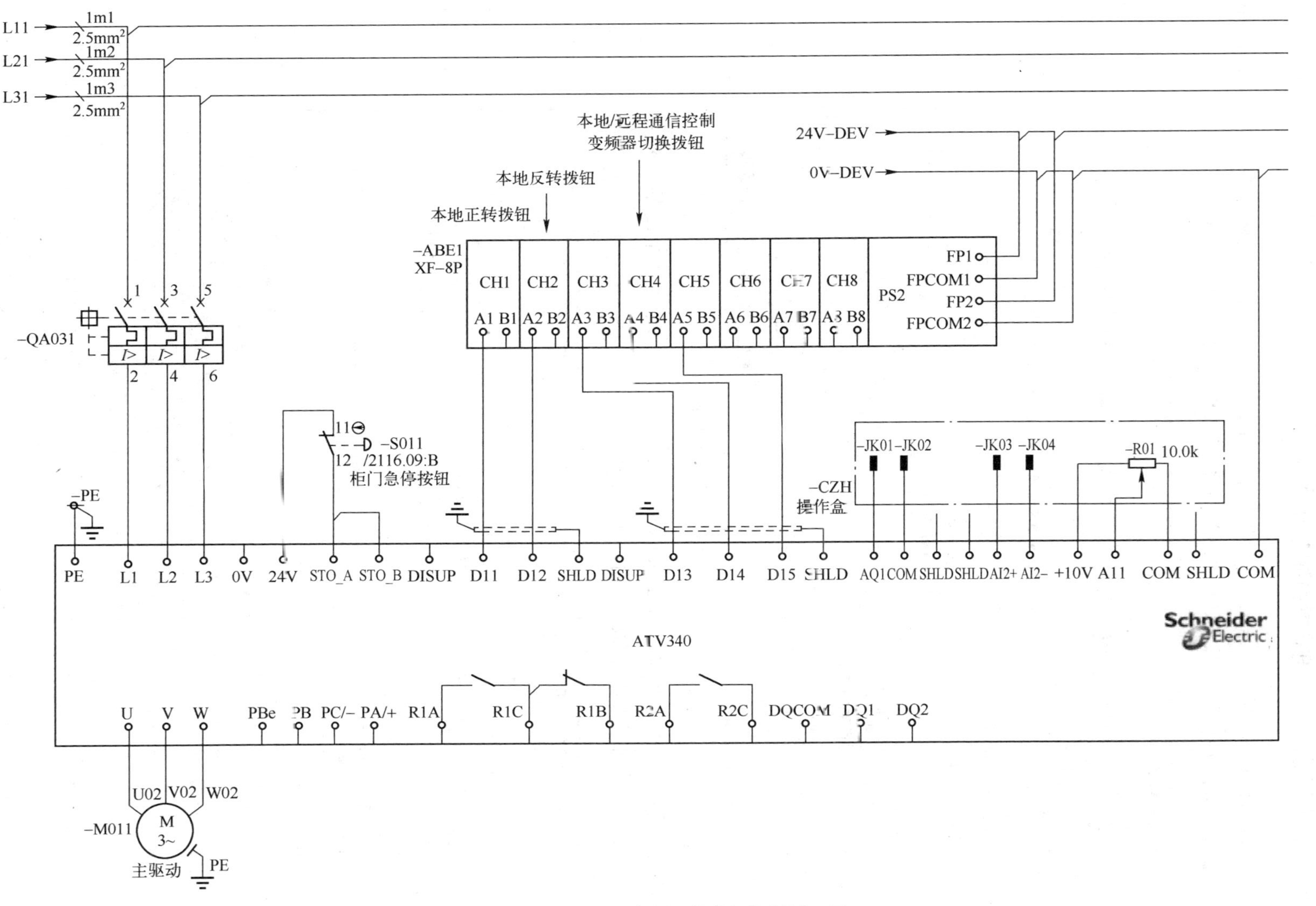

图 5-3　ATV340 变频器的电气控制原理图

5.1.5 M262 PLC 的项目创建和组态

在 EcoStruxure Machine Expert Logic 编程软件中创建新的项目，名称为“M262 与 ATV340 和 HMI 的 CANopen 通信”，PLC 选配 TM262M35MESS8T，如图 5-4 所示。

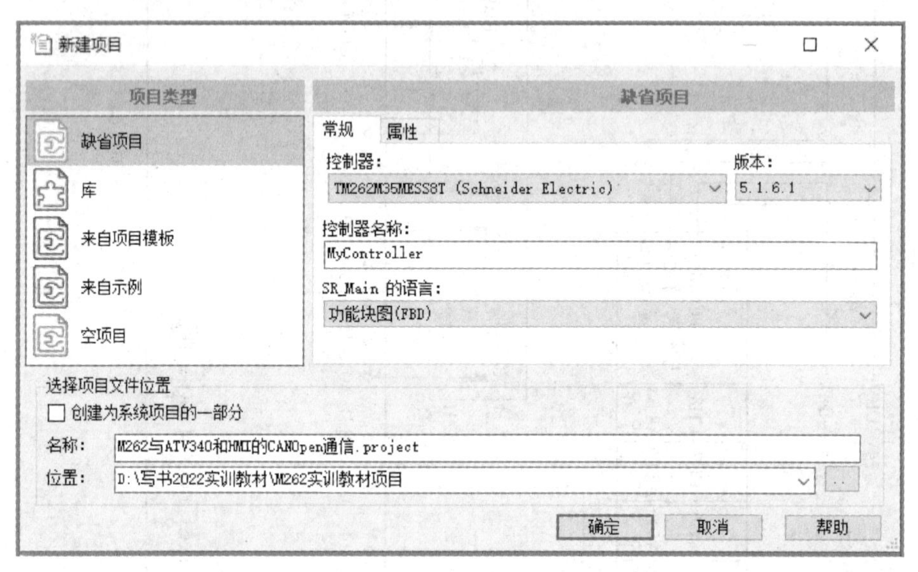

图 5-4 创建新项目

单击“设备树”→“COM_Bus（COM Bus-TMS）”，在“添加设备”对话框中选择 TMSCO1 模块，单击“添加设备”按钮，如图 5-5 所示。

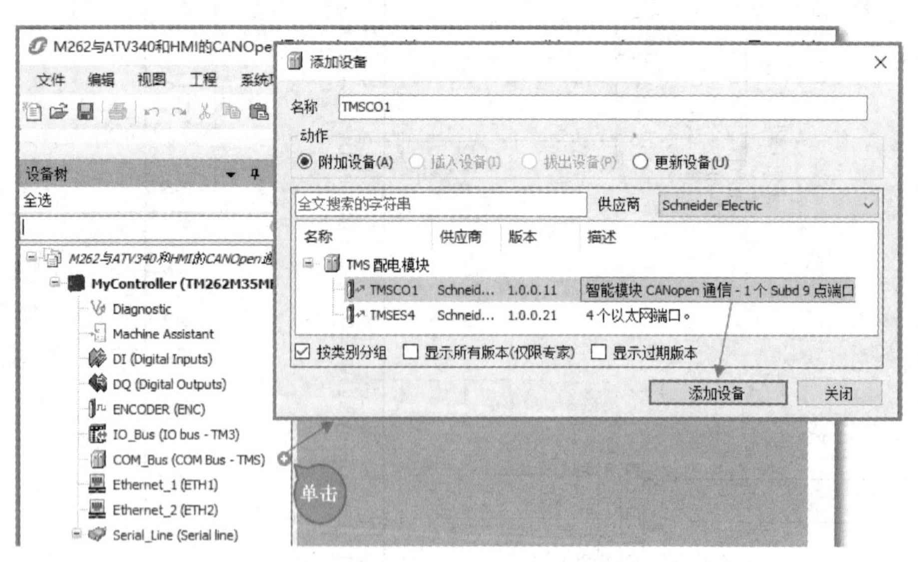

图 5-5 添加 CANopen 通信模块

单击“设备树”→“CANopen_Performance（CANopen Performance）”，在“添加设备”对话框中选择 Altivar_340 变频器，单击“添加设备”按钮，如图 5-6 所示。

双击“Altivar_340（Altivar 340）”将 ATV340 变频器的从站地址修改为 5，如图 5-7 所示。

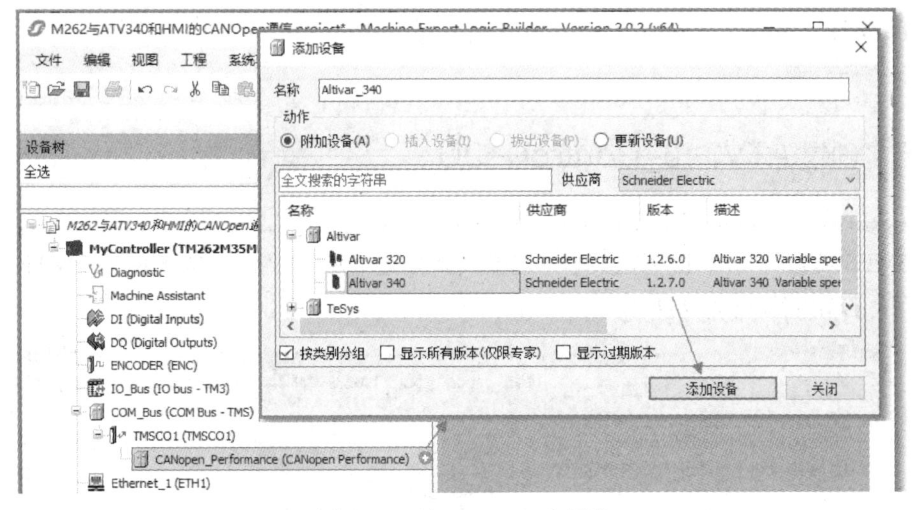

图 5-6　添加 ATV340 变频器

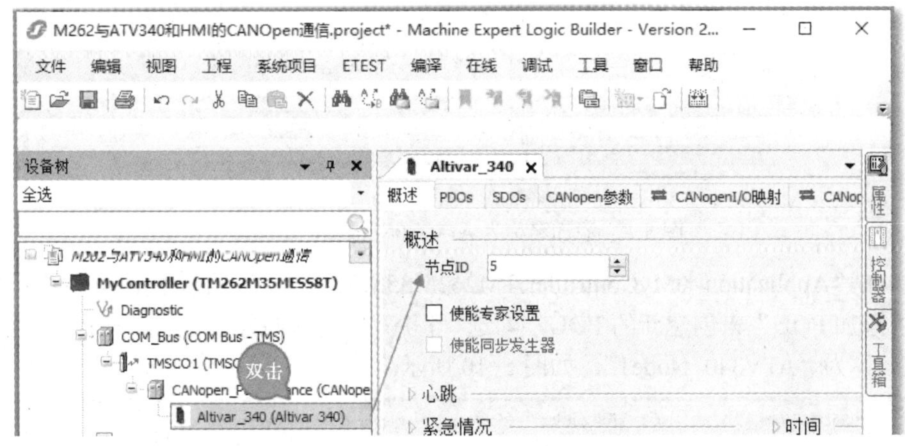

图 5-7　修改 ATV340 变频器的从站地址

在“SDOs”选项卡中设置 CANopen 给定通道的相关参数，这些参数在 PLC 与变频器建立通信后将被锁定，即每次修改都将被上电后的初始化过程覆盖。

在程序中设定的参数有：将变频器的组合模式参数设为分离模式；给定 1 通道设为 CANopen，给定 2 通道设为 AI1，给定 1 和给定 2 通道切换使用变频器的逻辑输入 DI4，同样的，命令 1 通道和命令 2 通道切换也为 DI4，设置如图 5-8 所示。

Altivar_340

概述 | PDOs | SDOs | CANopen参数 | CANopenI/O映射 | CANopenIEC对象 | 状态 | 信息

添加SDO　编辑　删除　上移　Move Down

行	索引: 子索引	名称	值	位长度	注释
1	16#2036:16#02	Profile	2	16	分离模式
2	16#2036:16#0C	Ref. 2 Switching	132	16	DI4用于给定通道通信和本地的切换
3	16#2036:16#0E	Ref. 1 Channel	167	16	给定1通道为CANopen
4	16#2036:16#16	Cmd Switching	132	16	DI4用于给定通道通信和本地的切换
5	16#2036:16#18	Cmd Channel 1	20	16	CANopen用于给定1通道
6	16#2036:16#0F	FR2 (8414)	1	16	给定2通道为AI1

图 5-8　CANopen 从轴的 SDOs 设置

安全模块的编程可参照 4.1.5 节中的内容创建 Safety 动作，动作的编程与 4.1.5 节中的 A01_Safety 内容一致。

5.1.6 创建 ATV340_Control POU

在 EcoStruxure Machine Expert Logic 中单击“应用程序树”→“Application（MyController: TM262M35MESSBT）”，在右键下拉菜单中选择“添加文件夹”，文件夹名称为“ATV340Node1”，单击“确定”按钮，如图 5-9 所示。

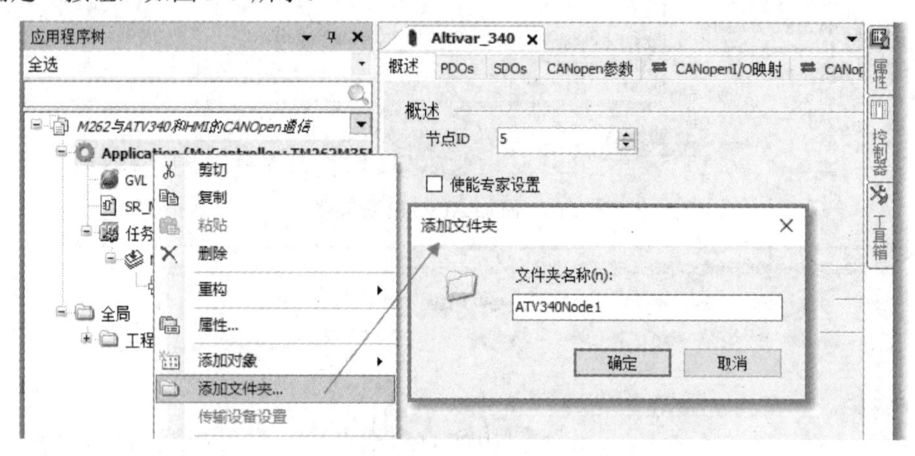

图 5-9　添加名称为 ATV340Node1 的文件夹

右键单击“Application（MyController:TM262M35MESSBT）”，在弹出的菜单中选择“添加对象”→“添加 POU”来创建新的 POU，勾选“程序”，选择 POU 的编程语言为“连续功能图（CFC）”，名称为“ATV340_Node1”，如图 5-10 所示。

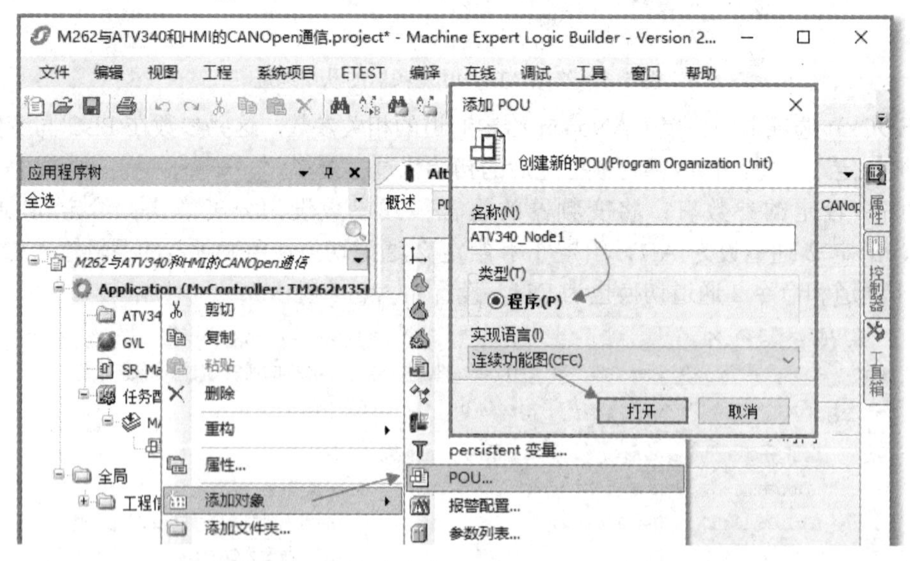

图 5-10　添加名称为 ATV340_Node1 的 POU

右键单击“ATV340_Node1（PRG）”，在弹出的菜单中单击“添加对象”→“添加动作”，添加名称为“A01_GetNodeState”的新动作，用于获取 ATV340 是否已经进入正常通信的状态，如果进入了正常通信状态，则输出通信为准备好 ATV340_ComOK 信号，选择编程语言为

“连续功能图（CFC）”，如图 5-11 所示。

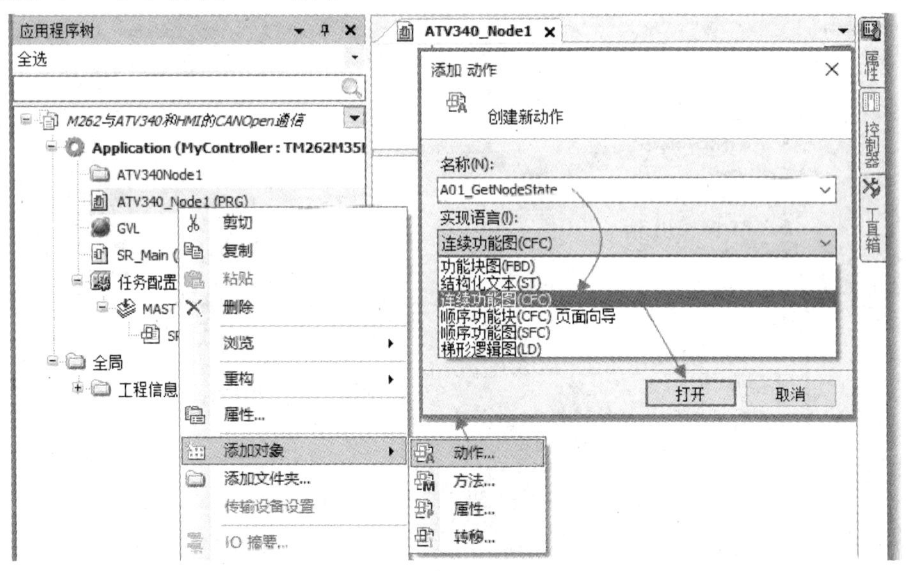

图 5-11　添加名称为 A01_GetNodeState 的新动作

采用同样的方法添加 A02_Ctr_ATV 动作，用于控制变频器的启动、停止、故障复位、速度给定等，编程语言选择“梯形逻辑图（LD）”，如图 5-12 所示。

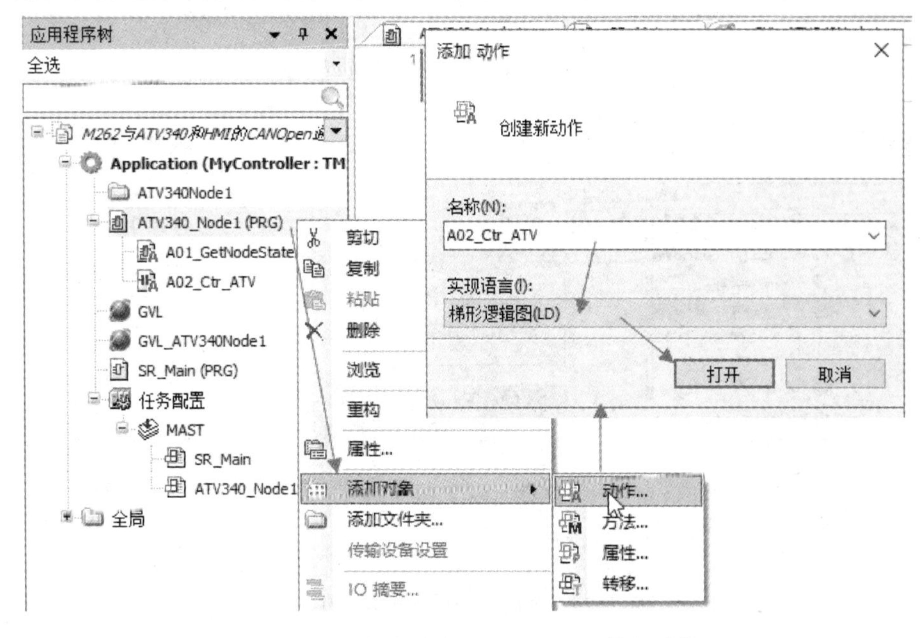

图 5-12　添加名称为 A02_Ctr_ATV 的新动作

双击“ATV340_Node1（PRG）”，在工具箱中单击运算块拖拽到 POU 中，单击空的运算块的 ???，在“输入助手”对话框中选择“类别”→“功能块”→“A01_GetNodeState”，单击“确定”按钮，如图 5-13 所示。

单击工具箱中的“注释”，在输入框中输入“调用动作 A01，读取从站状态”为 A01 添加注释。采用相同的方法调用 A02_Ctr_ATV 的动作，注释为“调用动作 A02_Ctr_ATV，对

ATV340 进行控制”，如图 5-14 所示。

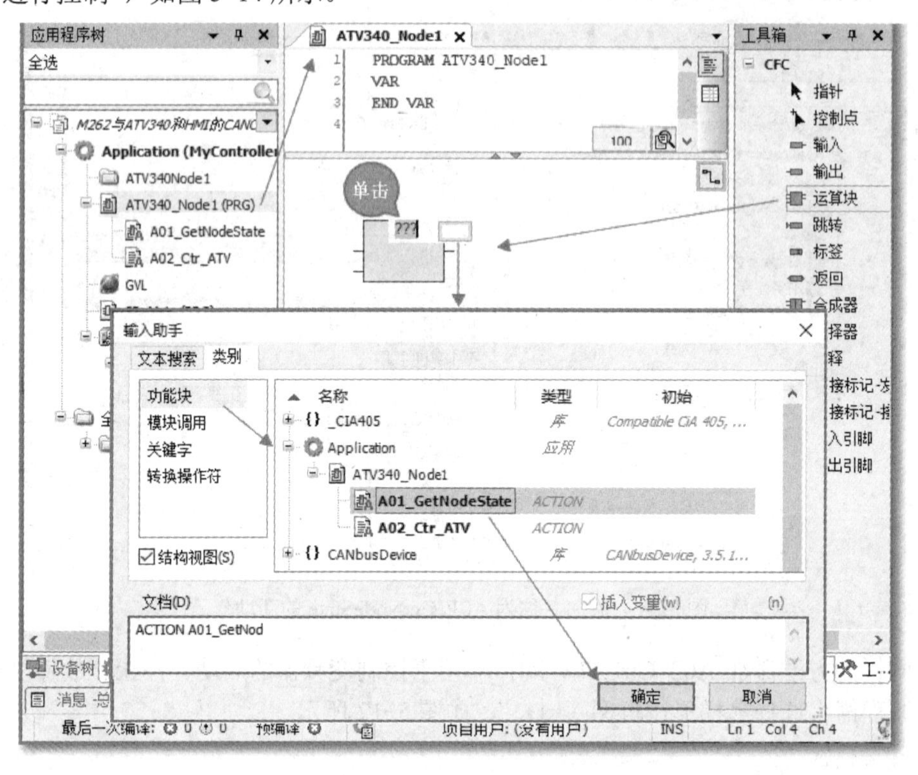

图 5-13　调用 A01_GetNodeState 的动作

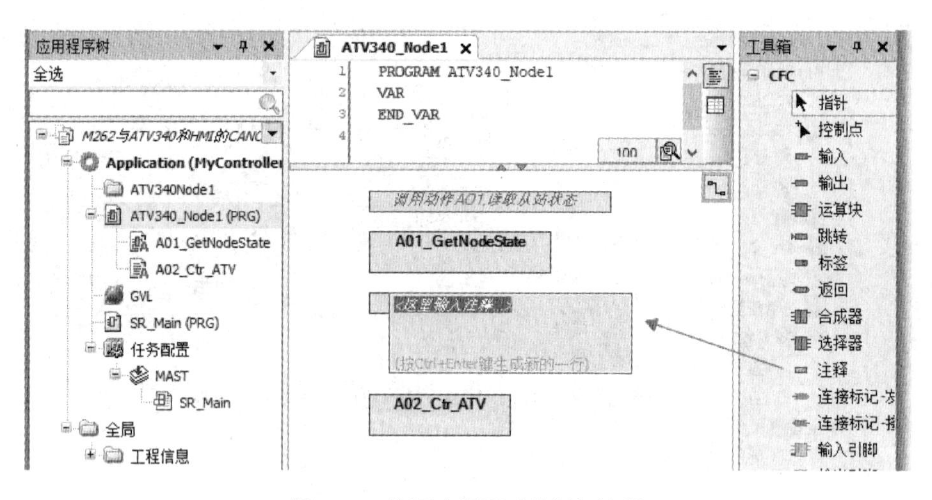

图 5-14　为两个调用动作添加注释

5.1.7　动作 A01_GetNodeState 的编程

单击“应用程序树”→“Application（MyController:TM262M35MESSBT）”，在右键菜单中选择“添加对象”→“添加全局变量列表”，创建 ATV340 变频器专用的全局变量 GVL_ATV340Node1，创建过程如图 5-15 所示。

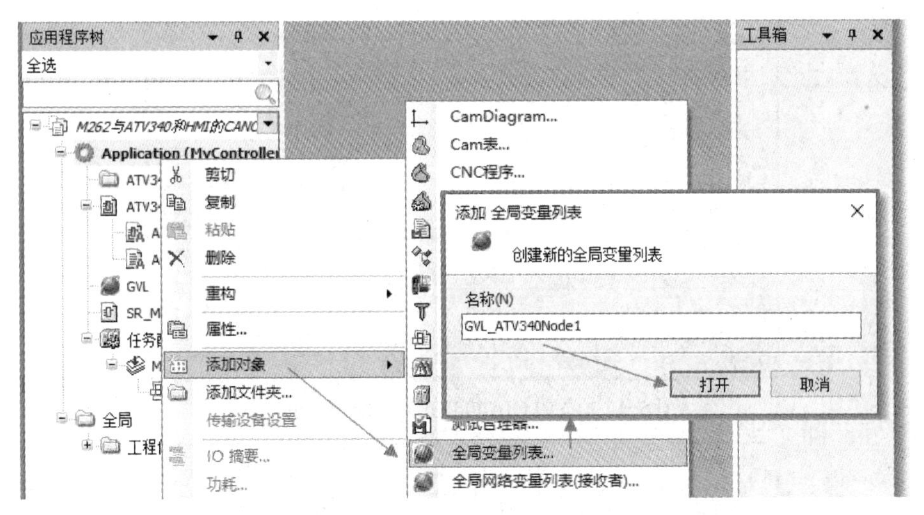

图 5-15　创建 ATV340 变频器专用的全局变量

双击“GVL_ATV340Node1”，在“VAR_GLOBAL”后回车，创建一个用于显示 CANopen 从站已经处于正常工作状态（Operational）的布尔型变量 xComOK。然后回车，再创建一个用于显示 CANopen 从站的 CIA405.DEVICE_STATE 的枚举变量 eComState，这个从站的状态由功能块 CIA405.Get_State 提供，填写时输入助手会自动提示该变量类型，选中即可，如图 5-16 所示。

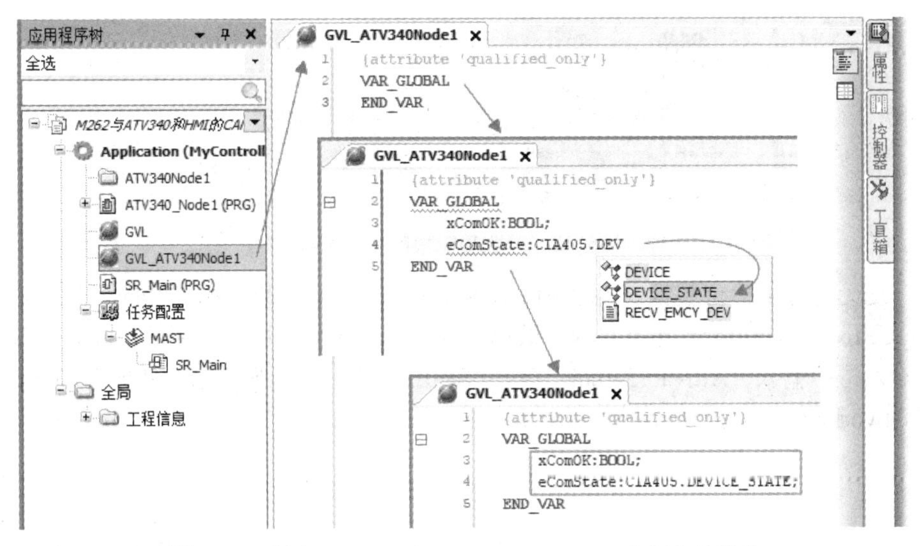

图 5-16　创建 ATV340 在 A01_GetNodeState 动作中的变量

双击“A01_GetNodeState”，从工具箱中拖拽空的运算块，单击空的运算块的 ??? 在其“输入助手”对话框中的“文本搜索”选项卡中输入“C”，在项目中选择并添加 CIA405.GET_STATE 功能块，单击“确定”按钮，如图 5-17 所示。

这里需要注意的是，为了避免在编译时发生错误，用户不能在“类别”选项卡中选择调用 CIA405.GET_STATE 功能块。

在 A01_GetNodeState 动作中调用 CIA405.GET_STATE 功能块后，双击功能块名称，将实例名称声明为“GET_STATE_Node1”，单击“确定”按钮，如图 5-18 所示。

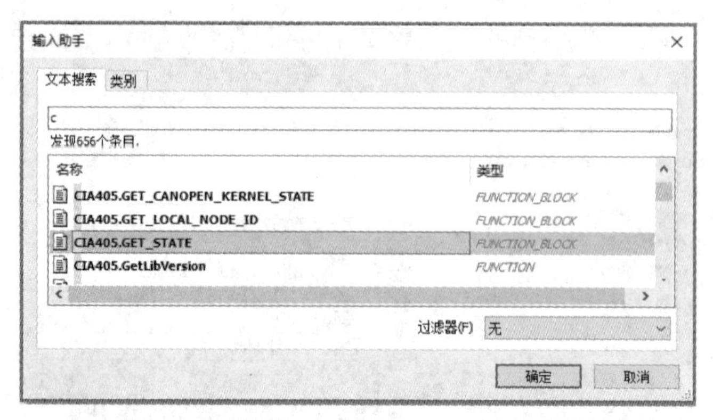

图 5-17　添加 CIA405.GET_STATE 功能块

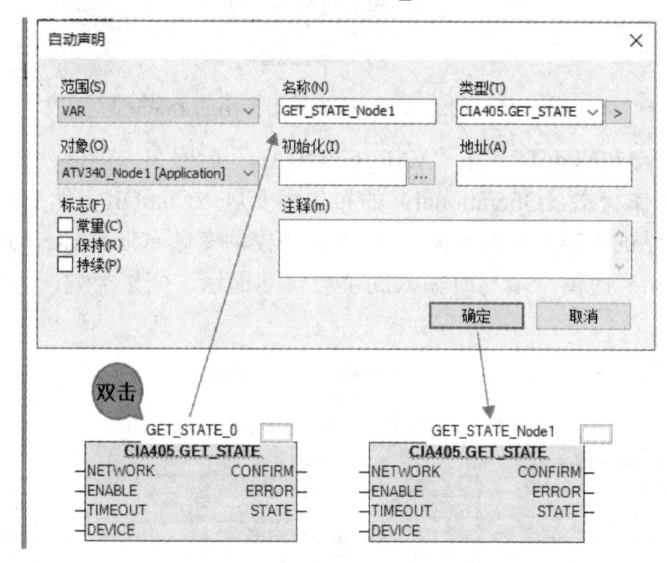

图 5-18　声明功能块的实例名称

UINT 是无符号 16 位整数，而 USINT 是无符号 8 位整数，添加空的运算块后，修改为 UINT_TO_USINT，此功能块是将 UINT 数据转换为 USINT 数据，然后单击输入引脚并回车，在弹出的输入框中输入“Altivar_340.ui”后，ESME 软件会自动弹出这个变频器的网络 ID 号，选中“uiNetworkNo”即可，如图 5-19 所示。

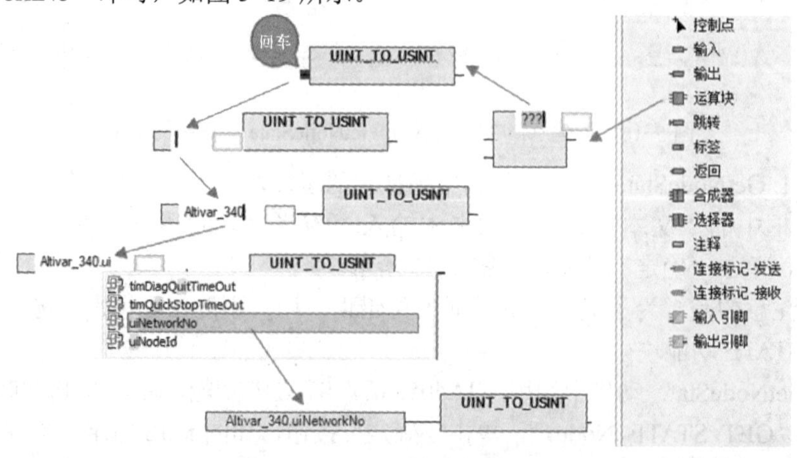

图 5-19　网络 ID 号的数据转换

Altivar_340 的属性变量 uiNetworkNo 是 CAN 总线的网络通道号，在程序中显式转换为 USINT 变量，作为功能块 CIA405.GET_STATE 的 NETWORK 引脚输入，这个引脚说明的是在编程时功能块要求使用的 CAN 总线的网络通道号，它的值在 M262 中始终是 1，这里在程序中直接使用 CANopen 从站的名称变量的属性 uiNetworkNo 作为 UINT_TO_USINT 的输入，也可以直接填 1，如图 5-20 所示。

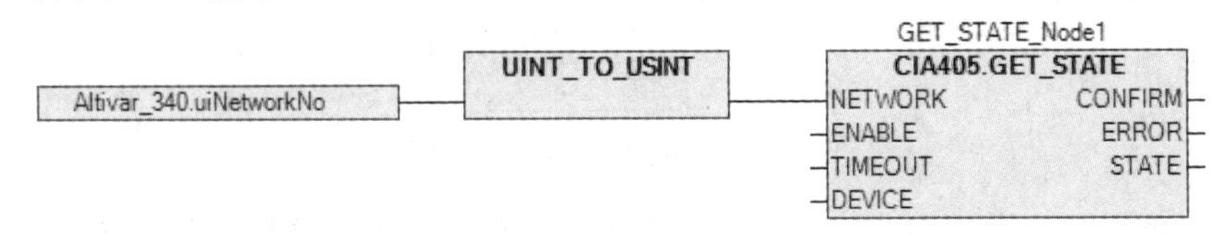

图 5-20　NETWORK 引脚输入连接

CIA405.GET_STATE 功能块的 DEVICE 引脚连接的是 ATV340 的从站地址，在本程序中是将 Altivar_340 的成员变量 UINT 变量类型的从站地址 uiNodeId，显式转换为 8 位无符号变量，然后作为 DEVICE 引脚的输入，完成后的程序如图 5-21 所示。

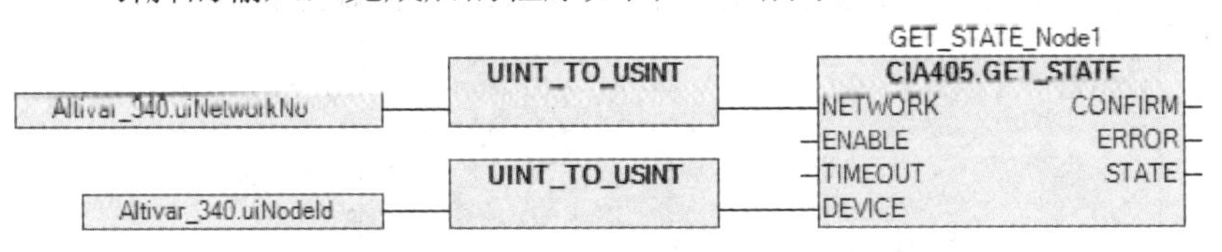

图 5-21　为功能块连接变频器的从站地址

不等于指令 NE 的输入有两个引脚，一个引脚输入为 0 时，表示另一个引脚不等于 0 时输出引脚置 1。程序中的 NE 指令如图 5-22 所示。

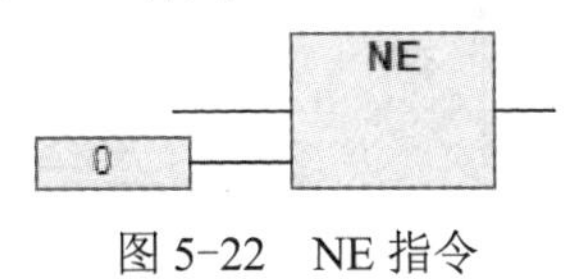

图 5-22　NE 指令

CFC 编程语言中将功能块的引脚取反时，右键单击引脚，在弹出的菜单中单击“取反”即可，如图 5-23 所示。

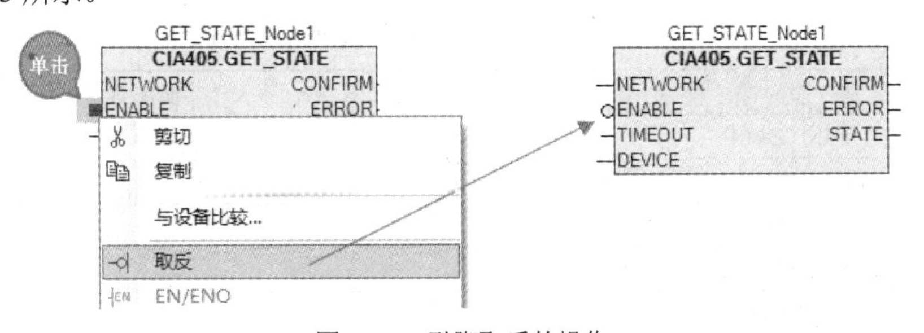

图 5-23　引脚取反的操作

CIA405.GET_STATE 的 ENABLE 引脚的输入为 1 时，功能块运行；为 0 时，关闭功能块的执行。在 CFC 编程中采用 OR 指令将 CONFIRM 引脚输出为 1（功能块正常执行完成）或 ERROR 输出不等于 0（有故障），结果取反输出到功能块 ENABLE 输入的方式。

CIA405.GET_STATE 功能块关闭执行有两种情况，一种是 CONFIRM 的输出为 1，另一种情况是 ERROR 输出的 BOOL 值，经过 NE 指令判断不等于 0 时，NE 的输出为 1，这两种情况经过或指令 OR 后，只要出现以上任意一种情况，为 1 的信号经过 ENABLE 引脚的取反后，输入功能块的 ENABLE 就为 0，这样就实现了功能块正常输出或者功能块有故障时关闭功能块的执行。ENABLE 引脚的编程如图 5-24 所示。

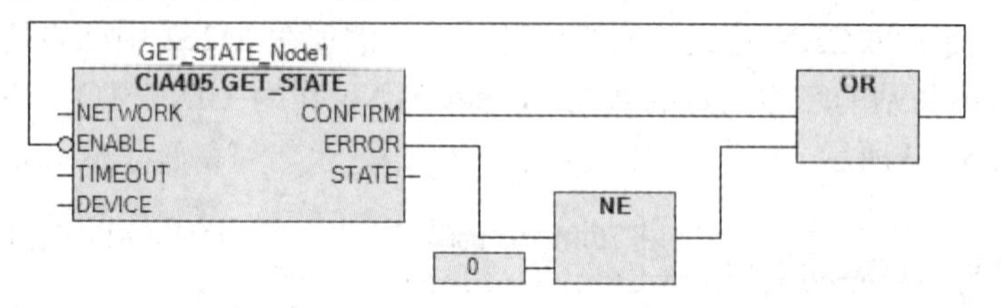

图 5-24　ENABLE 引脚的编程

只有在 CONFIRM 引脚输出为 1（功能块正常执行完成）或输出 ERROR 不等于 0（有故障）时，才将功能块的引脚 STATE 的枚举变量输出到 GVL_ATV340Node1.eComState 的全局变量中，否则将 GVL_ATV340Node1.eComState 的值输出到 GVL_ATV340Node1.eComState 中，即保持之前的结果。功能块 SEL 指令根据第一个输入的高低电平，选择功能块的第二个输入值或者第三个输入值输出到功能块右侧的输出变量中。STATE 引脚连接如图 5-25 所示。

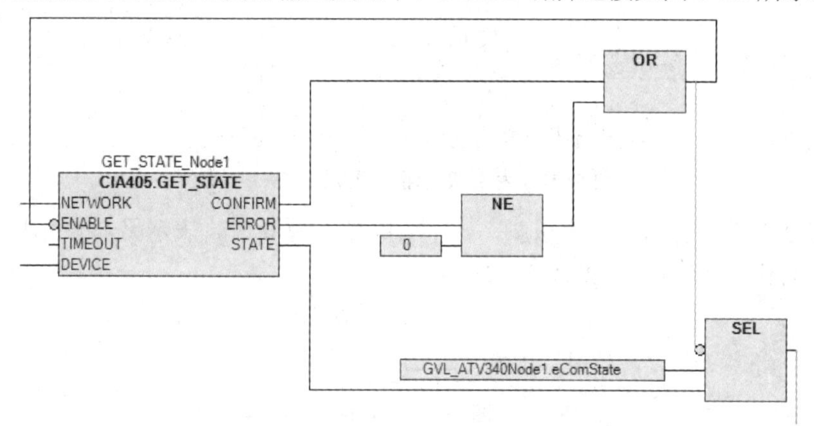

图 5-25　STATE 引脚连接

功能块的 STATE 输出是枚举变量，枚举变量表示 CANopen 从站的状态，见表 5-1。

表 5-1　STATE 输出表示的 CANopen 从站的状态

从站状态	STATE 输出
INIT 初始化	0
RESET_COMM 复位通信	1
RESET_APP 复位应用	2
PRE_OPERATIONAL 预处理	3
STOPPED 停止	4
OPERATIONAL 正常	5
UNKNOWN 未知状态	6
NOT_AVAIL 无效	7

在功能块上电后，就进行 INIT 初始化，初始化完毕后切换到 PRE_OPERATIONAL 预处理状态，进行 CANopen 从站的相关设置，设置完成后为 OPERATIONAL 正常状态，只有当所有 CANopen 从站的 STATE 输出为 OPERATIONAL 正常状态时，表示 CANopen 网络准备好了，就可以调用功能块来控制变频器。

这里使用等于指令EQ来判断CAN网络是否达到OPERATIONAL正常状态，当STATE引脚输出的是CIA405.DEVICE_STATEOPERATIONAL状态时，经过EQ比较，当判断CAN总线的状态为OPERATIONAL时，将输出的全局变量GVL_ATV340Node1.xComOK的BOOL值置1，这个变量为1是调用功能块的前提，如图5-26所示。

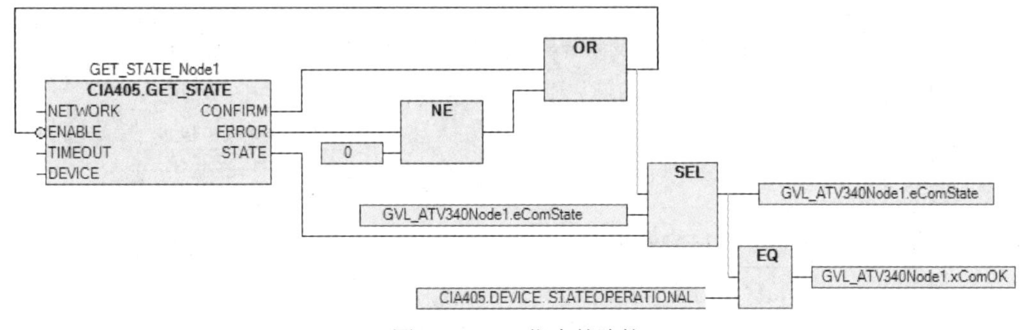

图5-26　EQ指令的连接

A01_GetNodeState动作的CFC程序如图5-27所示。

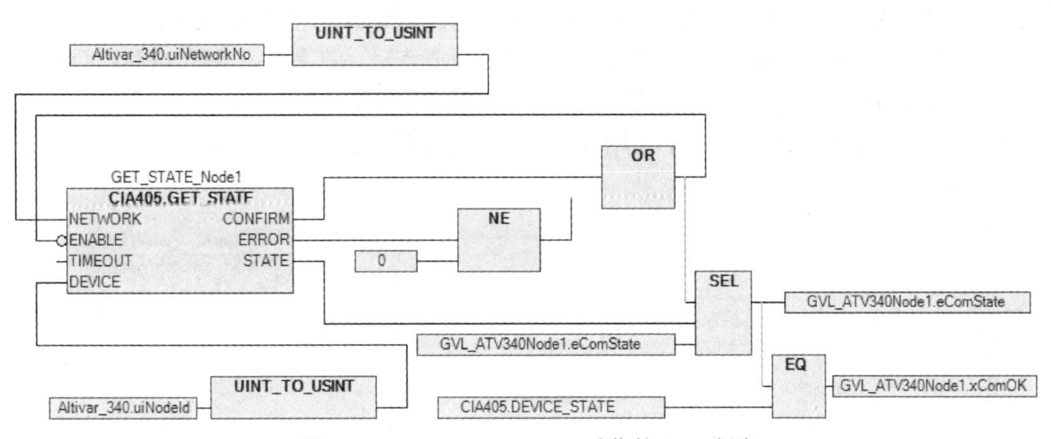

图5-27　A01_GetNodeState动作的CFC程序

5.1.8　动作A02_Ctr_ATV的编程

采用GIPLC的PLCopen功能块来控制ATV340变频器，其中，GIPLC.MC_Power功能块用于变频器的使能，在功能块的Enable引脚为高电平后，ATV340变频器在电源供电正常且没有故障的情况下将进入OPERATIONAL正常状态，变频器进入使能状态后，可以进行变频器控制电动机的点动操作或按给定速度运行等操作。

读取变频器的故障码功能块GIPLC.MC_READAXISERROR用于读取变频器的故障码，故障复位功能块GIPLC.MC_RESET用于清除变频器故障；GIPLC.MC_STOP功能块用于停止变频器。

在程序一开始，先判断本台变频器通信是否已经准备好，如果已经进入OPERATIONAL正常状态，则继续执行程序，否则直接返回而不执行后面的程序，如图5-28所示。

系统启动后，系统指示灯xSystemlamp亮起，这时可以在触摸屏上给变频器加上使能，即在触摸屏上将变量xCmdEnPower置位为1，在程序中将使能GIPLC.MC_Power功能块的引脚

Enable 设为 TRUE，程序如图 5-29 所示。

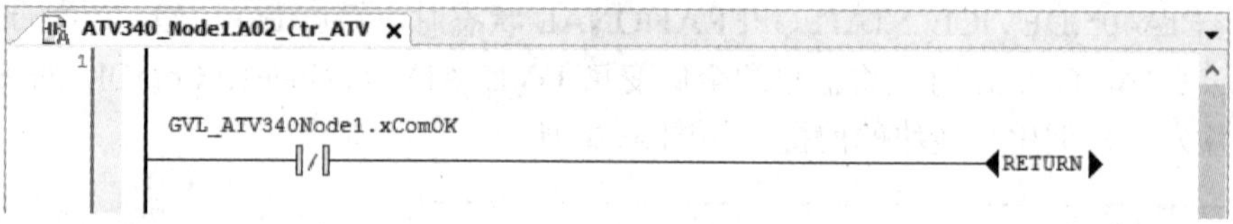

图 5-28　判断 ATV340 变频器是否已经进入 OPERATIONAL 正常状态

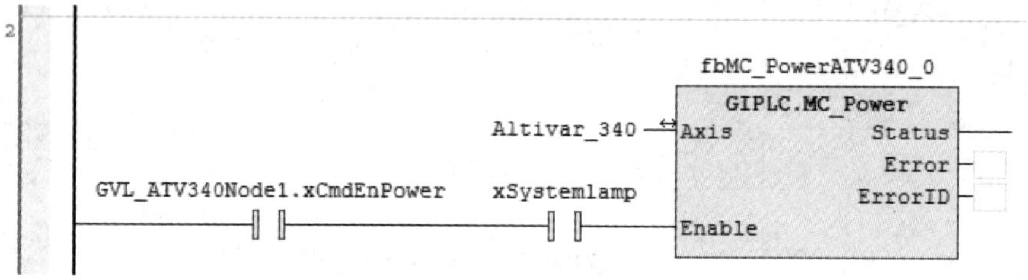

图 5-29　ATV340 变频器的使能程序

调用 GIPLC.MC_Jog 功能块实现点动程序，在 M262 本体输入 I2 为低电平，即手动模式时，正向点动变量 GVL_ATV340Node1.xJogForward 为 TRUE 开始正向点动，反向点动变量 GVL_ATV340Node1.xJogReverse 为 TRUE，则开始反向点动。在程序中正向点动和反向点动使用了自锁功能，防止出现正向点动和反向点动同时为 TRUE 的情况，点动速度由全局变量 GVL_Ae1.diSetJogSpeed 给定，在不使用高精度给定方式时，给定数值的单位为 r/min，程序如图 5-30 所示。

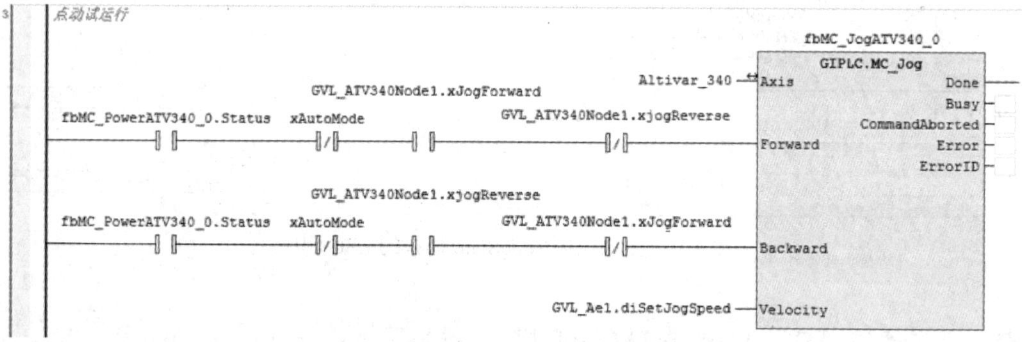

图 5-30　ATV340 变频器的点动程序

将触摸屏给定值 0～100%范围乘以 30 得到最大转速 3000r/min 的转速给定，程序如图 5-31 所示。

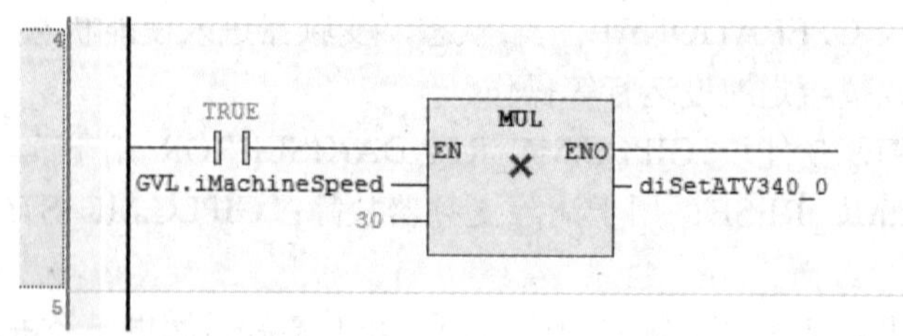

图 5-31　转换机器速度为变频器的频率给定

在 A02_Ctr_ATV 动作中，调用 GIPLC.MC_MoveVelocity 功能块来实现 ATV340 变频器按给定速度运行，功能块的执行由全局变量 xSystemStart 的上升沿来启动。

程序利用 GIPLC.MC_MoveVelocity 功能块的 Busy 引脚输出变量在实际速度已经达到目标速度时或当 Execute 引脚变量变为 FALSE 时，仍保持为 TRUE 这一特点，比较速度给定值与前一个扫描周期的速度给定值，如果不相同，则在 GIPLC.MC_MoveVelocity 功能块的 Execute 引脚产生新的上升沿，从而自动实现了速度给定值改变后的自动更新，程序如图 5-32 所示。

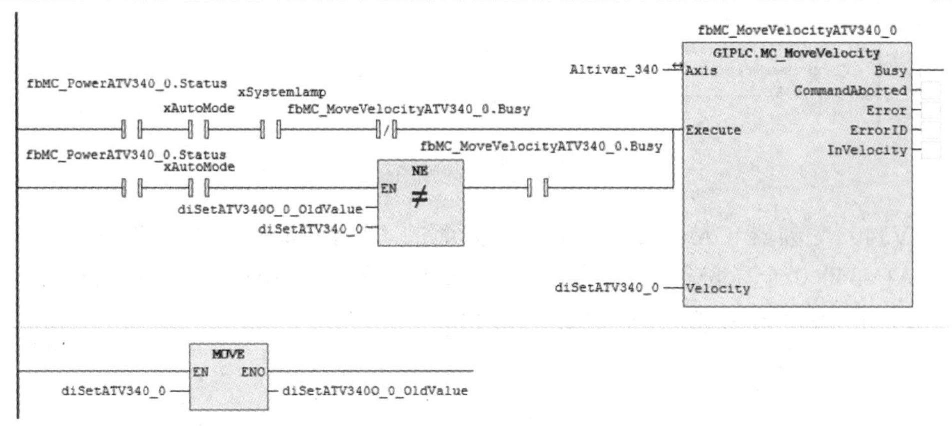

图 5-32 ATV340 变频器的调速程序

调用 GIPLC.MC_Stop 功能块停止变频器，可以通过面板上的停止按钮和急停按钮停止变频器运行，程序如图 5-33 所示。

7
fbMC_StopATV340_0
GIPLC.MC_Stop
Altivar_340
Axis
Busy
CommandAborted
Error
ErrorID
Done
Execute
GVL_ATV340Node1.xcmdStopATV340_0
xSystemStop
xE_Stop

图 5-33 ATV340 变频器的停止程序

当运动功能块出现错误时，启动读取错误功能块 fbMC_ReadAxisError_ATV340_0，查看变频器是否有故障，将故障码 ErrorID 输出到全局变量 GVL_ATV340Node1.wErrorID_ATV340_0 中，当 Error ID 不等于 0 时有故障，程序如图 5-34 所示。

8
fbMC_ReadAxisError_ATV340_0
GIPLC.MC_ReadAxisError
Altivar_340
Axis
Valid
Busy
Error
ErrorID
AxisErrorID
Enable
GVL_ATV340Node1.wErrorID_ATV340_0
fbMC_JogATV340_0.Error
fbMC_MoveVelocityATV340_0.Error
fbMC_PowerATV340_0.Error

图 5-34 调用 GIPLC.MC_ReadAxisError 查询变频器是否有故障的程序

调用 GIPLC.MC_Reset 功能块来复位变频器不太严重的故障，复位命令全局布尔变量 GVL.xResetError 的上升沿来执行故障复位，程序如图 5-35 所示。

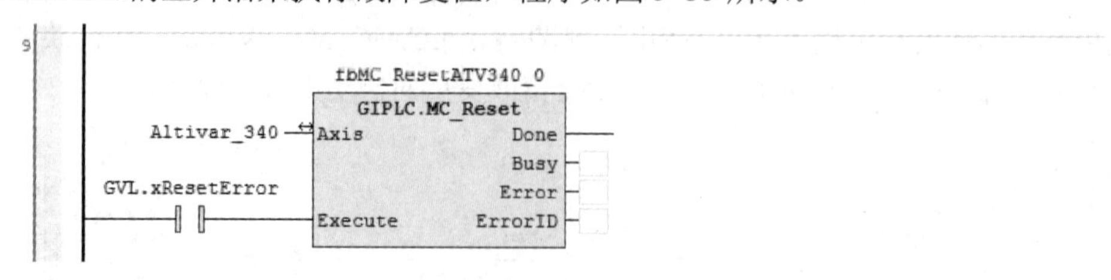

图 5-35　复位故障的程序

在 ATV340 变频器 CANopen 从站配置界面的“CANopenI/O 映射”选项卡中，配置 diActSped_ATV340_0 全局变量获得变频器的实际速度，配置 diActCurrent_ATV340_0 全局变量获得电动机电流用于状态监视和故障诊断，如图 5-36 所示。

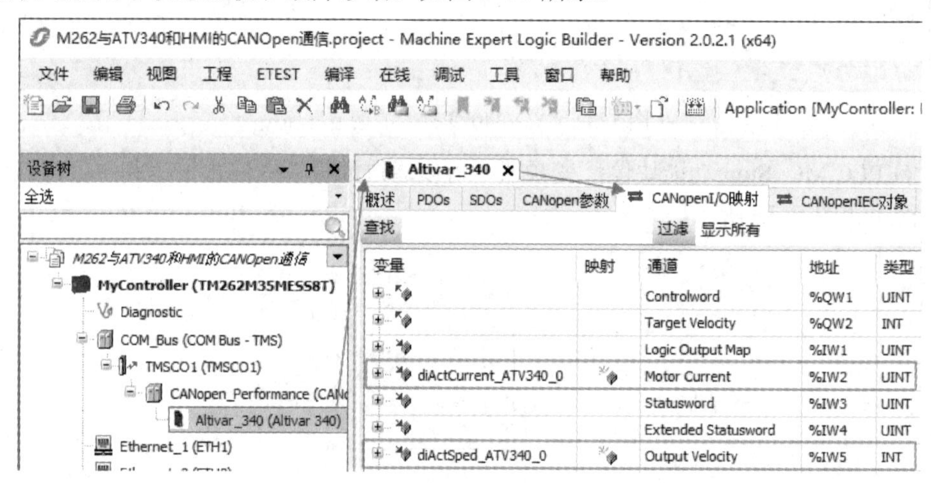

图 5-36　ATV340 变频器 CANopen 从站变量配置

程序中使用 Move 指令将 PDO 读取实际速度送到全局变量中，它的地址是%MD304，用于 HMI 的实际速度显示，如图 5-37 所示。

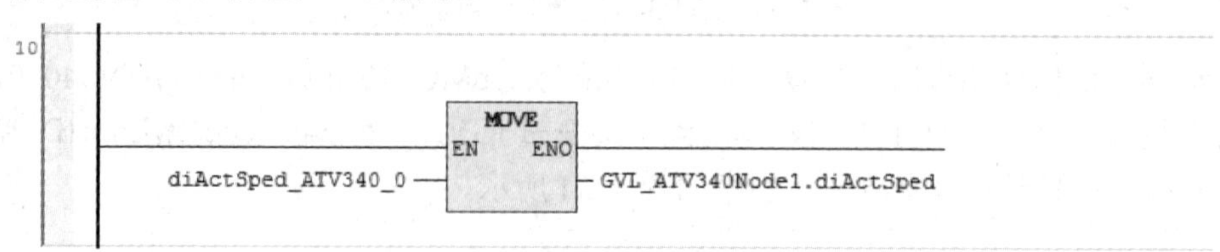

图 5-37　将 PDO 读取的实际速度送到全局变量 diActSped_ATV340_0 中

5.1.9　变量声明

在应用程序树中双击“GVL”，如图 5-38 所示。

ATV340 变频器的全局变量，需要在应用程序树的 GVL_ATV340Node1 中进行声明，如图 5-39 所示。

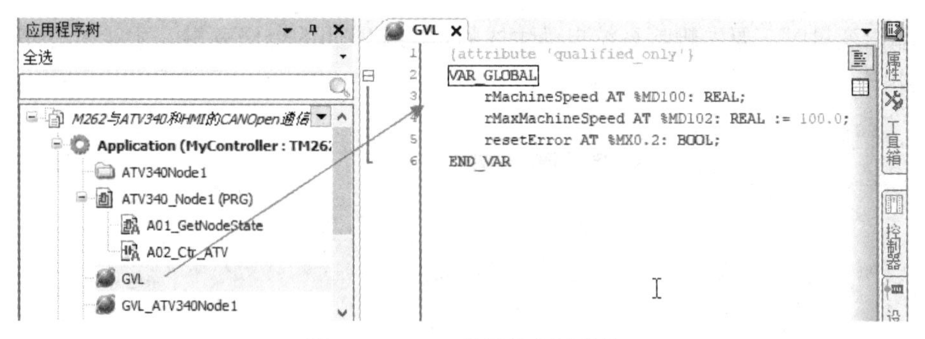

图5-38　GVL使用的全局变量

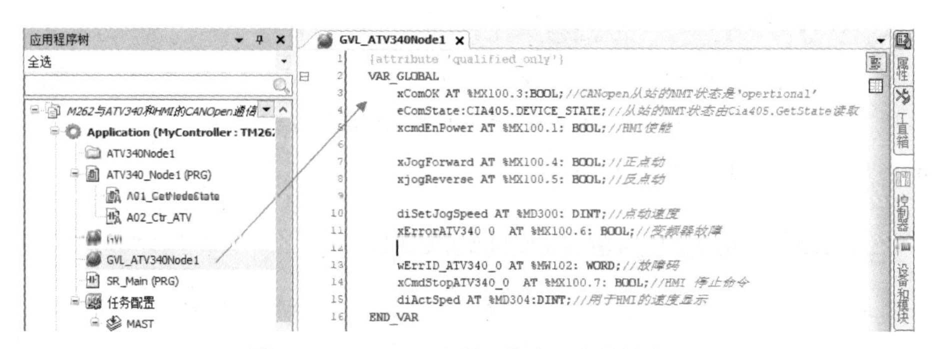

图5-39　ATV340变频器的全局变量的声明

单击“设备树”→“DI（Digital Inputs）”，编写与PLC的硬件一致的变量，如图5-40所示。

设备树
M262与ATV340和HMI的CANOpen1
MyController (TM262M35MESS8T)
Diagnostic
Machine Assistant
消息记录器
PLC逻辑
Application
DI (Digital Inputs)
DQ (Digital Outputs)
ENCODER (ENC)
IO_Bus (IO bus - TM3)

DI　捕捉输入　I/O映射　IEC对象　I/O配置　查找　过滤　显示所有

变量	映射	通道	地址	类型	描述
输入					
		IB0	%IB0	BYTE	
x_EStop		I0	%IX0.0	BOOL	急停
xDrivePowerSwitch		I1	%IX0.1	BOOL	变频器上电开关
xAutoMode		I2	%IX0.2	BOOL	自动模式
		I3	%IX0.3	BOOL	快速输入，漏极/源极
ibDI_IB1		IB1	%IB1	BYTE	

图5-40　DI的变量

在TM5的逻辑输入TM5SDI12D1中加入机器启动、机器停止和故障复位按钮全局变量，如图5-41所示。

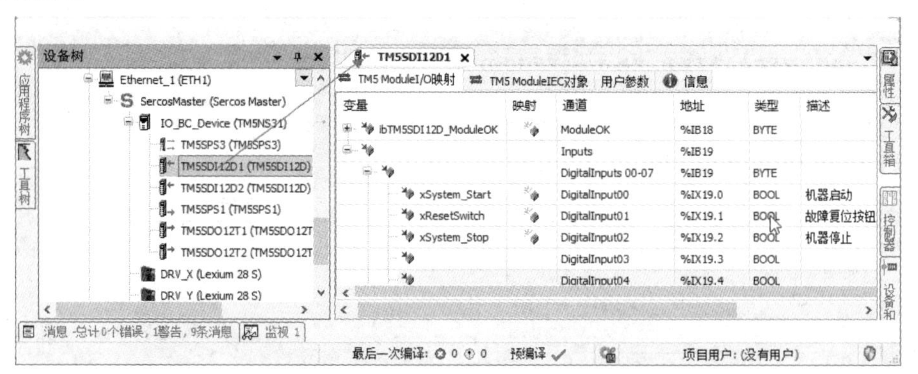

图5-41　TM5SDI12D1模块声明的全局变量

编写输出变量时，要先删除系统自动生成的按字节声明的全局变量，才能编写 DQ 的全局位变量，如图 5-42 所示。

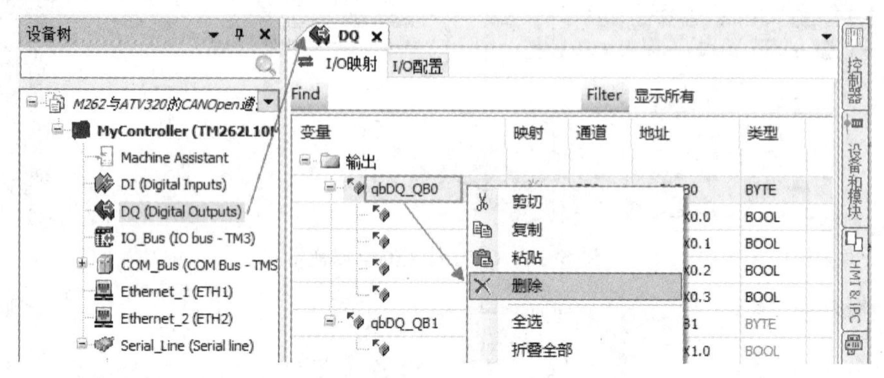

图 5-42　删除系统自动生成的按字节声明的全局变量

DQ 的全局位变量设置如图 5-43 所示。

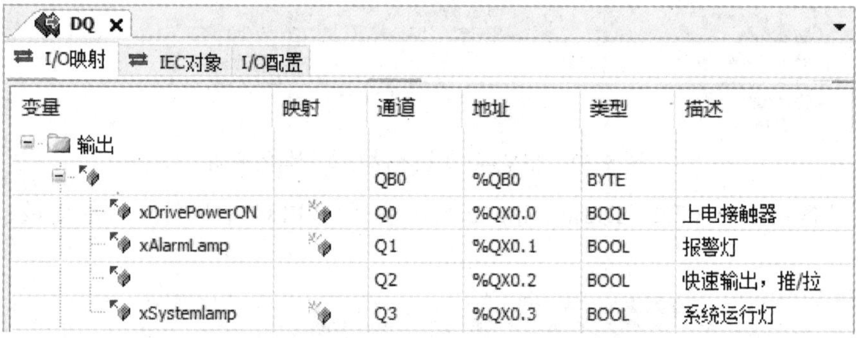

DQ　I/O映射　IEC对象　I/O配置

变量	映射	通道	地址	类型	描述
输出					
		QB0	%QB0	BYTE	
xDrivePowerON		Q0	%QX0.0	BOOL	上电接触器
xAlarmLamp		Q1	%QX0.1	BOOL	报警灯
		Q2	%QX0.2	BOOL	快速输出，推/拉
xSystemlamp		Q3	%QX0.3	BOOL	系统运行灯

图 5-43　DQ 的全局位变量设置

5.1.10　SR_Main 主程序

双击“SR_Main”完成系统启动的梯形图语言（LD）编程。在第一个梯级中当合上柜内 M262 本体的 I1 开关时，程序将吸合 KM111 接触器，为伺服和变频器加上动力电。

在第二个梯级中采用自锁完成系统启动后报警灯蜂鸣器响 5s 的编程，在 TON 定时器接通 5s 后断开报警灯，在第三个梯级中报警灯延时到达后，输出系统启动指示灯，程序如图 5-44 所示。

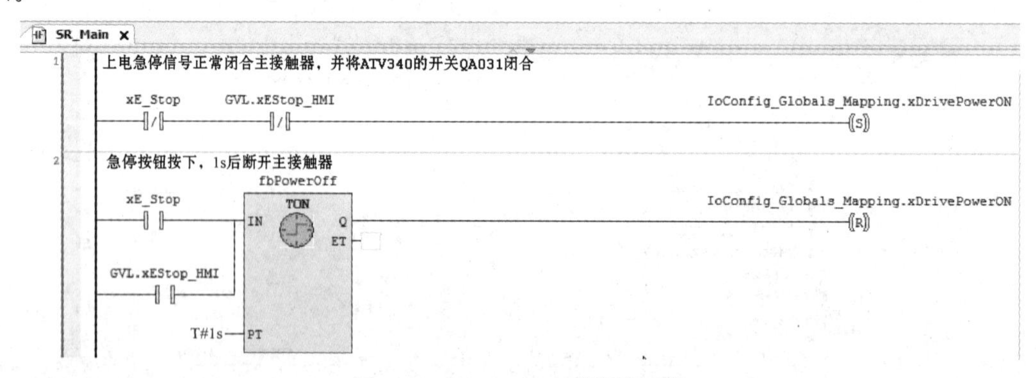

图 5-44　SR_Main 中的程序编程

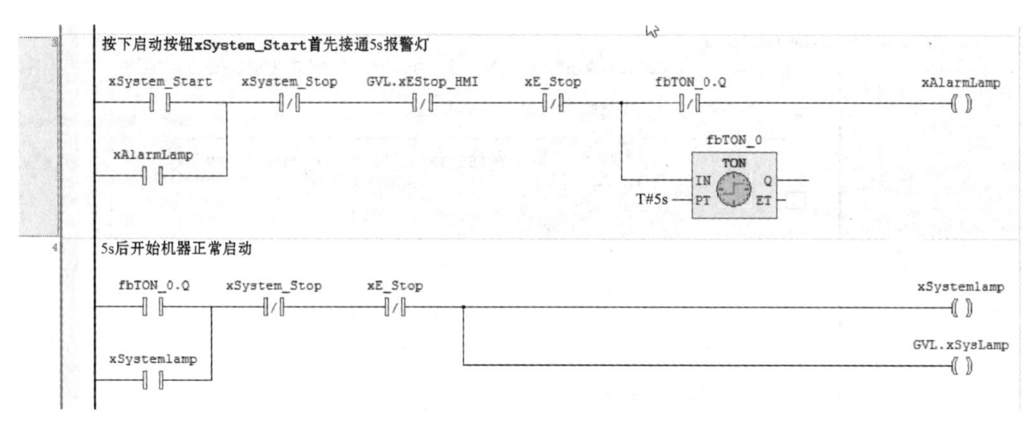

图 5-44　SR_Main 中的程序编程（续）

调用 ATV340_Node1 POU，完成 ATV340 变频器的控制，程序如图 5-45 所示。

图 5-45　SR_Main 中调用 ATV340 变频器的动作程序

如果需使用 SERCOS 总线上的 I/O 点，可仿照前面章节调用 SercosInit 动作的操作。SercosInit 动作用于初始化 SERCOS 总线，这样才能使用 TM5 远程站的 I/O。首先使用一个 30s 的延时，等待 LXM28S 上电初始化完成，然后将 SERCOS 总线设为 NRT，再间隔 1s 将总线相位设定设为 4，总线的实际项目达到 4 后，初始化完成，初始化标志设为 xInitDone 为 TRUE，才能使用 TM5 模块 I/O 中的变量，如图 5-46 所示。

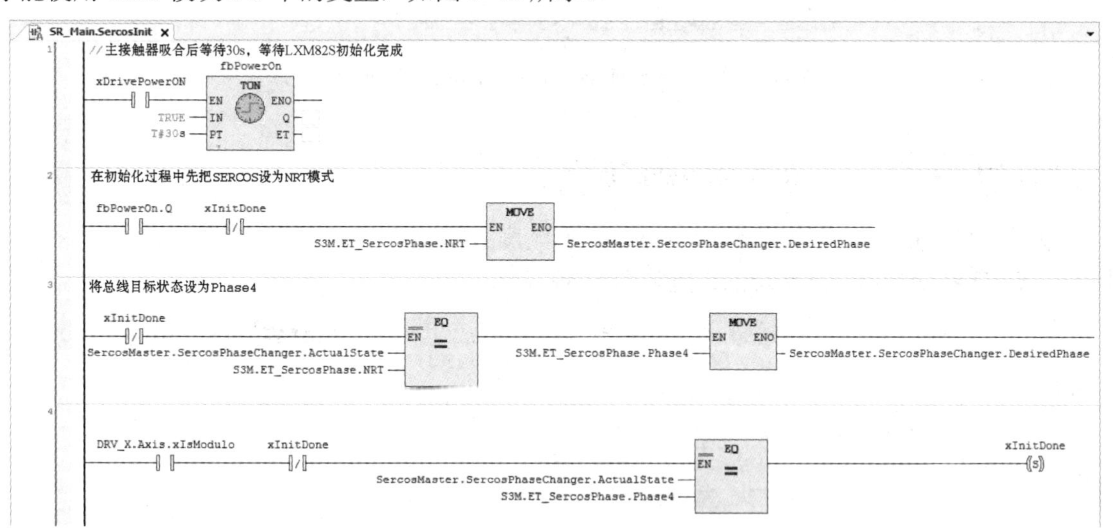

图 5-46　调用 SercosInit 动作的程序

如果使用实验设备上的柜内外切换，还要添加 SwitchMotor 动作，用于切换柜内和柜外电动机，选择柜内电动机时使用柜体上的急停信号，选择柜外电动机时使用机械手的急停信号，程序如图 5-47 所示。

为了保证程序顺利执行，需要在库管理器中加入 SercosMaster 库和 SercosCommunication 库，如图 5-48 所示。

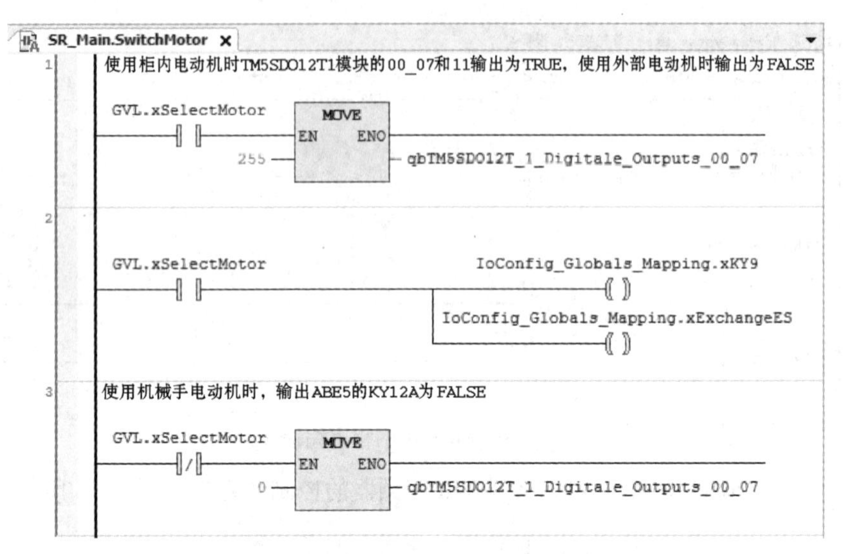

图 5-47 SwitchMotor 动作的程序

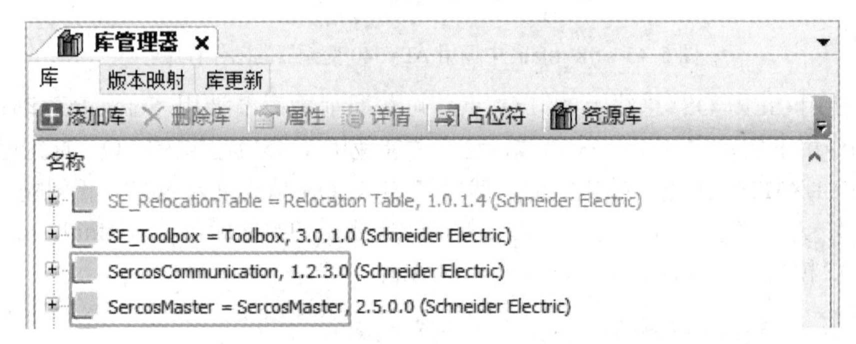

图 5-48 加入 SercosMaster 库和 SercosCommunication 库

5.1.11 ATV340 变频器的参数设置

设置 CANopen 通信控制系统中 ATV340 变频器的参数时，应该首先设置 CANopen 的从站地址。ATV340 变频器从站地址的设置如图 5-49 所示。

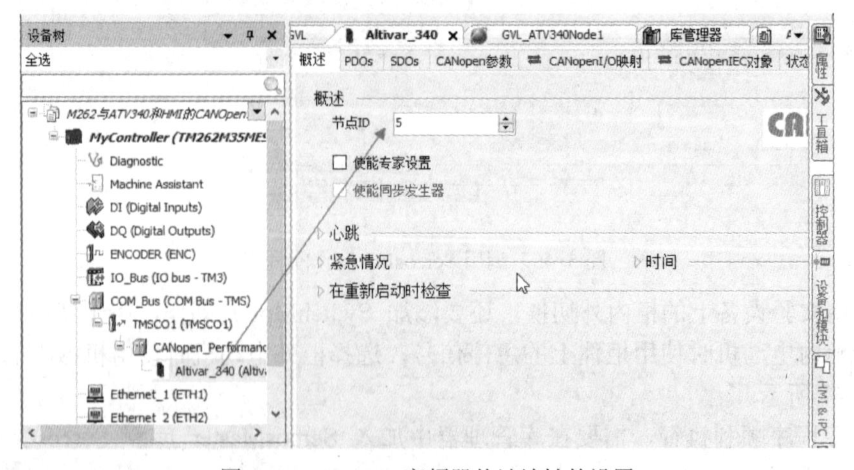

图 5-49 ATV340 变频器从站地址的设置

ATV340 变频器从站地址的设置应该与 Machine Expert Logic Builder 软件中的 CANopen 地址和波特率相同。波特率的设置如图 5-50 所示。

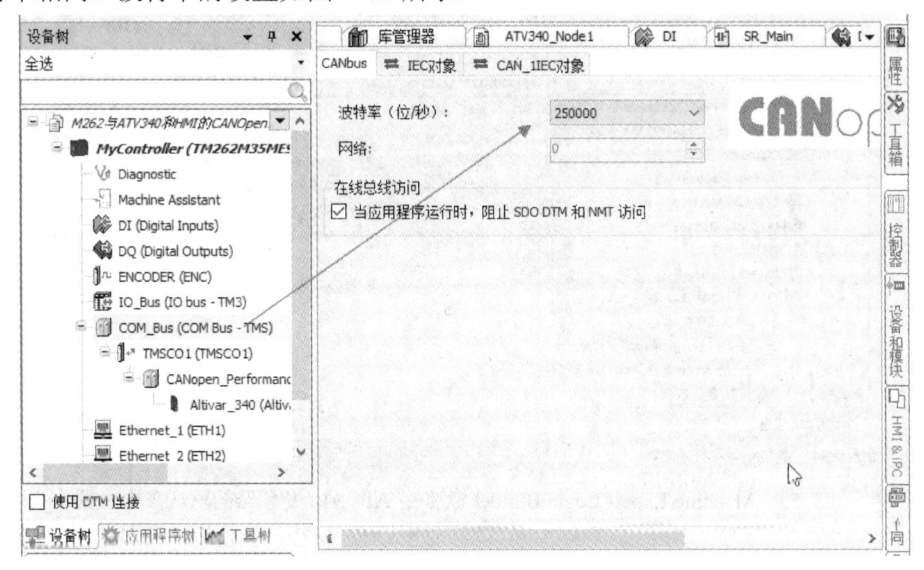

图 5-50　波特率的设置

ATV340 变频器的 CANopen 地址和波特率设置如图 5-51 所示，这里需要强调的是，在参数设置完成后，必须将变频器断电再上电，使通信参数的修改生效。

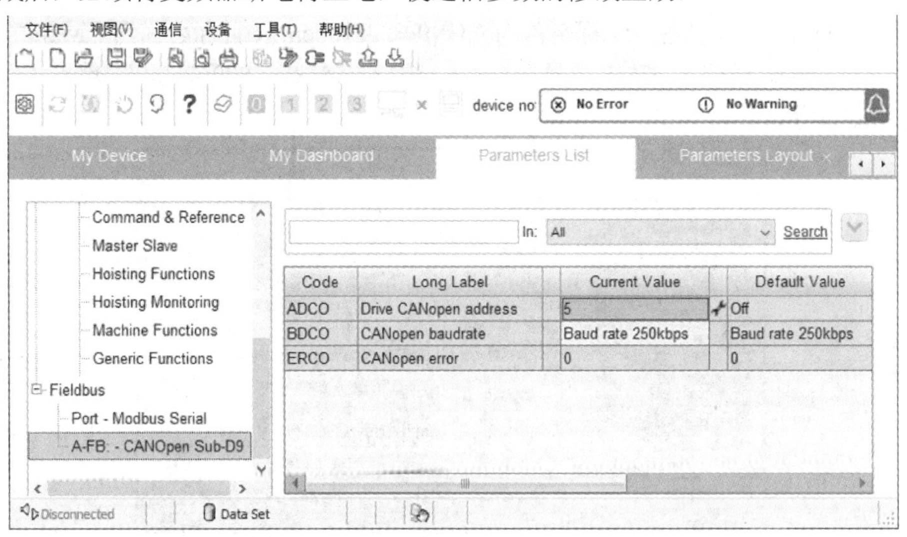

图 5-51　ATV340 变频器的 CANopen 的地址和波特率设置

在 Machine Expert Logic Builder 软件的配置中加入 ATV340 变频器后，在 SDOs 中将自动配置 ATV340 中的一些参数，如图 5-52 所示。这些参数在 ATV340 变频器的面板中都是“完整菜单”→“命令”子菜单中的参数，包括：组合模式设为分离模式；给定 1 通道设为 CANopen；命令 1 通道设为 CANopen；给定 2 切换设为 C214；命令通道切换设为通道 1 有效。

施耐德 ATV340 变频器在上电初始化过程中，会将服务数据写入变频器，完成给定通道的设置。

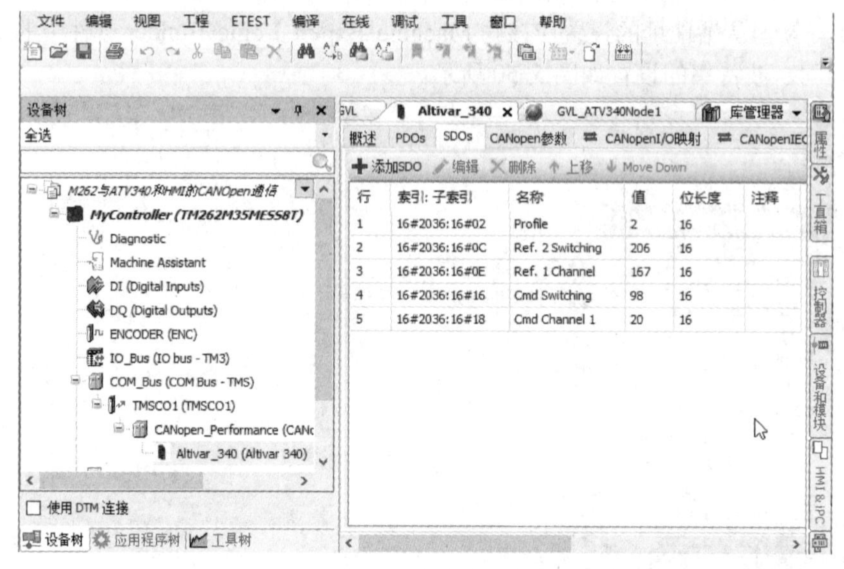

图 5-52　Machine Expert Logic Builder 软件中 ATV340 变频器的默认参数设置

5.1.12　HMI 的程序设计

1. 创建 HMI 项目

选配 GXU5512 HMI 设备，工程名称为“HMI+CANopen”，目标名称为“M262 与 ATV340 和 HMI 的 CANopen 通信”，HMI 型号选择“HMIGXU5512x（800×480）”，单击“下一页”按钮，如图 5-53 所示。

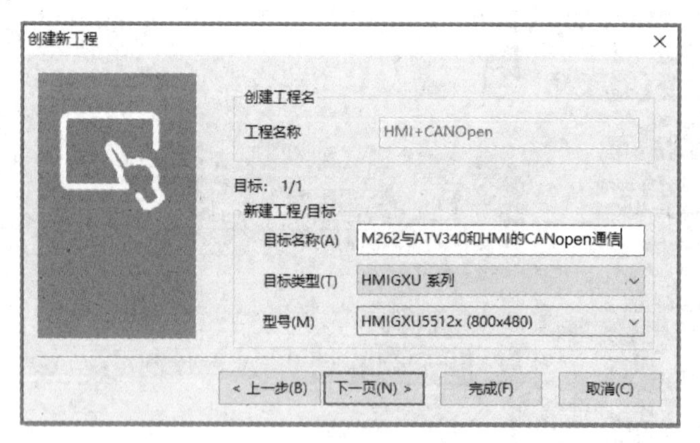

图 5-53　创建 HMI 项目

设置 IP 地址，单击“下一页”按钮，如图 5-54 所示。

单击“添加 A”，在“新建驱动程序”对话框中选择驱动程序为“Modbus TCP/IP”，单击“确定”→“完成”，再次单击“完成”按钮完成 HMI 项目的创建，如图 5-55 所示。

2. 创建文本

单击菜单栏中的A图标，在画面中拖拽图标，画出文本的输入区域，在“文本编辑框”对话框中的输入框中输入文本内容“M262 与 ATV340 和 HMI 的 CANopen 通信”，设置字体、字高、字形及字宽，单击“确定”按钮，如图 5-56 所示。

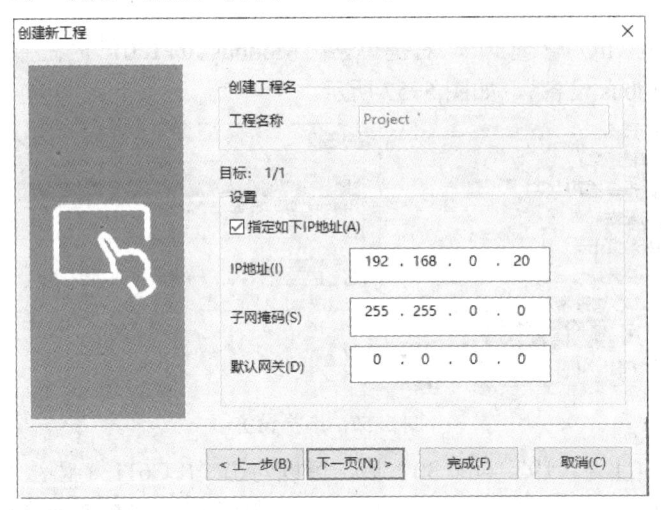

图 5-54　设置 IP 地址

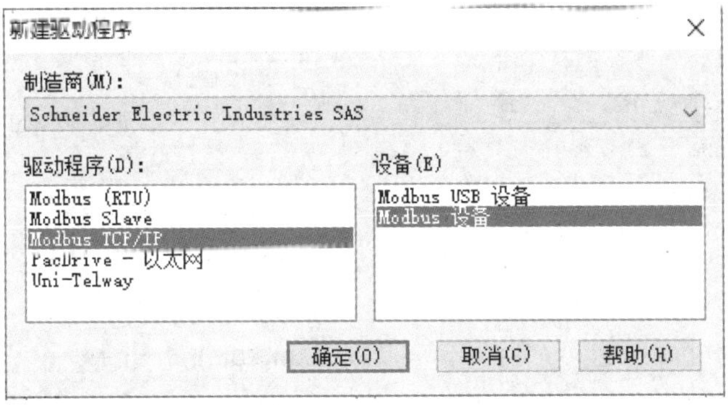

图 5-55　添加 Modbus TCP/IP

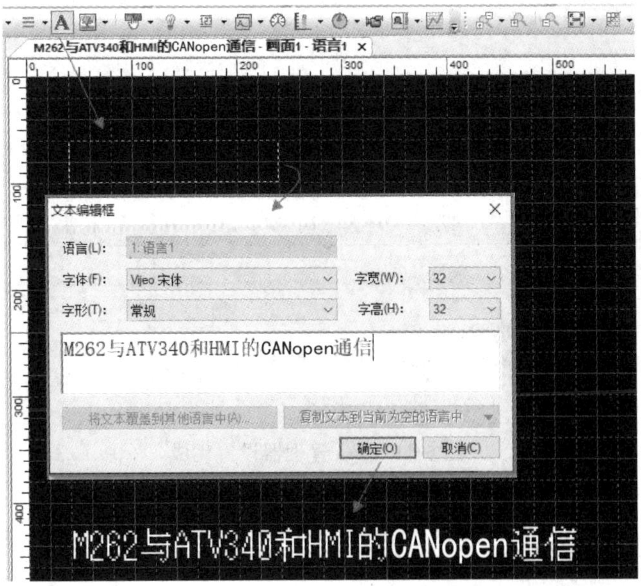

图 5-56　文本的创建操作

3. I/O 管理器

单击“工程”→“I/O 管理器”，右键单击“ModbusTCPIP01”，在弹出的菜单中单击“新建设备”，添加“Modbus 设备”，如图 5-57 所示。

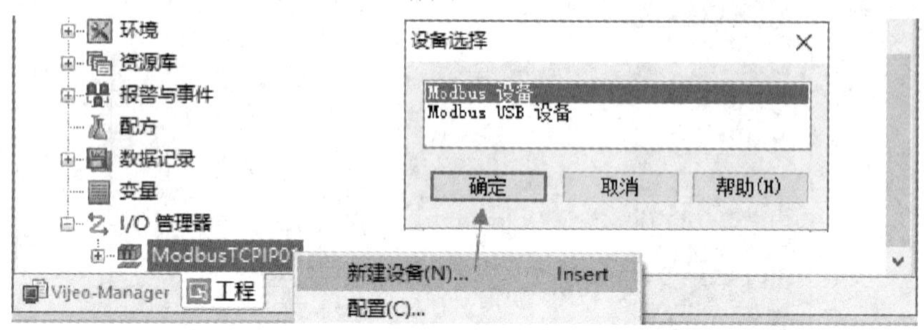

图 5-57 选择设备

设置设备的 IP 地址为“192.168.0.30”后，可以勾选“IEC61131 语法”，选择使用双字时是高字优先还是低字优先，这里选择“低字优先”，用来调整双字数值传递时的数值显示，单击“确定”按钮，如图 5-58 所示。

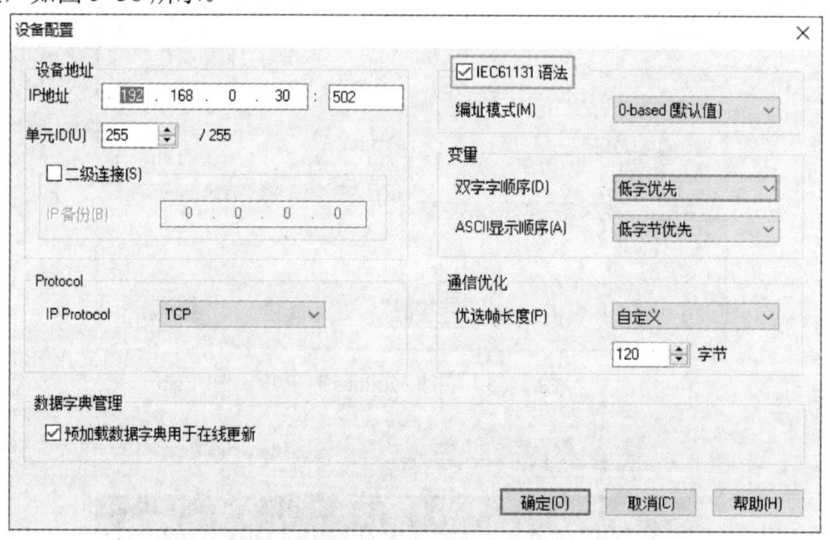

图 5-58 设置设备的 IP 地址

I/O 管理器设置完成，如图 5-59 所示。

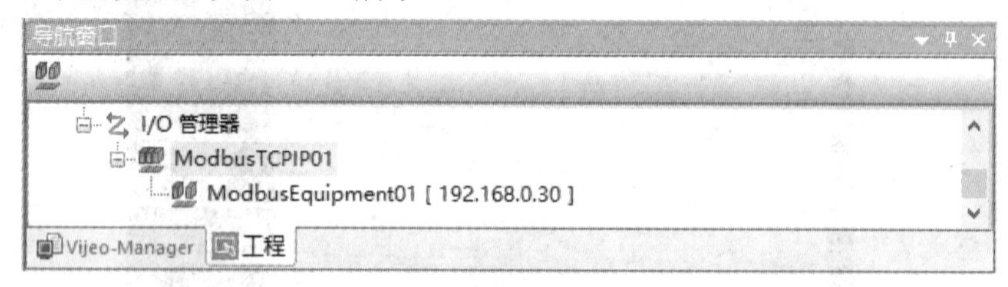

图 5-59 I/O 管理器设置完成

4. 创建变量

(1) 创建停止的 BOOL 变量

单击“工程”→“变量”，在空的变量表中，单击工具栏中的 ※ 图标，在“新建变量”对话框中创建 HMI 的变量，如创建 Bool 变量停止，数据类型选择 BOOL，数据源选择外部，变量为外部变量时，HMI 地址要与 PLC 的地址保持对应关系，见表 5-2。M262 PLC 内部位变量为字节中的位地址，而 HMI 是在字中取位，所以位变量为 16 位。从表 5-2 可以看出，M262 PLC 的%MX2.0 对应 HMI 的变量地址是%MW1:X0，%MW1:X0 的 X 位上加 8，得到%MX3.0 对应 HMI 的变量地址是%MW1:X8。根据两者的对应关系，M262 PLC 的%MX100.1 对应的是 HMI 中的%MW:50:X1。

表 5-2　M262 PLC 和 HMI 的变量地址的对应关系

<table>
<tr><th colspan="4">M262 PLC</th><th colspan="4">HMI</th></tr>
<tr><td>%MX0.7…%MX0.0</td><td>%MB0</td><td rowspan="2">%MW0</td><td rowspan="4">%MD0</td><td rowspan="2"></td><td rowspan="4">%MD0</td><td rowspan="2">%MW0</td><td>%MW0:X7…%MW0:X0</td></tr>
<tr><td>%MX1.7…%MX1.0</td><td>%MB1</td><td>%MW0:X15…%MW0:X8</td></tr>
<tr><td>%MX2.7…%MX2.0</td><td>%MB2</td><td rowspan="2">%MW1</td><td rowspan="4">%MD1</td><td rowspan="2">%MW1</td><td>%MW1:X7…%MW1:X0</td></tr>
<tr><td>%MX3.7…%MX3.0</td><td>%MB3</td><td>%MW1:X15…%MW1:X8</td></tr>
<tr><td>%MX4.7…%MX4.0</td><td>%MB4</td><td rowspan="2">%MW2</td><td rowspan="4">%MD1</td><td rowspan="4">%MD2</td><td rowspan="2">%MW2</td><td>%MW2:X7…%MW2:X0</td></tr>
<tr><td>%MX5.7…%MX5.0</td><td>%MB5</td><td>%MW2:X15…%MW2:X8</td></tr>
<tr><td>%MX6.7…%MX6.0</td><td>%MB6</td><td rowspan="2">%MW3</td><td rowspan="2"></td><td rowspan="2">%MW3</td><td>%MW3:X7…%MW3:X0</td></tr>
<tr><td>%MX7.7…%MX7.0</td><td>%MB7</td><td>%MW3:X15…%MW3:X8</td></tr>
</table>

在“变量属性”对话框“基本属性”选项卡中，扫描组选择“ModbusEquipment01”，单击设备地址输入栏右侧的 图标，在“Modbus TCP/IP”对话框中，选择偏移量为“100”，位选择为“7”，那么这个地址在 HMI 内部就是%MW100:X7，对应 M262 的地址是%MX200.7，单击“确定”按钮，该 BOOL 变量就创建完成，如图 5-60 所示。

图 5-60　BOOL 变量的创建过程

正向点动变量的创建采用右键单击变量名称下的空白处或已有变量的方法，对应 PLC 中的地址为%MW200:X4，如图 5-61 所示。

第三种创建变量的方法是右键单击变量，复制已有变量，如复制停止变量，再粘贴此变量，将复制的新变量的名称改为反向点动，地址修改为%MW50:X5。可以对多个变量进行操作，复制粘贴后，修改变量名称、数据类型和地址即可，如图 5-62 所示。

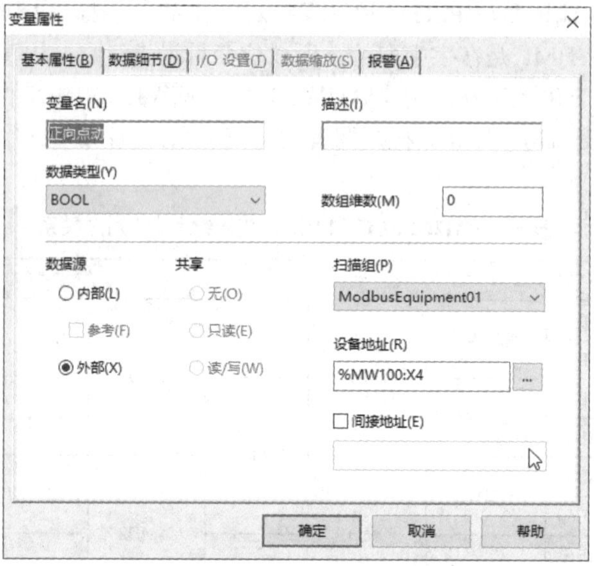

图 5-61　正向点动变量的创建过程

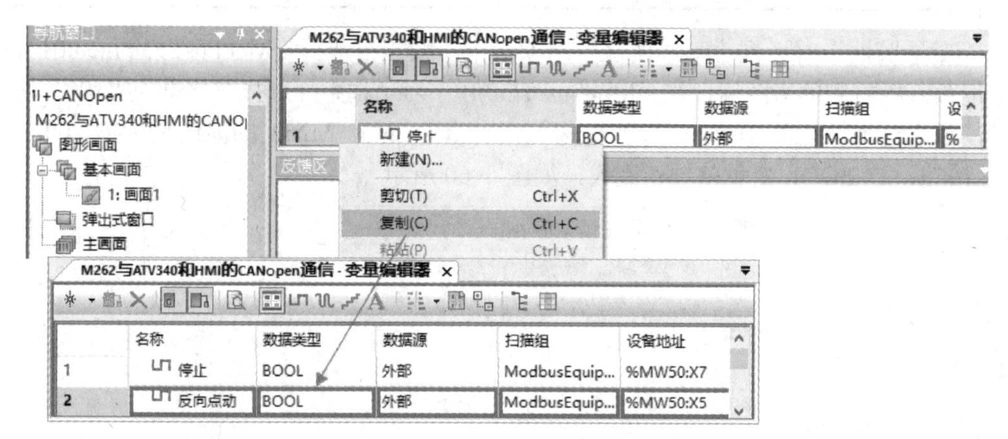

图 5-62　第三种创建变量的操作

（2）创建 REAL 变量

HMI 的 REAL 变量的长度是双字，与 M262 PLC 中的%MD 相对应。

在新建变量的“变量属性”对话框“I/O 设置”选项卡中输入变量名为“变频器给定速度”，数据类型为“REAL”，数据源选择“外部”，扫描组选择“ModbusEquipment01”，单击设备地址输入栏右侧的…图标，在“Modbus TCP/IP”界面，选择偏移量为“200”，单击“确定”按钮，对应 M262 PLC 中的地址为%MD100。创建 REAL 变量的过程如图 5-63 所示。

（3）创建 DINT 变量

在“新建变量”→“I/O 设置”选项卡中输入变量名，数据类型选择“DINT”，HMI 的 DINT 变量与 M262 PLC 变量地址的对应关系是将 HMI 的变量地址除以 2 得到 M262 PLC 的对应%MD 变量，如 HMI 的%MD400 对应 M262 PLC 的%MD200。DINT 变量的创建过程如图 5-64 所示。

（4）创建 INT 变量

复制和粘贴已有变量，修改变量名称，数据类型选择“INT”，如图 5-65 所示。

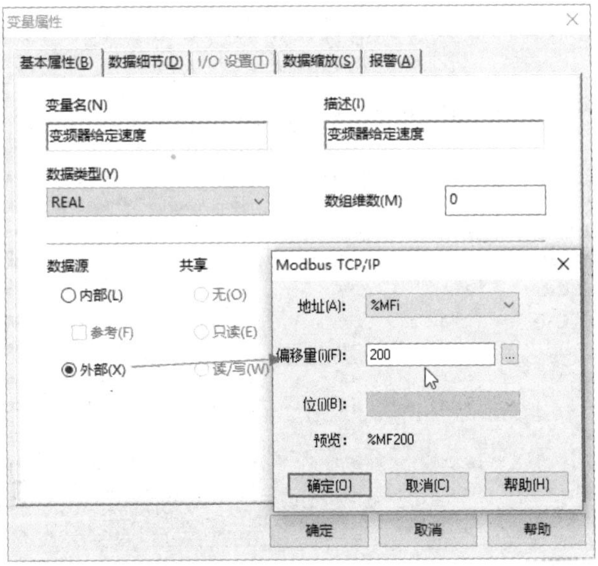

图 5-63　创建 REAL 变量的过程

图 5-64　DINT 变量的创建过程

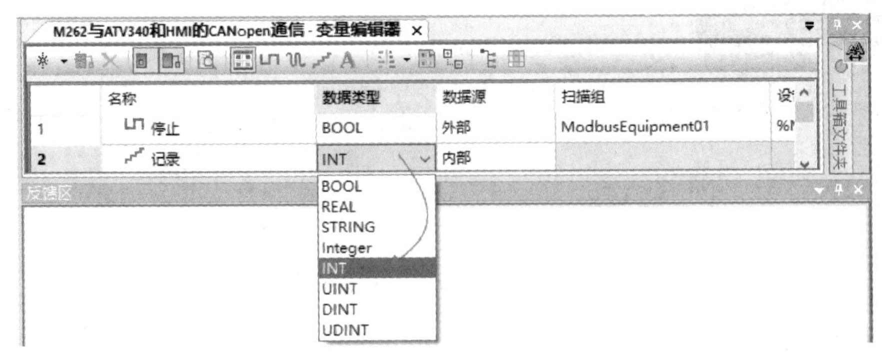

图 5-65　INT 变量的创建过程

按照上述方法，根据工程需要可以创建实际的工程变量表。本案例的变量表如图 5-66 所示。

M262与ATV340和HMI的CANopen通信 - 变量编辑器

	名称	数据类型	数据源	扫描组	设备地址	报警组	记录组
1	停止	BOOL	外部	ModbusEquip...	%MW100:X7	禁用	无
2	反向点动	BOOL	外部	ModbusEquip...	%MW100:X5	禁用	无
3	变频器给定速度	REAL	外部	ModbusEquip...	%MF200	禁用	无
4	变频器运行速度	DINT	外部	ModbusEquip...	%MD608	禁用	无
5	启动	BOOL	外部	ModbusEquip...	%MW100:X1	禁用	无
6	急停	BOOL	外部	ModbusEquip...	%MW0:X3	禁用	无
7	故障复位	BOOL	外部	ModbusEquip...	%MW0:X2	禁用	无
8	正向点动	BOOL	外部	ModbusEquip...	%MW100:X4	禁用	无
9	点动速度	DINT	外部	ModbusEquip...	%MD600	禁用	无
10	系统指示灯	BOOL	外部	ModbusEquip...	%MW0:X4	禁用	无
11	通信正常	BOOL	外部	ModbusEquip...	%MW100:X3	禁用	无

图 5-66　本案例的变量表

5. 数值显示的创建

单击工具栏中的图标，在下拉菜单中选择“数值显示”，在“数值显示设置”对话框中设置数据类型为“整型”，显示位数为“4.0”，显示文本设置为“Hz”，变量选择为“变频器运行速度”，单击“确定”按钮，如图 5-67 所示。

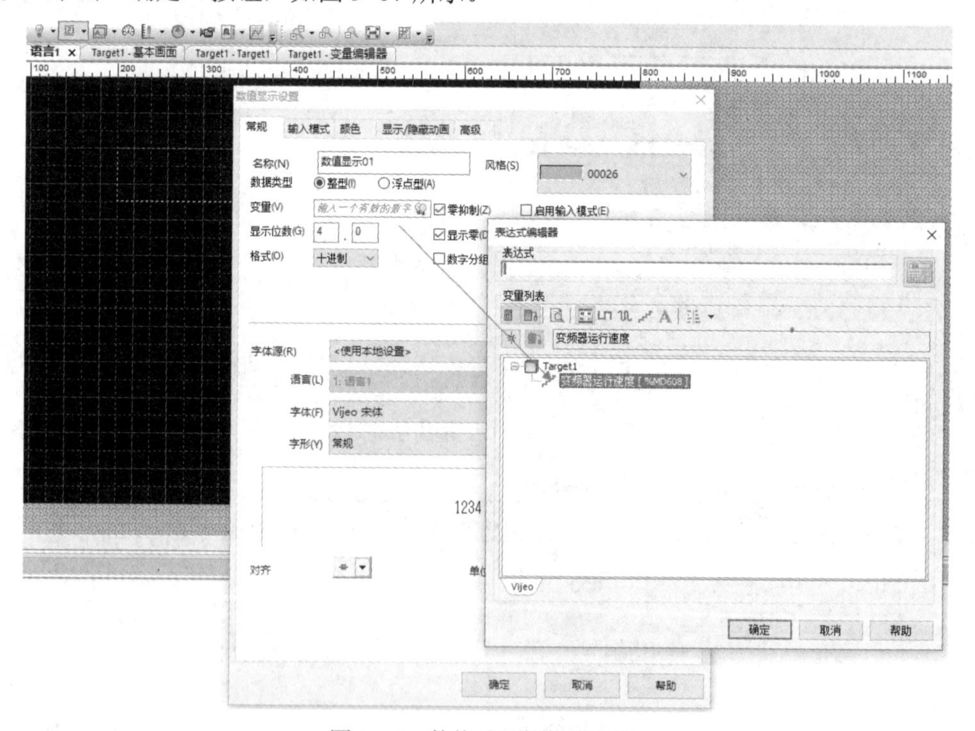

图 5-67　数值显示的创建操作

6. 复制与粘贴操作

创建文本“变频器运行速度:”，如图 5-68 所示。

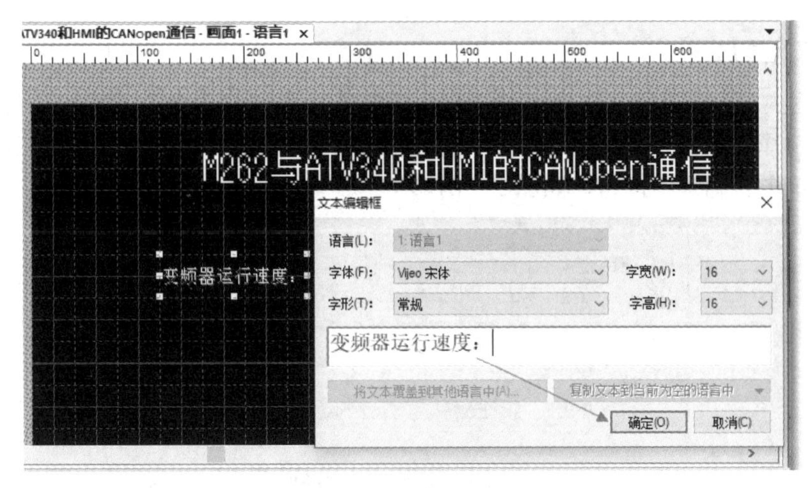

图 5-68　文本的创建操作

使用鼠标左键在画面中选择要复制的元件，单击右键进行复制，在相应位置进行粘贴后，双击粘贴好的文本，修改为“机器给定速度：”，如图 5-69 所示。

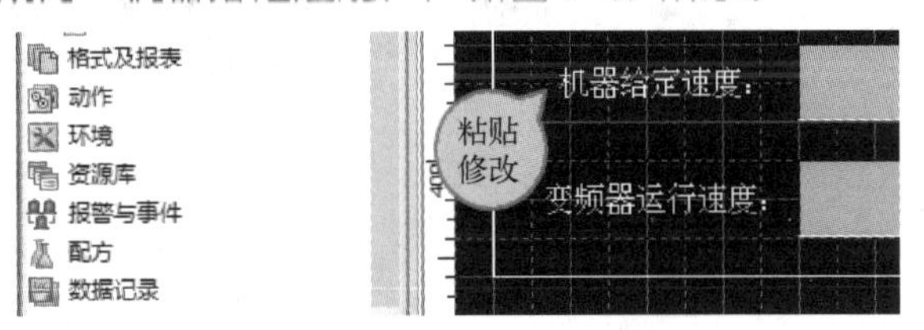

图 5-69　复制与粘贴文本的操作

双击刚刚粘贴好的“机器给定速度”文本，弹出“数值显示设置”对话框，“名称”为“数值显示 01”，修改变量为“变频器给定速度”，单击“确定”按钮，如图 5-70 所示。

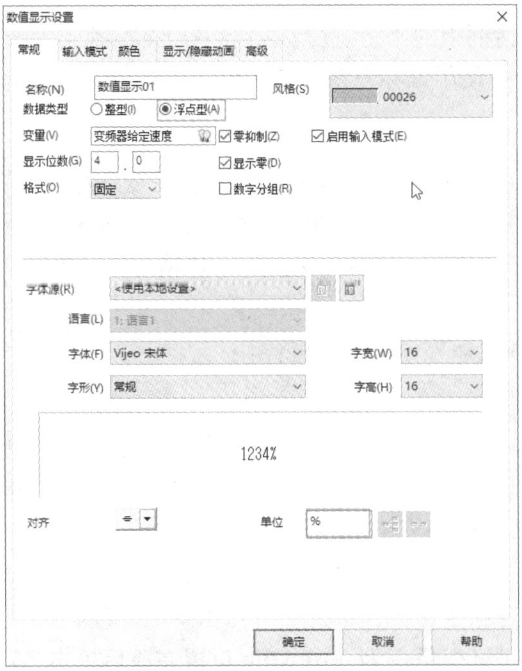

图 5-70　变频器给定速度的操作

7. 指示灯的添加

单击工具栏中的 图标，选择“指示灯”后，在“指示灯设置”对话框中输入名称，“颜色”选项卡中选择变量为“系统指示灯”，选择变量为 OFF 时的前景色为红色，为 ON 时的前景色为绿色，单击“确定”按钮，如图 5-71 所示。

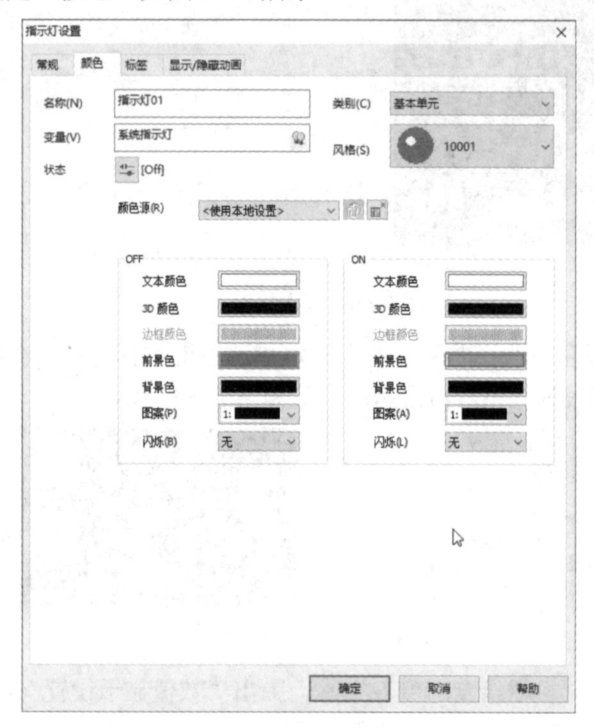

图 5-71　添加指示灯的过程

在“指示灯设置”对话框中的“标签”选项卡中，将标签类型选择为“On/Off”，可以设置 On 和 Off 的文本，在画面中使用鼠标左键拖拽调整大小，本案例没有设置文本。

8. 开关的添加

单击工具栏中的“开关”图标，在画面中使用鼠标左键在相应位置上进行拖拽，在“开关设置”对话框中设置开关的有关参数，如选择开关的风格，是否带有指示灯，如果带指示灯，再为这个指示灯配置相应的变量，本案例选择开关模式，风格选择绿色的 00005，如图 5-72 所示。

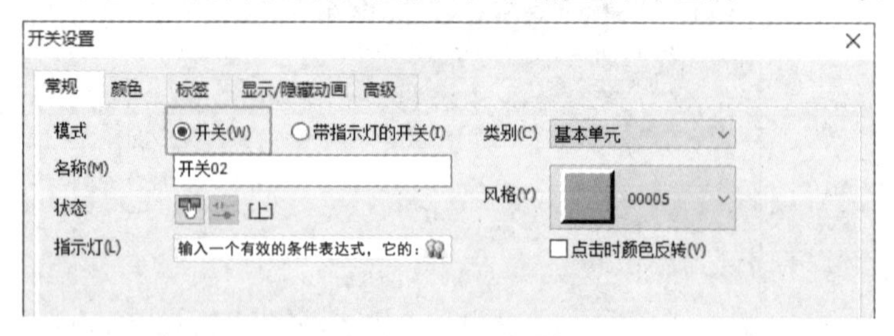

图 5-72　开关的设置

需设置开关按下时的目标变量，这里选择“点击瞬间‘ON’”，表示按下开关期间目标变量变为 TRUE，松开开关后目标变量变为 FALSE，设置完成后单击“添加”按钮，变量的操作事件会出现在右侧，成功后再单击“确定”按钮，完成开关的设置，如图 5-73 所示。

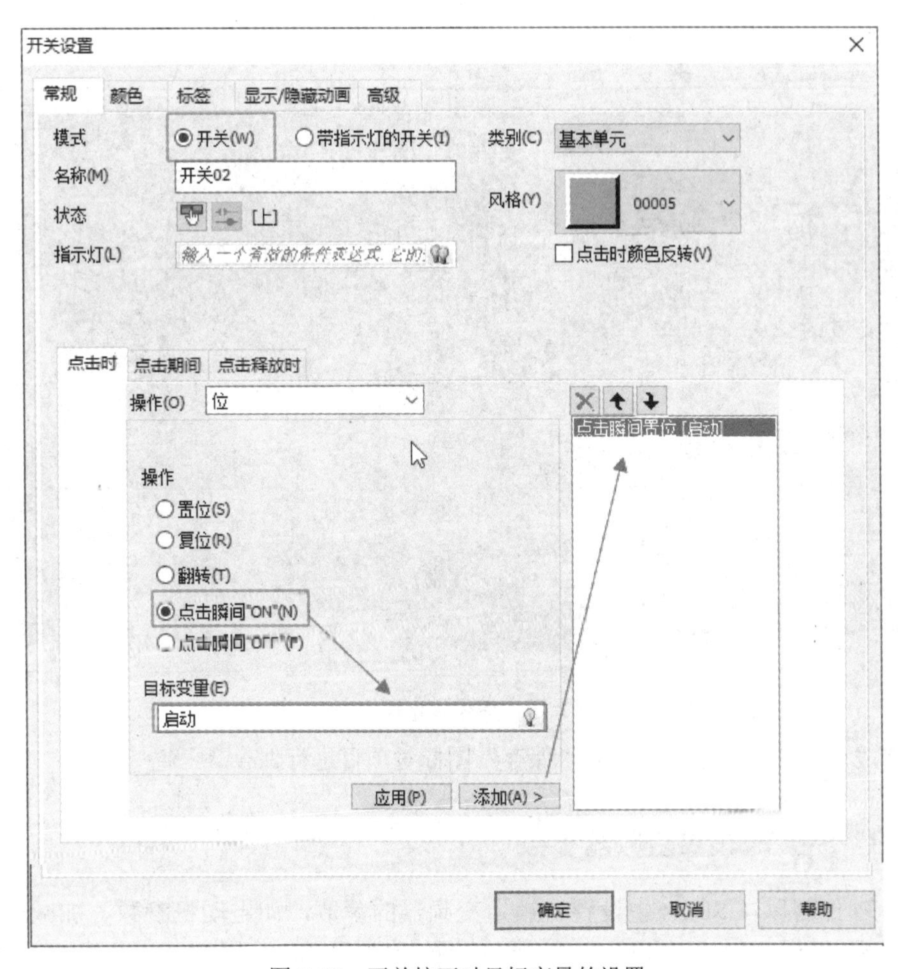

图 5-73　开关按下时目标变量的设置

9. 画图菜单的使用

可以将同一功能的元件放置于一个线框内，便于寻找和使用。操作时单击菜单栏中的“画图”，在下拉菜单中使用对应的子菜单进行设置，画图完成后按回车确认，如图 5-74 所示。

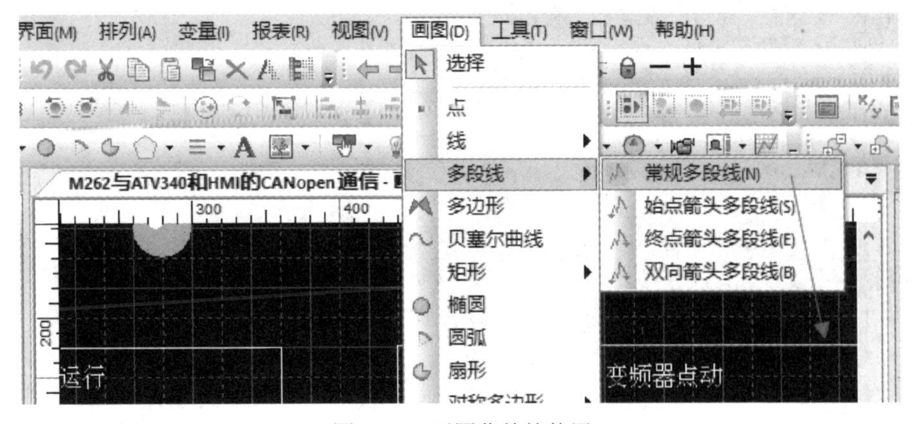

图 5-74　画图菜单的使用

可以根据上述元件的创建过程，在实际工程项目中创建需要的图形元件，这里不再赘述。

本案例的 HMI 画面如图 5-75 所示。

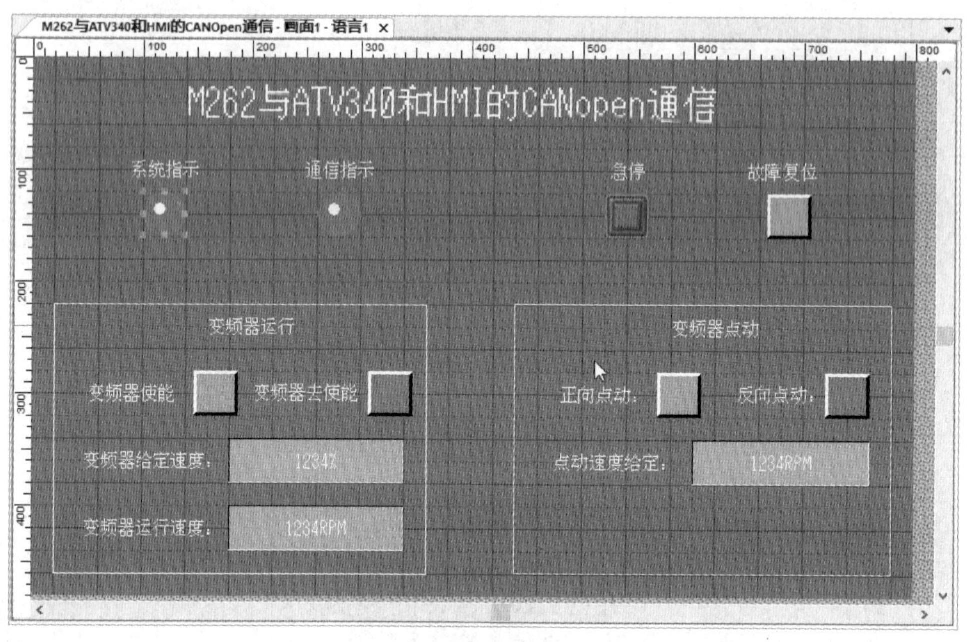

图 5-75　本案例的 HMI 画面

项目完成后还需要单击菜单栏的“保存”图标对项目进行保存。

5.1.13　SDOs 设置变频器参数

ESME 软件可以在 SDOs 中设置、锁定变频器的参数，如电动机参数、加减速参数等。CANopen 参数的地址可参阅 ATV340 变频器的通信变量手册。使用 SDOs 设置 ATV340 变频器减速时间为 10s 的操作过程如图 5-76 所示。

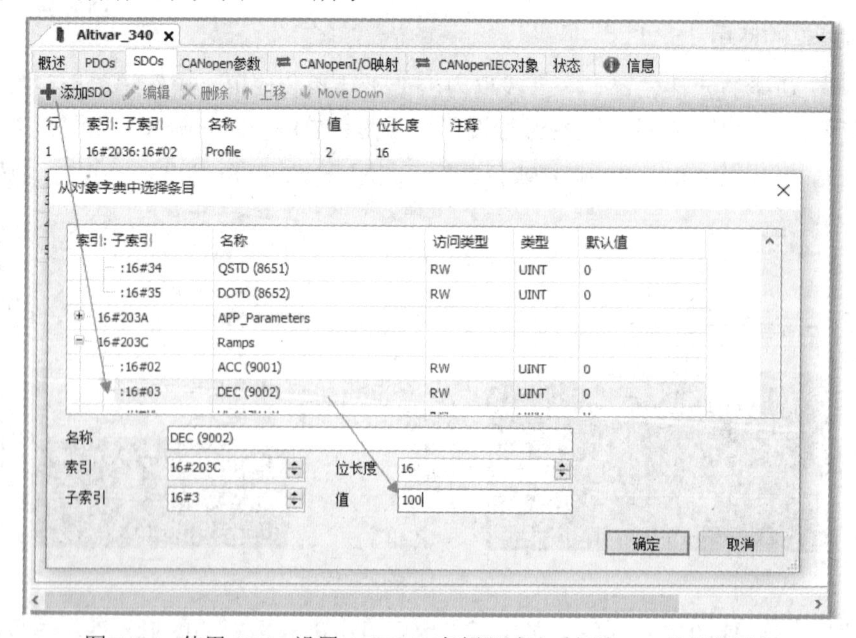

图 5-76　使用 SDOs 设置 ATV340 变频器减速时间为 10s 的操作过程

除了上述使用 GIPLC 中的库中的功能块来编写控制变频器的控制程序以外，还可以使用I/O模式来控制伺服，这种模式将控制字上面的位当成逻辑输入点使用，具有编程简单、工作可靠的特点。

任务5.2 使用CAN总线实现M241控制LXM28A伺服的项目应用

本任务实现库房三轴机械手自动取货物机的取货物操作。机械手X、Y和Z轴的位置移动由LXM28A伺服控制，将使用机械手将棋子由高处的纸盒上移动到另一个比较低的纸盒上。

取货物的伺服动作时序如下：

1）伺服上电后自动完成3个轴的使能。

2）切换到手动模式后，使用点动确认机械手3个轴的方向，如不正确，可调整P1-01的百位。

3）在点动过程中，触发正、负限位故障，确认正、负限位的安装与伺服电动机的方向是否匹配，如不正确，可更换接线或在伺服内部更改正、负限位的参数。

4）在触摸屏上，手动设置取货物的高低位置。

5）保持3个轴的使能，在触摸屏进入准备模式、伺服的Z轴先上升回原点到位后，再完成X轴和Y轴的回原点，3个轴回原点后自动退出准备模式。

6）将TM241本体的I8开关闭合，在触摸屏上进入自动模式。

7）先移动X轴到位后，再移动Y轴到高处纸盒的上方，然后下移Z轴到棋子上方。

8）到位后机械手通过真空吸盘吸住货物，延时5s。

9）Z轴回退1cm，X轴和Y轴同时移动走向低点。

10）移动到位后，下移Z轴，断开吸气阀，延时后棋子掉落。

11）先升起Z轴到0后，移动X、Y轴回到原点处。

12）X、Y轴移动到位后工作循环结束。

5.2.1 LXM28回原点方式

目前在售的LXM28磁编伺服电动机有高分辨率单圈和多圈两种绝对值型编码器电动机。

单圈绝对值型编码器电动机在伺服断电再上电后，驱动器不能记忆电动机位置，因此伺服断电上电后必须进行回原点的操作，可以使用 MC_Home 功能块和 MC_SetPosition 功能块为LXM28 回到原点。而多圈绝对值型编码器电动机因为有电池，驱动器在伺服断电再上电后能够记住电动机的位置，不需要每次都回原点。

多圈绝对值型编码器电动机的寻原点方式和单圈有所区别。在伺服不使能的情况下，先使参数P8-44置1清除故障，再设置P8-44=3，最后设置P8-44为2完成回原点。在伺服使能的情况下，可使用MC_Home的35号回原点方式，完成已使能电动机的回原点。

5.2.2 LXM28A的CANopen参数设置

1. P3-05 CANopen 从站地址

CANopen 的从站地址必须唯一，不能与 CANopen 总线上的其他伺服重复，设置完成后要断电再上电才能生效。

2．P3-01 CANopen 波特率

在 P3-01 的百位设置 CANopen 波特率，必须和主轴的 CANopen 总线波特率一致，设置完成后要断电再上电才能生效。如主轴的 CANopen 总线波特率是 500kbit/s，则只需要将 P3-01 设为 202。P3-01 的参数设置如图 5-77 所示。

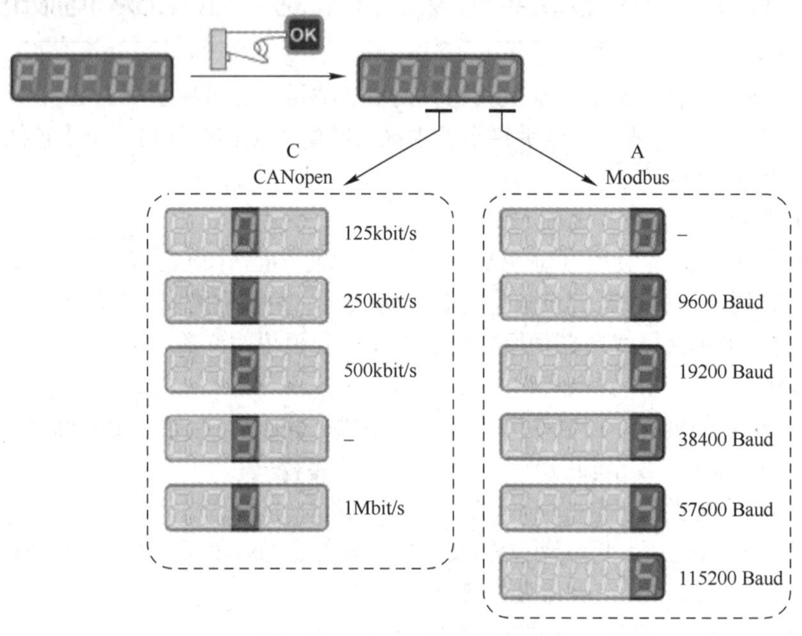

图 5-77　P3-01 的参数设置

3．P3-18～P3-21 PDO 事件设置

参数 P3-18 选择 PDO1 中哪几个变量数值变化触发事件，可以通过修改这个参数值来加快此 PDO 的响应。如 P3-18 设为 3 时，P3-18 的位 0 和位 1 为 TRUE，也就是说 PDO1 中的第一个 PDO 对象和第二个 PDO 对象的数值变化会触发事件。P3-18 的参数说明如图 5-78 所示。

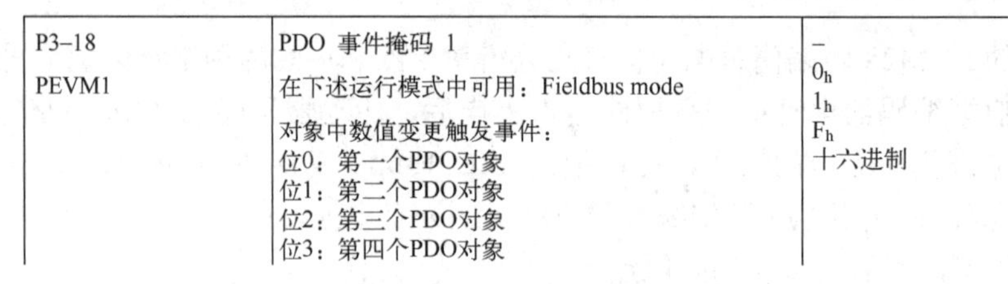

P3–18 PEVM1	PDO 事件掩码 1 在下述运行模式中可用：Fieldbus mode 对象中数值变更触发事件： 位0：第一个PDO对象 位1：第二个PDO对象 位2：第三个PDO对象 位3：第四个PDO对象	– 0_h 1_h F_h 十六进制

图 5-78　P3-18 的参数说明

类似的，P3-19 设置 PDO2 中对象的事件触发，P3-20 设置 PDO3 中对象的事件触发，P3-21 设置 PDO4 中对象的事件触发，不再赘述。

5.2.3　LXM28A 在 CANopen 模式下设置电子齿轮比

1．LXM28A 在 CANopen 的位置比例

与 PTO 脉冲方式下的电子齿轮比设置不同，在 CANopen 模式下，LXM28A 共有 4 个参数

16#6091sub1、16#6091sub2、16#6092sub1 和 16#6092sub2 用于设置伺服的电子齿轮比，计算公式为

$$\text{CANopen 下的电子齿轮比}=\frac{16\#6091\text{sub}1\times16\#6092\text{sub}1}{16\#6091\text{sub}2\times16\#6092\text{sub}2}$$

默认情况下是 1280000 脉冲每圈。

16#6091 参数的含义对应的是减速机的减速比，减速机减速比=电动机侧旋转圈数÷负载侧旋转圈数。

电动机侧旋转圈数的参数地址是 16#6091sub1，负载侧旋转圈数的参数地址是 16#6091sub2，两者相除得到减速机的减速比，如果没有减速机，保留默认设置 1∶1 不做修改即可。

16#6092 参数的含义是电动机转数与位置值的对应关系，feed 进给量的 CANopen 地址是 16#6092sub1，负载侧旋转圈数的 CANopen 地址是 16#6092sub2，两者的关系为

进给常数=进给量÷负载侧旋转圈数

在服务数据对象 SDO 中设置 16#6092sub1 为 5000，16#6092sub2 和 16#6091 保持默认为 1，从而得到 5000 脉冲每圈。

2．LXM28A 功能块的速度给定值和实际速度值的对应关系

LXM28A 的速度依然采用位置的电子齿轮比的对应关系。速度的设置的公式为

功能块中的速度设置值=期望的速度给定值（以 r/min 为单位）×每圈脉冲数（默认 1280000）/60

【例 1】 PLC 通过 CANopen 控制 LXM28A 伺服，电子齿轮比设置采用默认设置，即 16#6091sub1=1，16#6091sub2=1，16#6092sub1=1280000，16#6092sub2=1，则每圈对应 1280000 个用户单位。现希望绝对位置移动功能块的目标速度为 120r/min，则需要设置速度值为

120×1280000/60=2560000

【例 2】 PLC 通过 CANopen 控制 LXM28A 伺服，电子齿轮比设置为 16#6091sub1=1，16#6091sub2=1，16#6092sub1=10000，16#6092sub2=1，则每圈对应 10000 个用户单位，现希望绝对位置移动功能块的目标速度为 360r/min，则需要设置速度值为 360×10000/60=60000。

3．LXM28A 的加速度和减速度参数

LXM28A 的加速度参数 P1-34 规定电动机从 0 加速到 6000r/min 的时间，单位是 ms，由此得到 CANopen 加速度参数（CANopen 地址 16#6083）和加速时间参数 P1-34 的对应关系为 16#6083=6000×1000×电子齿轮比（默认 1280000）/(P1-34×60)。默认电子齿轮比情况下，假如需要设加速时间 200ms，则 16#6083 需设置为 640000000。

减速度参数（CANopen 地址 16#6084）和急停减速度参数（CANopen 地址 16#6085）计算方法与加速度参数的计算方法类似，不再赘述。

在本案例中滚珠丝杠的导程是 5mm，即电动机转动一圈对应的圈位置值是 5000，如前所述，CANopen 下的电子齿轮比设置为

16#6091sub1=1

16#6091sub2=1

16#6092sub1=5000

16#6092sub2=1

现在加速和减速时间的期望值是 200ms，急停的减速时间是 20ms，则按加速度参数的计算公式为 6000×1000×5000/(200×60)=2500000，即需要将加速度参数 CANopen 地址 16#6083 设置 2500000，减速度也设为 2500000，即急停的减速度参数 CANopen 地址 16#6085 设为 25000000，减速时间为 20ms。

在 ESME 软件的“SDOs”选项卡中对 LXM28 电子齿轮比和加减速度进行设置，如图 5-79 所示。

Overview | 概述 | PDOs | SDOs | CANopen参数 | CANopenI/O映射 | CANopenIEC对象 | 状态 | 信息

添加SDO 编辑 删除 上移 Move Down

行	索引: 子索引	名称	值	位长度	注释
1	16#430A:16#00	PLCopen Mode	1	16	Set to "1" for CANopen
2	16#4312:16#00	PDO1 Event Mask	15	16	Increase event mask
3	16#4320:16#00	ReadyToSwitchOn automatically	0	16	Transition to "Switched On"
4	16#450F:16#00	Torque Slope Enable	1	16	Input TorqueRamp of MC_TorqueControl i
5	16#60FE:16#02	Output Mask	16#FFFFFFFF	32	Set output mask to read digital outputs
6	16#6092:16#01	Feed	5000	32	每圈脉冲数
7	16#6083:16#00	Profile Acceleration	2500000	32	加速度设置
8	16#6084:16#00	Profile Deceleration	2500000	32	减速度设置
9	16#6085:16#00	Quick Stop Deceleration	25000000	32	急停的减速度

图 5-79　SDOs 中的设置

5.2.4　伺服的 CANopen 网络

M241 PLC 与 ATV320 变频器和 3 台 LXM28A 伺服通过 CANopen 网络进行通信，HMI 与 M241 PLC 通过 Modbus TCP 网络进行通信，如图 5-80 所示。

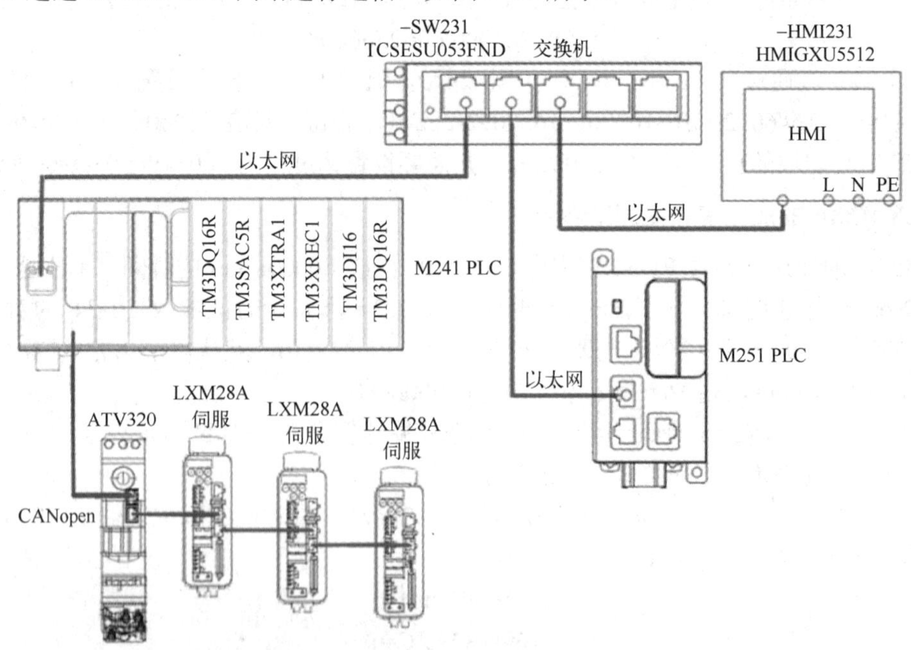

图 5-80　伺服的 CANopen 网络通信示意图

5.2.5 回原点有关的功能块

（1）回原点功能块 MC_Home_LXM28

（2）回原点功能块与 CANopen 有关的参数

使用 MC_Home_LXM28 功能块回原点，默认的 SDO 设置将把 P3=10 设为 1。

1）当 P5-76 设为 1 时，伺服回 0 过程中找到原点后执行附加的运动，位置偏置值在功能块 SEM_LXM28.MC_Home_LXM28 输入引脚 position 中定义，回 0 完成后当前实际位置为 0。

2）当 P5-76 设为 0 时，伺服回 0 过程中找到原点后不执行附加的运动，回 0 完成后当前实际位置为功能块 SEM_LXM28.MC_Home_LXM28 输入引脚 position 中定义的值。

当通过第三方设备采用 DS402 模式控制 LXM28A 时，需要先将 SDO 中对 P3-10 设置为 1 的参数删除，然后在参数中把 P3-10 设为 0，同时将 P5-76 设为 1，再在 SDO 中设置 16#607C home offset 的值，以实现回原点后执行附加的运动。

（3）LXM28A CANopen 通信下回原点方式的详细说明

当使用 MC_Home_LXM28 功能块为 LXM28 回原点时，回原点模式的设置范围是 1～35，其中，1～34 回原点类型需要设置回原点的高速和低速参数，回原点高速可以设置为较高数值，默认设置为 60r/min，防止回 0 时间过长；而回原点低速应设置为较低速值，建议设置为 10r/min 以下，防止伺服停车时产生过冲，出现回原点的重复精度低的情况。

第 1～16 种回原点方式在回原点的最后阶段会寻找编码器的电气原点，而第 17～30 回原点方式在回原点的最后阶段不会寻找编码器的电气原点，可通过参数设置来实现回原点后执行附加的运动。

MC_Home_LXM28 功能块实现的回原点功能都是由伺服驱动器自动完成的，因此必须根据所选择的回原点方式，设置好伺服驱动器的逻辑输入功能。如当回原点方式选择 1（回原点方式为移动到负限位并使用电气原点）时，则在 LXM28S 伺服的一个逻辑输入点上必须设置一个负限位功能，负限位的功能码是 22。类似的，如果选择回原点模式与原点开关有关，那么在 LXM28S 伺服中，必须设置一个逻辑输入是原点开关，即必须设置一个逻辑输入点的功能码为 24，如图 5-81 所示。其中 DI1（LXM28S 的 9 号端子）设置的功能是原点开关，DI2（LXM28S 的 10 号端子）设置的功能是负限位，DI3（LXM28S 的 34 号端子）设置的功能是正限位。

参数	名称		
P2-11 C	Type		(1) Normally open (contact a)
P2-12	DITF3		AB(0),C(1)
P2-12 AB	Signal input function		(0x00) Disabled
P2-12 C	Type		(1) Normally open (contact a)
P2-13	DITF4		AB(0),C(1)
P2-13 AB	Signal input function		(0x00) Disabled
P2-13 C	Type		(1) Normally open (contact a)
P2-14	DITF5		AB(36),C(1)
P2-14 AB	Signal input function		(0x24) ORGP Reference Switch
P2-14 C	Type		(1) Normally open (contact a)
P2-15	DITF6		AB(34),C(0)
P2-15 AB	Signal Input Function		(0x22) CWL(NL) Negative Limit Switch (NL/LIMN)
P2-15 C	Type		(0) Normally closed (contact b)
P2-16	DITF7		AB(35),C(0)
P2-16 AB	Signal Input Function		(0x23) CCWL(PL) Positive Limit Switch (PL/LIMP)
P2-16 C	Type		(0) Normally closed (contact b)

图 5-81 LXM28S 与回原点有关的逻辑输入设置

回原点方式 33 和 34 是通过寻找电气原点的方式回原点，这两种方式需要设置回原点低速。回原点方式 35 是通过设置当前伺服的编码器的位置值得到原点，伺服电动机需要先加上使能，并且在回原点过程中伺服电动机是静止的。

（4）设置位置功能块 MC_SetPosition_LXM28

执行位置 MC_SetPosition_LXM28 功能块启动前，轴必须处于静止（Standstill）状态，否则功能块报错。功能块执行后，把 Position 引脚的位置值设为伺服电动机位置，伺服轴也就获得了有效原点。

（5）确定原点是否有效功能块 MC_ReadAxisInfo_LXM28

先调用功能块 MC_ReadAxisInfo_LXM28，然后检查输出引脚 isHomed 的状态，如果为 TRUE 则说明伺服已经建立有效原点。

（6）确定伺服轴是否处于静止状态功能块 MC_ReadStatus_LXM28

先调用功能块 MC_ReadStatus_LXM28，然后检查输出数据有效引脚 Valid 和静止引脚 StandStill，两者都为 TRUE 则伺服轴处于静止状态。

5.2.6 创建 CAN 总线项目并组态

按照 1.1.2 节中的内容创建新项目并组态，名称为 CANopen M241 控制的伺服项目，PLC 选择 TM241CEC24T，在 IO_Bus 下添加 TM3 模块，包括逻辑输出模块 TM3DQ16R、安全模块 TM3SAC5R、TM3 总线发送模块 TM3XTRA1、TM3 总线接收模块 TM3REC1、逻辑输入模块 TM3DI16、逻辑输出模块 TM3DQ16R，编程语言选择梯形逻辑图。

本任务配置了 1 台 ATV320 变频器和 3 台 LXM28A 伺服，采用 CAN 总线网络来控制伺服控制器。M241 PLC 使用 CANopen 通信，理论上从站可以达到 64 台。首先添加 CAN 主站，单击“设备树”→“CAN_1（CANopen bus）”，在弹出的“添加设备”对话框中，单击“CANopen Performance”→“添加设备”按钮。

添加 ATV320 从站，单击“设备树”→“CANopen_Performance（CANopen Performance）”，右键单击选择“添加设备”，也可以单击“设备树”，在“CANopen_Performace（CANopen Performance）”处鼠标右键单击，在弹出的“添加设备”对话框中，选择“Altivar”→“添加设备”按钮添加 ATV320 从站。同样的方法在“添加设备”对话框选择“Lexium”→“Lexium 28A”添加 LXM28A 从站，如图 5-82 所示。

双击 CANopen 的从站，在“概述”选项卡中设置从站地址，Drv_X 的节点 ID 设为“2”，Drv_Y 的节点 ID 设为“3”，Drv_Z 的节点 ID 设为“4”，Altivar_320 的节点 ID 设为“1”。

本任务采用可读性较强的中文变量，单击“工程”→“工程设置”→“编译选项”，勾选“允许标识符使用 Unicode 字符”启用中文变量。

参照 4.1.5 节中的内容创建 Safety 动作，动作的编程与 4.1.5 节中的 A01_Safety 内容一致。

5.2.7 创建 CANopen 从站状态检查功能块

参照 5.1.7 节中的内容，将 A01_GetNodeState 的程序创建为 FB 功能块，用来检查从站通信的状态，名称为 Node_GetState（FB），在功能块的局部变量区域声明局部变量，将 uiNetWorkNo 声明为 CANopen 通信网络，CIA405.GET_STATE 功能块用于检测 CAN 网络从站是否处于正常状态，可以直接复制这个功能块用于新项目，如图 5-83 所示。

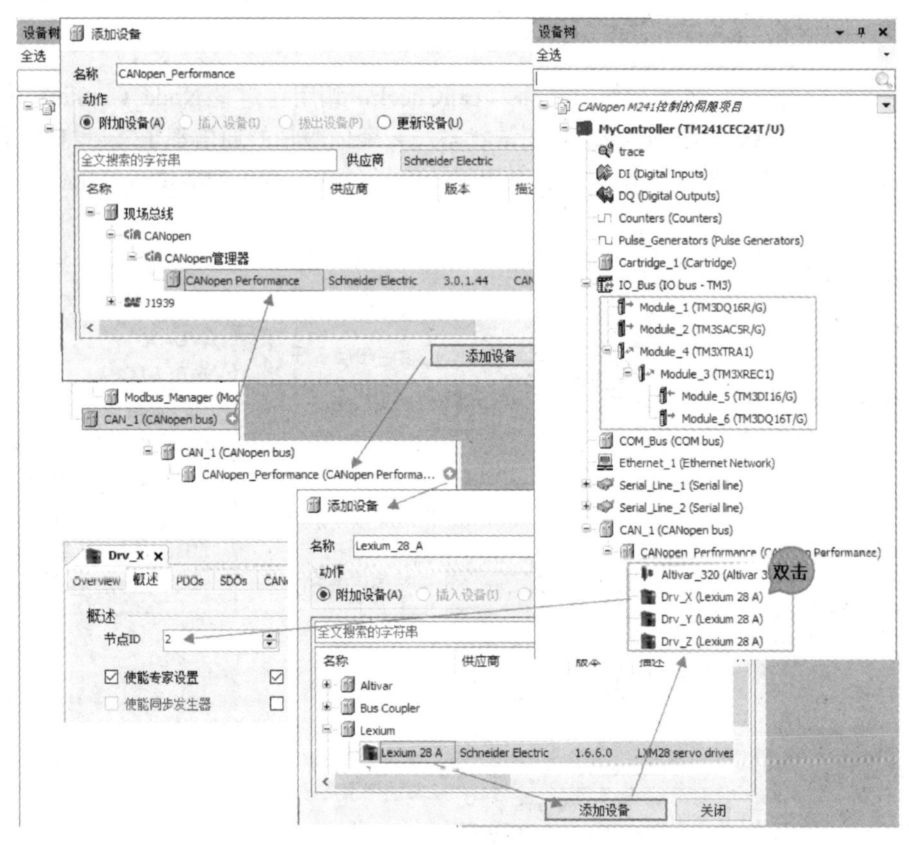

图 5-82　新建项目的设备树

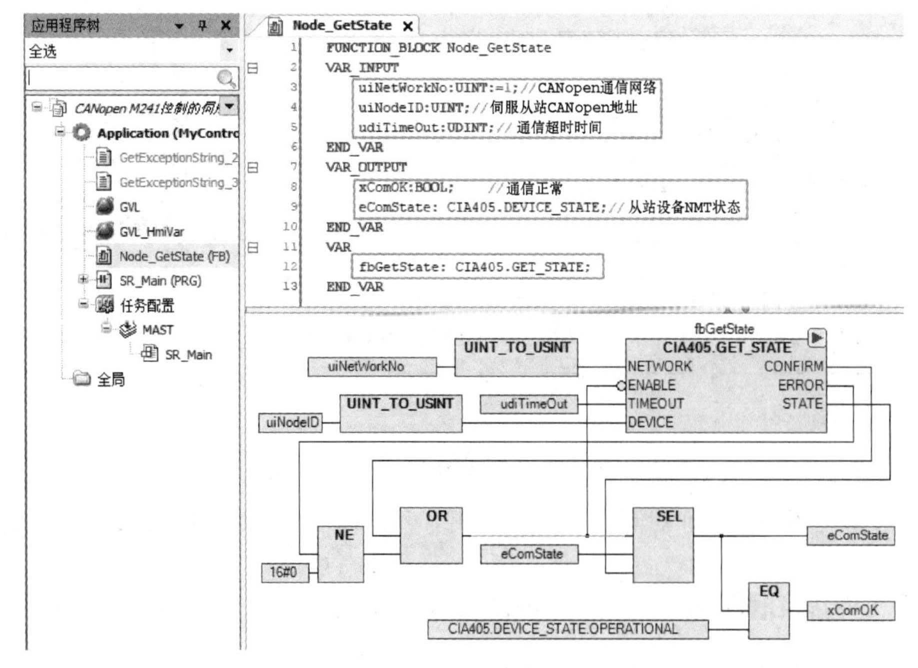

图 5-83　FB 功能块

5.2.8 通信检查 canCheck 动作

创建用于通信检查的 ACT 动作，名称为 canCheck，调用自定义 Node_GetState 功能块，检查 4 个伺服轴的通信状态是否已经进入正常状态，4 个伺服轴的通信都正常后将通信正常的标志位 xComOK 输出为 TRUE，作为功能块调用的前提条件，避免功能块运行出错，如图 5-84 所示。

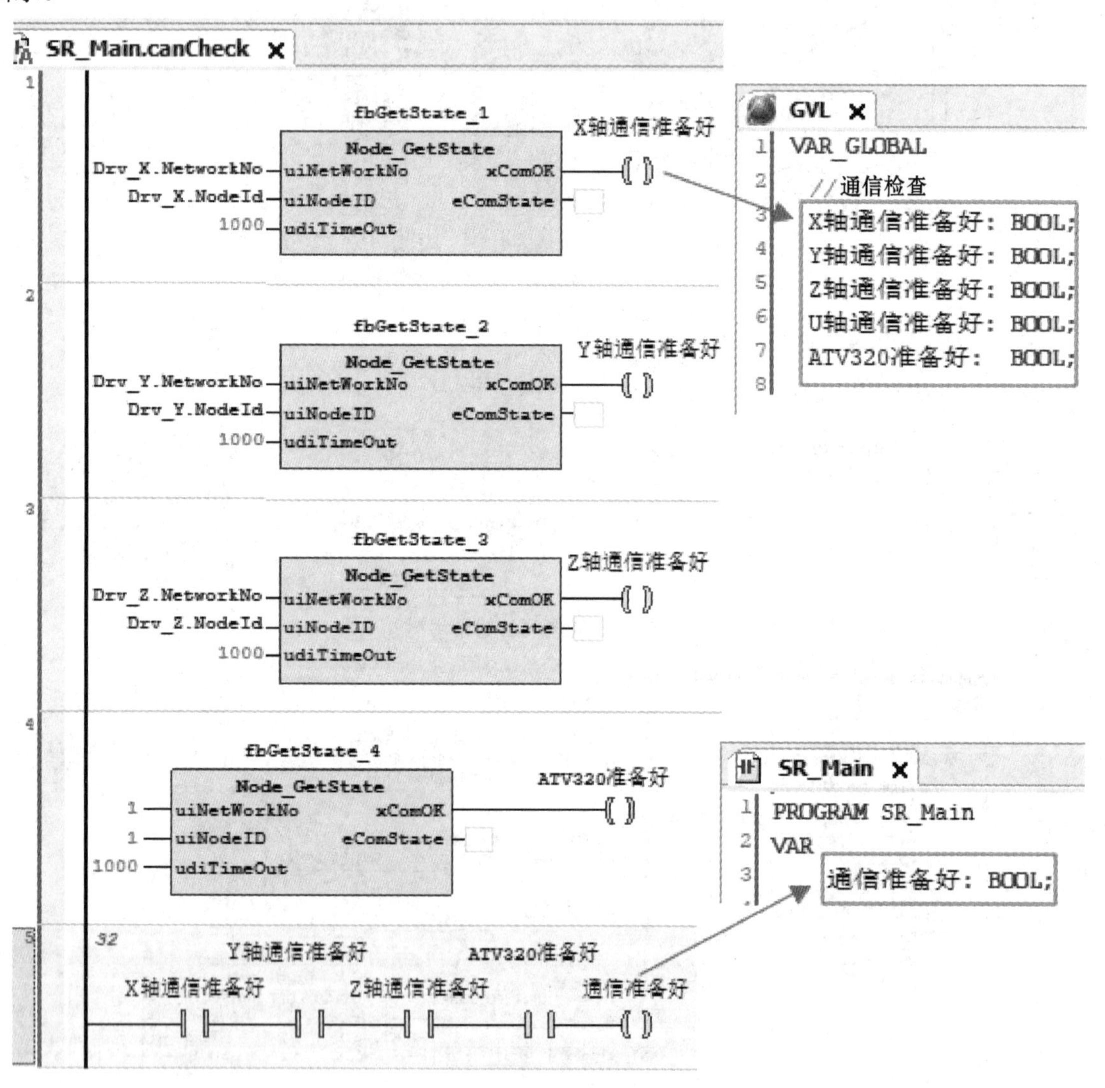

图 5-84 canCheck 动作的程序

从轴和变频器设备准备好变量在 GVL 里声明，网络通信准备好变量在 SR_Main 里声明。

5.2.9 使能和回原点 EnableAndHome 动作

创建 3 个 ACT 动作，名称为 EnableAndHome。程序首先检查通信正常标志，如果 3 个伺服和 ATV320 变频器没有进入正常状态，则返回不执行后面的程序，如图 5-85 所示。

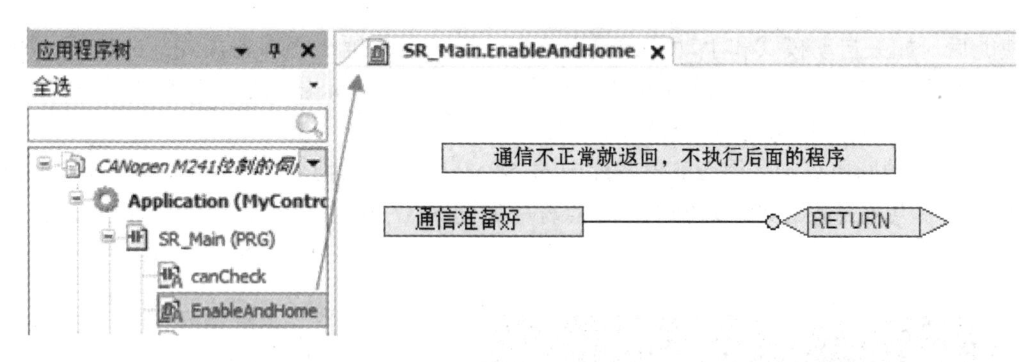

图 5-85　通信不正常则返回

在触摸屏上分别给出 3 个伺服轴的使能指令，3 个伺服轴加上使能后输出“所有伺服加上使能”信号，这个信号作为后面准备模式启动的前提条件之一，ATV320 变频器的使能是在安全模块上电后自动实现的，程序如图 5-86 所示。

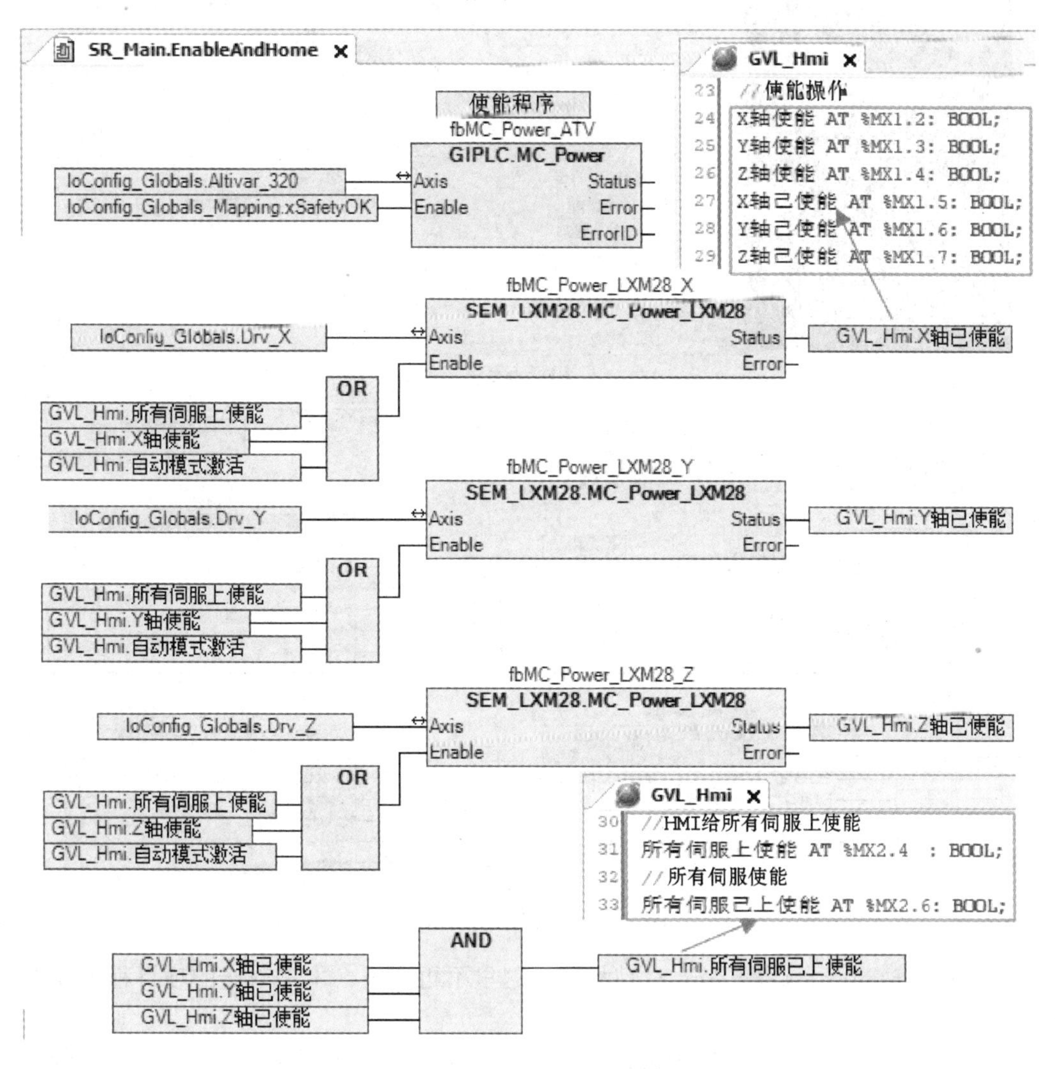

图 5-86　ATV320 变频器和 3 个伺服轴的使能程序

使能后，如果自动模式和手动模式没有激活，则在触摸屏上将准备模式开关按下，激活准备模式，激活标志位，并且将设备准备好标志位复位，这个标志位是自动模式启动的条件之一，Z 轴回原点到位，同时将 X、Y 轴回原点。

LXM28A 的回原点则采用 28 设备库中的 SEM_LXM28.MC_Home_LXM28 功能块完成，LXM28A 回原点方式采用 27。Z 轴的回原点程序如图 5-87 所示。

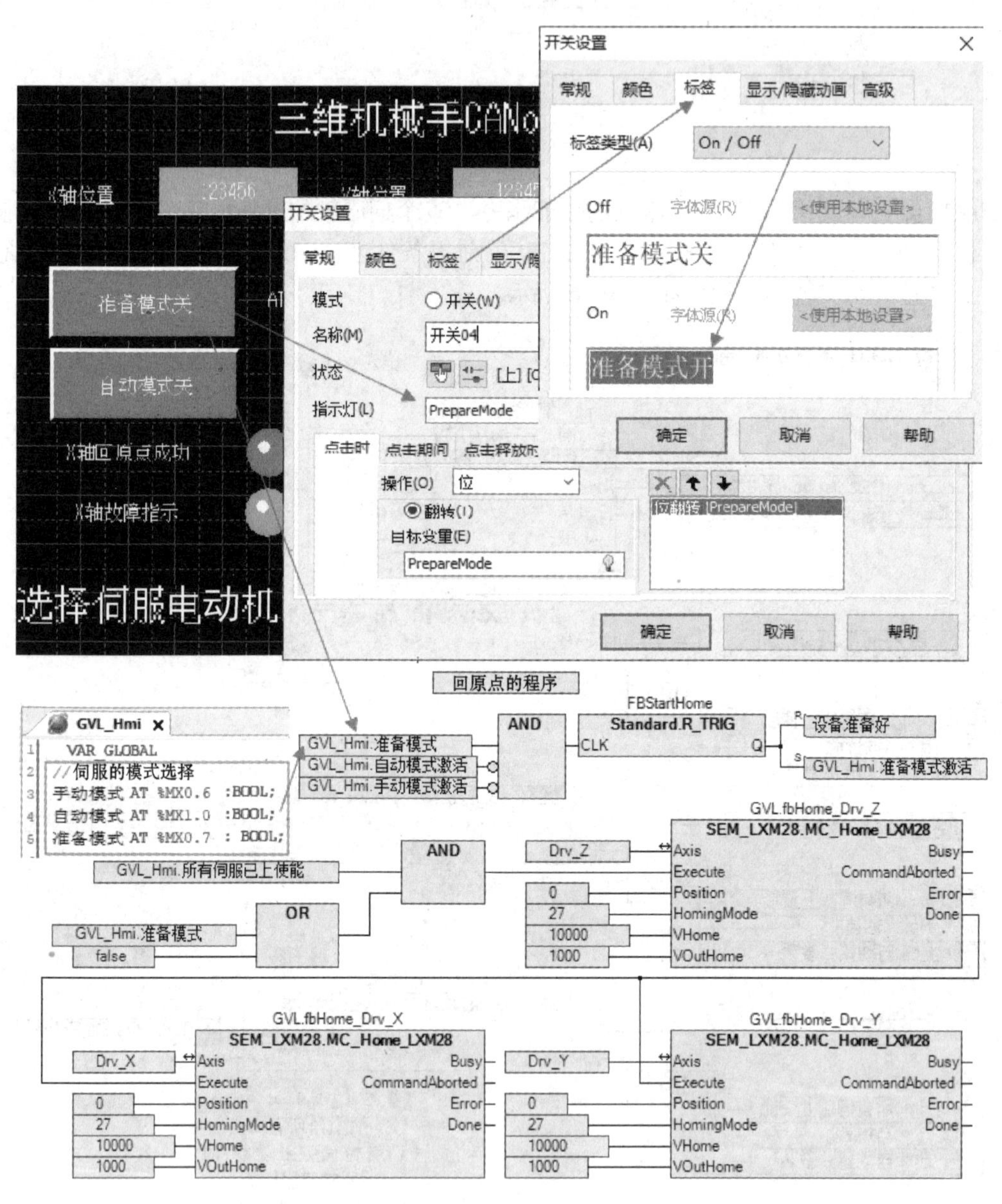

图 5-87　Z 轴的回原点程序

Y 轴和 X 轴的回原点程序与 Z 轴相同，这里不再赘述。本书附送的项目程序详见配套资源。

使用读伺服轴信息 SEM_LXM28.MC_ReadAxisInfo_LXM28 功能块确认回原点已经成功，当读 3 个伺服轴信息的 ReadAxisInfo 功能块的 IsHomed 和 Valid（读取结果有效）引脚的输出变量都为TRUE时，表示轴回原点成功。读3个伺服轴信息的程序如图5-88所示。

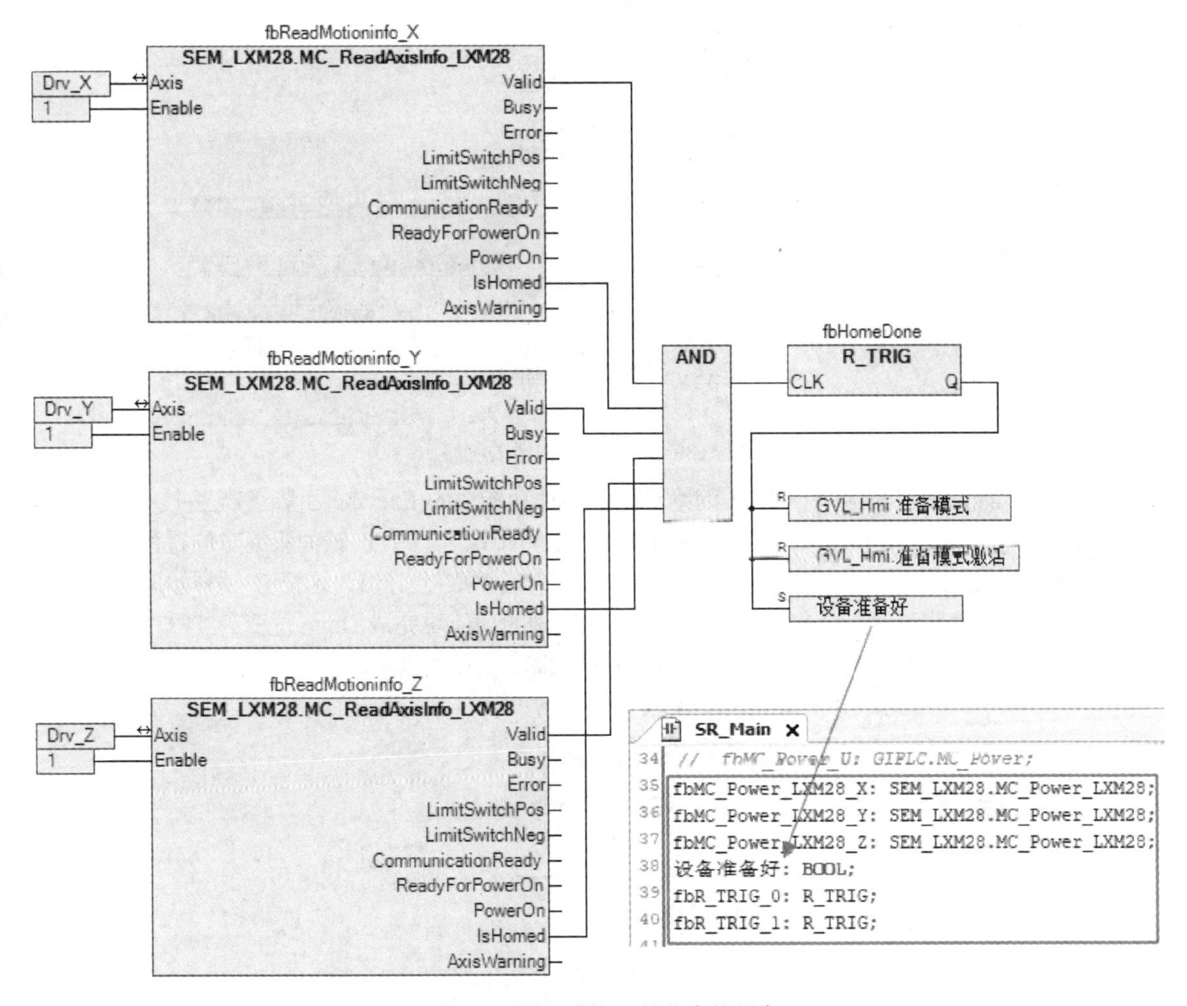

图5-88 读3个伺服轴信息的程序

设备准备好的变量在SR_Main的局部变量里进行声明。

当3个伺服轴都回原点后，程序使用AND与指令的输出作为R_TRIG上升沿指令的输入，这个指令检测到上升沿后置位准备好信号，同时复位准备模式按钮变量和准备模式激活标志位，为自动模式启动做好准备。

5.2.10 机械手自动程序AutoSequence动作

创建新的机械手自动程序ACT动作，名称为AutoSequence，编程语言采用顺序流程图（CFC）。当通信不正常时返回，通信正常后，在准备模式的回原点已经成功完成，并且机械手的门已经关上，等待自动启动开关xAutoStart（TM241本体的I7开关）闭合，或者在触摸屏上按下“自动模式”按钮，自动模式激活标志位变为TRUE，自动模式激活后，机柜内的ATV320变频器将开始运行，运行速度需在自动模式激活前设置，xAudoStart变量在M241本体的DI输入中进行声明，地址是%IX0.7，程序如图5-89所示。

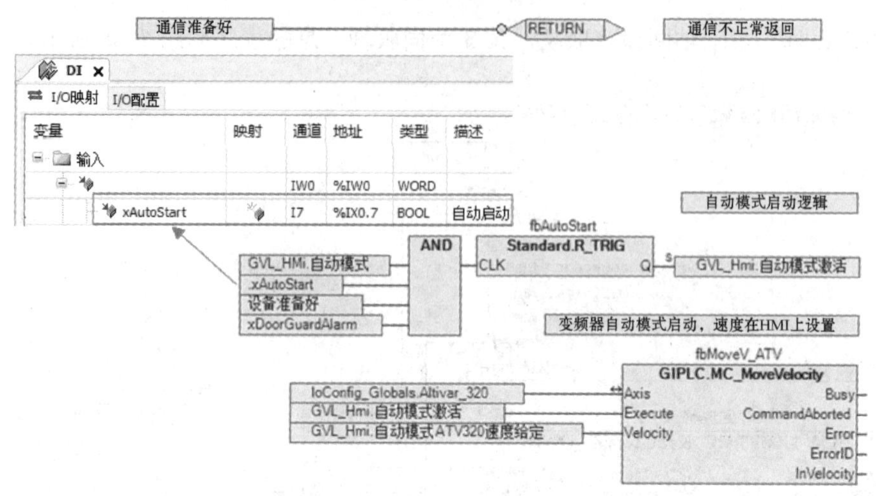

图 5-89　自动模式激活的程序

自动模式激活后，机械手在 X 轴的绝对位置移动功能块的 Execute 引脚上产生上升沿，于是伺服开始移动 X 轴，X 轴移动到位后 Done 位变为 TRUE，开始 Y 轴伺服绝对位置移动，到位后，在 Z 轴的绝对移动功能块的 Execute 引脚变量又产生新的上升沿，这样 Z 轴开始向下伸出机械手，Z 轴机械手移动到高纸盒棋子上方到位后，Z 轴的功能块完成 Done 位变为 TRUE，开启吸气阀 xSuctionValve 吸住棋子，同时开启 5s 的延时，保证能吸住棋子，程序如图 5-90 所示。

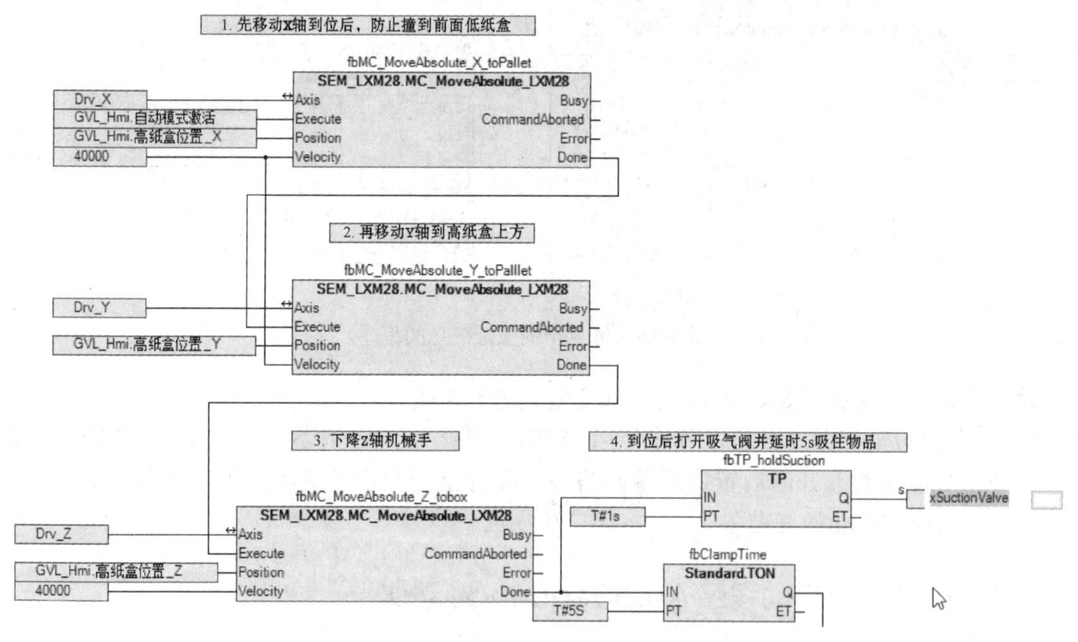

图 5-90　完成 X 轴和 Y 轴动作、移动 Z 轴到位后吸住棋子的程序

采用类似的思路，在吸住棋子的延时到达后，Z 轴走一个相对移位，抬起 1cm，然后 X 轴和 Y 轴同时进行绝对位置移动，到达纸盒的上方后，下移 Z 轴，机械手到达纸盒的上方，关闭吸气阀，延时 5s 保证棋子掉落，延时时间到后，将机械手抬高到原点位置，如图 5-91 所示。

向上移动机械手到原点，并移动 X 轴和 Y 轴到起始点。当 X 轴和 Y 轴移动到位后，或者某个伺服出现故障，或者门控开关出现异常，复位自动模式激活标志位，等待下次自动模式的上升沿，程序如图 5-92 所示。

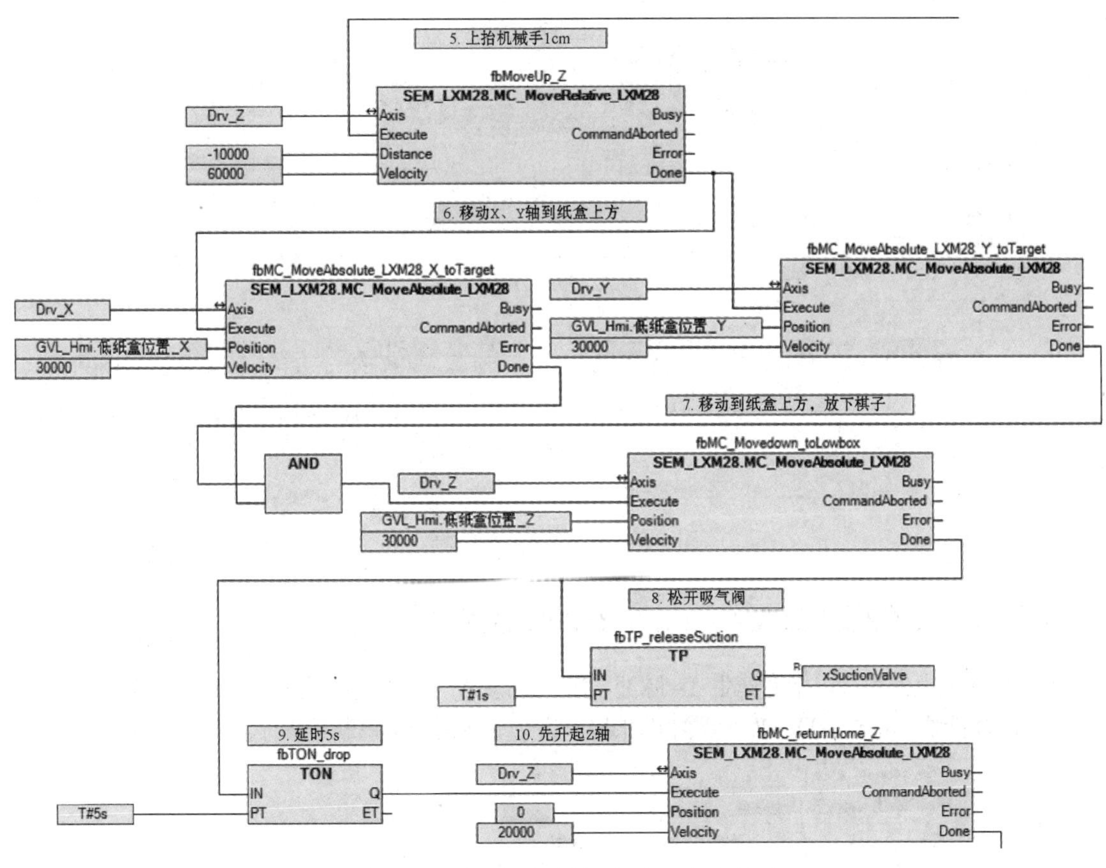

图5-91　移动机械手到低纸盒上方的程序

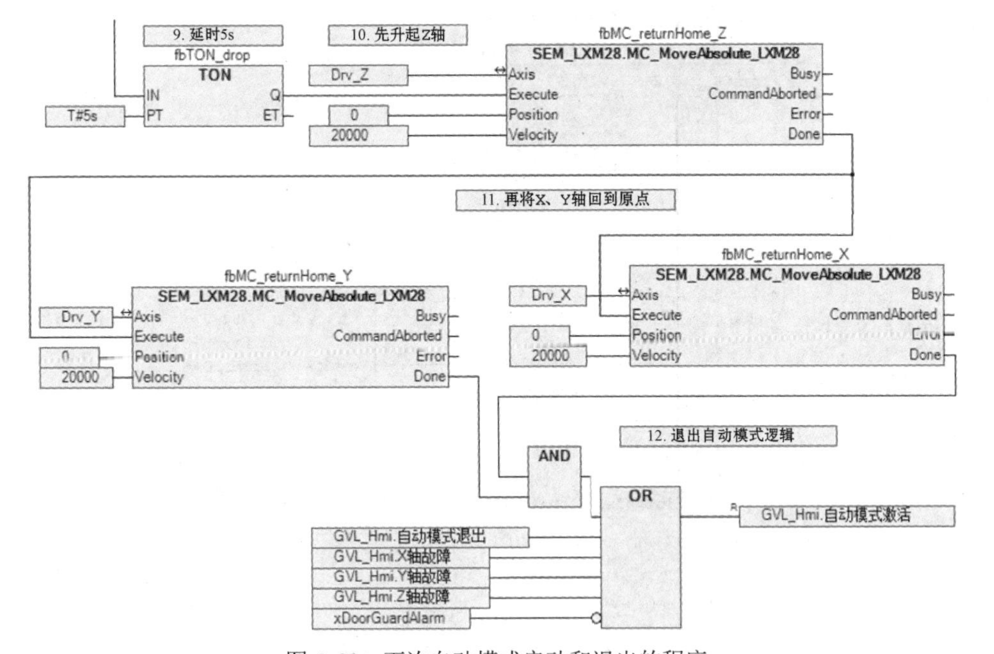

图5-92　下次自动模式启动和退出的程序

合上扩展模块Module_5上的xStop320开关，ATV320变频器将停止，如果出现安全门打开报警，程序将调用MC_Stop功能块实现ATV320变频器和LXM28A伺服的快速停止，如图5-93所示。

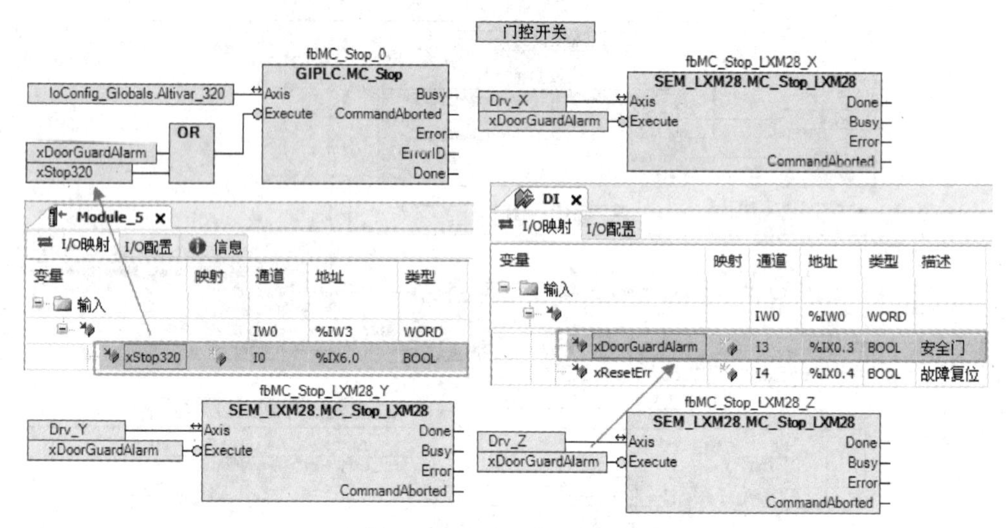

图 5-93　安全门开关的编程

5.2.11 故障处理 ErrorHandling 动作程序

安全模块上电使用 TP 指令产生 1s 脉冲，用于清除 ATV320 变频器上电时可能出现的故障，并调用读故障功能块，检查 ATV320 变频器的报警，用于变频器故障诊断，程序如图 5-94 所示。

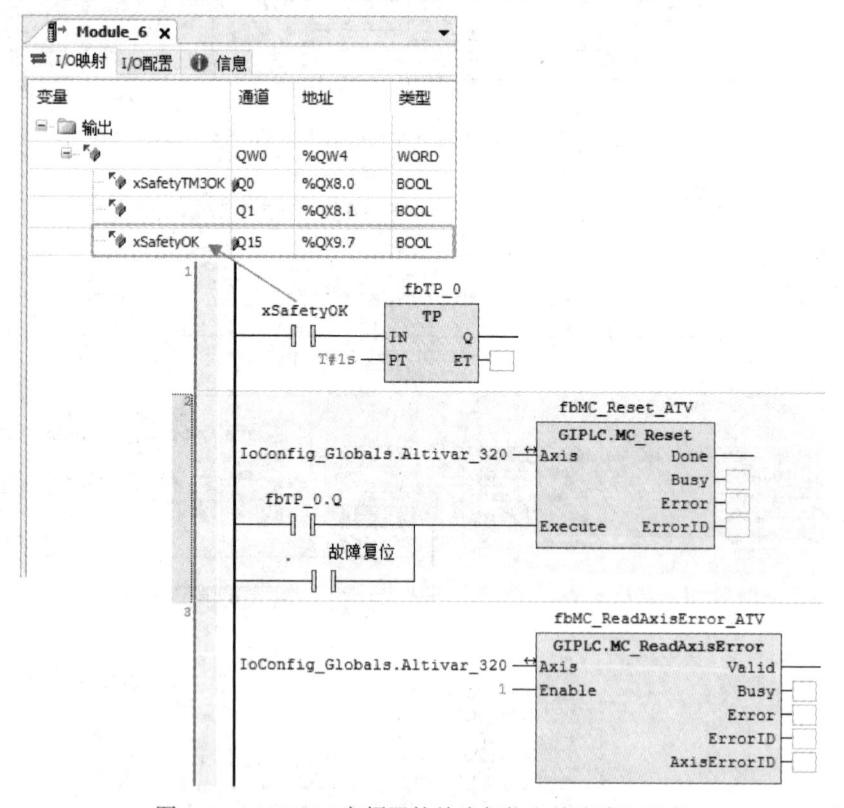

图 5-94　ATV320 变频器的故障复位和故障读取程序

变量 xSafetyOK 在扩展输出模块 DO3 中进行声明。

使用 MC_ReadAxisError_LXM28 功能块读取 3 个 LXM28 伺服轴的故障码，3 个伺服轴的故障码在 SR_Main 中进行声明，程序如图 5-95 所示。

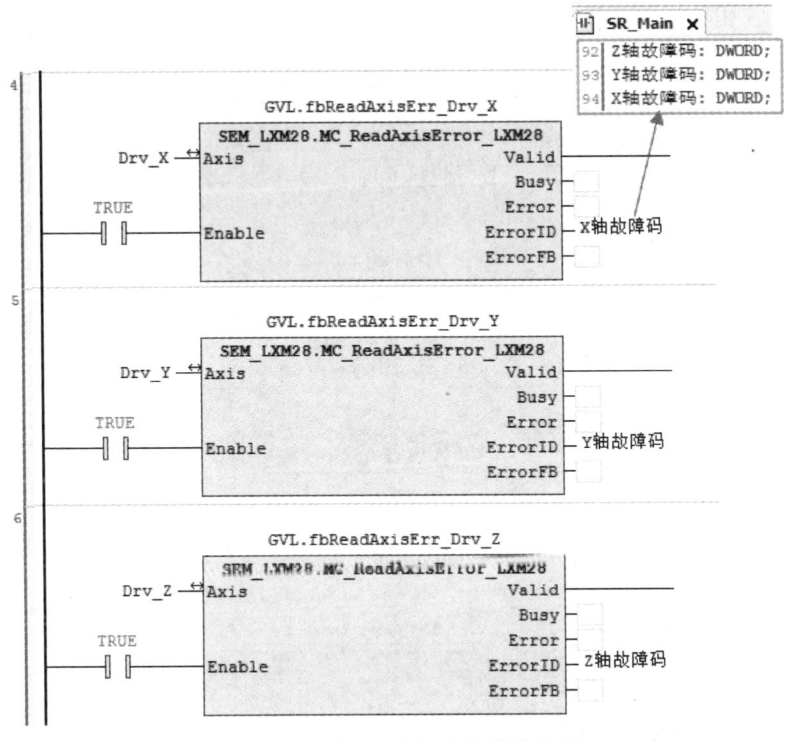

图 5-95　读取 3 个伺服轴的故障码

读取故障的功能块 MC_ReadAxisError_LXM28 可以读取伺服的故障码和功能块出现的错误信息。

如果读回的故障码不是 0，则说明该伺服轴处于故障状态，输出该轴故障信号，X、Y 和 Z 轴的故障信号在触摸屏上显示，程序如图 5-96 所示。

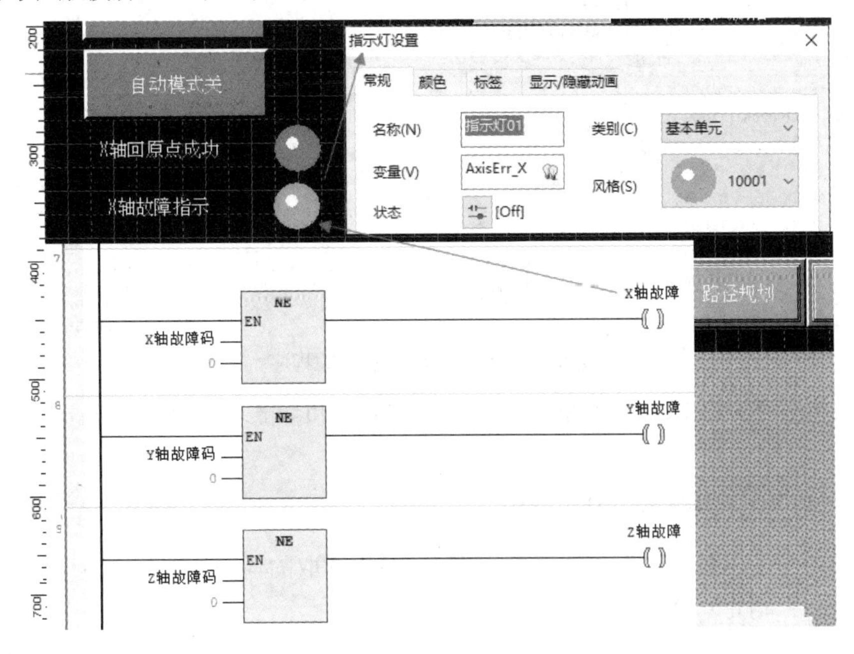

图 5-96　3 个伺服轴的故障信号输出

可以在触摸屏或者 TM241 本体逻辑输入 I4 开关的上升沿启动 MC_Reset 复位故障功能块，以复位伺服轴和功能块上的故障，程序如图 5-97 所示。

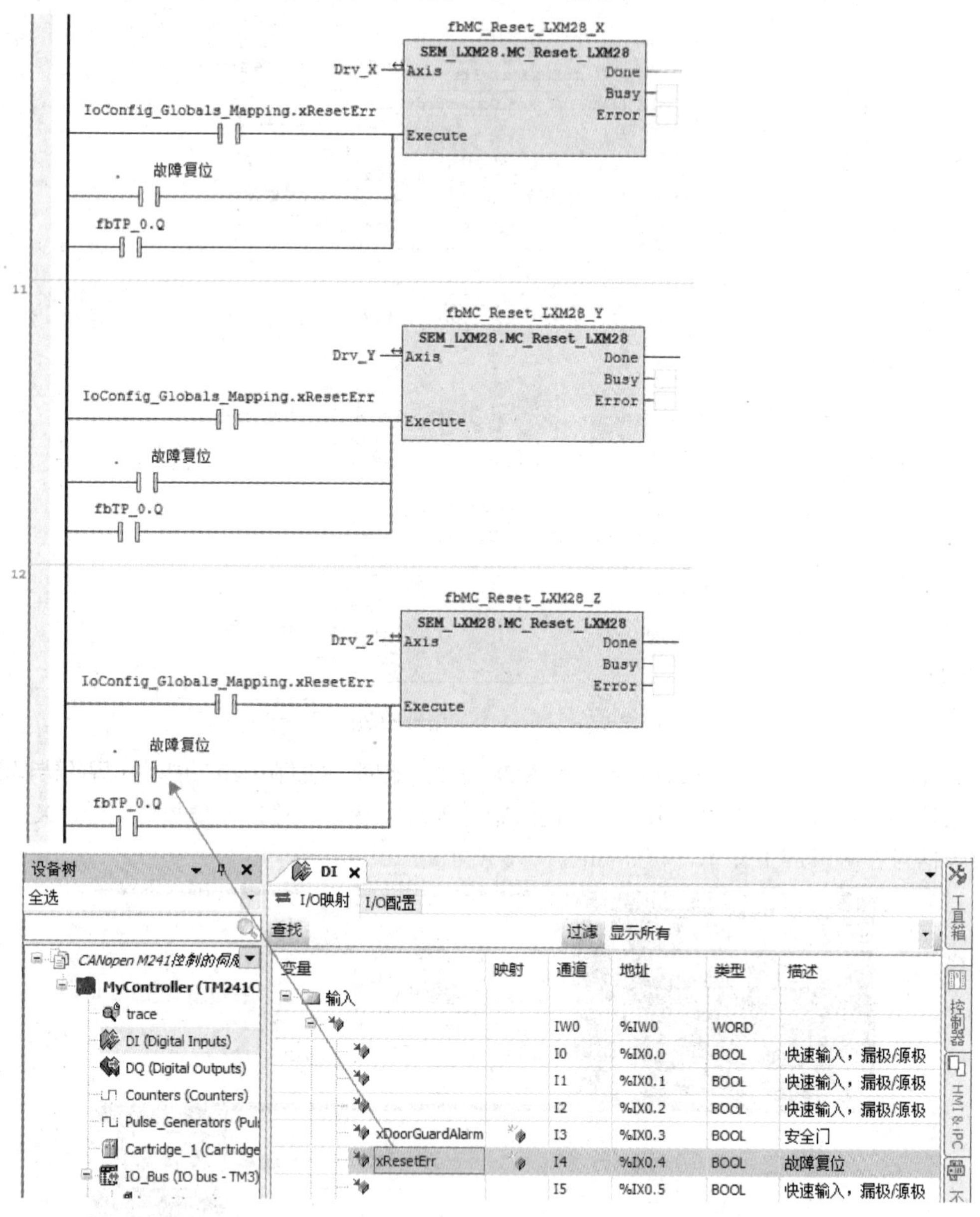

图 5-97　复位故障功能块的程序

复位故障功能块 MC_Reset_LXM28 用于复位伺服轴和功能块出现的故障。

5.2.12　HMIData 动作的程序

HMIData 动作处理触摸屏相关数据。首先将 PDO 读取的伺服位置和速度送至 HMI 相关的显示变量中，程序如图 5-98 所示。

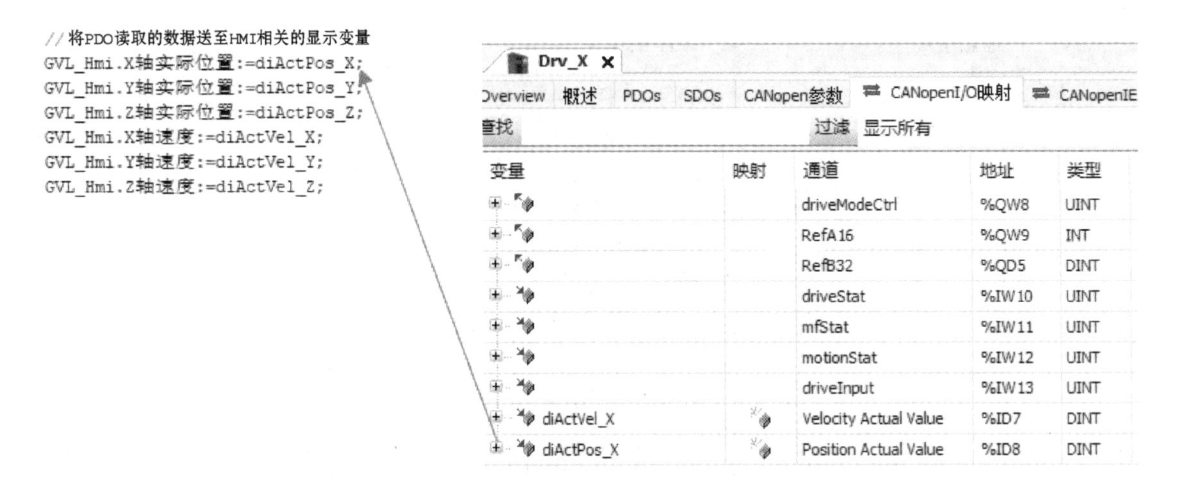

图 5-98 将 PDO 读取的伺服位置和速度送至 HMI 相关的显示变量中

然后，在 TM241 中创建断电保持变量 PersistentVars，创建过程如图 5-99 所示。

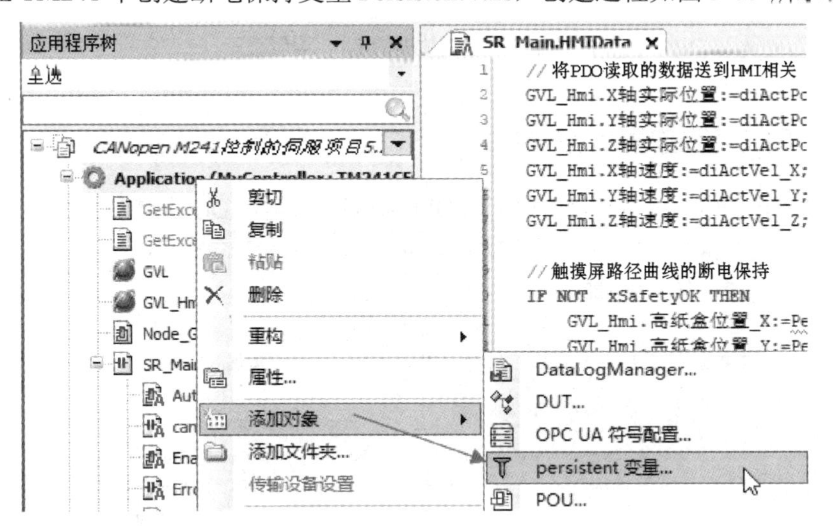

图 5-99 创建断电保持变量

再创建要断电保持的路径数据，如图 5-100 所示。

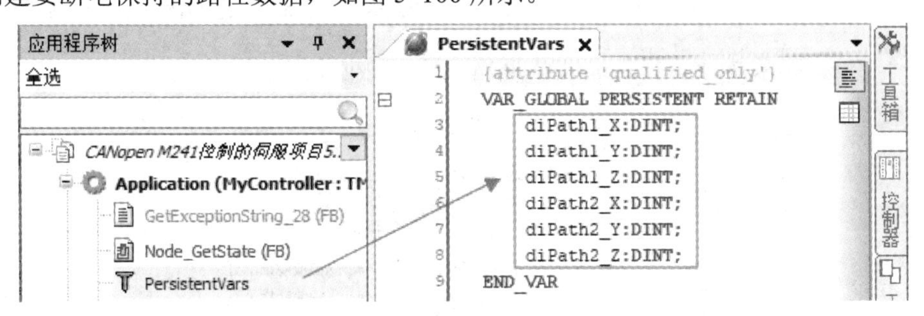

图 5-100 创建要断电保持的路径数据

在安全模块没有上电时，将断电保持的变量写入 HMI 的变量中，如果安全模块已经上电，则将 HMI 中的变量写入断电保持变量中，程序如图 5-101 所示。

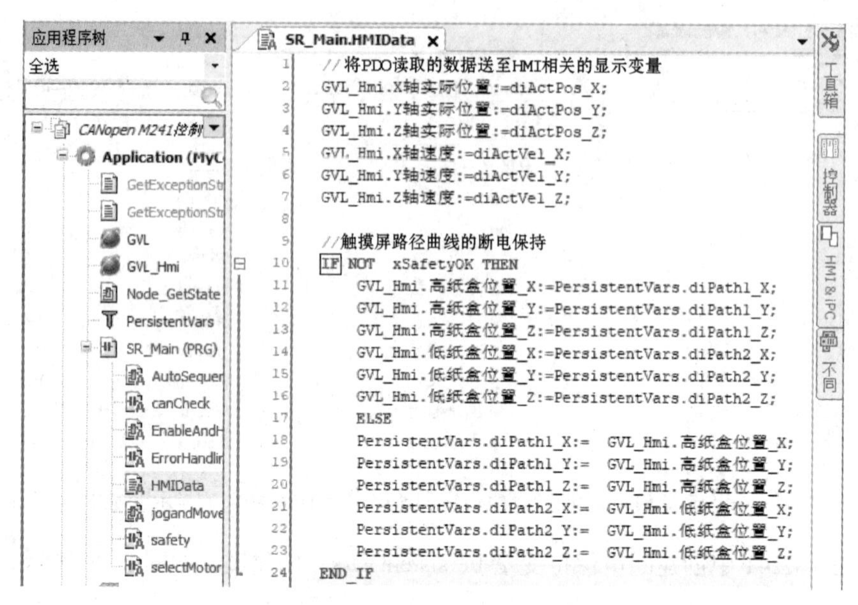

图 5-101　路径数据的断电保持编程

5.2.13　PLC 系统硬件上的变量

M241 PLC 本体的输入变量在设备树下的 DI 中声明，输出在 DQ 中声明，如图 5-102 所示。

DI

I/O映射　I/O配置

查找　　过滤　显示所有

变量	映射	通道	地址	类型	描述
输入					
		IW0	%IW0	WORD	
xDoorGuardAlarm		I3	%IX0.3	BOOL	安全门
xResetErr		I4	%IX0.4	BOOL	故障复位
xAutoStart		I7	%IX0.7	BOOL	自动启动
		I9	%IX1.1	BOOL	启用安全模块
		I10	%IX1.2	BOOL	X轴准备好
		I11	%IX1.3	BOOL	Y轴准备好
		I12	%IX1.4	BOOL	Z轴准备好

DQ

I/O映射　I/O配置

查找　　过滤　显示所有

变量	映射	通道	地址	类型	描述
输出					
		QW0	%QW0	WORD	
		Q4	%QX0.4	BOOL	X轴使能指示灯
		Q5	%QX0.5	BOOL	Y轴使能指示灯
		Q6	%QX0.6	BOOL	Z轴使能指示灯
		Q7	%QX0.7	BOOL	U轴使能指示灯
		Q8	%QX1.0	BOOL	常规输出
xSafety_Start		Q9	%QX1.1	BOOL	常规输出

图 5-102　DI/DQ 的变量声明

M241 PLC 系统扩展输入模块的变量在设备树 IO_Bus 下的 Module_5 中进行声明，输出在 Module_1 和 Module_6 中声明，如图 5-103 所示。

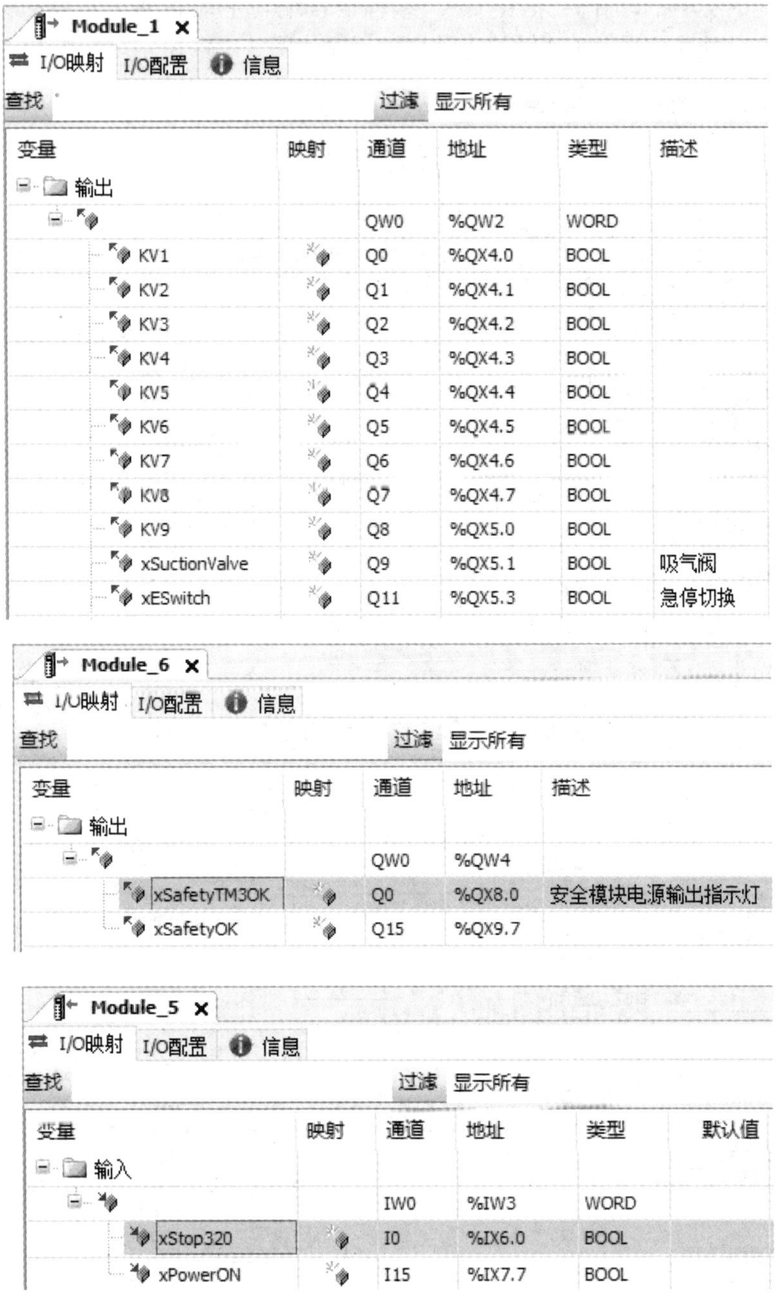

Module_1 ×

I/O映射　I/O配置　信息

查找　　过滤　显示所有

变量	映射	通道	地址	类型	描述
输出					
		QW0	%QW2	WORD	
KV1		Q0	%QX4.0	BOOL	
KV2		Q1	%QX4.1	BOOL	
KV3		Q2	%QX4.2	BOOL	
KV4		Q3	%QX4.3	BOOL	
KV5		Q4	%QX4.4	BOOL	
KV6		Q5	%QX4.5	BOOL	
KV7		Q6	%QX4.6	BOOL	
KV8		Q7	%QX4.7	BOOL	
KV9		Q8	%QX5.0	BOOL	
xSuctionValve		Q9	%QX5.1	BOOL	吸气阀
xESwitch		Q11	%QX5.3	BOOL	急停切换

Module_6 ×

I/O映射　I/O配置　信息

查找　　过滤　显示所有

变量	映射	通道	地址	描述
输出				
		QW0	%QW4	
xSafetyTM3OK		Q0	%QX8.0	安全模块电源输出指示灯
xSafetyOK		Q15	%QX9.7	

Module_5 ×

I/O映射　I/O配置　信息

查找　　过滤　显示所有

变量	映射	通道	地址	类型	默认值
输入					
		IW0	%IW3	WORD	
xStop320		I0	%IX6.0	BOOL	
xPowerON		I15	%IX7.7	BOOL	

图 5-103　扩展模块的变量声明

5.2.14 创建调试动作 jogandMovetest

创建一个调试实验的动作，采用 CFC 编程语言编写手动和调试实验的程序，点动调用 MC_Jog_LXM28 功能块完成，3 个轴的点动调试程序如图 5-104 所示。

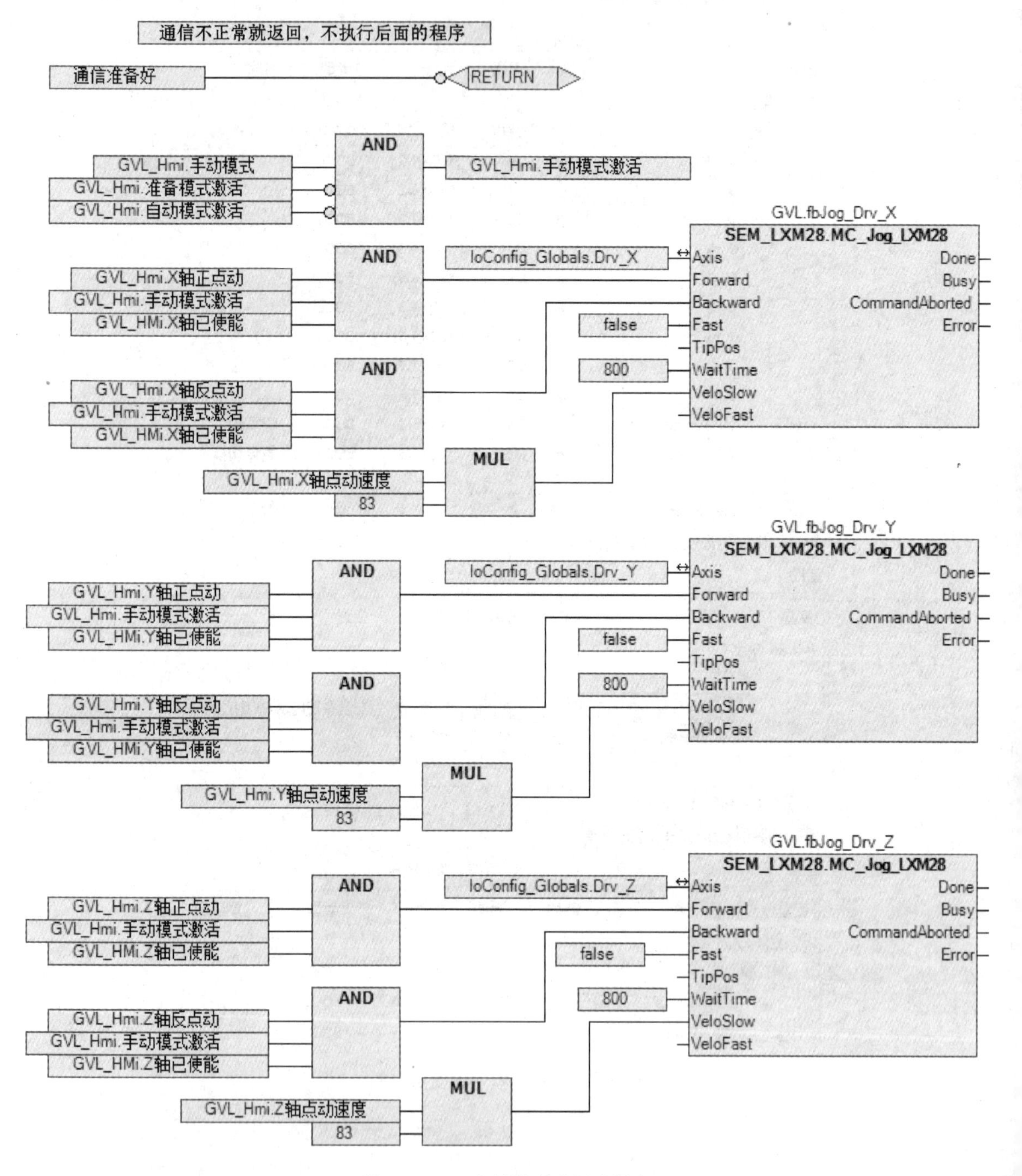

图 5-104 3 个轴的点动调试程序

手动模式下，3 个轴的位置设置调用位置功能块 MC_SetPosition_LXM28 完成，3 个轴的移动测试调用绝对移动位置功能块完成，程序如图 5-105 所示。

图 5-105　手动模式下的调试程序

5.2.15　SR_Main 主程序

程序的组织是在 SR_Main 中调用 8 个动作实现的，safety 和选择柜内外电动机 selecMotor 动作程序与之前的程序类似，不再赘述。

canCheck 动作程序用于检查 CANopen 通信从站是否正常。3 个伺服轴和 ATV320 变频器的使能，以及 3 个 LXM28 伺服回原点在动作 EnableAndHome 中完成，取物品的机械手的自动化动作在 AutoSequence 动作程序中编写，动作 HMIData 用于将面板上设置自动运行的路径数据、并完成这些数据的断电保持编程，动作 ErrorHandling 用于故障处理。SR_Main 主程序声明的变量和调用的动作如图 5-106 所示。

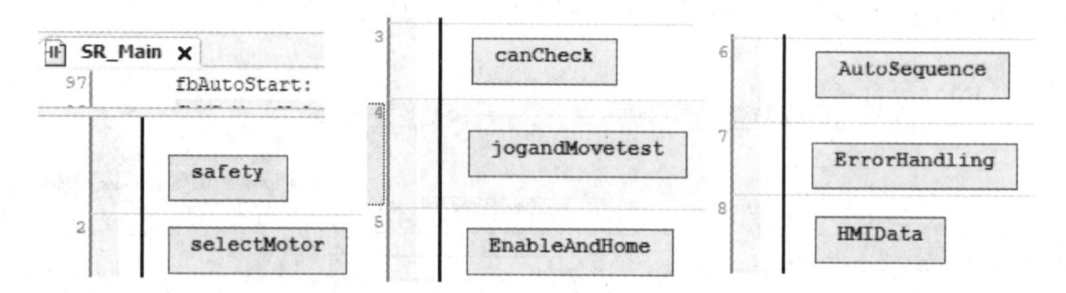

图 5-106 SR_Main 主程序声明的变量和调用的动作

5.2.16 HMI 的画面控制和变量

1. 三维机械手 CANopen 方式画面

本画面用于选择准备模式和自动模式，准备模式用于伺服的使能、回原点等操作。自动模式用于机械手按预先设定的路径进行动作。另外，还可以通过本画面的电动机切换按钮选择使用的是柜内电动机还是柜外机械手电动机。画面上还显示了伺服电动机的位置、工作模式回原点是否成功、伺服是否故障等信息，如图 5-107 所示。

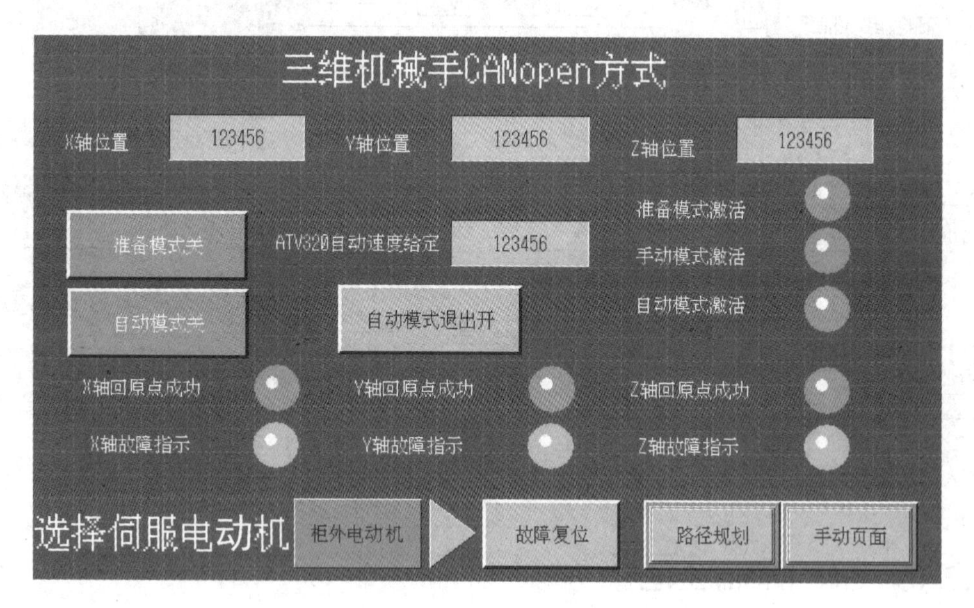

图 5-107 三维机械手 CANopen 方式画面

2. 手动模式画面

本画面可以给 3 个伺服加上或断开使能，在手动模式下，还能进行 3 个伺服轴的点动工作，可以使用 3 个伺服轴的正向点动或反向点动来调整伺服轴的位置。用户可以在本画面中查看电动机的时间速度和故障显示，如图 5-108 所示。

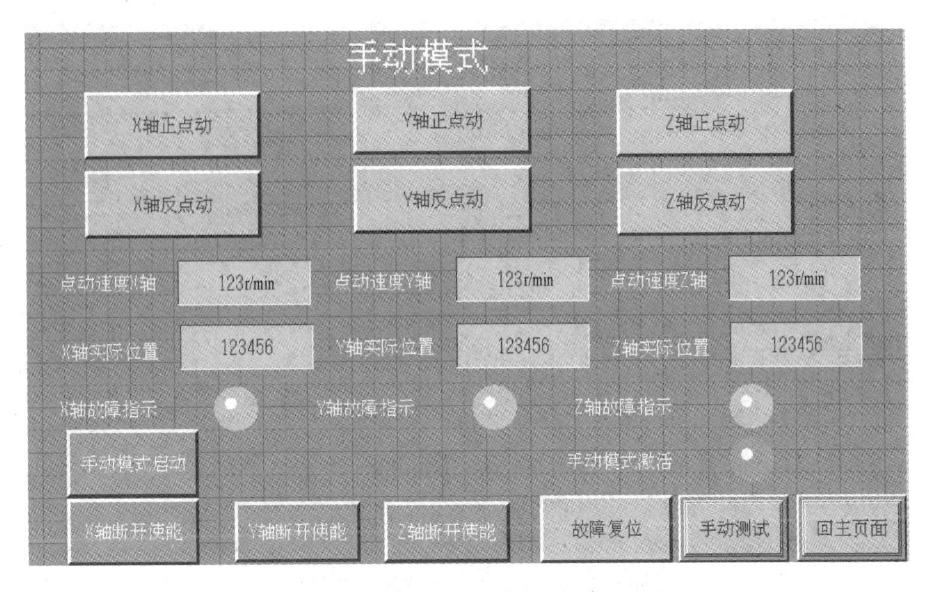

图5-108　手动模式画面

3．手动设置原点和绝对位置移动测试画面

在本画面中，用户可以手动将当前的伺服位置设为原点，然后设置3个伺服轴的移动距离，用于自动运行前的测试，如图5-109所示。

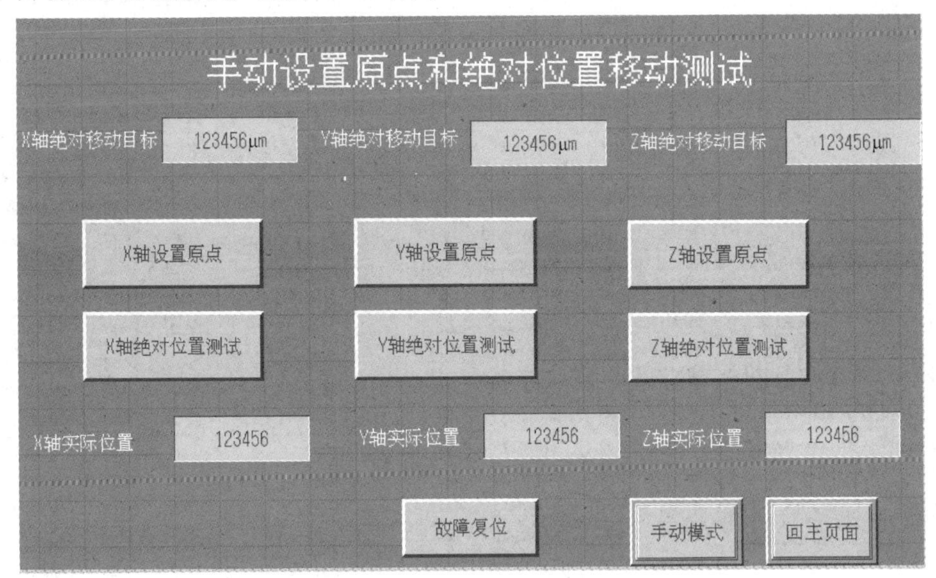

图5-109　手动设置原点和绝对位置移动测试画面

4．三维机械手路径设置画面

在本画面中设置自动模式下每一步行走路径的位置值，这些变量是断电保持的，修改后断电再上电还会按照设置的路径运行机械手，如图5-110所示。

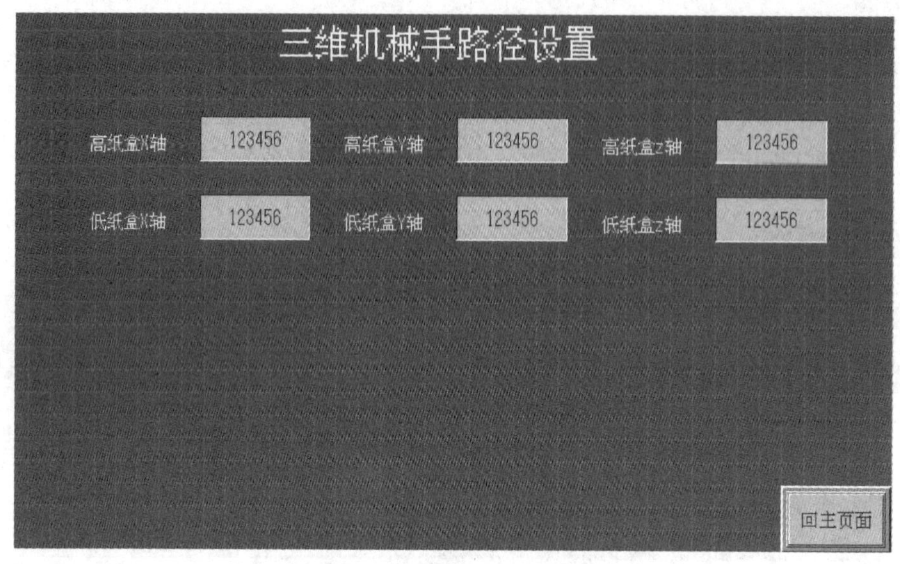

图 5-110　三维机械手路径设置画面

参照 5.1.12 节中的内容创建 HMI 的变量，如图 5-111 所示。

Target1 - 变量编辑器

	名称	数据类型	数据源	设备地址
1	ATV320SPeed	DINT	外部	%MD2400
2	AutoMode	BOOL	外部	%MW0:X8
3	AutoMode_Exit	BOOL	外部	%MW6:X1
4	AutoModeActive	BOOL	外部	%MW1:X1
5	AutoON	BOOL	外部	%MW2:X0
6	AxisErr_X	BOOL	外部	%MW4:X0
7	AxisErr_Y	BOOL	外部	%MW4:X1
8	AxisErr_Z	BOOL	外部	%MW4:X2
9	Enable_X	BOOL	外部	%MW0:X10
10	Enable_Y	BOOL	外部	%MW0:X11
11	Enable_Z	BOOL	外部	%MW0:X12
12	Highbox_X	DINT	外部	%MD2200
13	Highbox_Y	DINT	外部	%MD2204
14	Highbox_Z	DINT	外部	%MD2208
15	homeOK_X	BOOL	外部	%MW0:X1
16	homeOK_Y	BOOL	外部	%MW0:X2
17	homeOK_Z	BOOL	外部	%MW0:X3
18	jogN_X	BOOL	外部	%MW3:X1
19	jogN_Y	BOOL	外部	%MW3:X3
20	jogN_Z	BOOL	外部	%MW3:X5
21	jogP_X	BOOL	外部	%MW3:X0
22	jogP_Y	BOOL	外部	%MW3:X2
23	jogP_Z	BOOL	外部	%MW3:X4
24	Jogsped_X	UINT	外部	%MW20
25	Jogsped_Y	UINT	外部	%MW21
26	Jogsped_Z	UINT	外部	%MW22
27	Lowbox_X	DINT	外部	%MD2212
27	Lowbox_X	DINT	外部	%MD2212
28	Lowbox_Y	DINT	外部	%MD2216
29	Lowbox_Z	DINT	外部	%MD2220
30	MachineReady	BOOL	外部	%MW0:X4
31	manual_Exit	BOOL	外部	%MW6:X0
32	manualMode	BOOL	外部	%MW0:X6
33	manualModeActiv	BOOL	外部	%MW1:X2
34	PrepareMode	BOOL	外部	%MW0:X7
35	PrepareModeActi	BOOL	外部	%MW1:X0
36	resetErr	BOOL	外部	%MW0:X0
37	SelectMotor	BOOL	外部	%MW0:X9
38	SetPos_X	BOOL	外部	%MW7:X0
39	SetPos_Y	BOOL	外部	%MW7:X1
40	SetPos_Z	BOOL	外部	%MW7:X2
41	SucValve_test	BOOL	外部	%MW3:X7
42	testPosX	DINT	外部	%MD2040
43	testPosY	DINT	外部	%MD2044
44	testPosZ	DINT	外部	%MD2048
45	X_ActPos	DINT	外部	%MD2008
46	x_ActVel	DINT	外部	%MD2020
47	xtestP_X	BOOL	外部	%MW5:X0
48	xtestP_Y	BOOL	外部	%MW5:X1
49	xtestP_Z	BOOL	外部	%MW5:X2
50	Y_ActPos	DINT	外部	%MD2012
51	Y_ActVel	DINT	外部	%MD2024
52	Z_ActPos	DINT	外部	%MD2016
53	Z_ActVel	DINT	外部	%MD2028

图 5-111　HMI 中的变量

5.2.17　全局变量 GVL 和 GVL_Hmi

项目中的全局变量在 GVL 中编制，如图 5-112、图 5-113 所示。

```
GVL
1   {attribute 'qualified_only'}
2   VAR_GLOBAL
3   //通信检查
4       X轴通信准备好: BOOL;
5       Y轴通信准备好: BOOL;
6       Z轴通信准备好: BOOL;
7       U轴通信准备好: BOOL;
8       ATV320准备好: BOOL;
9   //安全模块
10      xRstSafeModuleEStop          : BOOL;
11      fbSafety: TM3_Safety;
12      //使能
13      fbPower_Drv_X:SEM_LXM28.MC_Power_LXM28;
14      fbPower_Drv_Y:SEM_LXM28.MC_Power_LXM28;
15      fbPower_Drv_Z:SEM_LXM28.MC_Power_LXM28;
16
17      //回原点-home
18      fbHome_Drv_X:SEM_LXM28.MC_Home_LXM28;
19      fbHome_Drv_Y:SEM_LXM28.MC_Home_LXM28;
20      fbHome_Drv_Z:SEM_LXM28.MC_Home_LXM28;
21
22  //回原点-setposition
23      fbSetPosition_Drv_X:SEM_LXM28.MC_SetPosition_LXM28;
24      fbSetPosition_Drv_Y:SEM_LXM28.MC_SetPosition_LXM28;
25      fbSetPosition_Drv_Z:SEM_LXM28.MC_SetPosition_LXM28;
26
27  //急停
28      fbMcStop_Drv_X:SEM_LXM28.MC_Stop_LXM28;
29      fbMcStop_Drv_Y:SEM_LXM28.MC_Stop_LXM28;
30      fbMcStop_Drv_Z:SEM_LXM28.MC_Stop_LXM28;
31
32  //停止
33      fbHalt_Drv_X:SEM_LXM28.MC_Halt_LXM28;
34      fbHalt_Drv_Y:SEM_LXM28.MC_Halt_LXM28;
35      fbHalt_Drv_Z:SEM_LXM28.MC_Halt_LXM28;
36
37  //读取轴故障
38      fbReadAxisErr_Drv_X:SEM_LXM28.MC_ReadAxisError_LXM28;
39      fbReadAxisErr_Drv_Y:SEM_LXM28.MC_ReadAxisError_LXM28;
40      fbReadAxisErr_Drv_Z:SEM_LXM28.MC_ReadAxisError_LXM28;
41
```

图 5-112　GVL 变量表 1

```
GVL
42  //故障复位
43      fbResetErr_Drv_X:SEM_LXM28.MC_Reset_LXM28;
44      fbResetErr_Drv_Y:SEM_LXM28.MC_Reset_LXM28;
45      fbResetErr_Drv_Z:SEM_LXM28.MC_Reset_LXM28;
46
47  //绝对移动
48      fbMa_Drv_X:SEM_LXM28.MC_MoveAbsolute_LXM28;
49      fbMa_Drv_Y:SEM_LXM28.MC_MoveAbsolute_LXM28;
50      fbMa_Drv_Z:SEM_LXM28.MC_MoveAbsolute_LXM28;
51
52  //相对移动
53      fbMR_Drv_X:SEM_LXM28.MC_MoveRelative_LXM28;
54      fbMR_Drv_Y:SEM_LXM28.MC_MoveRelative_LXM28;
55      fbMR_Drv_Z:SEM_LXM28.MC_MoveRelative_LXM28;
56
57  //叠加运动
58      fbMAdd_Drv_X:SEM_LXM28.MC_MoveAdditive_LXM28;
59      fbMAdd_Drv_Y:SEM_LXM28.MC_MoveAdditive_LXM28;
60      fbMAdd_Drv_Z:SEM_LXM28.MC_MoveAdditive_LXM28;
61
62  //速度移动
63      fbMVel_Drv_X:SEM_LXM28.MC_MoveVelocity_LXM28;
64      fbMVel_Drv_Y:SEM_LXM28.MC_MoveVelocity_LXM28;
65      fbMVel_Drv_Z:SEM_LXM28.MC_MoveVelocity_LXM28;
66
67  //jog
68      fbJog_Drv_X:SEM_LXM28.MC_Jog_LXM28;
69      fbJog_Drv_Y:SEM_LXM28.MC_Jog_LXM28;
70      fbJog_Drv_Z:SEM_LXM28.MC_Jog_LXM28;
71
72  //参数写入
73      fbWritePar_Drv_X:SEM_LXM28.MC_WriteParameter_LXM28;
74      fbWritePar_Drv_Y:SEM_LXM28.MC_WriteParameter_LXM28;
75      fbWritePar_Drv_Z:SEM_LXM28.MC_WriteParameter_LXM28;
76
77  //色标
78      //fbHalt_U: GIPLC.MC_Halt;
79      fbReadSta_X: SEM_LXM28.MC_ReadStatus_LXM28;
80      fbReadSta_Y: SEM_LXM28.MC_ReadStatus_LXM28;
81      fbReadSta_Z: SEM_LXM28.MC_ReadStatus_LXM28;
82      END_VAR
```

图 5-113　GVL 变量表 2

与 HMI 相关的全局变量在 GVL_Hmi 中编制，如图 5-114～图 5-116 所示。

GVL_Hmi

```
1   VAR_GLOBAL
2   //伺服的模式选择
3       手动模式      AT %MX0.6         :BOOL;  //HMI选择手动模式
4       自动模式      AT %MX1.0         :BOOL;  //HMI选择自动模式
5       准备模式      AT %MX0.7         : BOOL; // HMI自动模式
6
7       手动模式激活 AT %MX2.2: BOOL;
8       自动模式激活 AT %MX2.1: BOOL;
9       准备模式激活 AT %MX2.0: BOOL;
10  //选择柜内电动机会屏蔽机械手上的限位和急停! 小心!
11      xSelectMotor AT %MX1.1: BOOL := FALSE;   ////默认选柜外
12  //故障复位
13      故障复位    AT %MX0.0      : BOOL;
14  //位置和速度显示
15      X轴实际位置 AT %MD1004:DINT;
16      Y轴实际位置 AT %MD1006:DINT;
17      Z轴实际位置 AT %MD1008:DINT;
18      X轴速度 AT %MD1010:DINT;
19      Y轴速度 AT %MD1012:DINT;
20      Z轴速度 AT %MD1014:DINT;
21
22  //使能操作
23      X轴使能 AT %MX1.2: BOOL;
24      Y轴使能 AT %MX1.3: BOOL;
25      Z轴使能 AT %MX1.4: BOOL;
26      X轴已使能 AT %MX1.5: BOOL;
27      Y轴已使能 AT %MX1.6: BOOL;
28      Z轴已使能 AT %MX1.7: BOOL;
29
30  //自动模式操作
31      自动模式退出 AT %MX12.1:BOOL;
32      X轴故障 AT %MX8.0: BOOL;
33      Y轴故障 AT %MX8.1: BOOL;
34      Z轴故障 AT %MX8.2: BOOL;
35      机器运行条件 AT %MX2.4: BOOL;
36      自动模式ATV320速度给定 AT %MD1200: DINT;
37
38  //Setposition设置位置
39      设置原点X AT %MX14.0: BOOL;
40      设置原点Y AT %mx14.1: BOOL;
41      设置原点Z AT %mx14.2: BOOL;
42
43      X轴正点动 AT %MX6.0: BOOL;
44      X轴反点动 AT %mx6.1: BOOL;
45      Y轴正点动 AT %mx6.2: BOOL;
46      Y轴反点动 AT %mx6.3: BOOL;
47      Z轴正点动 AT %mx6.4: BOOL;
48      Z轴反点动 AT %MX6.5: BOOL;
49      X轴点动速度 AT %MW20:UINT:=20;
50      Y轴点动速度 AT %MW21: UINT:=20;
51      Z轴点动速度 AT %MW22: UINT:=20;
52      吸气阀测试 AT %MX6.7: BOOL;
```

图5-114　GVL_Hmi变量表1

```
GVL_Hmi
54  //绝对位置移动的启动和位置给定测试
55      X轴绝对移动测试 AT %MX10.0: BOOL;
56      Y轴绝对移动测试 AT %MX10.1: BOOL;
57      Z轴绝对移动测试 AT %MX10.2: BOOL;
58      X轴绝对移动测试位置 AT %MD1020: DINT;
59      Y轴绝对移动测试位置 AT %MD1022: DINT;
60      Z轴绝对移动测试位置 AT %MD1024: DINT;
61
62      所有伺服上使能 AT %MX2.4     : BOOL;//HMI给所有伺服上使能
63      所有伺服已上使能 AT %MX2.6: BOOL;//所有伺服使能
64
65  //home回原点
66      X轴寻原点 AT %MX3.0: BOOL := FALSE;
67      Y轴寻原点 AT %MX3.1: BOOL := FALSE;
68      Z轴寻原点 AT %MX3.2: BOOL := FALSE;
69      U轴寻原点 AT %MX3.3: BOOL := FALSE;
70
71
72      X轴回原点模式 AT %MW200 :UINT := 27;
73      Y轴回原点模式 AT %MW202 :UINT := 27;
74      Z轴回原点模式 AT %MW204 :UINT := 27;
75      U轴回原点模式 AT %MW206 :UINT := 27;
76
77      diHomeVH_X AT %MW400 :UINT := 5000;
78      diHomeVH_Y AT %MW404 :UINT := 5000;
79      diHomeVH_Z AT %MW408 :UINT := 5000;
80      diHomeVH_U AT %MW412 :UINT := 5000;
81
82  //Setposition设置位置
83      xSetPos_U AT %MX11.3 :BOOL;
84      diSetPos_X AT %MD850:DINT:=0;
85      diSetPos_Y AT %MD854:DINT:=0;
86      diSetPos_Z AT %MD858:DINT:=0;
87      diSetPos_U AT %MD862:DINT:=0;
88
89  //相对运动的启动和位置和速度给定测试
90      xStartMRX_Test AT %MX13.0 :BOOL;
91      xStartMRY_Test AT %MX13.1 :BOOL;
92      xStartMRZ_Test AT %MX13.2 :BOOL;
93      xStartMRU_Test AT %MX13.3 :BOOL;
94      diPosMRX_Target AT %MD550: DINT;
95      diPosMRY_Target AT %MD554: DINT;
96      diPosMRZ_Target AT %MD558: DINT;
97      diPosMRU_Target AT %MD562: DINT;
98      diVelMRX_Target AT %MD566: DINT;
99      diVelMRY_Target AT %MD570: DINT;
100     diVelMRZ_Target AT %MD574: DINT;
101     diVelMRU_Target AT %MD578: DINT;
```

图 5-115　GVL_Hmi 变量表 2

```
GVL_Hmi
102  //叠加运动的位置和速度给定测试
103      xStartAddX_Test AT %MX14.0 :BOOL;
104      xStartAddY_Test AT %MX14.1 :BOOL;
105      xStartAddZ_Test AT %MX14.2 :BOOL;
106      xStartAddU_Test AT %MX14.3 :BOOL;
107      diPosAddX_Target AT %MD600: DINT;
108      diPosAddY_Target AT %MD604: DINT;
109      diPosAddZ_Target AT %MD608: DINT;
110      diPosAddU_Target AT %MD612: DINT;
111      diVelAddX_Target AT %MD616: DINT;
112      diVelAddY_Target AT %MD620: DINT;
113      diVelAddZ_Target AT %MD624: DINT;
114      diVelAddU_Target AT %MD628: DINT;
115  //速度移动程序
116      xStartMVelX_Test AT  %MX15.0 :BOOL;
117      xStartMVelY_Test AT  %MX15.1 :BOOL;
118      xStartMVelZ_Test AT  %MX15.2 :BOOL;
119      xStartMVelU_Test AT  %MX15.3 :BOOL;
120      diMVelX_Target AT %MD700 :DINT ;
121      diMVelY_Target AT %MD704 :DINT ;
122      diMVelZ_Target AT %MD708 :DINT ;
123      diMVelU_Target AT %MD712 :DINT ;
124
125  // halt
126      xhaltX_Test AT  %MX16.0 :BOOL;
127      xhaltY_Test AT  %MX16.1 :BOOL;
128      xhaltZ_Test AT  %MX16.2 :BOOL;
129      xhaltU_Test AT  %MX16.3 :BOOL;
130      高纸盒位置_X AT %MD1100: DINT;
131      高纸盒位置_Y AT %MD1102: DINT;
132      高纸盒位置_Z AT %MD1104: DINT;
133      低纸盒位置_X AT %MD1106: DINT;
134      低纸盒位置_Y AT %MD1108: DINT;
135      低纸盒位置_Z AT %MD1110: DINT;
136
137      xResetError: BOOL;
138
139      ErrDisplayX: STRING(255),
140      ErrDisplayY: STRING(255);
141      ErrDisplayZ: STRING(255);
142      ErrDisplayU: STRING(255);
143
144      xQuitAuto: BOOL;
145  //实际速度（r/min）
146      rActVel_X_RPM AT %MD900: REAL;
147      rActVel_Y_RPM AT %MD904: REAL;
148      rActVel_Z_RPM AT %MD908: REAL;
149  END_VAR
150
```

图 5-116　GVL_Hmi 变量表 3

5.2.18 回原点的故障处理

1. 报警码 FF27 处理方法

调用 MC_ReadAxisError 读取的故障码 ErrorID 是十六进制数 FF27，转换为十进制数是 65319，这个故障的原因是启动 SetPosition 时伺服轴的状态没有处于静止状态。

解决方法：

1）PLC 程序中尽量减少调用 SetPosition 功能块，在调用前考虑串联伺服轴静止状态的条件。

2）可以在程序中对伺服 StandStill 输出加一个 50～100ms 的时间滤波，确保 StandStill 信号稳定可靠后再触发 SetPosition 功能块。

3）对于伺服在运行和静止时受力有变化的应用，应尽可能避开伺服电动机受力的位置。

4）加大伺服的刚性可减小伺服位置的移动，将 P8-35 设为 4001，即将伺服控制修改为线性模式，并适当加大速度环比例参数 P8-57 和速度环积分增益 P8-58，以提高伺服在静止状态下的锁紧力。

5）升级 LXM28A 固件版本为 1.78.9 以上，然后在 ESME 的 SDOs 配置中减小 16#6067 Postion Window 值（默认值为 163840），加大 16#6068 Position Window Time 值（默认值为 1）。

在 LXM28 的 SDOs 配置中添加位置窗口和位置窗口时间参数，添加完成后如图 5-117 所示。

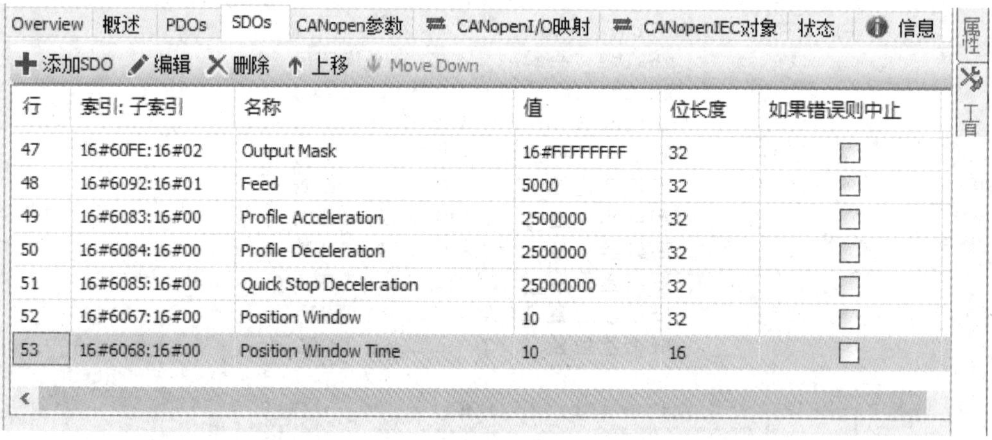

Overview 概述 PDOs SDOs CANopen参数 CANopenI/O映射 CANopenIEC对象 状态 信息

添加SDO 编辑 删除 上移 Move Down

行	索引: 子索引	名称	值	位长度	如果错误则中止
47	16#60FE:16#02	Output Mask	16#FFFFFFFF	32	☐
48	16#6092:16#01	Feed	5000	32	☐
49	16#6083:16#00	Profile Acceleration	2500000	32	☐
50	16#6084:16#00	Profile Deceleration	2500000	32	☐
51	16#6085:16#00	Quick Stop Deceleration	25000000	32	☐
52	16#6067:16#00	Position Window	10	32	☐
53	16#6068:16#00	Position Window Time	10	16	☐

图 5-117 在 SDOs 配置中添加伺服的位置窗口和位置窗口时间参数

2. 报警码 FF22（65314）故障

报警码 FF22 的含义是试图中断不可中断的功能块，产生该故障报警的机制为在执行 MC_Stop_LXM28、MC_Home_LXM28 或 MC_SetPosition_LXM28 功能块时，又尝试去执行其他的运动控制功能块。因此在编写程序时要注意以下几点：

1）在 MC_Stop_LXM28 的 Busy 引脚变为 FALSE，并且 MC_ Stop_LXM28 的 Execute 引脚变量变为 FALSE 的情况下，才能执行其他运动控制功能块。

2）在执行 MC_SetPosition_LXM28 或 MC_Home_LXM28 时，不要执行其他运动控制功能块。

项目 6 SERCOS 总线下的 LXM28S 伺服控制与调试

SERCOS 总线通信基于周期通信并带有严格的通信时序，SERCOS 总线与 EtherCAT、PROFINET、PowerLink 通信都是目前主流伺服控制用的实时以太网总线。本项目首先介绍了单轴和多轴的区别、机械凸轮和电子凸轮的优缺点、主轴编码器的配置和连线，然后通过两个任务分别实现了 M261 PLC 的多轴同步应用和 3 个轴飞剪的功能，说明了电子齿轮和电子凸轮在项目中的实现方法和控制过程，包括项目的创建、GearIn 功能块的应用技巧，SERCOS 主站、从站和伺服 TM5 扩展模块的添加方法，以及触摸屏上的编程、项目的编译下载和跟踪。

任务 6.1 M262 手轮电子齿轮的多轴同步应用

本任务演示的是 M261 的多轴同步应用，使用连接至 M262 编码器口的手轮作为主轴，X 轴、Y 轴、Z 轴是 3 个 LXM28S 伺服轴，当用手旋转手轮时，X 轴、Y 轴和 Z 轴也跟着旋转，这些轴与主轴的速度关系可以在触摸屏上进行设置，初始设定主轴与 X 轴、Y 轴和 Z 轴的速度比分别是 1∶2、1∶4 和 1∶8。

连接主轴的编码器型号是增量型编码器 XCC1406PR11R，它的供电电压是 5V，输出信号类型为 RS422。

6.1.1 SERCOS 总线通信协议

SERCOS 总线通信的循环周期可以是 31.25μs、62.5μs、125μs 及 250μs 的倍数，最大可达 63ms。循环周期的设置取决于控制方式和从站的数量，M262 PLC 的通信循环周期范围为 1～4ms。

SERCOS 与 EtherCAT、PROFINET、PowerLink 等都是目前主流伺服控制用的实时以太网总线。SERCOS 总线报文包含一个 SERCOS III 报文头和一个数据域（包括 MDT 和 AT），嵌入在以太网帧内，如图 6-1 所示。

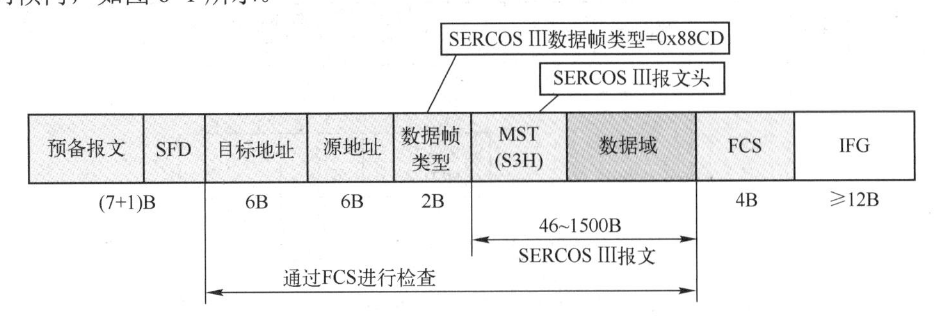

图 6-1 SERCOS 总线报文结构

报文类型分为实时数据和非实时数据两大类，报文类型结构如图 6-2 所示。MST 的报文类型 Ethertype 等于 0x88CD 时是实时数据，报文类型 Ethertype 不等于 0x88CD 时是非实时数据。

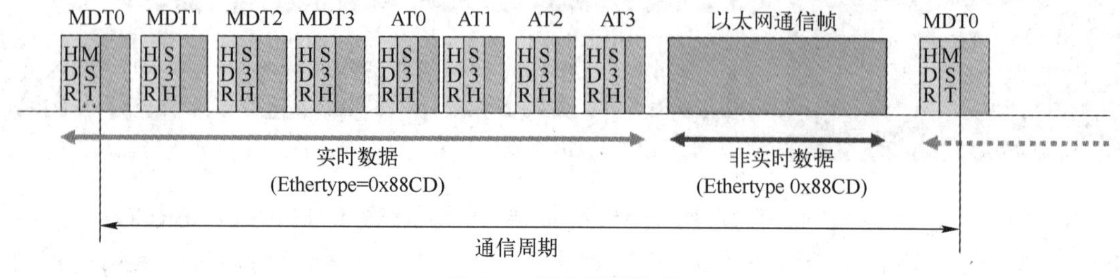

图 6-2 报文类型结构

1. 实时数据

实时数据是指 SERCOS 定义的实时报文（以太网报文类型为 0x88CD）是通过无冲突的实时信道传输的。

实时信道内的 SERCOS 报文在循环周期内由各个网络设备实时处理。整个实时报文的处理都在硬件中进行，因此，报文的延迟仅有几纳秒，这样就保证了网络性能与协议堆栈、CPU 性能或软件实施传输时间无关。另外，为了保证实时报文的处理低时延要求，SERCOS 网络的实时报文传输禁止使用普通网关或 HUB。

在实时信道中完成以下通信协议：

1）M/S（主站/从站）：在一个 M/S 连接中进行的主站和从站之间的功能数据交换。

2）DCC（直接交叉通信）：在一个 DCC 连接内进行的设备间的直接交叉通信，既可以在两个控制系统之间进行，也可以在任意两个外围从站设备（如驱动器、I/O、摄像机、网关）之间进行。

3）SVC（服务通道）：在作为实时通信中的一个组件的 SVC 通道中进行的基于需求的服务数据交换。

4）SMP（SERCOS 消息协议）：通过使用在某个 M/S 或 DCC 连接中配置的多路复用处理，在一个时隙内传输多个设备的功能数据。

5）SERCOS 安全性：在一个 M/S 或 DCC 连接内交换安全相关的数据，如禁止或认可信号或其他设置值。

SERCOS III 报文头描述了网络当前处于哪个阶段，以及主站数据电报 MDT 和伺服电报 AT 报文在通信周期中的位置。MST 的报文结构如图 6-3 所示。在 MST 中可以使用 MD0～3 和 AT0～3，其中 MD0 只用作主站的同步。

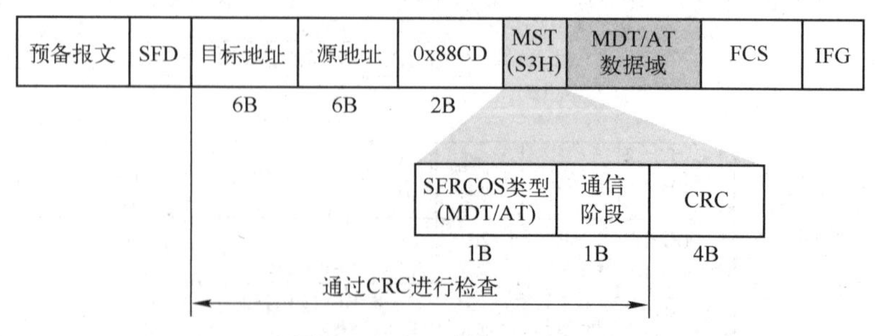

图 6-3 MST 的报文结构

SERCOS 连接的从站设备在总线的初始化阶段被识别，在启动阶段完成从站的寻址。每个从站都分配了一个 MDT 和 AT 设备报文，从机可以用来读取或写入。根据数据量，每个通信周期由主站发送多个 MDT 和多个 AT 报文。

MDT（Master Data Telegrams）的含义是主站数据报文，即主站向从站设备发送的数据。MDT 具有以下特点：

1）每个从站接收 MDT 并获取其数据。

2）MDT 仅重复发送，从机不能改变 MDT 中的数据。

3）仅能使用 MDT0、MDT1、MDT2 和 MDT3。

4）MDT0 中的 MST 仅用于同步目的。

AT（acknowledgment telegrams）的含义是应答报文。从站用 AT 把自己的过程、状态数据发送给主站和其他从站设备。AT 具有以下特点：

1）从站在 AT 数据字段中插入数据。

2）从站仅在 AT 中处理设备间的交叉通信。

3）仅能使用 AT0、AT1、AT2 和 AT3。

4）每个从机检查接收的帧校验 Rx-FCS 并确定发送数据的帧校验 Tx-FCS。

MDT 和 AT 的数据域由 3 个区域组成，如图 6-4 所示。

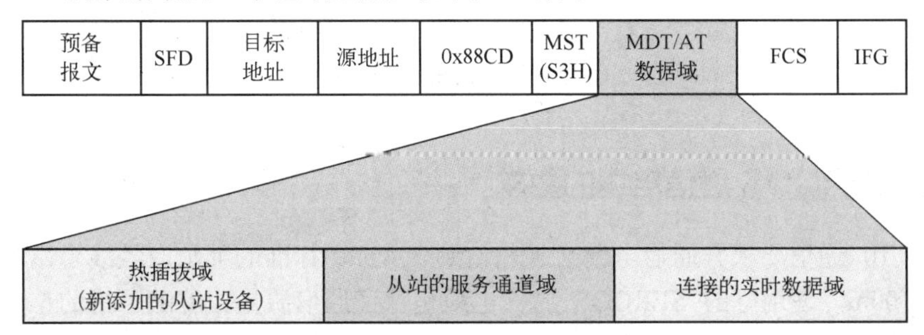

图 6-4　MDT 和 AT 的数据域

热插拔域：与刚被添加到正在运行的网络内的从站设备交换数据。

服务通道域：主站和从站之间交换非周期性数据的通信通道的数据。

实时数据域：用于创建非周期性的、周期性的或时钟同步的连接。

2. 非实时数据

非实时数据是指所有其他类型的以太网报文，即以太网报文类型不是 0x88CD，以及基于 IP 的协议，如 TCP/IP 和 UDP/IP 都可以在非实时信道中传输。

在非实时数据通信中，可以使用 S/IP 协议实现 SERCOS 设备在一个循环周期内交换数据，S/IP 协议对网络是否有 SERCOS 主站或是否已经建立正常的 SERCOS 通信没有硬性要求，由于 S/IP 报文是通过非实时数据传输的，因而不会对 SERCOS 主站和从站间的实时数据通信产生负面影响。

6.1.2　SERCOS 总线的网络拓扑

SERCOS 总线支持网络的线形拓扑或者环形拓扑。

在线形拓扑中，网络从主站开始，通过一段 SERCOS 网线连到从站 1，因为所有的从站有两个通信接口，所以，可以通过从站 1 的另一个网络接口接到从站 2，依此类推，直到使用 SERCOS 网线连接到最后一个从站的第一个网络接口。

环形拓扑是在线形拓扑的基础上，将最后一个从站的第二个网络接口再接一段 SERCOS 网线，网线的另一端接回到主站，整个网络形成一个封闭的环形，因此称为环形拓扑，相比较线形拓扑多使用了一根网线。显而易见，环形拓扑要求主站 SERCOS 必须有两个物理接口，而 M262 因为仅有一个 SERCOS 物理网口，所以只支持线形拓扑。

使用环形拓扑的 SERCOS 通信网络，如果通信线仅有一处断开，不会导致 SERCOS 通信失败，因而可靠性更高。线形和环形拓扑如图 6-5 所示。

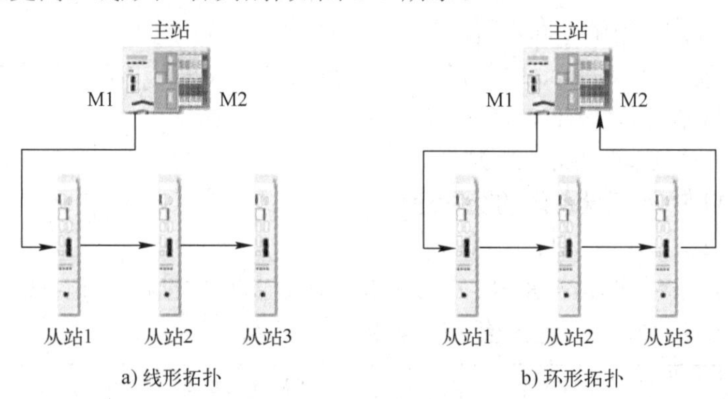

图 6-5　线形和环形拓扑

6.1.3 SERCOS 通信电缆的要求

SERCOS III 通信要求其通信电缆必须是达到 CAT5e 标准的屏蔽双绞线。站与站之间的电缆最大长度 100m，使用好的 SERCOS 通信电缆是保证通信质量、屏蔽干扰的重要一环，建议使用施耐德的原装以太网线。

6.1.4 SERCOS 总线的初始化

SERCOS 总线中的控制器和从站设备接通电源以后，首先要完成一个通信阶段的初始化过程，以建立数据通信链路。SERCOS 总线的初始化过程分为 5 个通信阶段（Communication Phase，CP），按不同阶段分为 CP0～4。SERCOS 总线的初始化过程如图 6-6 所示。

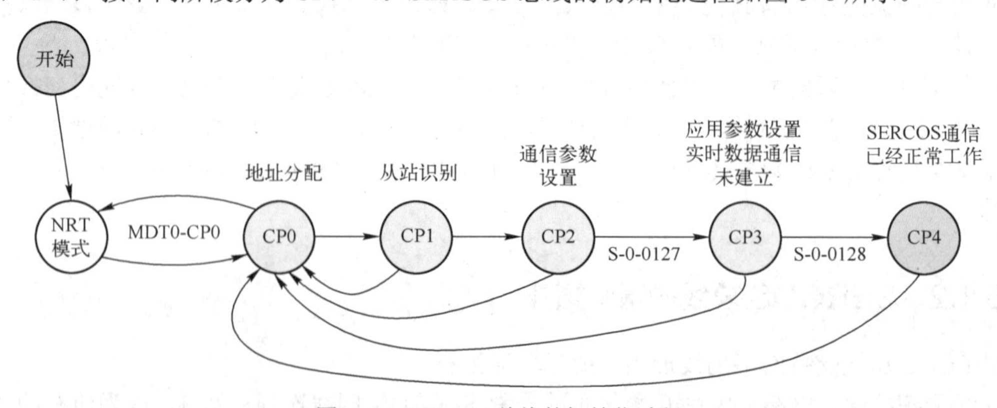

图 6-6　SERCOS 总线的初始化过程

（1）NRT 阶段

NRT（Non Real-Time Mode）指的是 SERCOS 通信主站上电后进入的一个非实时通信的阶段。

在 M262 项目中，可以在 ESME 编程软件的“参数”选项卡中将期望的通信相位 DesiredPhase 设置为-1，将 SERCOS 通信相位变成 NRT，一般用来复位通信故障，或者用于伺服轴参数的修改，然后重新进入通信阶段 4，如图 6-7 所示。

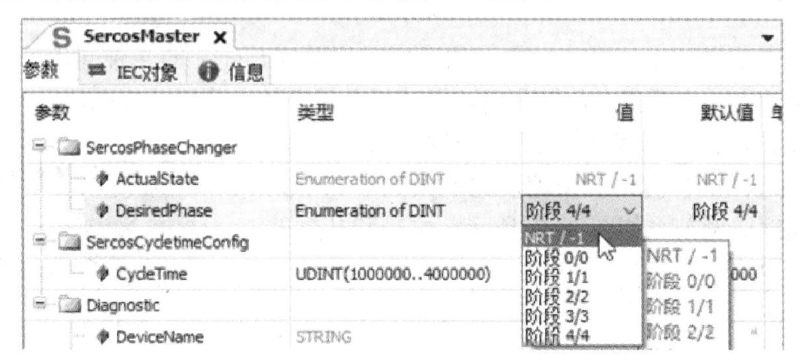

图 6-7　设置期望的通信阶段

（2）通信阶段 0（CP0）

检查连接设备的数量是否保持不变，检查 SERCOS 通信的拓扑结构，然后切换到通信阶段 1。

（3）通信阶段 1（CP1）

检查是否可以连接到从站。为此，对所有已配置的从站进行简短寻址。如果可以连接网络中所有配置的从站，则进入通信阶段 2。

（4）通信阶段 2（CP2）

主站按顺序与每个从站交换重要的通信参数和有关一般设备属性的数据，并配置周期交换数据。如果配置了所有从站，则进入通信阶段 3。

（5）通信阶段 3（CP3）

主站读写从站与应用相关的参数。所有从站都可以一次被寻址，这时实时数据还不可用，应用参数交换成功后进入通信阶段 4。

（6）通信阶段 4（CP4）

实时数据的周期交换建立，还可以使用服务通道读取和写入任意数量的参数，这个通信阶段是 SERCOS 正常工作的阶段，是调用单轴和多轴功能块的前提。

6.1.5　SERCOS 从站的地址设置方式

SERCOS 从站的地址有两种设置方式，分别是拓扑地址或设置地址。

拓扑地址是伺服控制器按照伺服、I/O 从站等在 SERCOS 网络中的物理位置关系，由伺服控制器自动分配的地址。

设置地址是在伺服驱动器参数中人工设置的地址，如在 LXM28S 中的参数是 P3-05，设置 SERCOS 地址为 1。在 LXM28S 参数界面中有 SERCOS 从站的地址设置方式选项，推荐直接选择 SERCOS 从站地址。

6.1.6 单轴和多轴同步

1. 单轴运动

单轴运动指的是轴的运动只与本轴的位置、速度、转矩给定值有关，不依赖其他轴的运动位置、速度。前面所述的相对移动、绝对移动、叠加运动、速度移动、点动都属于单轴运动。

2. 多轴运动

多轴运动用于实现两个或多个轴之间的速度或位置或时间上的某种同步关系。通常多轴的同步关系是在主轴和一个或多个从轴之间，主轴可以是虚轴、伺服或编码器。

简单的多轴同步是电子齿轮同步，这种同步关系可以实现主轴和从轴之间的位置比例或速度比例关系。一个典型的电子齿轮速度比例关系如图 6-8 所示，主轴和从轴的速度之比由公式$\frac{\omega_{主轴}}{\omega_{从轴}}=\frac{r}{R}$决定，其中 R 为主轴半径，r 为从轴半径。

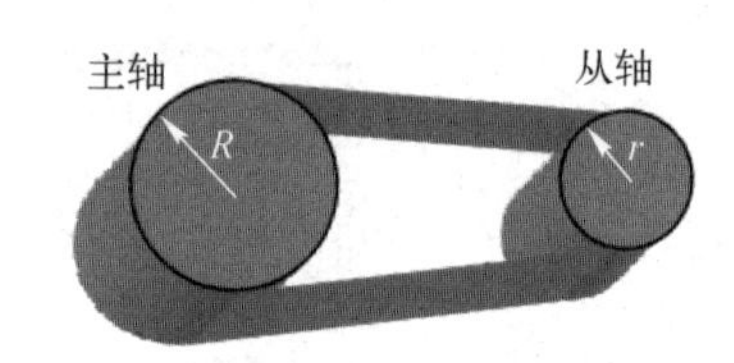

图 6-8 典型的电子齿轮速度比例关系

6.1.7 M262 电子齿轮 GearIn 功能块

1. 电子齿轮

通过软件方法来实现从轴与主轴建立类似机械齿轮的速度比例或者位置比例同步关系，因为这个虚拟的齿轮存在于编程软件中，所以称为电子齿轮。电子齿轮能够将两轴或多轴联系起来，实现精确的同步运动，从而替代传统的机械齿轮等机械设备，并且可以实现许多机械齿轮难以实现的功能。

被跟随的轴称为主轴，跟随的轴为从轴，从轴按照设定的齿轮比分子除以齿轮比分母的比率实现与主轴的严格同步，从而实现主轴运动时，连接的从轴按照设定的比例值跟随主轴一起运动。

2. 电子齿轮的优点

1）不会产生机械背隙，因而在切换运动方向时精度高。

2）不会产生机械损耗和机械噪声、不需要机械安装，可以很大程度地简化机械设计，也可以减小设备的维护量。

3）电子齿轮比可以任意修改，实现无级调速，提高了传动系统的柔性。

4）可以使用于直线—直线、旋转—旋转、旋转—直线之间的运动关系转换，使用灵活方便。

3. MC_GearIn 功能块的引脚定义

在 M262 中调用 MC_GearIn 功能块实现主轴和从轴的电子齿轮同步。在功能块的输入引脚 OperationMode 选择功能块的工作方式，功能块引脚输入变量 OperationMode 的数据类型 MC_OperationMode 设为 0 时，功能块工作在循环同步位置（CSP）模式下，当 RatioNumerator 设为 1、RatioDenominator 设为 2 时，从轴运动距离为主轴运动距离的一半。

如果 MC_OperationMode 设为 1，则功能块工作在循环同步速度（CSV）模式下，当

RatioNumerator 设为 1、RatioDenominator 设为 2 时，从轴运动速度为主轴运动速度的一半。数据类型 MC_OperationMode 的说明见表 6-1。

表 6-1　数据类型 MC_OperationMode

名称	值	描述
Position	0	速度控制，且驱动器中激活了 CSP 控制模式
Velocity	1	CSV 控制模式

使用 CSV 模式时，要在对应的伺服驱动器的“功能配置”选项卡中，勾选“VelocityOperationMode”，否则报错，参数设置如图 6-9 所示。

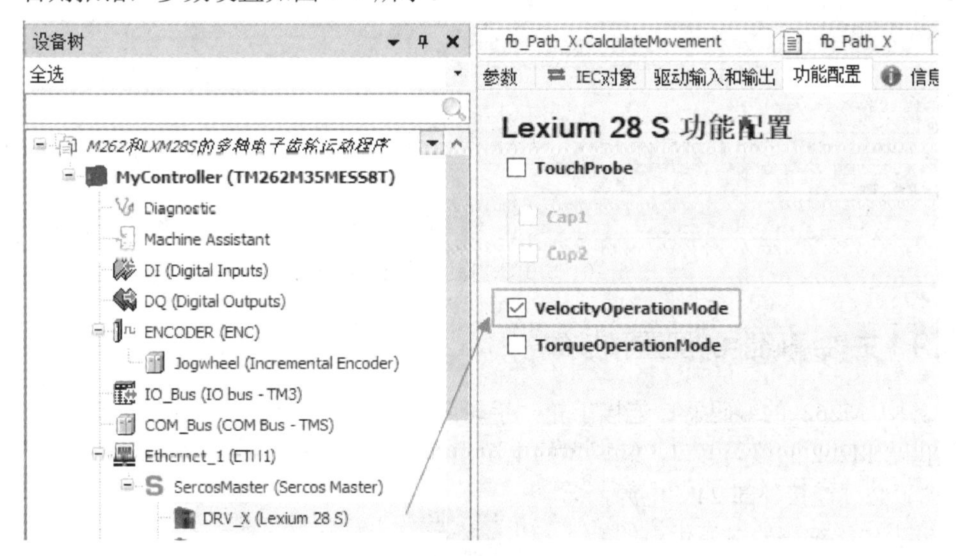

图 6-9　激活伺服的 CSV 模式

4．电子齿轮同步 MC_GearIn 功能块的工作过程

MC_GearIn 功能块的从轴在初次启动阶段，从轴的加减速过程要使用 Acceleration（减速度和加速度使用同一个参数）和 Jerk 引脚中设置的值。从站加速到主站速度乘以电子齿轮比的分子和分母的比率，并在达到此速度后锁定同步关系，同时 GearIn 输出引脚变为 TRUE，提示已经进入同步，之后从轴的运行按选择的工作模式实现与主轴的位置或速度按比例同步。

如果想要修改电子齿轮比，需要在 Execute 引脚重新生成一个新的上升沿，使新的齿轮比生效。退出电子齿轮比同步时，不需要调用 GearOut 功能块，启动另一个单轴运动功能块或者调用 Halt 功能块即可退出主轴和从轴的电子齿轮同步。

6.1.8　M262 最大扩展 SERCOS 从站数

M262 能接的 SERCOS 从站数量除了与 CPU 的型号有关，也与 SERCOS 通信周期的设置有关，如同样是 TM262ME35MESS8T，它最大能接的从站数量是 24 个，但是当 SERCOS 通信周期设置为 1ms 时，则最多只能接 8 个 SERCOS 从站，如果超过 8 个从站，编译会报错，并提示加长 SERCOS 通信周期时间，如图 6-10 所示。

加长 SERCOS 通信周期时间参数到 4ms，则最多能接 24 个从站设备。

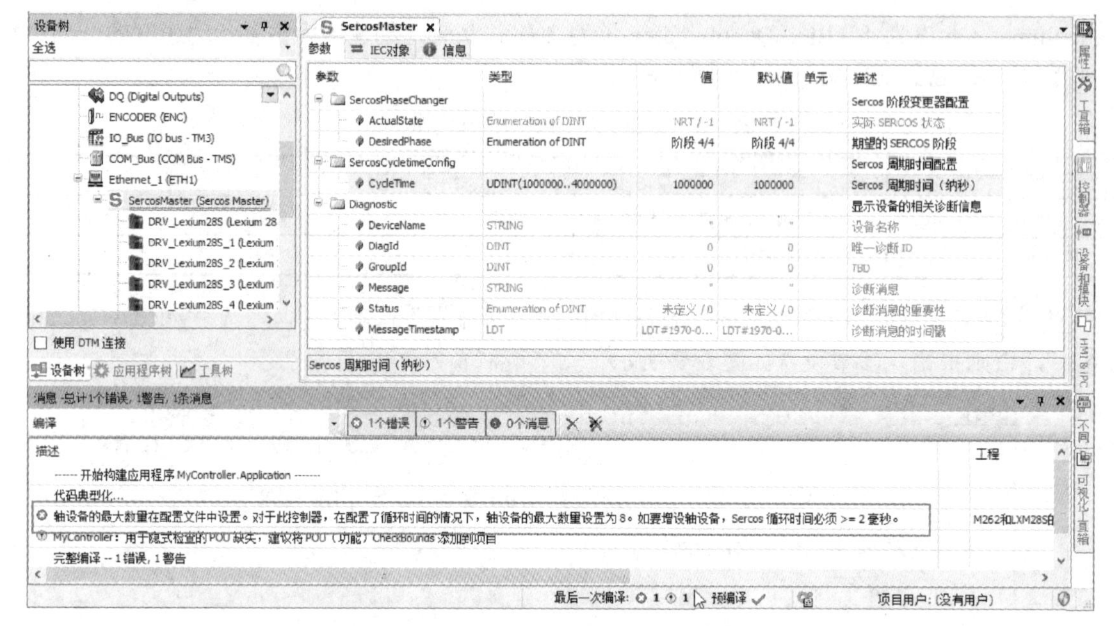

图 6-10　SERCOS 通信周期的设置

6.1.9　主轴编码器的配置和接线

本任务中 M262 的编码器口连接手轮，手轮固定在编码器轴上，手轮转动时，会产生编码器脉冲提供给 M262 的编码器口，编码器的电源由 M262 I/O 端子上的 24V 和 0V 端子提供，因此，I/O 端子必须连接外部 24V 电源，否则 15 针上的给编码器电源供电的针脚将不会有输出。M262 的 I/O 端子接线如图 6-11 所示。

M262 CN9 编码器接口在 M262 本体的右下角，编码器输出的是 RS422 的 5V 信号，连接 M262 CN9 编码器的接线如图 6-12 所示。

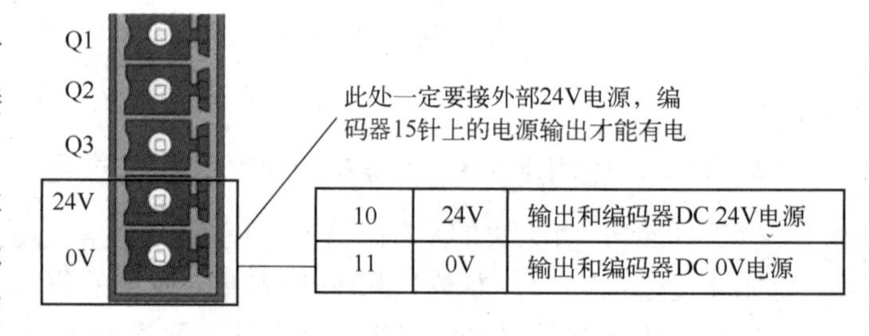

图 6-11　M262 的 I/O 端子接线

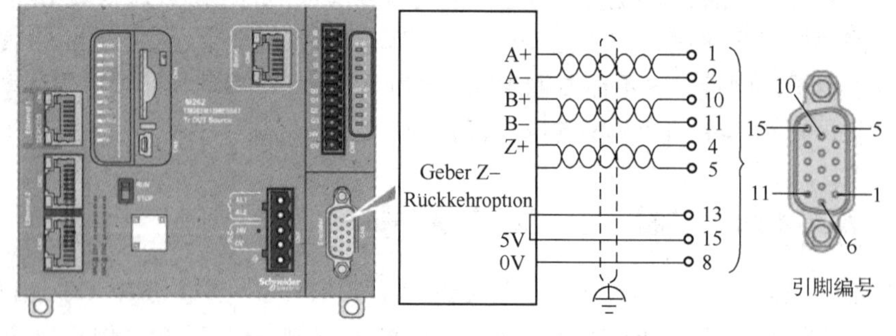

图 6-12　连接 M262 CN9 编码器的接线

6.1.10　项目创建和 SERCOS 主站、从站及伺服 TM5 扩展模块的添加

新建项目名称为 M262 和 LXM28S 多轴电子齿轮运动程序，PLC 选配 TM262M35MESS8T，

扩展模块配置了两块数字量输入模块 TM5SDI12D、两块 TM5SDO12T 数字量输出模块和一块 TM5NS31 SERCOS III 总线通信接口模块。

单击 ESME 软件的“设备树”→“Ethernet_1（ETH1）”的绿色图标，在“添加设备”对话框中选择“Sercos Master”，单击“添加设备”按钮添加主站，在设备树中新添加的主站上，用同样的方法添加 TM5NS31，其他 TM5 扩展模块在 SERCOS 的 I/O 上添加，如图 6-13 所示。

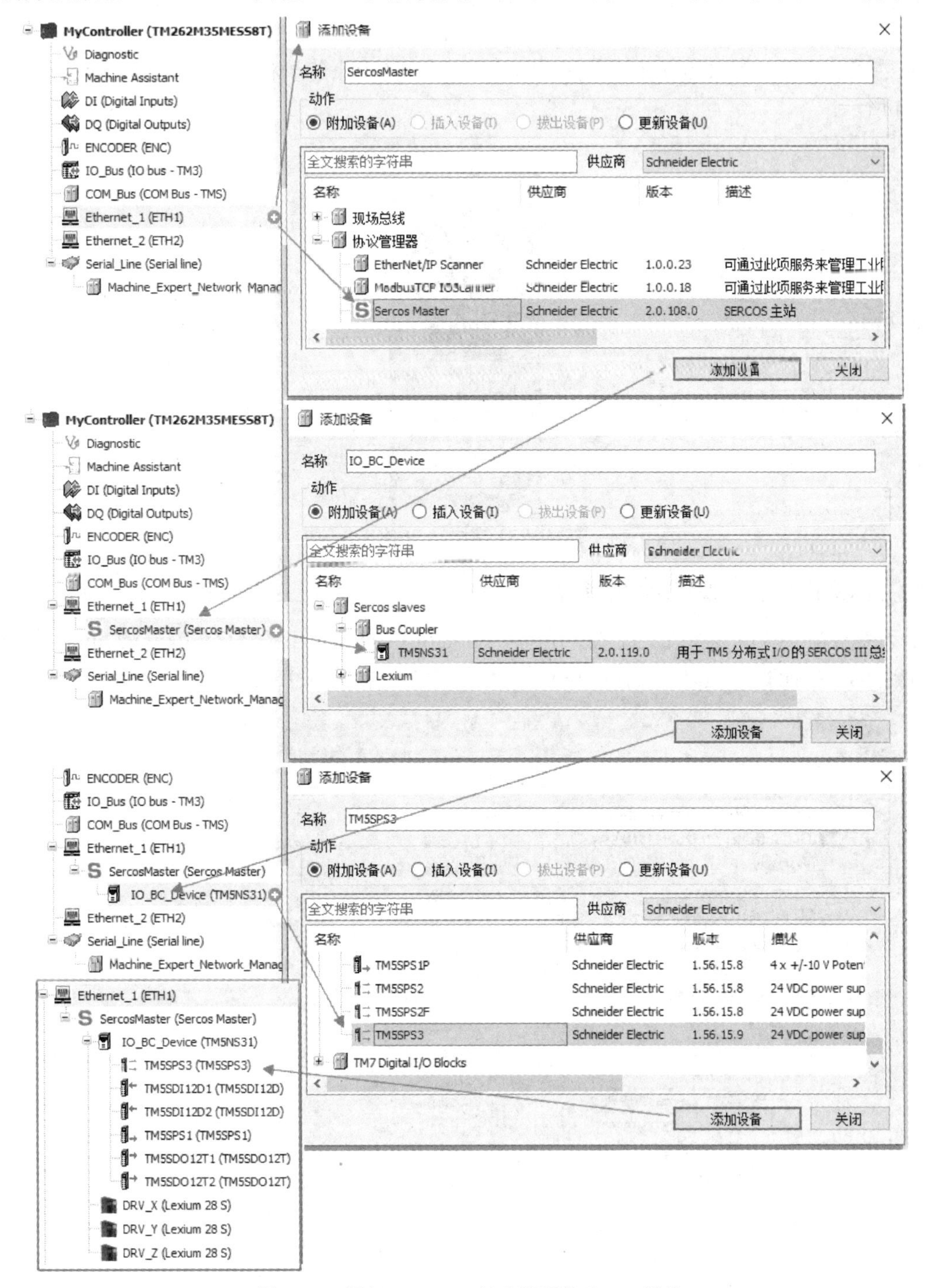

图 6-13　添加 SERCOS 的电源模块和 I/O 模块

6.1.11 TM5NS31 中逻辑输出端子的配置

1. TM5NS31 通信地址的设置

TM5NS31 模块的 SERCOS 从站地址是在前面板设置，设置值=模块上方的拨码值×16+下方的拨码值，如需设置 TM5NS31 模块的地址为 18 时，上方的拨码值设为 1，下方的拨码值设为 2。

如果需要设置 TM5NS31 模块的地址为 4，则可使用小起子将模块下方×1 拨码拨到 4，如图 6-14 所示。

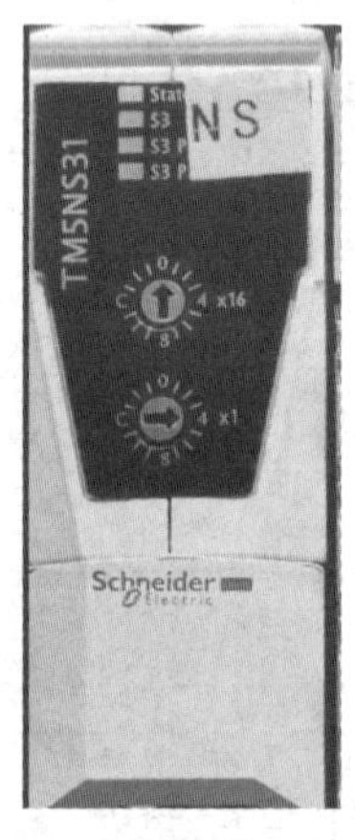

图 6-14 TM5NS31 模块的 SERCOS 地址设置

2. TM5NS31 使用逻辑输出的配置

必须将 TM5NS31“参数”选项卡中的“IOStatusControl”下的“ConfiguredOutputsActive”设为 TRUE，否则 TM5 逻辑输出模块的输出点不动作，如图 6-15 所示。

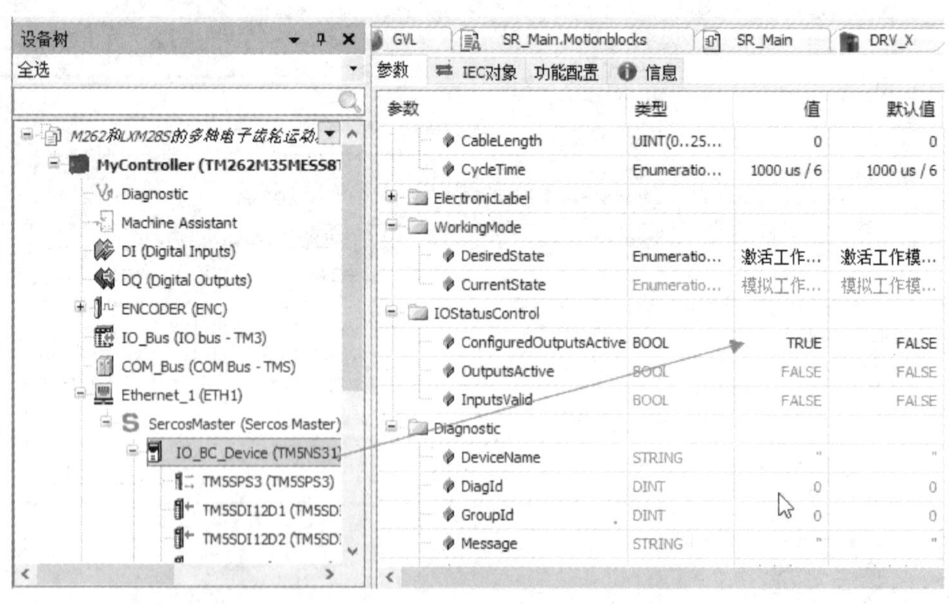

图 6-15 TM5 逻辑输出模块需要设置的参数

6.1.12　伺服轴状态的读取

与 LMC058 和 LMC078 不同，M262 控制的 SERCOS 通信的伺服从轴的状态，不是通过调用 MC_ReadStatus 功能块来获得，而是通过读取伺服轴的属性来实现。

例如，当 POU 的编程语言选择结构化文本时，在 POU 中需先手动输入轴的名称，在轴名称后再输入小数点，软件会自动弹出提示框，在提示框中选择“Axis”，然后在“Axis”后再次输入小数点，在软件自动提示中选择轴状态属性“etAxisState”，即可查询轴的状态，查询伺服轴的状态的输入过程如图 6-16 所示。

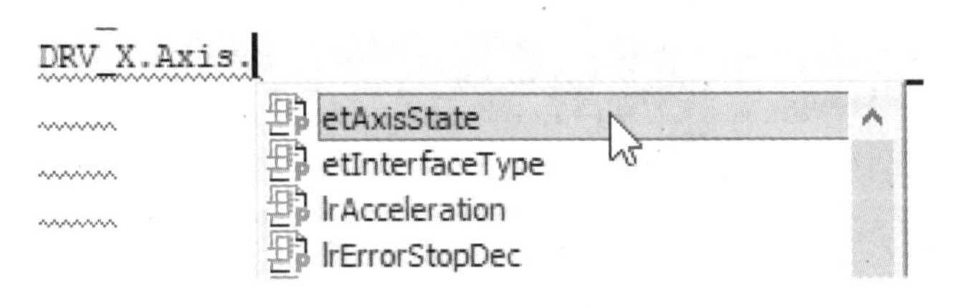

图 6-16　查询伺服轴的状态的输入过程

伺服轴的状态对应的数值如图 6-17 所示，其中 ErrorStop 对应数值为 0，表示轴处于故障状态；Disabled 对应数值为 1，表示轴没有使能；Standstill 对应数值为 2，表示轴处于静止状态；Stopping 对应数值为 3，表示轴处于停止状态，这时 MC_Stop 功能块正在工作；Homing 对应数值为 4，表示轴正在回原点；DiscreteMotion 对应数值为 5，表示轴正在进行单步动作，如轴止在进行绝对位置移动或相对位置移动，移动完成后会自动回到静止状态；ContinuousMotion 对应数值为 6，表示轴处于连续运行动作状态，轴正在进行速度移动；SynchronizedMotion 对应数值为 7，表示轴正与其他轴处于同步状态。

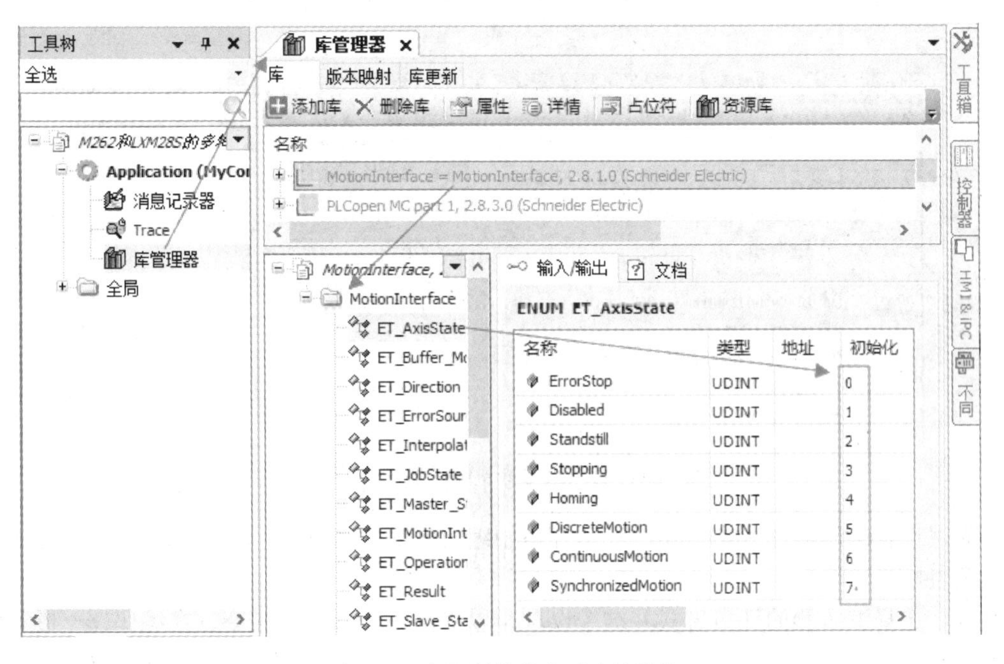

图 6-17　伺服轴的状态对应的数值

6.1.13 主轴编码器设置

本任务采用手轮作为主轴，添加编码器时，单击“设备树”下“ENCODER（ENC）”右侧的绿色添加按钮，在“添加设备”对话框中选择“Incremental Encoder”增量编码器，单击“添加设备”按钮，如图 6-18 所示。

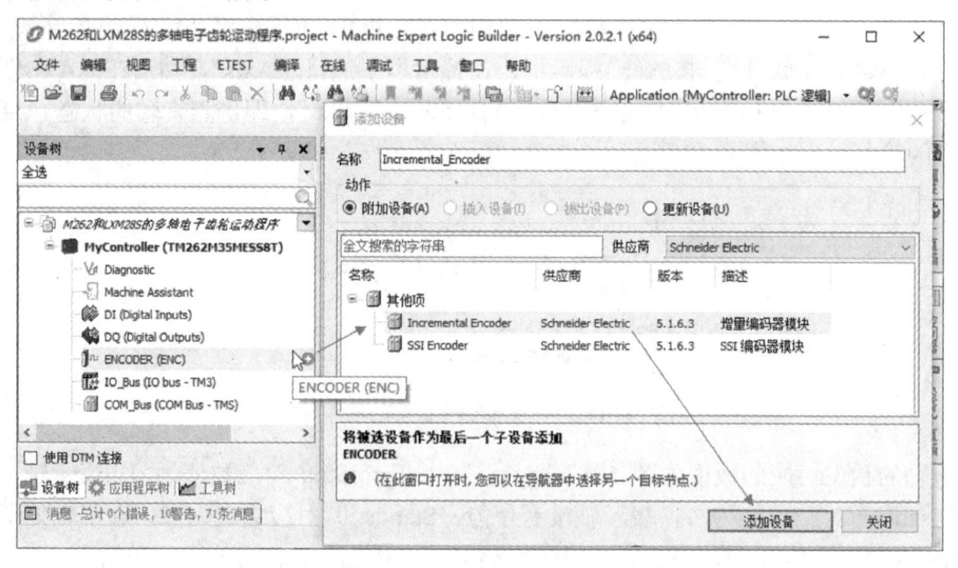

图 6-18 添加增量编码器

修改增量编码器的名称为“Jogwheel”，勾选“Axis”，编程时编码器可以直接作为一个实轴，勾选“Scaling”，把编码器的脉冲映射到时间的物理单位，如一圈对应 360° 等，勾选“Filter”对编码器的信号加入一个平均值滤波，用来对编码器上的干扰信号进行滤波，如图 6-19 所示。

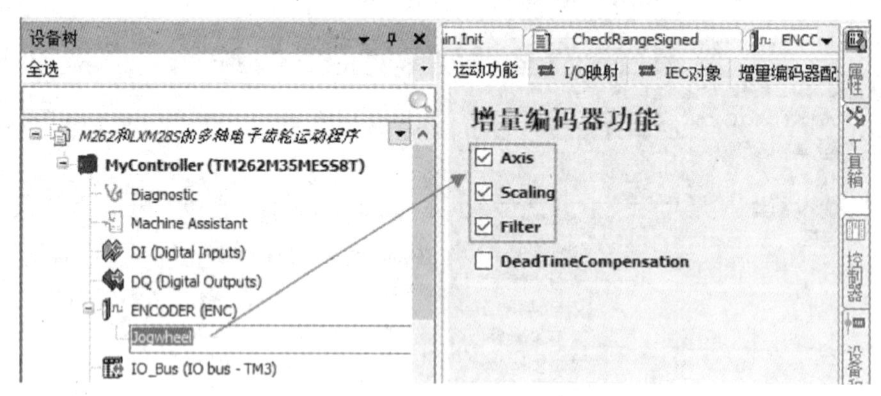

图 6-19 选择增量编码器的功能

首先，选择编码器的供电电压，在本任务中编码器的电源是 5V，所以电压设置为 5V，并禁用电源监控。

其次，选择编码器的计数方式，这个选项可以提高编码器的分辨率，在编码器一圈 100 个脉冲的情况下，通过正常积分×4 的设置可以让每圈编码器的计数脉冲变为每圈 400，如图 6-20 所示。

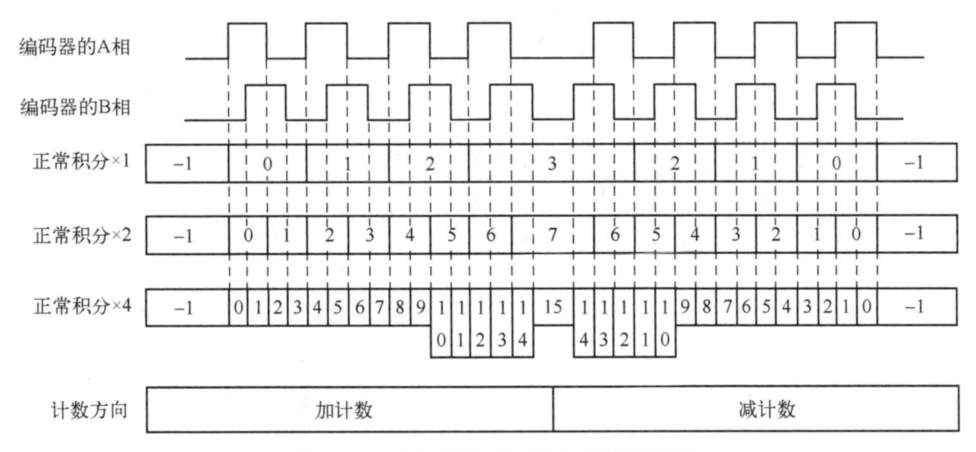

图 6-20　编码器不同计数方式的原理图

编码器的配置如图 6-21 所示。

Jogwheel ×

运动功能 | I/O映射 | IEC对象 | 增量编码器配置

参数	类型	值	缺省值	单位	说明
常规					
输入模式	Enumeration of BYTE	正常积分 X4	正常积分 X1		选择周期测量间隔
计数输入					
A 输入					
过滤器	Enumeration of BYTE	0.002	0.002	毫秒	设置用来减小对 输入I
B 输入					
过滤器	Enumeration of BYTE	0.002	0.002	毫秒	设置用来减小对 输入I
预设输入					
Z 输入					
过滤器	Enumeration of BYTE	0.002	0.002	毫秒	设置用来减小对 输入I
Scaling					递增至用户位置
IncrementResolution	DINT(1..2147483647)	400	131072		递增分辨率
PositionResolution	LREAL	360.0	360.0		位置分辨率
GearIn	UDINT	1	1		齿轮输入
GearOut	UDINT	1	1		齿轮脱离
InvertDirection	BOOL	FALSE	FALSE		反转轴的运动方向

图 6-21　编码器的配置

6.1.14　SR_Main 主程序

在 SR_Main 主程序中添加 4 个动作，Init 动作用于 3 个伺服轴的初始化，编程语言是梯形图。Motionblocks 动作用于调用程序中使用的功能块，编程语言是结构化文本。ratioSpeed 动作的编程语言采用 ST 结构化文本，用于实现 3 个伺服轴和编码器轴 jogwheel 的速度同步，MotorSwitch 动作用于柜内电动机和机械手电动机的切换。在 SR_Main 中编写变量并调用这 4 个动作的程序，如图 6-22 所示。

1．伺服初始化动作 Init 的编程

在初始化动作程序 Init 中，在主电源开关闭合后，24V 微型断路器闭合，M262PLC 的 24V 电源得电，程序判断急停按钮如果没有按下，变频器和伺服的主电源接触器 KM111 得电。程序使用一个 30s 的定时器等待伺服上电初始化完成，如图 6-23 所示。

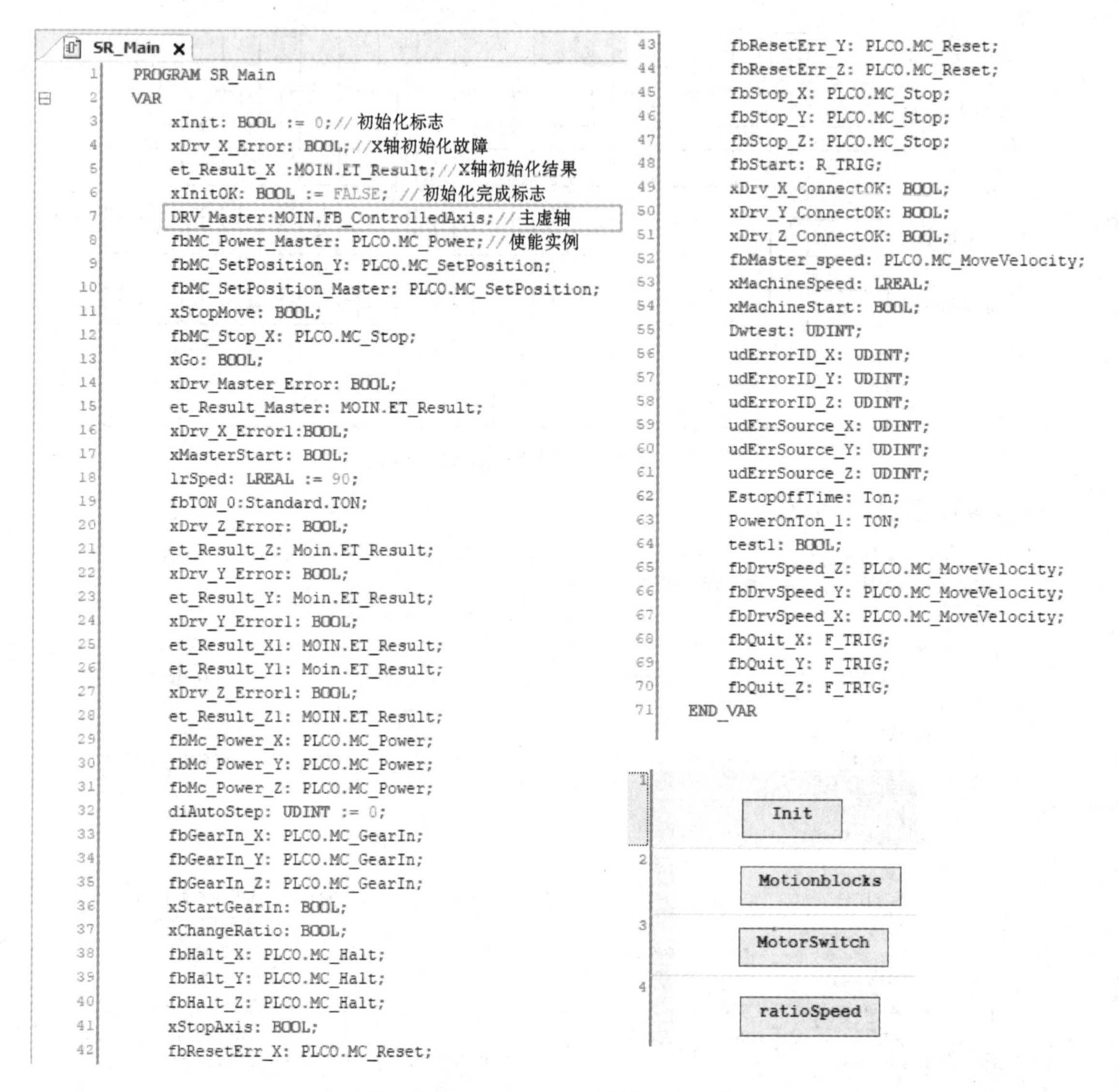

```
SR_Main
1   PROGRAM SR_Main
2   VAR
3       xInit: BOOL := 0;//初始化标志
4       xDrv_X_Error: BOOL;//X轴初始化故障
5       et_Result_X :MOIN.ET_Result;//X轴初始化结果
6       xInitOK: BOOL := FALSE; //初始化完成标志
7       DRV_Master:MOIN.FB_ControlledAxis;//主虚轴
8       fbMC_Power_Master: PLCO.MC_Power;//使能实例
9       fbMC_SetPosition_Y: PLCO.MC_SetPosition;
10      fbMC_SetPosition_Master: PLCO.MC_SetPosition;
11      xStopMove: BOOL;
12      fbMC_Stop_X: PLCO.MC_Stop;
13      xGo: BOOL;
14      xDrv_Master_Error: BOOL;
15      et_Result_Master: MOIN.ET_Result;
16      xDrv_X_Error1:BOOL;
17      xMasterStart: BOOL;
18      lrSped: LREAL := 90;
19      fbTON_0:Standard.TON;
20      xDrv_Z_Error: BOOL;
21      et_Result_Z: Moin.ET_Result;
22      xDrv_Y_Error: BOOL;
23      et_Result_Y: Moin.ET_Result;
24      xDrv_Y_Error1: BOOL;
25      et_Result_X1: MOIN.ET_Result;
26      et_Result_Y1: Moin.ET_Result;
27      xDrv_Z_Error1: BOOL;
28      et_Result_Z1: MOIN.ET_Result;
29      fbMc_Power_X: PLCO.MC_Power;
30      fbMc_Power_Y: PLCO.MC_Power;
31      fbMc_Power_Z: PLCO.MC_Power;
32      diAutoStep: UDINT := 0;
33      fbGearIn_X: PLCO.MC_GearIn;
34      fbGearIn_Y: PLCO.MC_GearIn;
35      fbGearIn_Z: PLCO.MC_GearIn;
36      xStartGearIn: BOOL;
37      xChangeRatio: BOOL;
38      fbHalt_X: PLCO.MC_Halt;
39      fbHalt_Y: PLCO.MC_Halt;
40      fbHalt_Z: PLCO.MC_Halt;
41      xStopAxis: BOOL;
42      fbResetErr_X: PLCO.MC_Reset;
43      fbResetErr_Y: PLCO.MC_Reset;
44      fbResetErr_Z: PLCO.MC_Reset;
45      fbStop_X: PLCO.MC_Stop;
46      fbStop_Y: PLCO.MC_Stop;
47      fbStop_Z: PLCO.MC_Stop;
48      fbStart: R_TRIG;
49      xDrv_X_ConnectOK: BOOL;
50      xDrv_Y_ConnectOK: BOOL;
51      xDrv_Z_ConnectOK: BOOL;
52      fbMaster_speed: PLCO.MC_MoveVelocity;
53      xMachineSpeed: LREAL;
54      xMachineStart: BOOL;
55      Dwtest: UDINT;
56      udErrorID_X: UDINT;
57      udErrorID_Y: UDINT;
58      udErrorID_Z: UDINT;
59      udErrSource_X: UDINT;
60      udErrSource_Y: UDINT;
61      udErrSource_Z: UDINT;
62      EstopOffTime: Ton;
63      PowerOnTon_1: TON;
64      test1: BOOL;
65      fbDrvSpeed_Z: PLCO.MC_MoveVelocity;
66      fbDrvSpeed_Y: PLCO.MC_MoveVelocity;
67      fbDrvSpeed_X: PLCO.MC_MoveVelocity;
68      fbQuit_X: F_TRIG;
69      fbQuit_Y: F_TRIG;
70      fbQuit_Z: F_TRIG;
71  END_VAR
```


图 6-22 在 SR_Main 中添加 4 个动作

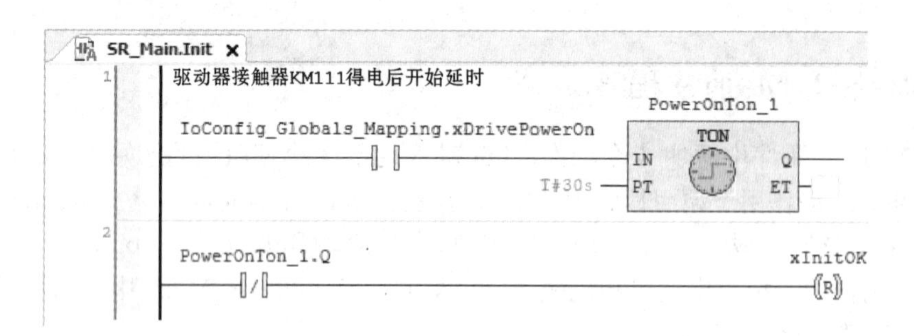

图 6-23 主接触器得电后的延时程序

30s 延时到达后，将主虚轴、X 轴、Y 轴和 Z 轴的轴类型设为模数（Modulo）轴，设置完成后开启 5s 延时，如图 6-24 所示。

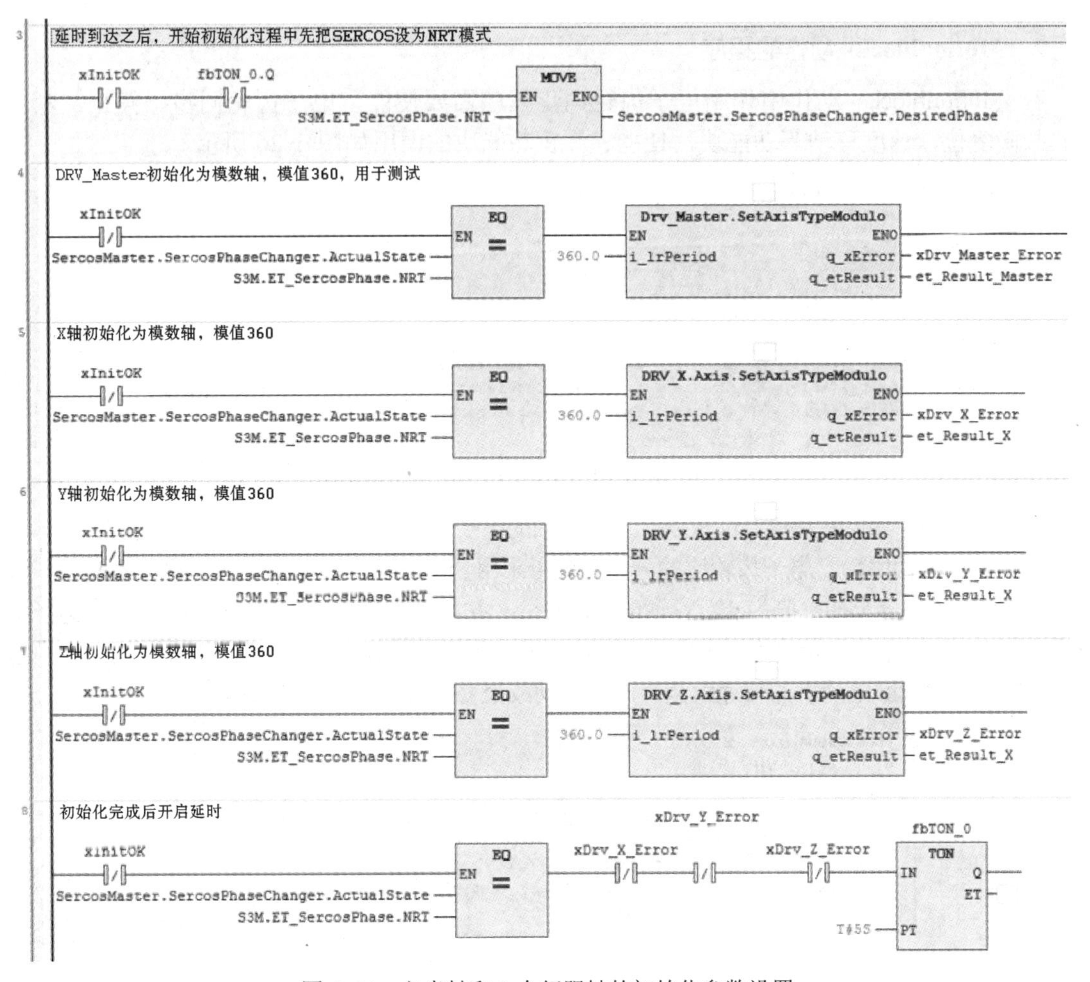

图 6-24　主虚轴和 3 个伺服轴的初始化参数设置

5s 延时到达后将初始化完成标志位设为 TRUE，然后将 SERCOS 总线目标相位设为 4，当 SERCOS 总线实际相位达到 4 后，设置全局变量 GVL.x_IsPhase4 为 TRUE，说明 SERCOS 总线已经开始正常工作，程序如图 6-25 所示。

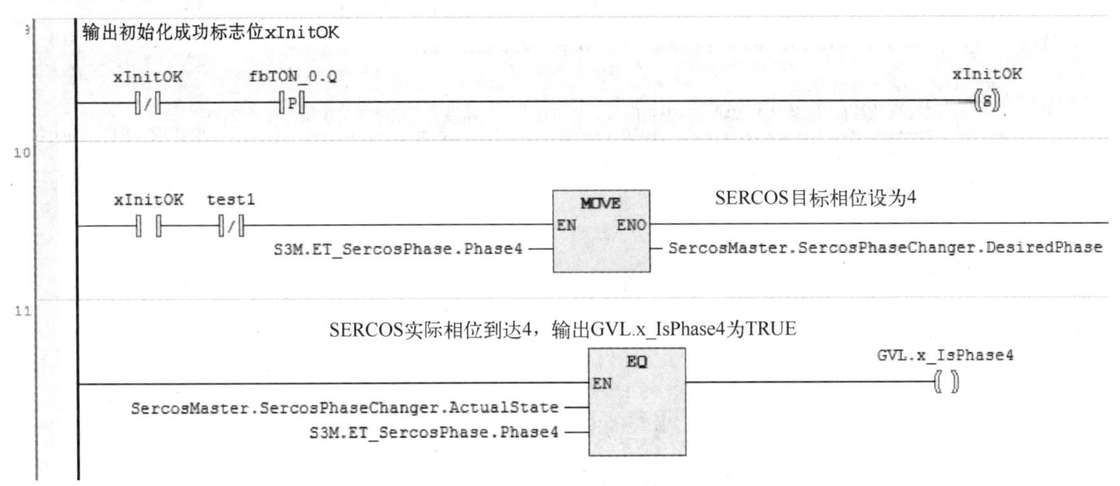

图 6-25　初始化成功标志变量和 SERCOS 正常工作变量的编程

2．Motionblocks 动作的程序

在 Motionblocks 动作中调用电子齿轮同步程序需要使能、电子齿轮同步、停止，紧急停止、故障复位，速度移动等功能块，使能和停止功能块的调用如图 6-26 所示。

```
SR_Main.Motionblocks
1  //使能
2  fbMc_Power_X(   Axis:=DRV_X.Axis ,    );
3  fbMc_Power_Y(   Axis:=DRV_Y.Axis ,    );
4  fbMc_Power_Z(   Axis:=DRV_Z.Axis ,    );
5
6  //停止
7  fbHalt_X(Axis:=DRV_X.Axis , Execute:=,Deceleration:=600000 , Jerk:=0 , );
8  fbHalt_Y(Axis:=DRV_Y.Axis , Execute:=,Deceleration:=600000 , Jerk:=0 , );
9  fbHalt_Z(Axis:=DRV_Z.Axis , Execute:=,Deceleration:=600000 , Jerk:=0 ,BufferMode:= ,);
10
```

图 6-26 调用 MC_Power 和 MC_Halt 功能块

调用 GearIn 功能块完成手轮和 X、Y、Z 轴的电子齿轮同步。主轴是编码器创建的 Jogwheel 轴，从轴是 3 个伺服轴，电子齿轮比的分子和分母采用全局变量，在触摸屏中设置，X 轴电子齿轮分子初始值为 2、分母初始值为 1，Y 轴电子齿轮分子初始值为 4、分母初始值为 1，Z 轴电子齿轮分子初始值为 8、分母初始值为 1。设置时注意不要将电子齿轮比参数中的分子设为 20 以上，这将导致手轮旋转时伺服电动机的转速太高，产生振动或报警，程序如图 6-27 所示。

```
SR_Main.Motionblocks
11  //GearIn功能块
12  fbGearIn_X( Master:= Jogwheel.Axis,//DRV_Master, Slave:=DRV_X.Axis , Execute:= ,
13      RatioNumerator:= Gvl.iNumerator_X,  RatioDenominator:= GVl.iDenominator_X,
14      Acceleration:=5000000 ,     OperationMode:=0 ,  );
15  fbGearIn_Y( Master:= Jogwheel.Axis,//DRV_Master, Slave:=DRV_Y.Axis , Execute:= ,
16      RatioNumerator:= Gvl.iNumerator_Y,  RatioDenominator:= GVl.iDenominator_Y,
17      Acceleration:=5000000 ,  );
18  fbGearIn_Z( Master:= Jogwheel.Axis,//DRV_Master, Slave:=DRV_Z.Axis ,Execute:= ,
19      RatioNumerator:= Gvl.iNumerator_Z,  RatioDenominator:= GVl.iDenominator_Z,
20      Acceleration:=5000000 ,  );
21
```

图 6-27 调用 GearIn 功能块

故障复位功能块用于伺服出现故障时清除故障，使伺服恢复正常运行，可以在 ABE3 输入拨动开关（xResetSwitch）的上升沿来复位伺服故障，也可以通过触摸屏的故障复位按钮来清除伺服故障。程序和 TM5SDI12D1 的变量声明如图 6-28 所示。

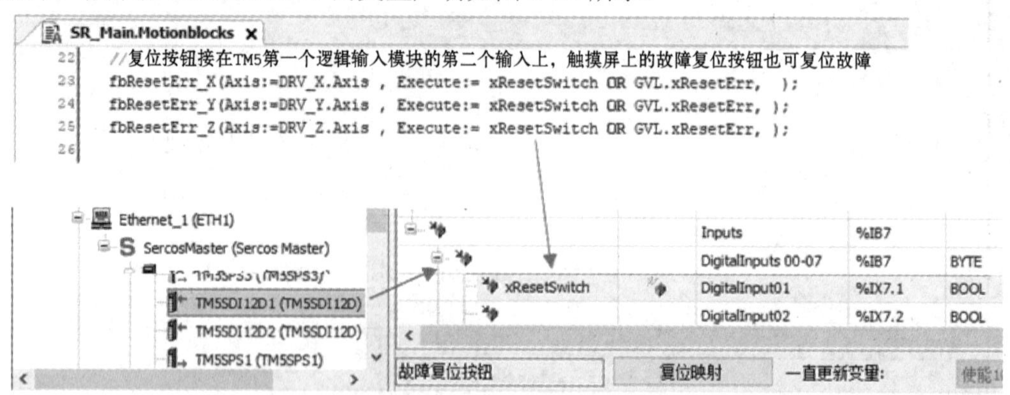

图 6-28 调用故障复位功能块

快速停止调用 MC_Stop 功能块来完成，当按下急停按钮，伺服将快速停止，1s 后伺服断电，程序如图 6-29 所示。

```
SR_Main.Motionblocks
27  //快速停止
28  fbStop_X(Axis:=DRV_X.Axis , Execute:= , Deceleration:=360000,   );
29  fbStop_Y(Axis:=DRV_Y.Axis , Execute:= , Deceleration:=360000,   );
30  fbStop_Z(Axis:=DRV_Z.Axis , Execute:= , Deceleration:=360000,   );
31
```

图 6-29　快速停止使用的功能块

点动 3 个伺服轴的操作使用 MC_MoveVelocity 功能块来完成，程序如图 6-30 所示。

```
SR_Main.Motionblocks
32  //点动
33  fbDrvSpeed_X( Axis:= DRV_X.Axis , Acceleration:= 360000,  );
34  fbDrvSpeed_Z( Axis:= DRV_Z.Axis , Acceleration:= 360000,  );
35  fbDrvSpeed_Y( Axis:= DRV_Y.Axis , Acceleration:= 360000,  );
36
```

图 6-30　点动功能块的调用

3. 电子齿轮同步 ratioSpeed 动作的程序

ratioSpeed 动作使用 ST 结构化文本来编程，首先输出急停按钮信号到触摸屏。检查急停按钮是否被按下，如果没有按下则将变频器和伺服供电的主接触器 KM111 吸合。主接触器的线圈由 M262 本体的 Q0（xDrivePowerOn）来控制。

当上电开关 xDrivePowerSwitch（接到 M262 本体的逻辑输入 I1）拨到 ON 的位置且急停按钮被按下时，程序将调用 MC_Stop 功能块先让 3 个伺服快速停止，这样编程的目的是保证当按下急停按钮时伺服的停止过程是受控停止，程序如图 6-31 所示。

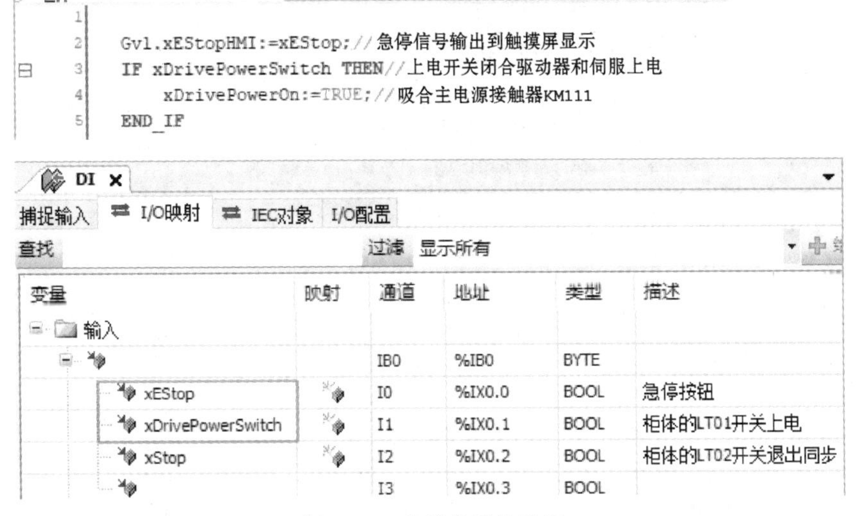

图 6-31　急停信号的处理

在程序中检查 3 个伺服轴的 SERCOS 通信连接是否正常，如果通信连接状态 ConnectionState 等于 Operational 为 TRUE，则伺服通信处于正常工作状态。程序判断 SERCOS 总线和伺服连接都正常后开始执行程序，否则，返回不执行此动作后面的程序，如图 6-32 所示。

SR_Main.ratioSpeed

```
11  //检查每个伺服的SERCOS通信连接状态
12  xDrv_X_ConnectOK:=DRV_X.SercosDiagnostics.ConnectionState = S3M.ET_SlaveCommunicationState.Operational;
13  xDrv_Y_ConnectOK:=DRV_Y.SercosDiagnostics.ConnectionState = S3M.ET_SlaveCommunicationState.Operational;
14  xDrv_Z_ConnectOK:=DRV_Z.SercosDiagnostics.ConnectionState = S3M.ET_SlaveCommunicationState.Operational;
15  IF NOT GVL.x_IsPhase4 OR NOT xDrv_X_ConnectOK OR NOT xDrv_Y_ConnectOK  OR NOT xDrv_Z_ConnectOK  THEN
16      RETURN; //通信不正常返回
17  END_IF
18
```

图 6-32 伺服通信状态检查

通过 ABE4 端子排上的 1 号、2 号和 3 号拨钮开关，以及 5 号自动运行拨钮开关，给 X、Y、Z 轴伺服加上或断开使能。合上 1 号拨钮开关或者将 5 号自动运行拨钮开关闭合，X 轴上使能；断开 1 号拨钮开关同时断开 5 号自动运行拨钮开关，X 轴断开使能。Y 轴和 Z 轴的使能控制程序与 X 轴类似，Z 轴使用的是抱闸电动机，抱闸的逻辑在 PLC 中实现，当 Z 轴上使能时打开抱闸，断开使能时关闭抱闸，程序如图 6-33 所示。

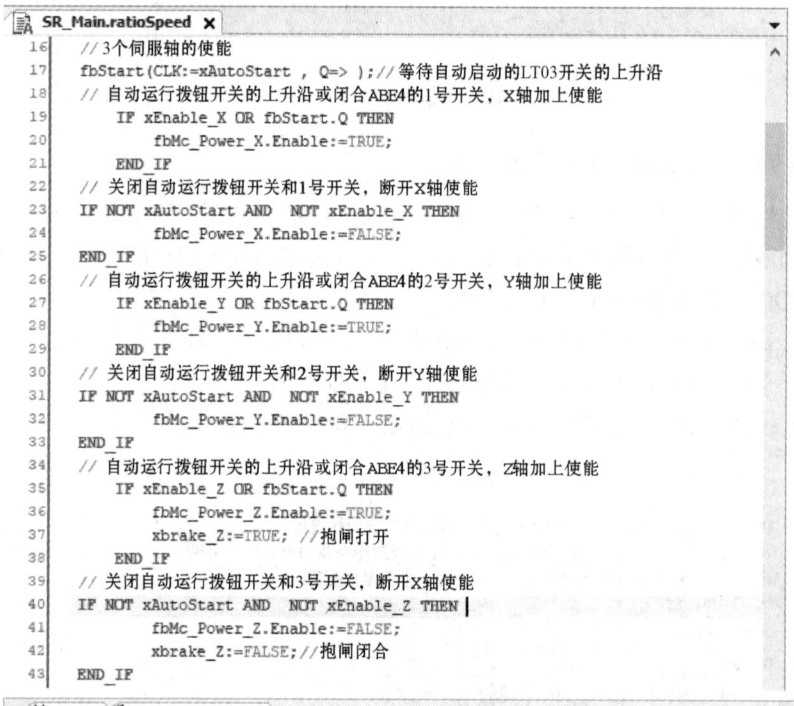

SR_Main.ratioSpeed

```
16  //3个伺服轴的使能
17  fbStart(CLK:=xAutoStart , Q=> );//等待自动启动的LT03开关的上升沿
18  // 自动运行拨钮开关的上升沿或闭合ABE4的1号开关，X轴加上使能
19      IF xEnable_X OR fbStart.Q THEN
20          fbMc_Power_X.Enable:=TRUE;
21      END_IF
22  // 关闭自动运行拨钮开关和1号开关，断开X轴使能
23  IF NOT xAutoStart AND  NOT xEnable_X THEN
24          fbMc_Power_X.Enable:=FALSE;
25  END_IF
26  // 自动运行拨钮开关的上升沿或闭合ABE4的2号开关，Y轴加上使能
27      IF xEnable_Y OR fbStart.Q THEN
28          fbMc_Power_Y.Enable:=TRUE;
29      END_IF
30  // 关闭自动运行拨钮开关和2号开关，断开Y轴使能
31  IF NOT xAutoStart AND  NOT xEnable_Y THEN
32          fbMc_Power_Y.Enable:=FALSE;
33  END_IF
34  // 自动运行拨钮开关的上升沿或闭合ABE4的3号开关，Z轴加上使能
35      IF xEnable_Z OR fbStart.Q THEN
36          fbMc_Power_Z.Enable:=TRUE;
37          xbrake_Z:=TRUE; //抱闸打开
38      END_IF
39  // 关闭自动运行拨钮开关和3号开关，断开X轴使能
40  IF NOT xAutoStart AND  NOT xEnable_Z THEN
41          fbMc_Power_Z.Enable:=FALSE;
42          xbrake_Z:=FALSE;//抱闸闭合
43  END_IF
```

DI　TM5SDI12D2

TM5 ModuleI/O映射　TM5 ModuleIEC对象　用户参数　信息

查找　过滤 显示所有　给IO通道添加FB

变量	映射	通道	地址	类型	描述
ibTM5SDI12D_1_ModuleOK		ModuleOK	%IB9	BYTE	
		Inputs	%IB10		
		DigitalInputs ...	%IB10	BYTE	
xEnable_X		DigitalInput00	%IX10.0	BOOL	X轴使能
xEnable_Y		DigitalInput01	%IX10.1	BOOL	Y轴使能
xEnable_Z		DigitalInput02	%IX10.2	BOOL	Z轴使能
xDoorSafety		DigitalInput03	%IX10.3	BOOL	安全门不可更改
		DigitalInput04	%IX10.4	BOOL	DC 24 V, 0.1～25 ms switcl
xAutoStart		DigitalInput05	%IX10.5	BOOL	自动启动

图 6-33　3 个伺服轴的使能程序

通信状态正常后使用 Case 语句编程，在步 0 中首先初始化 Halt、GearIn 和 MC_Stop 等功能块的 Execute 执行引脚变量，将这些变量设为 FALSE，为后面的功能块运行所需的上升沿做好准备，当自动开始拨钮开关 xAutoStart 闭合后，给伺服加上使能，如果使能正常则进入步 10，如果使能出错，则进入步 100 进行故障处理，程序如图 6-34 所示。

```
SR_Main.ratioSpeed
46  CASE diAutoStep OF
47      0://初始化功能块的Excute引脚变量为FALSE
48      fbGearIn_X.Execute:=FALSE;
49      fbGearIn_Y.Execute:=FALSE;
50      fbGearIn_Z.Execute:=FALSE;
51      fbHalt_X.Execute:=FALSE;
52      fbHalt_Y.Execute:=FALSE;
53      fbHalt_Z.Execute:=FALSE;
54      fbStop_X.Execute:=FALSE;
55      fbStop_Y.Execute:=FALSE;
56      fbStop_Z.Execute:=FALSE;
57      //等待自动开始拨钮开关闭合和3个伺服轴正常使能
58      IF  fbMc_Power_X.Status AND fbMc_Power_Y.Status
59      AND fbMc_Power_Z.Status AND xAutoStart THEN
60          diAutoStep:=diAutoStep+10;//使能正常进行步10
61          xStartGearIn:=FALSE;
62      END_IF
63
64      //使能出错后进入步100
65      IF  fbMc_Power_X.Error OR fbMc_Power_Y.Error OR fbMc_Power_Z.Error THEN
66          diAutoStep:=100;//使能出错进行步100
67      END_IF
68
```

图 6-34　初始步 0 中的程序

使能功能正常后进入步 10，结合触摸屏开关上的同步轴选择按钮，分别执行 3 个伺服轴电子齿轮 MC_GearIn 功能块，执行电子齿轮功能块的轴进入同步状态，主轴是编码器的 Jogwheel 轴，从轴分别是 X、Y、Z 轴，程序如图 6-35 所示。

```
SR_Main.ratioSpeed
69      10://使能后开始GearIn同步
70      xStartGearIn:=TRUE;
71      fbGearIn_X.Execute:=GVL.xSelect_X;//触摸屏上选择
72      fbGearIn_Y.Execute:=GVL.xSelect_Y;//触摸屏上选择
73      fbGearIn_Z.Execute:=GVL.xSelect_Z;//触摸屏上选择
74
```

图 6-35　启动电子齿轮 MC_GearIn 功能块实现同步

这时如果转动手轮，X 轴的电子齿轮比初始设置分子是 2、分母是 1；Y 轴电子齿轮比初始设置分子是 4、分母是 1；Z 轴电子齿轮比初始设置分子是 2、分母是 1。也就是说 X 轴的运行速度是手轮旋转速度的 2 倍，Y 轴的运行速度是手轮旋转速度的 4 倍，Z 轴的运行速度是手轮旋转速度的 8 倍。

增大电子齿轮比的分子会加快从轴的运行速度，为了防止从轴伺服的速度过快，建议将电子齿轮比的分子设为 15 以下，增大电子齿轮比的分母会降低从轴伺服的运行速度。3 个轴的电子齿轮比的分子、分母都可以在触摸屏上修改，修改后要按下“修改齿轮比”按钮确认。当在触摸屏上按下“修改齿轮比”按钮后，程序进入步 11 进行处理，如图 6-36 所示。

```
SR_Main.ratioSpeed
74
75  //触摸屏修改齿轮比按钮程序
76     IF GVL.xChangeRatio THEN
77        diAutoStep:=diAutoStep+1;//进入修改齿轮比
78     END_IF
79
```

图 6-36　触摸屏修改电子齿轮比的程序

在触摸屏上将 X 轴同步选择变量 xSelect_X 设为 FALSE，在程序中检测到此变量的下降沿后，程序进入步 12。类似的，断开 Y 轴与手轮的同步时，进入步 13，断开 Z 轴与手轮的同步时，进入步 14，程序如图 6-37 所示。

```
SR_Main.ratioSpeed
80      //触摸屏断开某个轴，退出同步程序
81      //检查X、Y、Z轴的下降沿
82      fbQuit_X(CLK:=GVL.xSelect_X , Q=> );
83      fbQuit_Y(CLK:=GVL.xSelect_Y , Q=> );
84      fbQuit_Z(CLK:=GVL.xSelect_Z , Q=> );
85      //触摸屏X轴同步按钮的下降沿，进入退出X轴同步程序
86     IF  fbQuit_X.Q THEN
87      diAutoStep:=12;//X轴退出，进入步12程序
88     END_IF
89      //触摸屏Y轴同步按钮的下降沿，进入退出Y轴同步程序
90     IF fbQuit_Y.Q THEN
91      diAutoStep:=13;//进入步13程序
92     END_IF
93     //触摸屏Z轴同步按钮的下降沿，进入退出Z轴同步程序
94     IF fbQuit_Z.Q THEN
95      diAutoStep:=14;//进入步14程序
96     END_IF
97
```

图 6-37　断开 X、Y、Z 轴与手轮同步的程序

如果闭合 xStop 开关，则程序进入步 20，停止伺服轴，断开同步，如果电子齿轮功能块运行出错进入步 100，程序如图 6-38 所示。

```
SR_Main.ratioSpeed
98       //退出开关闭合，3个轴全部退出同步
99     IF  xStop THEN
100        diAutoStep:=diAutoStep+10;//如果停止，进入步20
101        xStopAxis:=FALSE;
102    END_IF
103    //电子齿轮功能块运行出错，进入步100
104    IF  fbGearIn_X.Error OR fbGearIn_Y.Error OR fbGearIn_Z.Error THEN
105        diAutoStep:=100;
106    END_IF
107
```

图 6-38　进入步 20 和步 100 的程序

在步 11 中，先将电子齿轮 MC_GearIn 的 Execute 引脚设为 FALSE，回到步 10 后再设为 TRUE，这样就在 Execute 引脚处生成了新的上升沿，使新的齿轮比参数生效，程序如图 6-39 所示。

```
SR_Main.ratioSpeed
108        11://修改齿轮比
109        fbGearIn_X.Execute:=FALSE;
110        fbGearIn_Y.Execute:=FALSE;
111        fbGearIn_Z.Execute:=FALSE;
112        diAutoStep:=10; //返回步10
113
```

图 6-39　在 MC_GearIn 功能块的 Execute 引脚变量生成新的上升沿

在步 12 中，使用 MC_Halt 功能块断开手轮和 X 轴的同步，然后返回步 10。类似的，在步 13 和步 14 中，断开 Y 轴和 Z 轴与手轮的同步，程序如图 6-40 所示。

```
SR_Main.ratioSpeed
114        12://退出X轴同步
115        fbHalt_X.Execute:=TRUE;
116        IF fbHalt_X.Done THEN
117           fbHalt_X.Execute:=FALSE;
118          diAutoStep:=10; //返回步10
119        END_IF
120
121        13://退出Y轴同步
122        fbHalt_Y.Execute:=TRUE;
123        IF fbHalt_Y.Done THEN
124            fbHalt_Y.Execute:=FALSE;
125          diAutoStep:=10; //返回步10
126        END_IF
127
128        14://退出Z轴同步
129        fbHalt_Z.Execute:=TRUE;
130        IF fbHalt_Z.Done THEN
131          fbHalt_Z.Execute:=FALSE;
132          diAutoStep:=10; //返回步10
133        END_IF
134
```

图 6-40　3 个伺服轴退出与手轮同步的程序

在步 20 停止 3 个伺服轴，断开同步后去掉伺服的使能，正常停止后返回步 0，如果停止过程出错进入步 100 进行处理，如图 6-41 所示。

```
SR_Main.ratioSpeed
135        20://退出3个伺服轴与手轮的同步
136        fbHalt_X.Execute:=TRUE;
137        fbHalt_Y.Execute:=TRUE;
138        fbHalt_Z.Execute:=TRUE;
139        IF  fbHalt_X.Done AND fbHalt_Y.Done AND fbHalt_Z.Done THEN
140            diAutoStep:=0;  //停止后返回步0
141            fbMc_Power_X.Enable:=FALSE;
142            fbMc_Power_Y.Enable:=FALSE;
143            fbMc_Power_Z.Enable:=FALSE;
144        END_IF
145        IF  fbHalt_X.Error OR fbHalt_Y.Error OR fbHalt_Z.Error THEN
146            diAutoStep:=100;//停止出错进行步100
147        END_IF
148
```

图 6-41　使用 MC_Halt 功能块断开主从同步

在步 100 中，判断确认故障后，使用复位按钮或者触摸屏上的故障复位按钮来复位故障，如果复位故障成功，3 个伺服轴的故障被清除，返回步 0 程序开始执行，如图 6-42 所示。

```
SR_Main.ratioSpeed
149      100://故障复位
150      //等待故障复位按钮合上复位故障
151      IF DRV_X.Axis.etAxisState<>0
152      AND DRV_Y.Axis.etAxisState<>0
153      AND DRV_Z.Axis.etAxisState<>0 THEN
154          diAutoStep:=0;  //故障复位后回到步0
155      END_IF
156  END_CASE
157
```

图 6-42　故障复位的程序

急停按钮开关 xEStop 采用常闭触点，也就是高电平正常，低电平时则触发 MC_Stop 功能块的执行，或者在使用柜外电动机时安全门开关被触发，调用 MC_Stop 功能块停止 3 个伺服轴，并将自动化步数设为 0，伺服快速停止后，驱动器的电源在按下急停按钮后一旦断电，只有将急停按钮开关复位，MC_Stop 功能块的 Execute 引脚变量才会变为 FALSE，才能重新运行伺服运动功能块。按下急停按钮快速停车的程序如图 6-43 所示。

```
152  //急停的程序，按下急停按钮或者在选择柜外电动机时安全门打开，开始快速停车
153  IF NOT xEStop OR (NOT GVL.xSelectMotor AND NOT xDoorSafety ) THEN
154      fbStop_X.Execute:=TRUE;
155      fbStop_Y.Execute:=TRUE;
156      fbStop_Z.Execute:=TRUE;
157      diAutoStep:=0;
158      ELSE
159      fbStop_X.Execute:=FALSE;
160      fbStop_Y.Execute:=FALSE;
161      fbStop_Z.Execute:=FALSE;
162  END_IF
```

图 6-43　急停的程序

当轴状态的枚举变量等于 0，说明当前的伺服轴故障，将伺服故障位的状态送到全局变量中，然后在 HMI 中显示，程序如图 6-44 所示。

```
SR_Main.ratioSpeed
169  //伺服故障位用于HMI的显示
170  GVL.xErr_X:=DRV_X.Axis.etAxisState=0; //高电平时，X轴故障
171  GVL.xErr_Y:=DRV_Y.Axis.etAxisState=0; //高电平时，Y轴故障
172  GVL.xErr_Z:=DRV_Z.Axis.etAxisState=0; //高电平时，Z轴故障
173
```

图 6-44　伺服故障位的程序

通过属性_伺服轴名称.Axis.stAxisError.etID 读取伺服故障 ID，属性_伺服轴名称.Axis.stAxisError.etSource 读取伺服故障源，这两个属性可帮助快速查找故障原因，解决现场出现的故障，另外，也可以直接观察伺服驱动器的前面板读取伺服的故障码，在有故障时面板会显示 AL***，其中***是故障代码，然后查阅手册，排查问题，如图 6-45 所示。

```
174  //伺服故障源，用于程序的内部诊断
175  udErrorID_X:=DRV_X.Axis.stAxisError.etID;//调用属性Axis.stAxisError.etID
176  udErrorID_Y:=DRV_Y.Axis.stAxisError.etID;//调用属性Axis.stAxisError.etID
177  udErrorID_Z:=DRV_Z.Axis.stAxisError.etID;//调用属性Axis.stAxisError.etID
178  udErrSource_X:=DRV_X.Axis.stAxisError.etSource;//X轴故障源
179  udErrSource_Y:=DRV_Y.Axis.stAxisError.etSource;//Y轴故障源
180  udErrSource_Z:=DRV_Z.Axis.stAxisError.etSource;//Z轴故障源
```

图 6-45　读取故障码和故障源代码的程序

4．MotorSwitch 动作

MotorSwitch动作完成柜内电动机和机械手工作台电动机的切换，切换时要先手动在机柜的后面插上柜内电动机或机械手的电动机动力线和编码器线。

在触摸屏上选择使用柜内还是柜外电动机，当切换到柜内电动机时，需输出模块TM5SDO12T1的0～8设为TRUE，以屏蔽伺服驱动器的正、负限位报警，并将切换急停信号的xExchangeES输出点设为TRUE，用于切换柜内急停和机械手上的急停信号，程序和输出模块TM5SDO12T1的变量表如图6-46所示。

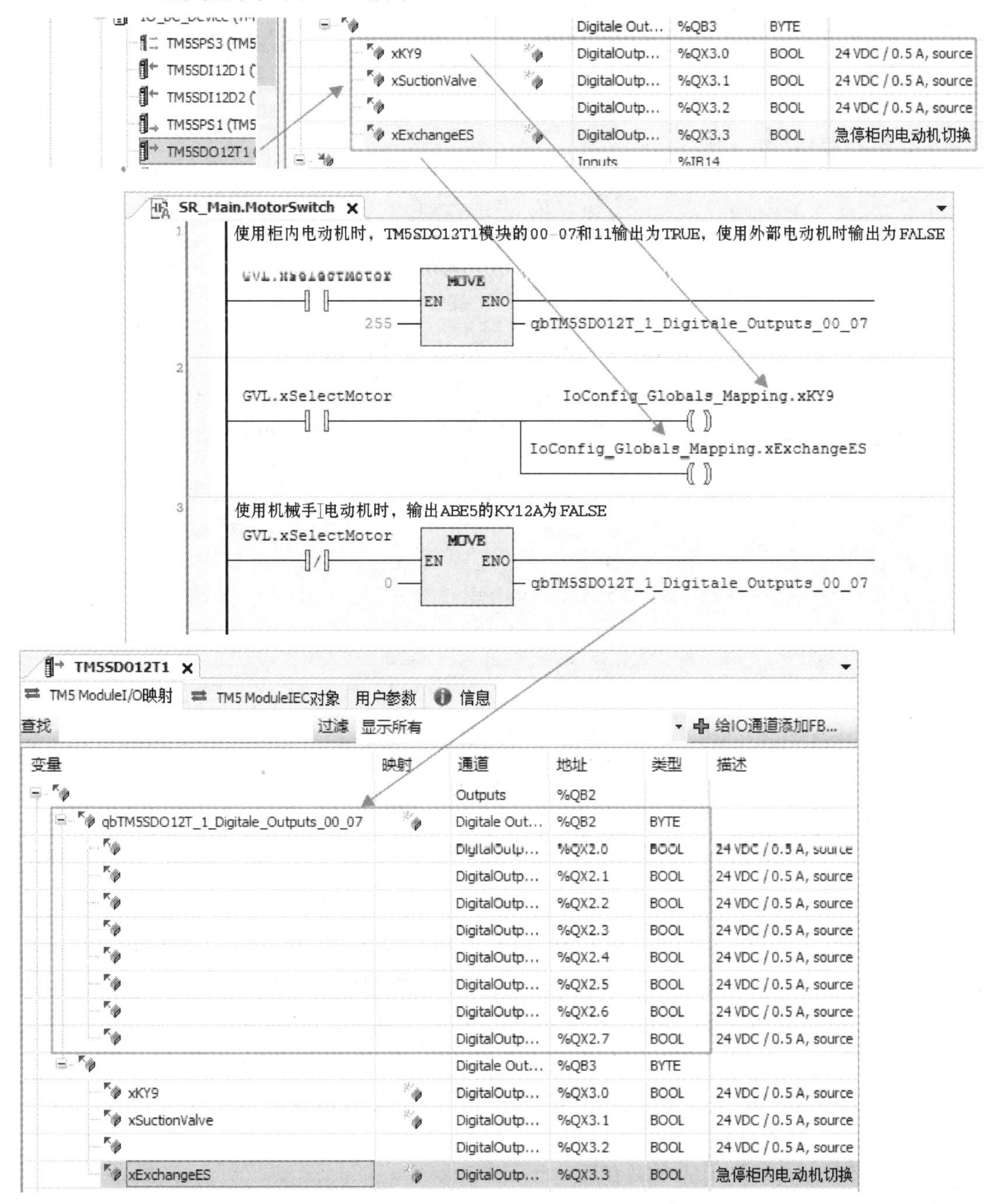

图6-46 柜内电动机和机械手电动机切换的程序及输出模块TM5SDO12T1的变量表

5. 程序中使用的全局变量

(1) 逻辑输入/输出映射的全局变量

M262 本体逻辑输入 DI0 变量接急停按钮，映射的全局变量是 xEStop；DI1 接柜体后面操作盒的 1 号开关即伺服上电开关，映射的全局变量是 xDrivePowerSwitch；DI2 接柜体后面操作盒的 2 号开关，映射的全局变量是 xStop，用于退出 3 个伺服轴与手轮的同步，如图 6-47 所示。

DI ×

捕捉输入 | I/O映射 | IEC对象 | I/O配置

查找 过滤 显示所有 给IO

变量	映射	通道	地址	类型	描述
输入					
		IB0	%IB0	BYTE	
xEStop		I0	%IX0.0	BOOL	急停按钮
xDrivePowerSwitch		I1	%IX0.1	BOOL	柜体的LT01开关上电
xStop		I2	%IX0.2	BOOL	柜体的LT02开关退出同步
		I3	%IX0.3	BOOL	

图 6-47 M262 中使用的本体逻辑输入

第一个扩展逻辑输入模块 TM5SDI12DI 下的第 2 个逻辑输入是故障复位用的拨码开关，映射的全局变量是 xResetSwitch，用于清除伺服出现的故障，如图 6-48 所示。

TM5SDI12D1 ×

TM5 ModuleI/O映射 | TM5 ModuleIEC对象 | 用户参数 | 信息

查找 过滤 显示所有 给IO通道添加FB... 转到实例

变量	映射	通道	地址	类型	默认值	单元	描述
ibTM5SDI12D_ModuleOK		ModuleOK	%IB6	BYTE			
		Inputs	%IB7				
		DigitalInputs 00-07	%IB7	BYTE			
		DigitalInput00	%IX7.0	BOOL			
xResetSwitch		DigitalInput01	%IX7.1	BOOL			故障复位按钮
		DigitalInput02	%IX7.2	BOOL			24 VDC, 0.1 to 25 ms switch
		DigitalInput03	%IX7.3	BOOL			24 VDC, 0.1 to 25 ms switch
		DigitalInput04	%IX7.4	BOOL			24 VDC, 0.1 to 25 ms switch
		DigitalInput05	%IX7.5	BOOL			24 VDC, 0.1 to 25 ms switch
		DigitalInput06	%IX7.6	BOOL			24 VDC, 0.1 to 25 ms switch
		DigitalInput07	%IX7.7	BOOL			24 VDC, 0.1 to 25 ms switch
ibTM5SDI12D_Digit...		DigitalInputs 08-11	%IB8	BYTE			

图 6-48 第一个扩展逻辑输入模块 TM5SDI12DI 中使用的全局变量

TM5SDI12D2 模块下的第 4 个逻辑输入为安全门限位开关，映射的全局变量是 xDoorSafety，这个变量通过一个中间继电器接入 LXM28S 的 STO 开关，断开 STO 与 24V 的连接，伺服驱动器将立即切断动力输出。扩展逻辑输入模块 TM5SDI12D2 使用前 3 个输入作为 X、Y、Z 轴的手动使能开关，映射的全局变量是 xEnable_X、xEnable_Y 和 xEnable_Z，第四个是安全门开关，映射的变量是 xDoorSafety，第 6 个逻辑输入是自动开始开关，映射的是 xAutoStart 变量，输入模块映射的变量如图 6-49 所示。

(2) 程序和触摸屏使用的全局变量

程序中使用的全局变量如图 6-50 所示。

TM5SDI12D2

TM5 ModuleI/O映射　TM5 ModuleIEC对象　用户参数　信息

查找　过滤　显示所有　给IO通道

变量	映射	通道	地址	类型	描述
xEnable_X		DigitalInput00	%IX10.0	BOOL	X轴使能
xEnable_Y		DigitalInput01	%IX10.1	BOOL	Y轴使能
xEnable_Z		DigitalInput02	%IX10.2	BOOL	Z轴使能
xDoorSafety		DigitalInput03	%IX10.3	BOOL	安全门不可更改
		DigitalInput04	%IX10.4	BOOL	DC 24 V, 0.1～25 m
xAutoStart		DigitalInput05	%IX10.5	BOOL	自动启动

图 6-49　第二个扩展逻辑输入模块映射的变量

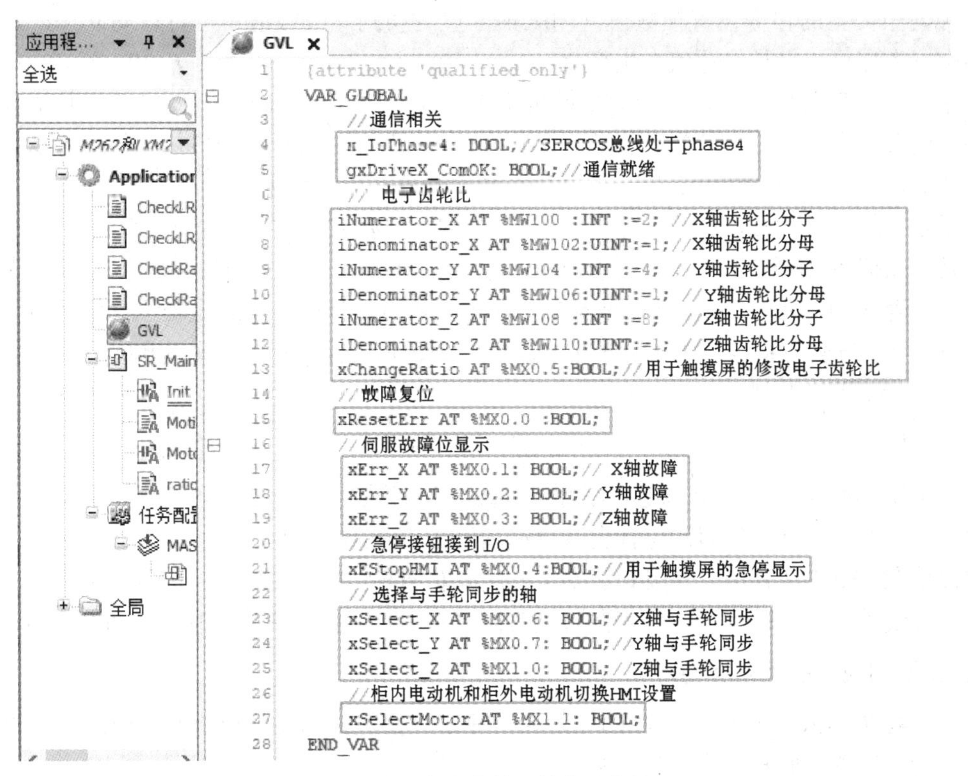

图 6-50　程序中使用的全局变量

6.1.15　伺服轴实轴和虚轴的选择

在运动控制系统中有实轴与虚轴之分，实轴有具体的伺服驱动器和电动机与它相对应，而虚轴只是在控制器中设置的一个虚拟的伺服轴（也就是说运动仅存在于 Motion Controller 中，如 M262，因而被称为虚轴）。

虚轴可以是主轴，让其他的实轴或虚轴作为从轴与它进行同步运动。虚轴作为主轴的优点是没有干扰、速度波动和报警，因为虚轴实际没有电动机负载，因此也不会出现类似实轴会遇到的机械或电气损坏或由选型不当、加减速过快、位置偏差过大等导致的故障停机。

虚轴也可以作为从轴，可以在 M262 不连接实际轴的情况下，仅使用 M262 进行程序校验和仿真，从而提高了编程的效率。

实际存在的轴如果设成虚轴，伺服电动机将不会使能和运动，它的使能和所有轴的运动都是在 M262 中虚拟完成的。

声明一个轴是纯虚轴的方法是将一个轴声明为 FB_ControlledAxis 的一个实例，纯虚轴对整个伺服控制器的性能影响比较小，常被用作整个机器运行基准的主虚轴，主虚轴的声明在 SR_Main 变量声明部分中，如图 6-22 中框选所示。

6.1.16 在总线初始化过程中设置伺服轴的运动类型

1. 模数（Modulo）轴

这种伺服类型的轴需设置模数值，伺服轴位置运动到此模数值后位置自动回 0，轴的物理位置不会发生变化，只是位置值发生变化。

如果负载类型是旋转轴，如伺服电动机不带减速机驱动一个转台，如果把伺服轴设成模数轴，并且模数值设为 360，则电动机每转 360°就是一圈，如果继续旋转，超过 360°轴的位置自动变为 0°，即下一圈还是 0～360°，这样轴位置仅在 0～360°变化。

如果是直线运动的轴，如包装行业常用的输送带，包装线需要把 6 个包装的饮料盒装成一箱，这时可以把 6 个饮料盒在输送带的长度（假设 1000mm）作为模值，即在 M262 中把模数轴的模值设为 1000，那么每走 1000mm 就会从零开始重新计算，也就是轴位置值大于 1000mm 就会回 0，一个方向一直运行也不会出现轴位置溢出的情况，这样新的 0～1000mm 代表了新的工作周期，方便程序编制。

2. 线性轴

一般来讲伺服轴带动的机械是直线往返运动，这种线性轴有带限位和不带限位两种。如果伺服轴向一个方向运行，伺服的位置会一直递增下去，直到溢出。

线性轴在 M262 中有带长度限制和不带长度限制两种。

常见的线性轴有滚珠丝杠，因为其长度有限，在 M262 中选择线性轴带位置限制轴。

3. 设置伺服轴的运动类型

用户需要在 SERCOS 总线达到 CP4 之前，使用设置伺服轴轴类型的方法初始化轴的类型。

（1）需要设置伺服轴的类型为模数轴

采用轴名称.Axis.SetAxisTypeModulo 的方法，编写程序时要注意，与功能的调用类似，不需要再创建功能块的实例，同时设置模数值 i_lrPeriod，变量类型是长浮点，如图 6-51 所示。

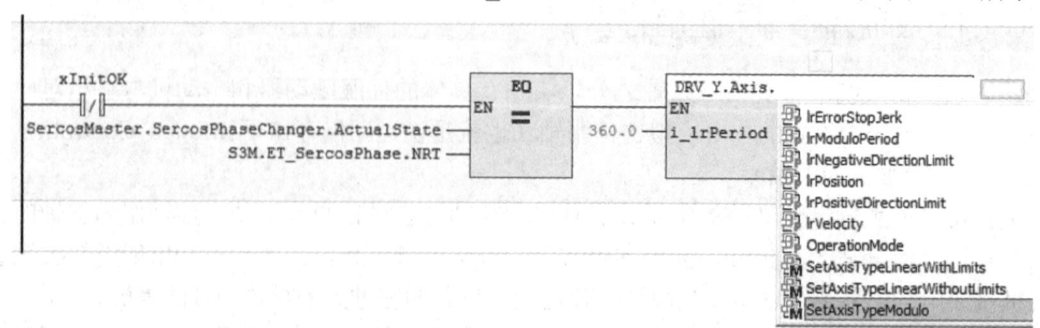

图 6-51 设置伺服轴的类型为模数轴

（2）调用伺服轴的设置轴类型为线性带位置限制轴类型

采用轴名称.Axis.SetAxisTypeLinearWithLimits 的方法，同时设置线性轴的位置范围，需要设置负极限位置值和正极限位置值，如图 6-52 所示。

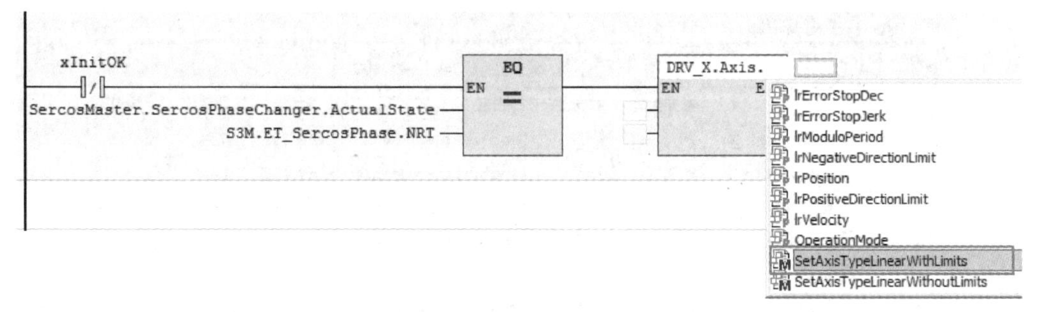

图 6-52　带位置限制轴类型的设置

（3）调用伺服轴的设置轴类型为线性不带位置限制轴类型

采用轴名称.Axis.SetAxisTypeLinearWithoutLimits 的方法，与调用伺服轴的设置轴类型为线性带位置限制轴类型的方法类似，并且不需要设置位置范围值，不再赘述。

6.1.17　LXM28S 伺服轴的设置

1．设置轴的机械参数

在实际工程中，可以根据伺服轴连接的机械参数设置 Scaling 目录下与机械有关的参数。

参数组 Scaling 目录下的参数用于设置机械参数，设备位置与轴位置之间的关系可表示为

$$设备位置=轴位置\times\frac{伺服规定的脉冲增量(IncrementResolution)}{每转一圈实际行走的位置值(PositionResolution)}\times\frac{减速机输出(GearOut)}{减速机输入(GearIn)}$$

其中，伺服规定的脉冲增量（IncrementResolution）指的是伺服电动机规定的每圈脉冲增量，当伺服是 LXM28S 或 LXM32S 时，此参数固定为 131072 个脉冲，不能修改。每转一圈实际行走的位置值（PositionResolution）指的是负载侧的一圈对应的用户单位，变量类型是长浮点，如果伺服电动机连接的滚珠丝杠的导程是 5mm，用户单位是μm，则此参数应该设置为 5000。参数 GearOut 的值除以参数 GearIn 的值得到减速机的减速比，变量类型是无符号双整型，不使用减速机时这两个参数都为 1。

2．改变伺服轴的运动方向

修改 LXM28S 的参数 P1-01 的百位的值可以修改伺服电动机的运动方向，修改后伺服需要断电重新起动，才能让修改的参数生效，并且这种改变伺服轴的运动方向的方法对伺服的固件版本是有要求的。

另外，也可以使用参数 InvertDirection 修改电动机的运行方向，如通过把 TRUE 改为 FALSE 来更改电动机的旋转方向。使用参数 InvertDirection 可以方便地调整伺服电动机的运动方向，而且不用修改编写的程序。

6.1.18　触摸屏上的编程

在 Vijeo Basic 软件中添加程序中使用的变量，包括 X、Y、Z 轴电子齿轮比分子、分母；

柜内电动机和外部机械手的切换；以及 3 个伺服轴是否与手轮同步的选择按钮、3 个伺服轴故障显示和故障复位、修改电子齿轮比、系统的急停状态显示等。

按照 5.1.12 节的内容设置 HMI 的变量和画面，如图 6-53 所示。

Target1 - 变量编辑器

	名称	数据类型	数据源	扫描组	设备地址	报警组	记录组
1	AxisDenom_X	INT	外部	ModbusEquipment01	%MW102	禁用	无
2	AxisDenom_Y	INT	外部	ModbusEquipment01	%MW106	禁用	无
3	AxisDenom_Z	INT	外部	ModbusEquipment01	%MW110	禁用	无
4	AxisErr_X	BOOL	外部	ModbusEquipment01	%MW0:X1	禁用	无
5	AxisErr_Y	BOOL	外部	ModbusEquipment01	%MW0:X2	禁用	无
6	AxisErr_Z	BOOL	外部	ModbusEquipment01	%MW0:X3	禁用	无
7	AxisNum_X	INT	外部	ModbusEquipment01	%MW100	禁用	无
8	AxisNum_Y	INT	外部	ModbusEquipment01	%MW104	禁用	无
9	AxisNum_Z	INT	外部	ModbusEquipment01	%MW108	禁用	无
10	changeRatio	BOOL	外部	ModbusEquipment01	%MW0:X5	禁用	无
11	Estop	BOOL	外部	ModbusEquipment01	%MW0:X4	禁用	无
12	resetErr	BOOL	外部	ModbusEquipment01	%MW0:X0	禁用	无
13	SelectGearIn_X	BOOL	外部	ModbusEquipment01	%MW0:X6	禁用	无
14	SelectGearIn_Y	BOOL	外部	ModbusEquipment01	%MW0:X7	禁用	无
15	SelectGearIn_Z	BOOL	外部	ModbusEquipment01	%MW0:X8	禁用	无
16	SelectMotor	BOOL	外部	ModbusEquipment01	%MW0:X9	禁用	无

图 6-53　在触摸屏上创建的变量

X、Y、Z 轴的电子齿轮比的分子、分母使用 6 个输入域设置，3 个伺服轴的故障使用 3 个故障指示灯显示，3 个伺服轴的同步采用自翻转按钮来操作，按一次同步，再按一次断开同步，颜色也会改变，柜内电动机和外部机械手电动机的选择也是使用 HMI 上的一个自翻转按钮来操作，使用柜内电动机时会接通第一个逻辑输出模块的第 1～9 输出和第 12 个逻辑输出，同时参见电动机切换动作 MotorSwitch 中的程序。多轴电子齿轮控制画面如图 6-54 所示。

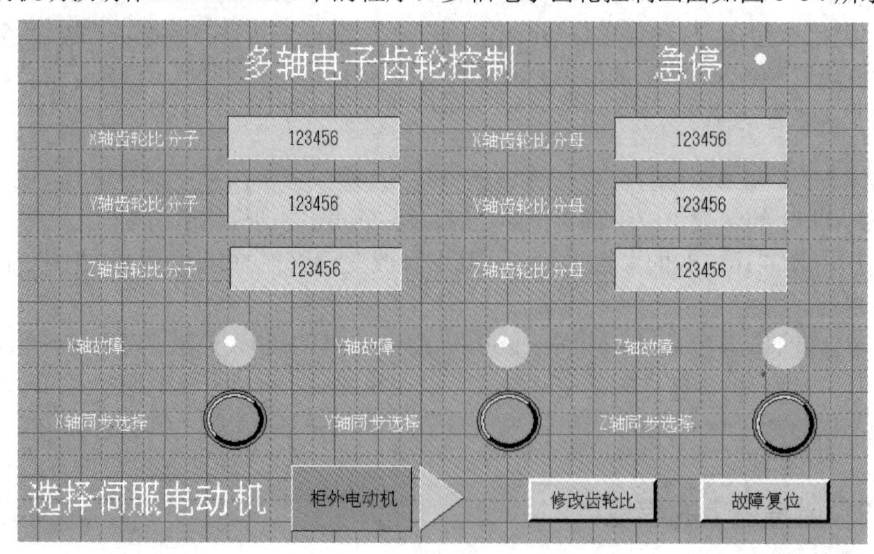

图 6-54　多轴电子齿轮控制画面

6.1.19　存盘、下载和调试

在断电的情况下，将 TM5NS31 的地址设为 4，然后将柜内的交流供电断路器 QA112\113\114\115\121 闭合，并将 24V 电源断路器 QD121～129 闭合。

将 M262、触摸屏程序编译下载后，运行 PLC，如果急停按钮处于正常位置，M262 的逻辑输出 Q0 输出点得电，主电源接触器 KM111 吸合后给变频器和伺服上电。

程序将自动延时 30s，等待所有 LXM28S 伺服初始化过程完成，与 M262 的 SERCOS 主轴正常建立通信。

在 M262 电控柜中安装的 3 台电动机可以通过柜子背面的军规插口接到外部机械手上。柜内电动机和外部机械手电动机的切换可以在触摸屏的按钮上设置，切换过程中伺服会因为限位信号的变化而报警，需按下触摸屏上的故障复位按钮来清除伺服故障后才能正常运行。

在切换柜内电动机和机械手电动机时，注意先断电，并且不要将 3 根伺服电动机动力线和编码器线插错位置，否则会引起电动机飞车，导致伤人或设备损坏。

任务 6.2　M262 多轴电子凸轮的追剪同步的实现

本任务实现 3 个伺服轴飞剪的功能，第一个伺服轴用于物料输送，自动运行后匀速运行；第二台伺服电动机控制剪切机构移动，完成剪切机构的同步和返回到起始位置的动作；第三台伺服用于控制切刀，在剪切机构到达同步区后，完成切断物料的动作，移动是从锯的起始点到切断的位置点后，再回到起始点。追剪切割的长度可以手动调整和修改，切换长度能够切换。

6.2.1　机械凸轮和电子凸轮

1. 机械凸轮的工作原理

机械凸轮机构一般是由凸轮、从动件和机架 3 个构件组成的高副机构。

机械凸轮通常做连续等速转动，也可做往复摆动和移动，从动件根据使用要求设计，可以使从动件实现预先设定的运动。传统的机械凸轮一般用来实现非线性加工轨迹。

简单来讲，机械凸轮通过凸轮的轮廓形状将两轴的运动联系起来，通过设计不同的凸轮轮廓曲线，使从动件实现期望的运动曲线，这样根据工艺要求设计特定的凸轮轮廓曲线，就可以在从动件上获得需要的机械动作。

机械凸轮的工作示意图如图 6-55 所示。图中凸轮做匀速旋转运动，凸轮的形状一部分是圆形的平面，另一部分是一个凸起的曲面，当凸轮旋转时，如果推杆接触的是圆形的部分，被凸轮推动的从动件（推杆）是不动的，当推杆接触到凸轮凸起部分时，推杆开始上升，直到达到最高点，过了最高点后，在重力作用下推杆开始下降，到圆形区位置又不动，如此周而复始。从推杆的位移图来看，推杆的位移曲线不是直线，也就是说凸轮曲线是非线性的。

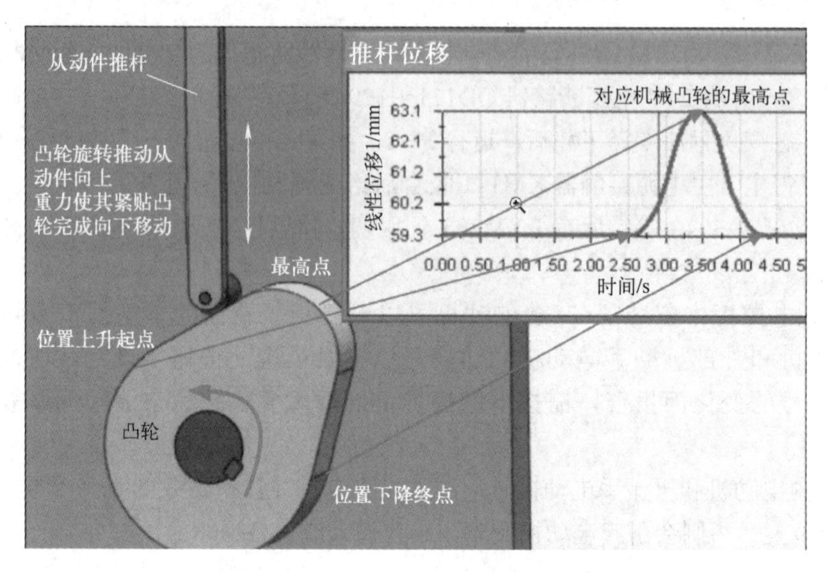

图 6-55　机械凸轮的工作示意图

定义凸轮为主轴，推杆为从轴，那么凸轮的实质就是从轴对应主轴的一种位置对应关系。

2．电子凸轮的概念和优点

电子凸轮由机械凸轮演化而来，利用伺服控制器的编程软件，根据生产工艺构造凸轮曲线来模拟机械凸轮，实现从轴和主轴之间确定的位置同步关系，这个同步关系可以是线性的也可以是非线性的，电子齿轮可以看作是一种特殊的电子凸轮。

典型的电子凸轮应用有飞剪、追剪、飞锯、跟随、同步等。

（1）电子凸轮的主轴

类比机械凸轮主轴的概念，将电子凸轮的主轴看作推动电子凸轮旋转的某个设备，它的位置或角度是电子凸轮曲线 X 轴的横坐标，主轴可以是虚轴，也可以是实轴，实轴可以是伺服电动机或者连接能反映物料位置和角度的编码器。

如果虚轴作为主轴，它的位置可以由编程软件直接提供。伺服轴作为主轴，它的位置由伺服电动机的编码器提供，通过通信读入伺服控制器中。

编码器作为主轴，通过 M262 本体的编码器口或者编码器模块读入所连接的编码器位置信息，M262 本体接口支持 RS422 接口的增量编码器和 SSI 接口的编码器。

（2）电子凸轮的从轴

从轴是根据电子凸轮曲线进行运转，在凸轮曲线中作为 Y 轴的变量函数，从轴的位置类似机械凸轮机构中推杆的位置。从轴大多数情况下是伺服驱动器，在复杂的电子凸轮应用案例中，也有把虚轴作为从轴的实例。

ESME 中的电子凸轮实例如图 6-56 所示。凸轮曲线的横坐标是主轴位置，纵坐标是从轴位置。

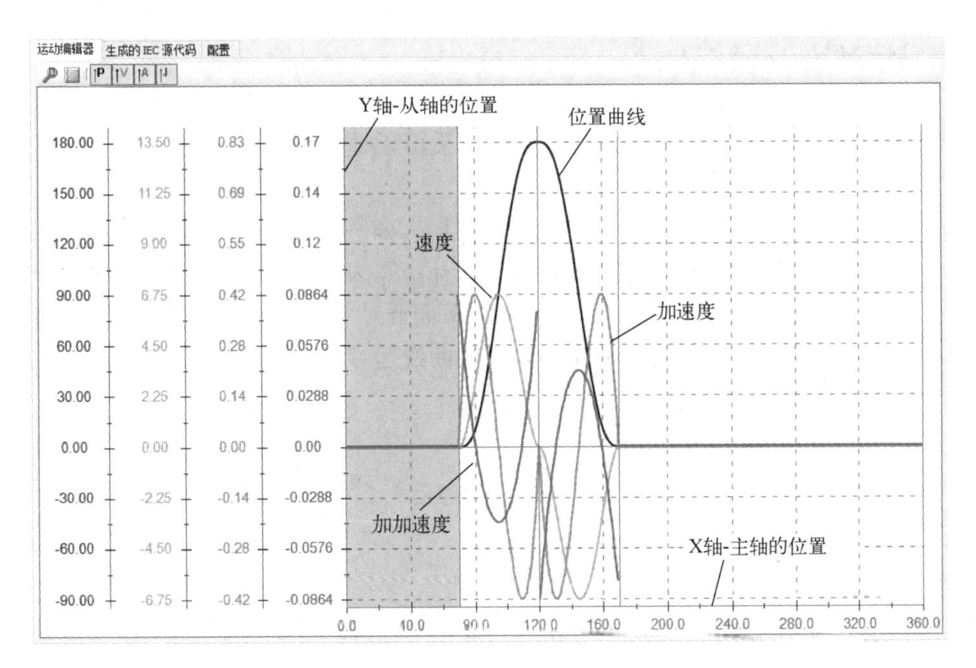

图 6-56　ESME 中的电子凸轮实例

凸轮曲线绘制完成后，凸轮编辑器软件会自动计算速度、加速度和加加速度，这 3 个物理量在图中曲线的颜色分别是绿色、蓝色和紫色。在主轴 0～60°时，从轴保持静止，在主轴 60°时，从轴开始正向移动，在主轴 120°时从轴移动到 180°停止，然后开始反向移动，在主轴 180°时从轴回到起点 0，在主轴 180°～360°时从轴保持静止，通过凸轮曲线建立了主从轴的同步关系。

电子凸轮相比机械凸轮有以下优点：

1）电子凸轮可以通过修改程序切换运动动作，灵活性高，而机械凸轮的结构固定，一种结构只能实现一种运动动作，当凸轮曲线变化时，只能重新加工新的凸轮，灵活性差。

2）在很多行业中电子凸轮的精度高于机械凸轮，电子凸轮替换机械凸轮也成为趋势。

3）机械凸轮运行一段时间后，因为磨损存在精度下降和噪声变大的问题。电子凸轮因为只存在编程软件当中，不存在这些问题。

3. 创建电子凸轮曲线的两种方法

电子凸轮曲线的创建是伺服编程人员完成机器工艺要求的关键环节，在 ESME 软件中目前主要有两种方法。

（1）使用凸轮编辑器生成凸轮曲线

使用虚主轴控制机械的运行或者使用某个伺服或编码器作为主轴，根据主轴旋转角度的增大，找出工艺要求的几个关键的位置点，这些点称为凸轮点，这些凸轮点把机器工作分成几个不同的阶段，然后根据机械工艺要求设置这几个凸轮点之间的过渡方式，完成凸轮曲线的设计。

在 M262 中将两个凸轮点和凸轮点之间的曲线称为段，目前凸轮编辑器最多可以使用 32 个段，如果多于 32 个段，可以使用多个凸轮表切换或者使用下面介绍的第二种方法插补凸轮，这种方法可以最多实现 10000 个凸轮点的凸轮曲线。

（2）插补凸轮法

根据特殊工艺算法或者从轴与主轴的函数关系，直接生成大量的凸轮点，即所谓的插补方式生成凸轮曲线，这种生成凸轮曲线的方法几乎可以适用于所有工艺，缺点是操作过程比较烦琐。

在 M262 的凸轮功能块 CamIn 中，支持两种插补凸轮的方式：一种是直线插补，凸轮点和凸轮点之间是直线；另外一种是 5 次方运动曲线插补，它的凸轮点之间是 5 次方曲线。

插补凸轮点的数组长度的范围是 3～10000。下面通过一个简单的例子来演示如何使用插补凸轮，目标是实现如图 6-57 所示的 10 个凸轮点的曲线运行。

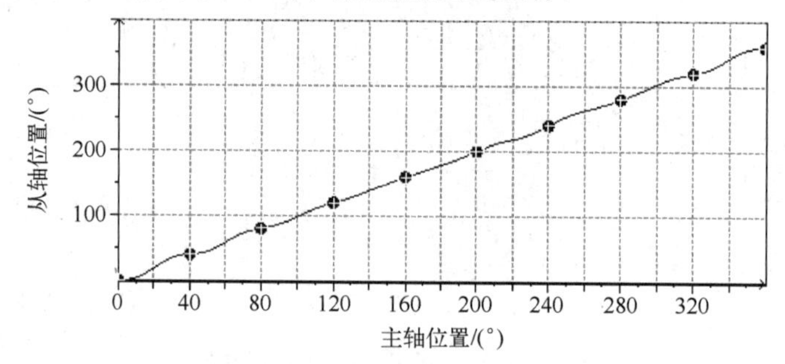

图 6-57　插补凸轮要求的凸轮曲线

由图 6-57 可知，此凸轮曲线共有 10 个凸轮点，每个点的 X 对应主轴位置，Y 对应从轴位置，V 对应凸轮点速度，A 对应凸轮点加速度，要求运行曲线的凸轮点如图 6-58 所示。

cam　cam表　挺杆　挺杆表

	X	Y	V	A	J	段类型
	0	0	0	0	0	
						Poly5
	40	40	0.25	0	0	
						Poly5
	80	80	0.5	0	0	
						Poly5
	120	120	0.75	0	0	
						Poly5
	160	160	1	0	0	
						Poly5
	200	200	1.25	0	0	
						Poly5
	240	240	1.5	0	0	
						Poly5
	280	280	1	0	0	
						Poly5
	320	320	0.5	0	0	
						Poly5
	360	360	0	0	0	

图 6-58　要求运行曲线的凸轮点

因为要求曲线的点与点之间是5次方曲线，所以将数组的类型选择为5次方曲线，将数组声明为MotionInterface下的结构体变量ST_InterpolationPointXYVA，同时声明一个Cam_inter的变量用于CamIn的引脚InterpolationParameter输入，如图6-59所示。

```
{attribute 'qualified_only'}
VAR_GLOBAL
    HomeMethod_IDN: DWORD;
    HomeMethod_IDN_X: DWORD;
    HomeHighVel_IDN_X: DWORD;
    HomeLowVel_IDN_X: DWORD;
    HomeAcc_IDN_X: DWORD;
    Homeoffset_IDN_X: DWORD;
    x_IsPhase4: BOOL;
    gxDriveX_ComOK: BOOL;
   //声明凸轮曲线的Cam_ID
   Cam_feed:PLCO.MC_CAM_ID;//输送轴
   Cam_Move:PLCO.MC_CAM_ID;//剪切机构平移轴
   Cam_SawCut:PLCO.MC_CAM_ID;//锯刀轴

   Cam_inter: MOIN.ST_InterpolationParameter;
   CamInterpolation_1: ARRAY[1..10] OF MOIN.ST_InterpolationPointXYVA;
END_VAR
```

图6-59 变量插补的数组声明

MotionInterface库中结构体变量ST_InterpolationPointXYVA中的元素见表6-2。

表6-2 结构体变量ST_InterpolationPointXYVA中的元素

变量	数据类型	描述
X	LREAL	凸轮点的主轴位置
Y	LREAL	凸轮点的从轴位置
V	LREAL	凸轮点的速度（对应于斜率）
A	LREAL	凸轮点的加速度（对应于曲率）

设置时要保证主轴X的位置是逐渐增加的，并且不能出现重复，另外当凸轮运行时不能修改凸轮点的值。

数据类型MC_Interpolation_Parameter用于设置插补凸轮的参数。它是MotionInterface库的结构ST_Interpolation_Parameter的别名。需要在程序中设置其结构体各个变量的值。

1）凸轮点个数udiNumCamPoints。此参数用来填充有凸轮点的数组长度的数量。如果数组大于已填充的凸轮点的数量，则忽略多余的数组元素。

2）主轴的最小位置lrMinMasterPosition和最大位置lrMaxMasterPosition。使用5次多项式插补时，lrMinMasterPosition和lrMaxMasterPosition参数对凸轮曲线没有影响。如果使用线性插补的数组，主站的位置范围通过lrMinMasterPosition和lrMaxMasterPosition设置。最低数组索引处的凸轮点对应lrMinMasterPosition。通过udiNumCamPoints设置的数组索引处的凸轮点对应lrMaxMasterPosition。其他凸轮点均匀分布在这些主站位置之间。

3）插补的类型etInterpolationMode。此结构体变量是枚举变量，用来指定插补类型。YArrayLinear设置值为0，表示凸轮轨迹是位于各凸轮点之间的直线；XYVAArrayPoly5设置值为 1，表示凸轮点之间的轨迹是 5 次多项式。

在 CamIn 调用的 fbCam_1 实例中，使用 ADR 指令将 5 次方曲线的数组地址赋给 InterpolationPoints 引脚输入，功能块就采用此数组中的数值生成插补凸轮点，凸轮被设为周期执行，并且主轴和从轴的启动模式都是 absolute（绝对），程序如图 6-60 所示。

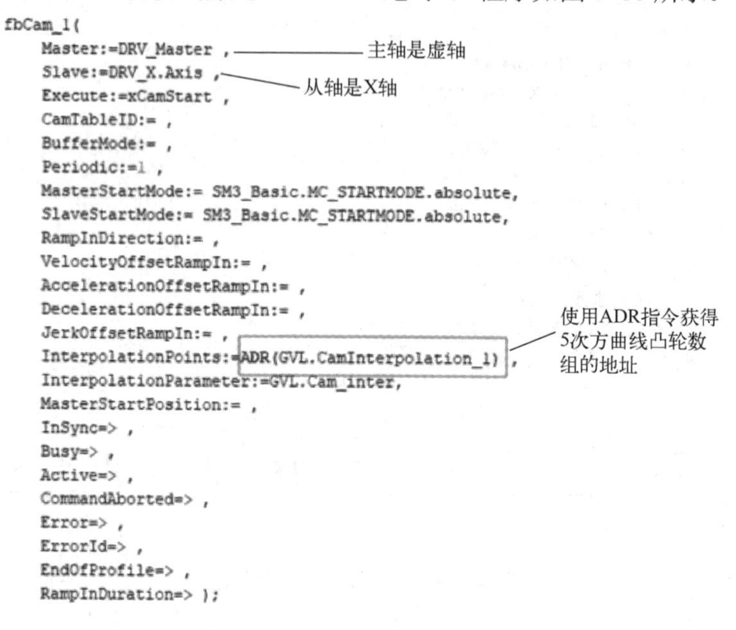

图 6-60　CamIn 程序实例

在 cam_create1 动作中填写凸轮点数组的设置和 X、Y、V、A 值，其中 X 是凸轮点数组的主轴位置，Y 是从轴位置，V 是速度，A 是加速度。

程序使用 FOR 循环语句和赋值语句来简化设置凸轮点的 X、Y、V、A 的过程，这在凸轮点很多的情况下可以减小工作量，值得注意的是凸轮曲线的插补方式要设为 1，即 5 次方插补，凸轮点的个数设为 10，与数组的长度一致，如图 6-61 所示。

```
SR_Main.Init | SR_Main.cam_create1 X | SR_Main | Cam | SR_Main
1  GVL.Cam_inter.etInterpolationMode:=1;//插补凸轮选择5次方
2  GVL.Cam_inter.udiNumCamPoints:=10;  //凸轮点个数10与数组的长度要一致
3
4  FOR di_i:=1 TO 10 BY 1 DO// 使用For循环填写数组的结构体变量
5  GVl.CamInterpolation_1[di_i].A:=0;
6  GVl.CamInterpolation_1[di_i].X:=(di_i-1)*360/9.0;
7  GVl.CamInterpolation_1[di_i].Y:=(di_i-1)*360/9.0;
8  END_FOR;
9  FOR di_J:=1 TO 7 BY 1 DO
10
11 GVl.CamInterpolation_1[di_i].V:=(di_i-1)*0/0.25;//1~7的速度值
12
13 END_FOR;
14 //8、9、10使用赋值语句写入值
15 GVl.CamInterpolation_1[8].V:=1.0;
16 GVl.CamInterpolation_1[9].V:=0.5;
17 GVl.CamInterpolation_1[10].V:=0;
18
```

图 6-61　凸轮点的程序设置

下载程序，在线运行 M262 后，首先为主轴和 X 轴加上使能。

因为凸轮曲线的绝对方式需要设置原点，所以要对主轴和 X 轴执行 SetPosition 设置原点。设置原点成功后，开始执行 CamIn 功能块，在本任务中主轴是虚轴，执行的是速度移动，速度给定值为 360，模值也是 360，对应主轴旋转速度 60r/min，在跟踪图形中可以看到从轴的位置曲线和要求运行的曲线已经一致，说明插补凸轮已经正常工作，如图 6-62 所示。

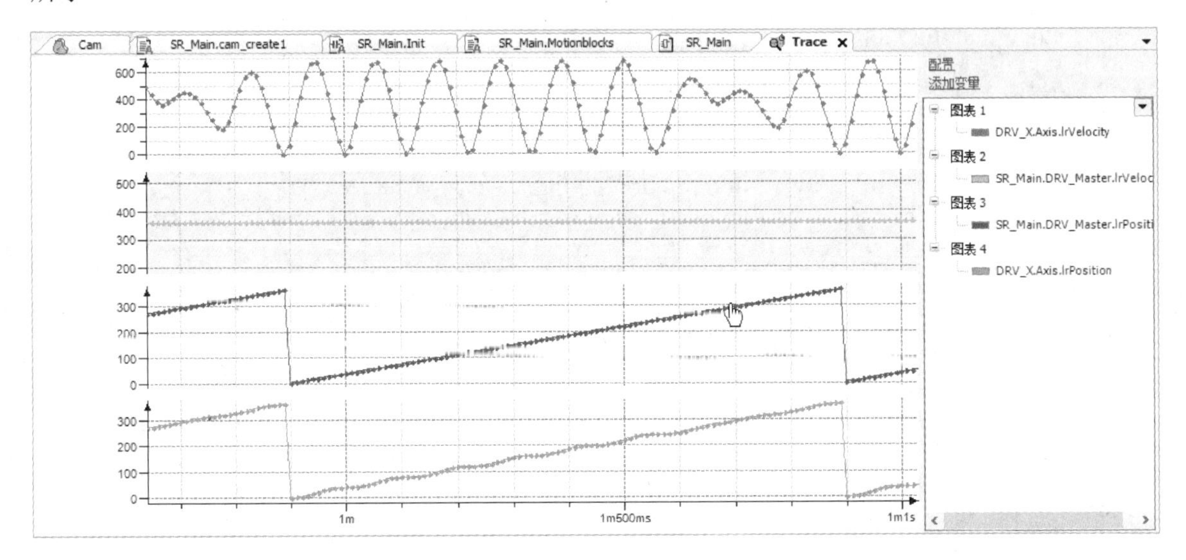

图 6-62　插补凸轮的运行结果

6.2.2　M262 电子凸轮 CamIn 功能块

1．相偏移 MC_PhasingAbsolute 功能块

MC_PhasingAbsolute 功能块用于在当前凸轮曲线上，叠加一个从凸轮从轴角度看到的主轴位置与此从轴位置之间的相偏移。

MC_PhasingAbsolute 功能块必须和电子凸轮 MC_CamIn 功能块一起使用。主轴和从轴必须与已激活的 MC_CamIn 功能块的主轴和从轴相同。

2．MC_PhasingAbsolute 的工作原理

在没有使用 MC_PhasingAbsolute 功能块之前，跟踪图形中第一行变量从轴位置和第二行变量主轴位置是一一对应的，从轴起始位置对应主轴位置 0，从轴结束位置对应主轴的 360°。

第一次调用 MC_PhasingAbsolute 功能块并且相偏移设为 100°时，在主轴位置 260°时，从轴结束，此后，从轴工作周期与主轴的对应关系变为起点位置和终点都是 260°。

再次调用 MC_PhasingAbsolute 功能块并且相偏移设为-100°时，从轴位置和主轴位置对应关系向右侧延长了 200°，此后，从轴工作周期与主轴的对应关系变为起点位置和终点都是

160°，如图 6-63 所示。

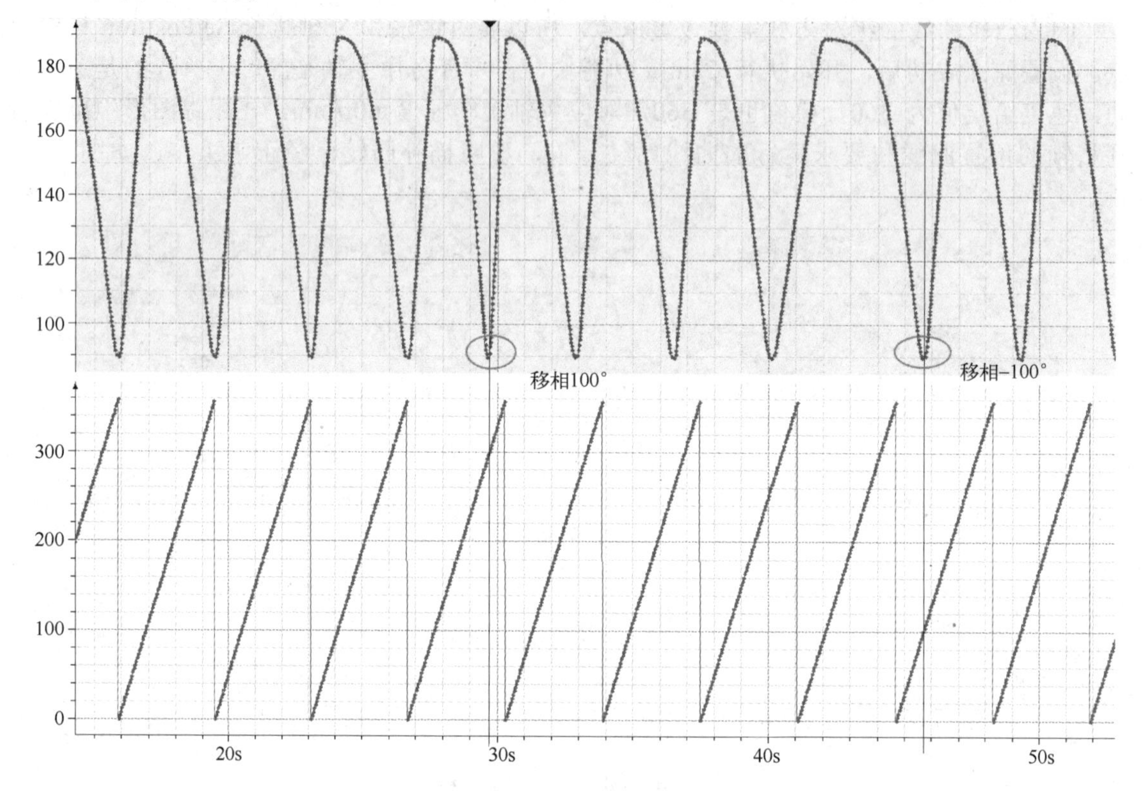

图 6-63　MC_PhasingAbsolute 功能块对凸轮曲线的影响

MC_PhasingAbsolute 功能块的一个典型应用是替换 SoftMotion 的 CamIn 功能块的主轴偏移 MasterOffset 功能。

MC_PhasingAbsolute 功能块的第二个典型应用是包装行业的定长切割应用，在定长切割中利用色标修正薄膜的切割长度调整，利用色标功能块 MC_TouchProbe 检测包装薄膜的色标位置，然后利用 MC_PhasingAbsolute 功能块根据调整量生成相偏移，完成薄膜切割长度的自动调整。

6.2.3 项目创建和硬件组态

创建 PLC 为 TM262M35MESS8T、编程语言为梯形逻辑图、名称为 M262 和 LXM28S 的多轴电子凸轮运动程序追剪三伺服轴的新项目。主编码器的添加和设置与 6.1.13 节中的 Jogwheel 相同。

添加 SERCOS 主站时，单击“设备树”→“Ethernet_1（ETH1）”右侧的绿色图标，在“添加设备”对话框中选择“SERCOS Master”来添加 SERCOS 的主站，单击“SercosMaster（Sercos Master）”右侧的绿色图标添加从站，添加设备过程与多轴电子齿轮控制项目类似，组态完成后设置伺服轴的参数，如图 6-64 所示。

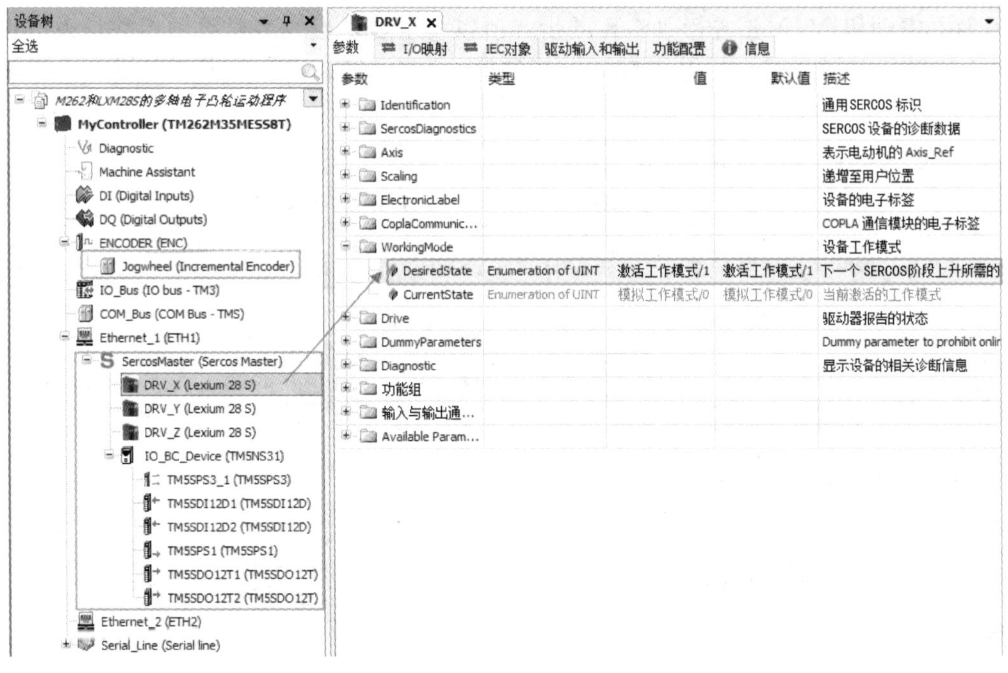

图 6-64　添加 SERCOS 主站和从站

6.2.4　轴初始化 Init 动作和编程

创建 Init 动作，编程语言选择梯形图。在 Init 动作的初始化程序中，完成的是 Y 轴送料伺服，用来拖动输送带，伺服电动机圈对应 5ms，所以把 PositionResolution 设为 5000，单位为 mm/10，因为模值要大于最大的切割长度 30000，对应带材长度 30cm，所以在初始化动作 Init 中，将 Y 轴设为模数轴，模数轴的模值是 50000。

因为主接触器 KM111 吸合后，要等待 3 个伺服轴的初始化过程，这个过程需要 26s 左右，所以程序加了一个延时，另外，为了在按急停按钮复位后重新上电初始化程序能够正常复位，在延时期间会复位初始化标志位 xInitOK，在延时到达之前，会调用 RETURN 语言返回，不执行后面的程序，如图 6-65 所示。

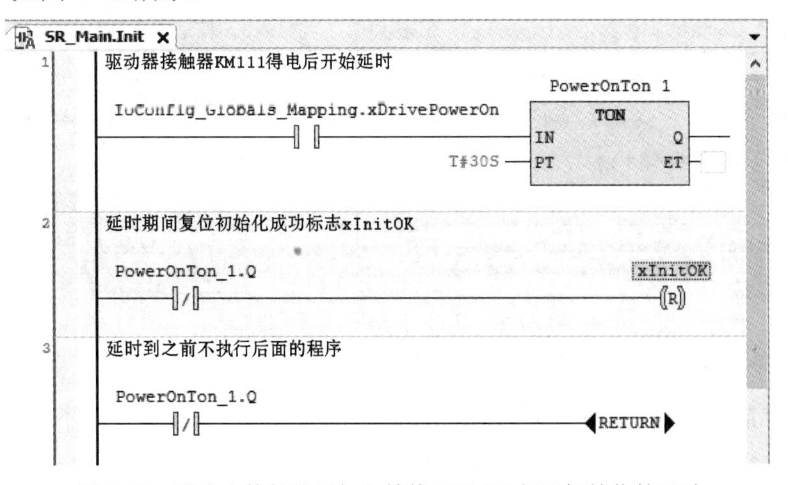

图 6-65　吸合主接触器后加入等待 LXM28 伺服初始化的延时

因为主虚轴和 Y 轴要进行 1∶1 同步，所以将主虚轴也设为模数轴，并且模值也设为 360000，X 轴和 Y 轴的最大行程是 50cm，模数值设为 500000，Z 轴将模数值设为 360000，程序如图 6-66 所示。

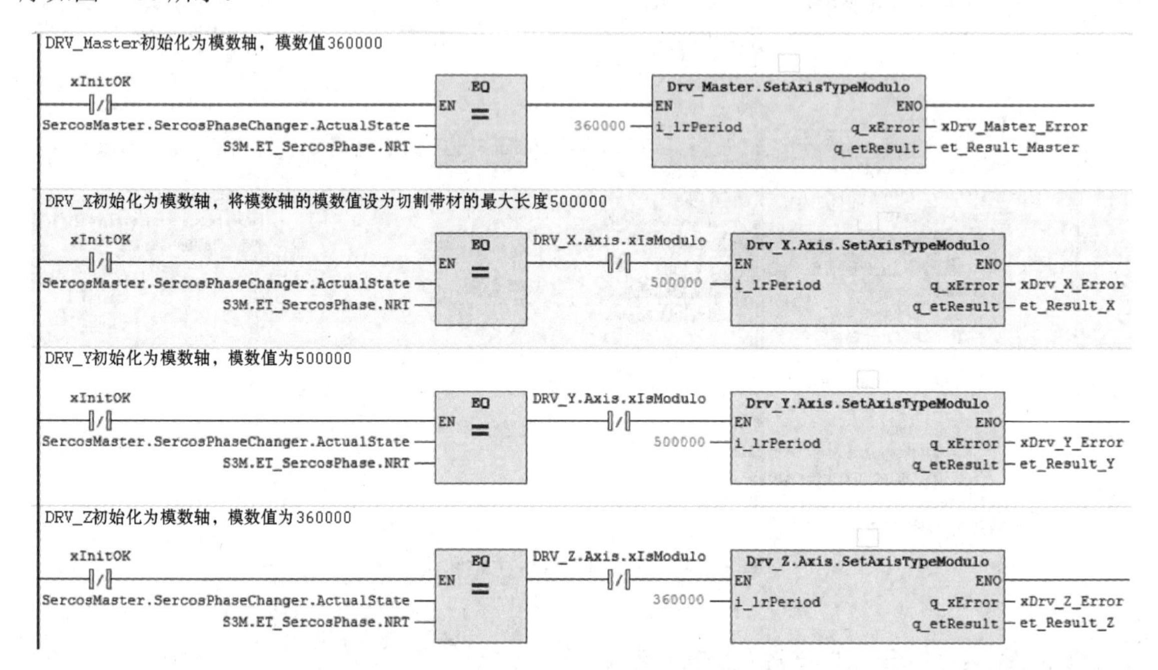

图 6-66　主轴和 3 个轴的模数轴设置

设置 X、Y、Z 轴的故障停止斜坡时间为 50000，这样在出现故障停止时位置一致，如图 6-67 所示。

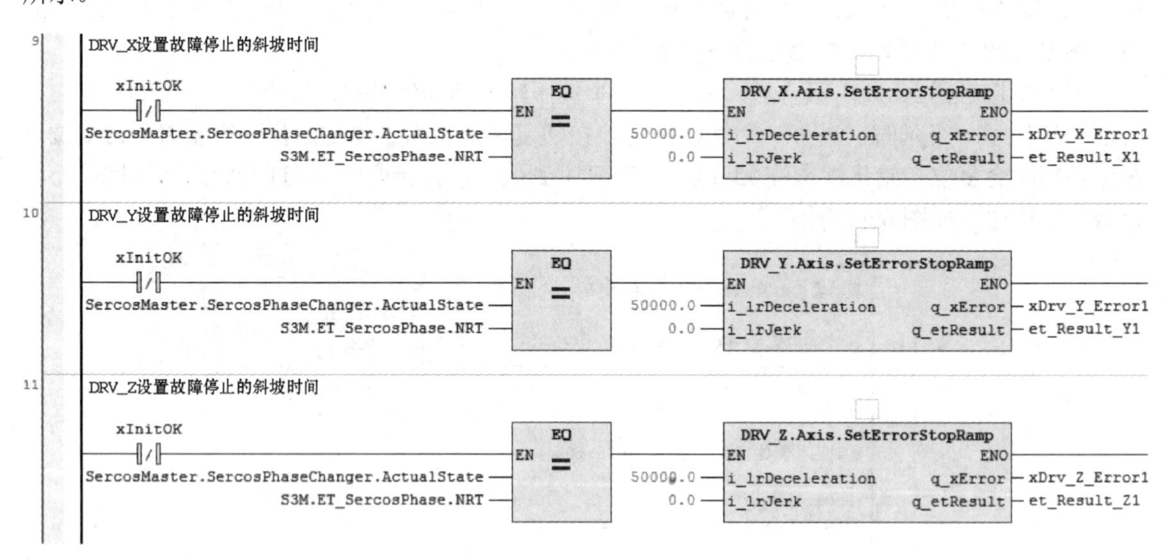

图 6-67　设置 3 个轴的故障停止斜坡时间

初始化程序后面的程序与电子齿轮比的最后的程序相同，限于篇幅，不再赘述。

6.2.5　FB_readErrornumber_Lxm28

参照 4.3.7 节中的内容创建 FB_readErrornumber_Lxm28，用于通过参数读取伺服轴的故障，SERC.FC_IdnStringToDword 功能块把 IDN 参数转换成双字，变为后面功能块能识别的格式。BLINK 功能块创建方波，周期执行读参数操作，时间在 i_TimeRead 引脚输入，实际读取参数的间隔是 2 倍的 i_TimeRead 设置值。程序和功能块的参数设置如图 6-68 所示。

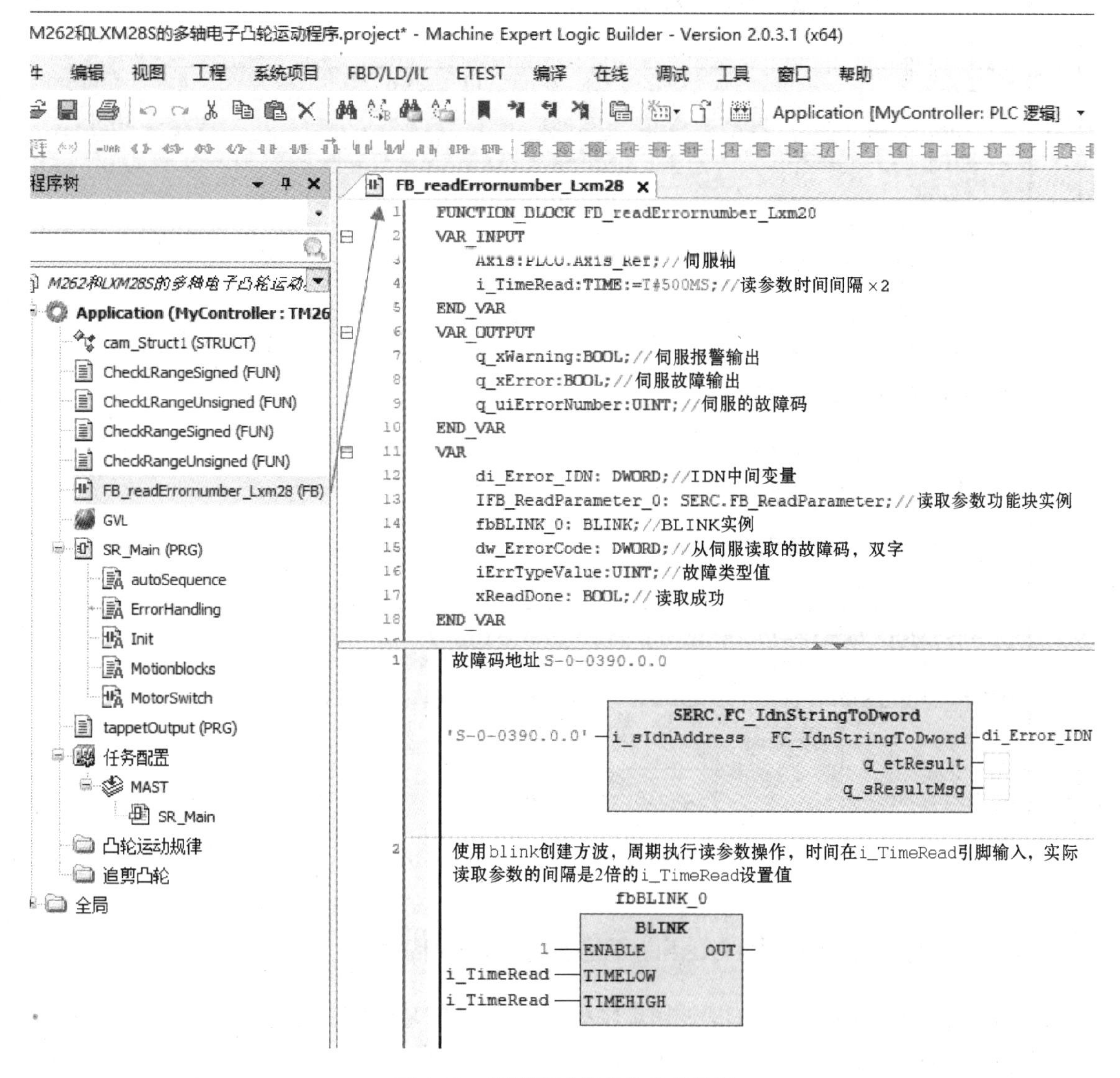

图 6-68　程序和功能块的参数设置

使用 FB_ReadParameter 读取 LXM28S 的故障地址寄存器的值，放入 dw_ErrorCode 变量中，读取故障码，放入指定的输出变量中，程序如图 6-69 所示。

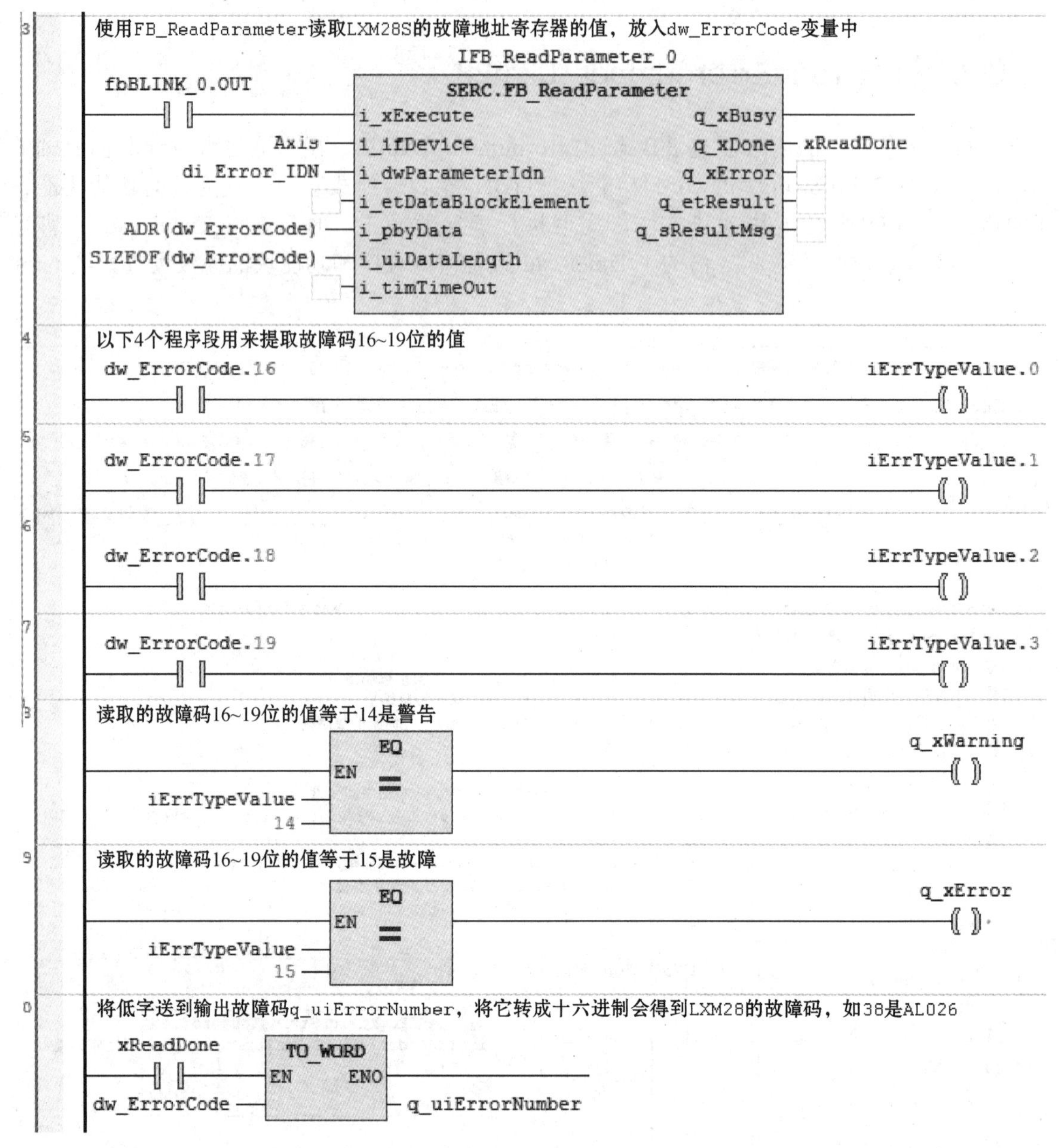

图 6-69　故障码读取和输出的程序

6.2.6 伺服功能块调用 Motionblocks 动作和编程

在动作 Motionblocks 中，依次调用虚轴和 3 个实轴的功能块。首先是 4 个轴的使能、停止、回原点、SetPosition、故障复位、主轴的速度移动和电子凸轮功能块的调用，这部分程序是为后面的自动程序动作做好准备，编程语言选择结构化文本（ST）。

程序判断 SERCOS 到达 Phase4 的时间是否已达到 2s，如果达到 2s 则开始调用功能块，否则不执行后面的程序。这样编程的目的是避免因为通信状态不正常导致功能块执行出错，如图 6-70 所示。

```
SR_Main.Motionblocks
 1  fbTON_startdelay(IN:=GVL.x_IsPhase4 , PT:=T#2S , Q=>GVL.xWorkDelay );
 2  //通信正常后等待2s，调用功能块
 3  IF NOT GVL.xWorkDelay THEN  RETURN;
 4  END_IF
 5
 6  //使能
 7  fbMC_Power_Master(  Axis:=DRV_Master,   Enable:= ,  );
 8  fbMc_Power_X(   Axis:=DRV_X.Axis ,    );
 9  fbMc_Power_Y(   Axis:=DRV_Y.Axis ,    );
10  fbMc_Power_Z(   Axis:=DRV_Z.Axis ,    );
11
```

图 6-70　确保通信状态正常

调用 4 个轴的使能、设置原点及 X、Y、Z 轴和手轮的回原点功能块，可以看到使用 ST 调用功能块时特别简洁，声明功能块实例后，把不做修改的功能块引脚删除即可。程序如图 6-71 所示。

```
SR_Main.Motionblocks
12  //setposition
13  fbSetposition_Master(   Axis:= DRV_Master,    );
14  fbSetposition_X(    Axis:= DRV_X.Axis,    );
15  fbSetposition_Y(    Axis:= DRV_Y.Axis,    );
16  fbSetposition_Z(    Axis:= DRV_Z.Axis,    );
17  fbjogwheelSp(   Axis:=Jogwheel.Axis ,   Execute:= , Position:=0 , );
18
19  //回原点
20      fbHome_X(   Axis:=DRV_X.Axis , ); //X轴回原点
21      fbHome_Y(   Axis:= DRV_Y.Axis, ); //Y轴回原点
22      fbHome_Z(   Axis:=DRV_Z.Axis , ); //Z轴回原点
23
```

图 6-71　调用伺服功能块

调用 MC_MoveVelocity 功能块来控制主虚轴的移动速度，因为主虚轴是 3 个伺服轴的主轴，主虚轴速度变化后另外 3 个伺服轴也就跟着变化，从而实现了对整个机器速度的调节。程序如图 6-72 所示。

```
SR_Main.Motionblocks
24  //主轴速度移动
25  fbMaster_speed( Axis:= DRV_Master,   Jerk:=0 ,  );
26
```

图 6-72　主虚轴的速度控制

追剪平移轴是用 Y 轴伺服控制，主轴是虚轴。因为要保证切割位置准确，所以主从轴的起动方式都是绝对。本任务要求追剪切割两个物料长度，并且要来回切换，因此，两个 CamIn 功能块的缓冲模式都设为 buffer，凸轮的工作方式都是周期性的。平移轴的程序如图 6-73 所示。

```
SR_Main.Motionblocks
27  //平移轴为Y轴，因为要实现两个物料长度切换，所以建立两个CamIn的实例
28  //程序需要实现两个物料长度的切换
29  fbCam_1(    Master:= ,   Slave:=DRV_Y.Axis ,      Execute:= ,
30      CamTableID:=GVL.Cam_Move , //使用平移轴凸轮曲线
31      BufferMode:=1 ,             //缓冲模式
32      Periodic:=1 ,               //周期模式
33      MasterStartMode:= SM3_Basic.MC_STARTMODE.absolute,
34      SlaveStartMode:=SM3_Basic.MC_STARTMODE.absolute , );
35
36  //平移轴为Y轴，因为要实现两个凸轮曲线的切换，这是第二个实例
37  fbCam_2(    Master:=,    Slave:=DRV_Y.Axis ,      Execute:= ,
38      CamTableID:=GVL.Cam_Move_changelength , //使用板材长度变化的凸轮曲线
39      BufferMode:=1 , //缓冲模式
40      Periodic:=1 ,   //周期模式
41      MasterStartMode:= SM3_Basic.MC_STARTMODE.absolute,
42      SlaveStartMode:= SM3_Basic.MC_STARTMODE.absolute,);
43
```

图 6-73 平移轴的程序

第一段材料长度 25cm 的凸轮曲线名称为 Cam_Move，此凸轮曲线采用 3 段设计，即起步区、同步区和返回区 3 段，并与全局变量 Cam_Move 链接。平移轴凸轮曲线 Cam_Move 及其设置如图 6-74 所示。

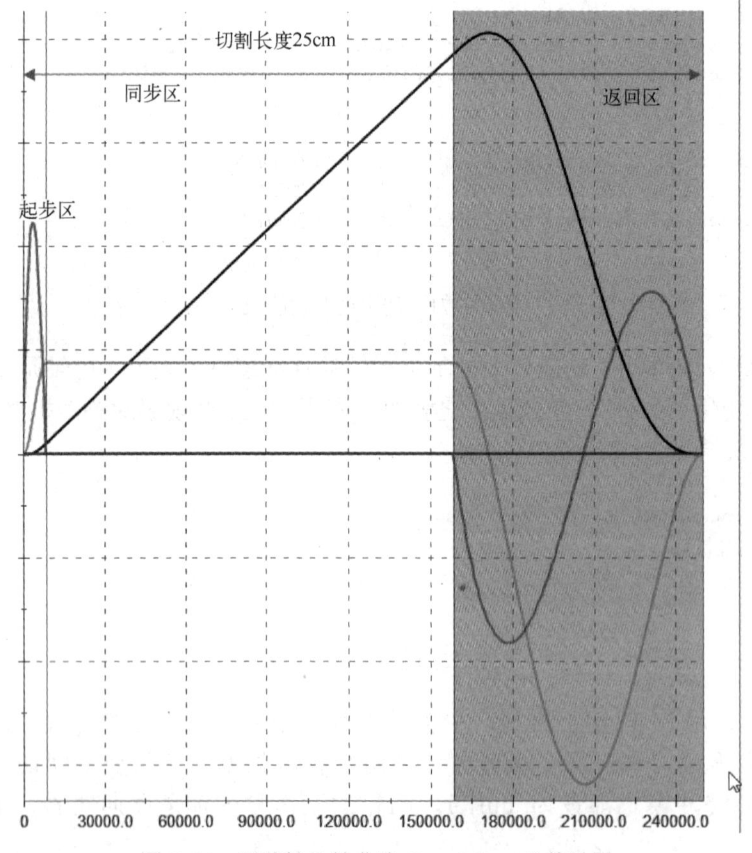

图 6-74 平移轴凸轮曲线 Cam_Move 及其设置

限制 GVL 全局变量中创建剪切机构平移轴的变量 Cam_Move:PLCO.MC_CAM_ID，然后在凸轮编辑器的“配置”选项卡中选择现有 IEC 结构为“GVL.Cam_Move”，如图 6-75 所示。

运动编辑器　生成的 IEC 源代码　配置

目标技术

○ 生成 CommonMotionTypes (CMT.*) 的示例 IEC 源代码

○ 为 PacDriveLib (PDL.*) 生成示例 IEC 源代码

◉ 现有 IEC 结构　GVL.Cam_Move　...

MultiCam 配置

☐ 用户表格 ID　0

☐ Y - 期间　0

图 6-75　凸轮曲线的设置界面

类似的，平移轴的第二段凸轮曲线 Cam_Move_changelength 中材料长度设为 30cm，与凸轮曲线链接的全局变量为 GVL.Cam_Move_changelength，程序如图 6-76 所示。

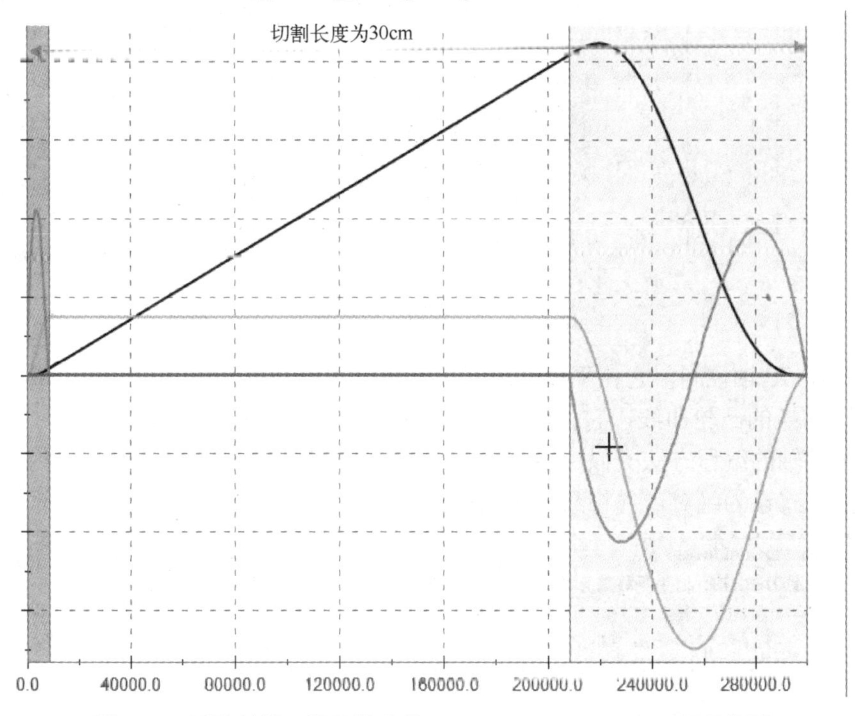

图 6-76　平移轴第二段凸轮曲线 Cam_Move_changelength 及其设置

送料轴和主轴严格同步，位置是 1∶1 的关系，因为此凸轮曲线不需要切换，所以缓冲模式选择的是中断、周期运行。主轴和从轴的起动模式都选择绝对。程序如图 6-77 所示。

SR_Main.Motionblocks

```
44      //物料输送轴为Z轴，与主虚轴1:1严格同步
45      fbCam_feed( Master:= ,  Slave:=DRV_Z.Axis , Execute:= ,
46          CamTableID:=GVL.Cam_feed ,  BufferMode:=0 , //中断模式
47          Periodic:=1 ,                              //周期模式
48          MasterStartMode:= SM3_Basic.MC_STARTMODE.absolute,
49          SlaveStartMode:= SM3_Basic.MC_STARTMODE.absolute,  );
50
```

图 6-77　送料轴的程序

送料轴的凸轮曲线是一条直线。在工程实践中，送料轴也可以用电子齿轮功能块编写程序，两者的效果相同，使用电子齿轮功能块编程应用更灵活。送料轴的凸轮曲线如图 6-78 所示，凸轮曲线使用的全局变量是 GVL.Cam_feed。

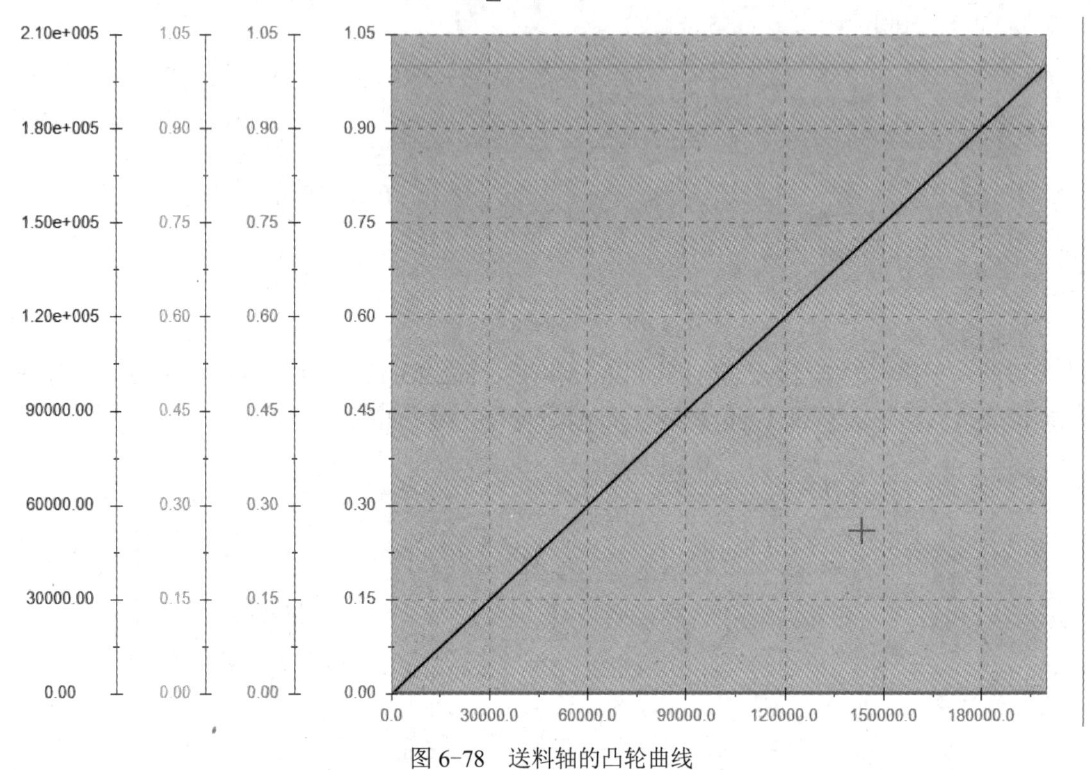

图 6-78　送料轴的凸轮曲线

锯刀由伺服 X 轴控制，它在平移轴的同步区内完成切物料和返回的动作，值得注意的是这里创建了两个切换的凸轮曲线，它们和平移轴同步切换，否则会出现锯刀切割时同步位置不准的问题。与平移轴的编程方法类似，将锯刀轴两个 CamIn 功能块的缓冲模式设为 buffer，主轴和从轴的起点方式设为绝对，并将凸轮的工作模式设为周期。程序如图 6-79 所示。

SR_Main.Motionblocks

```
51  //锯刀轴X轴，因为平移轴有切换，为了保证与平移轴同步，此轴也要跟着切换
52  fbCam_saw(  Master:=, Slave:=DRV_X.Axis ,Execute:=,CamTableID:=GVL.Cam_SawCut ,
53      BufferMode:=1,Periodic:=1,MasterStartMode:=SM3_Basic.MC_STARTMODE.absolute,
54      SlaveStartMode:= SM3_Basic.MC_STARTMODE.absolute, );
55
56  //锯刀轴的第二个实例，与平移轴同步切换
57  fbCam_saw_1(Master:=,Slave:=DRV_X.Axis ,Execute:=,CamTableID:=GVL.Cam_SawCut_1 ,
58      BufferMode:=1,Periodic:=1,MasterStartMode:=SM3_Basic.MC_STARTMODE.absolute,
59      SlaveStartMode:= SM3_Basic.MC_STARTMODE.absolute,  );
60
```

图 6-79　锯刀轴的凸轮曲线编程

锯刀轴的第一段凸轮曲线共分为 4 段，第一段静止区 0～840，在同步区内 X 轴范围为 840～50000，锯刀走到切断位置 100000（对应距离为 10cm），第三段返回，X 轴范围为 50000～100000，锯刀动作在平移轴 Y 轴的同步范围为 840～100000 内完成切刀动作，第四段 100000～250000 范围内静止，链接此凸轮曲线的全局变量是 GVL.Cam_SawCut。凸轮曲线如图 6-80 所示。

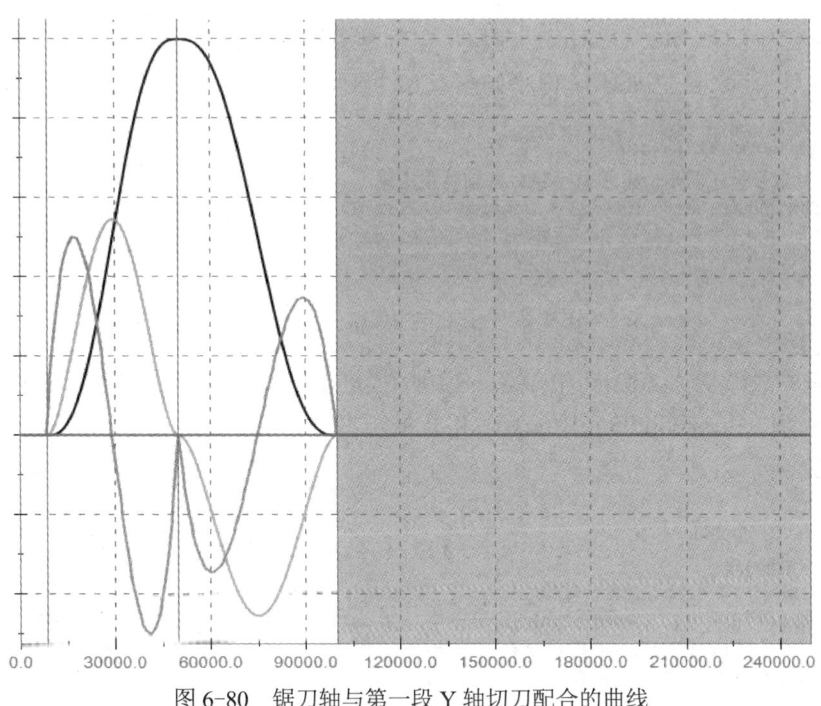

图 6-80　锯刀轴与第一段 Y 轴切刀配合的曲线

第二段凸轮曲线与第一段类似，第一段静止区 0～840，在同步区内 X 轴范围为 840～100000，锯刀走到切断位置 100000（对应距离为 10cm），第三段返回，X 轴范围为 100000～200000，锯刀动作在平移轴 Y 轴的同步范围 840～200000 内完成切刀动作，第四段 200000～300000 范围内静止，链接第二段锯刀凸轮曲线的全局变量是 GVL.Cam_SawCut_1，如图 6-81 所示。

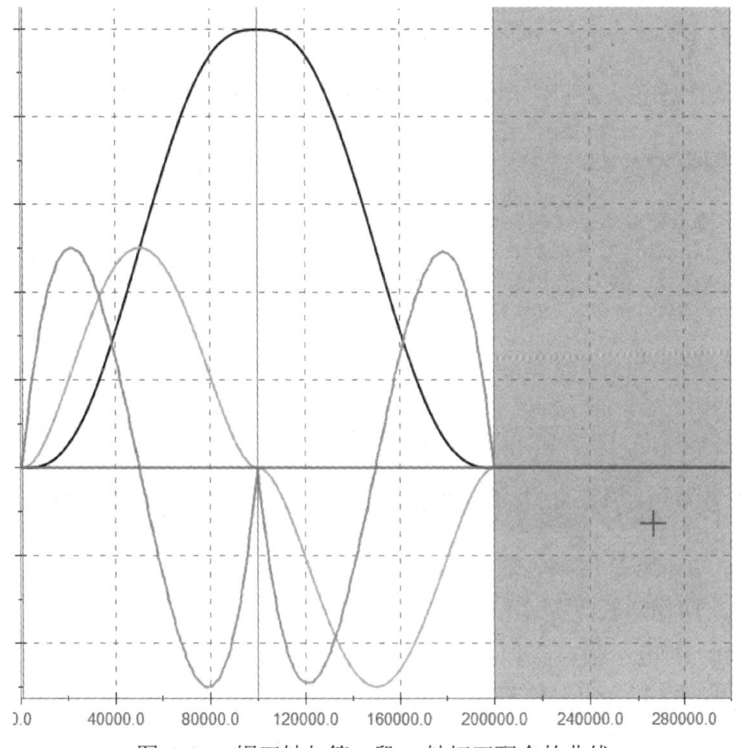

图 6-81　锯刀轴与第二段 Y 轴切刀配合的曲线

调用电子齿轮同步 MC_GearIn 功能块，主轴是手轮，从轴是主虚轴，这样可以使用手轮来检查凸轮曲线是否满足工艺要求。程序如图 6-82 所示。

```
SR_Main.Motionblocks
61  //电子齿轮同步，主轴是手轮，从轴是主虚轴
62  fbjogWheeltest( Master:= Jogwheel.Axis, Slave:= DRV_Master, Execute:= ,
63      RatioNumerator:=1 , RatioDenominator:= 1, Acceleration:=3600 , );
64
```

图 6-82　手轮与主虚轴同步的程序

接下来完成故障复位、快停的编程。使用触摸屏上的复位故障按钮来清除故障，快停的逻辑在故障处理动作 ErrorHandling 中编程，停止的逻辑是在自动运行动作 autoSequence 中编程。程序如图 6-83 所示。

```
SR_Main.Motionblocks
65  //故障复位
66  fbmaster_reset( Axis:=DRV_Master ,  Execute:=xReset );      //复位按钮
67  fbResetErr_X(  Axis:=DRV_X.Axis ,  Execute:= xReset,  );  //复位按钮
68  fbResetErr_Y(Axis:=DRV_Y.Axis , Execute:= xReset, );       //复位按钮
69  fbResetErr_Z(Axis:=DRV_Z.Axis , Execute:= xReset, );
70
71  //急停
72  fbStop_master(Axis:= DRV_Master, Execute:= , Deceleration:= 1000000, );
73  fbStop_X(Axis:=DRV_X.Axis , Execute:= , Deceleration:=1000000 ,      );
74  fbStop_Y(   Axis:=DRV_Y.Axis ,  Execute:= , Deceleration:=1000000 ,  );
75  fbStop_Z(   Axis:=DRV_Z.Axis ,  Execute:= , Deceleration:=1000000 ,  );
76
```

图 6-83　故障复位和快停的程序

电子凸轮同步的退出是采用停止 MC_Halt 功能块来完成，程序如图 6-84 所示。

```
SR_Main.Motionblocks
77  //停止
78  fbHalt_Master(Axis:=DRV_Master ,Execute:=,Deceleration:=600000,Jerk:=0,);
79  fbHalt_X(Axis:=DRV_X.Axis , Execute:=,  Deceleration:=600000,  Jerk:=0,);
80  fbHalt_Y(Axis:=DRV_Y.Axis , Execute:=,  Deceleration:=600000,  Jerk:=0,);
81  fbHalt_Z(Axis:=DRV_Z.Axis , Execute:=,  Deceleration:=600000,  Jerk:=0,);
82
```

图 6-84　停止的程序

6.2.7　自动运行动作 autoSequence 编程

autoSequence 的作用是用来完成两个电子凸轮曲线的交替运行，也就是完成切一次物料长度是 25cm，下一次切物料长度是 30cm，如此周而复始。

在程序的开始，与电子齿轮类似，检查接到本体逻辑输入 I1 的主电源开关是否合上，正常则吸合变频器和伺服的主电源。检查触摸屏上选择的电动机，如果是机械手，Z 轴电动机是向一个方向运动，如果作为实轴会撞上限位，因此，当选择机械手时，需要把 Z 轴的工作模式设

为模拟工作模式。

当使用柜内电动机时，修改 Z 轴工作模式为激活模式，需要将 SERCOS 相位降到 Phase0，修改工作模式为激活模式成功后，再将 SERCOS 总线相位切换回 Phase4，程序使用 CASE 语句完成工作模式的切换过程。

程序如图 6-85 所示。

```
SR_Main.autoSequence
1   Gvl.xEStopHMI:=xEStop;//急停信号输出到触摸屏显示
2   IF xDrivePowerSwitch THEN
3       xDrivePowerOn:=TRUE;//无急停信号吸合主电源接触器KM111
4   END_IF
5   //GVL.xSelectMotor变量在触摸屏上设置
6   //高电平是柜内电动机，工作在实轴模式
7   //低电平是机械手，工作在虚轴模式
8   fbR_TRIG_chooseInsideMotor(CLK:=GVL.xSelectMotor , Q=> );//选择柜内电动机上升沿
9   IF  fbR_TRIG_chooseInsideMotor.Q  THEN
10      xchangeActiveMode:=TRUE;
11  END_IF
12  fbF_TRIG_chooseOutMootor(CLK:=GVL.xSelectMotor , Q=> ); //选择柜外电动机下降沿
13  IF  fbF_TRIG_chooseOutMootor.Q  THEN
14      xchangeSimulateMode:=TRUE;
15  END_IF
16  //修改为激活模式
17  CASE dichangeWorkingMode OF
18      0:
19      IF xinitOK AND xchangeActiveMode AND NOT  fbMC_Power_Master.Status AND NOT fbMc_Power_X.Status
20      AND NOT fbMc_Power_Y.Status AND NOT fbMc_Power_Z.Status   THEN
21      SercosMaster.SercosPhaseChanger.DesiredPhase:=0;//phase0
22          IF   SercosMaster.SercosPhaseChanger.ActualState=0 THEN
23           dichangeWorkingMode:=10;
24          END_IF
25     END_IF
26     10:
27     DRV_Z.WorkingMode.DesiredState:=1;//激活模式
28     IF DRV_Z.WorkingMode.CurrentState=1 THEN
29          dichangeWorkingMode:=20;
30     END_IF
31     20:
32     SercosMaster.SercosPhaseChanger.DesiredPhase:=4;
33      IF   SercosMaster.SercosPhaseChanger.ActualState=4 THEN
34           dichangeWorkingMode:=30;
35          END_IF
36    30:
37    xchangeActiveMode:=FALSE;
38    dichangeWorkingMode:=0;
39  END CASE
```

图 6-85　上电逻辑和 Z 轴工作模式选择程序

检查通信正常后的延时是否到达，如果没有到达，则不执行后面自动顺序的程序。通信延时到达后，应先闭合 ABE4 仿真 P7 输入自动模式开关和连接到本体的 PB03 机器开始运行开关，并断开停止开关 PB02。

使用 CASE 语句的状态机进行编程，在步数为 0 的程序中，首先初始化自动运行功能块的 Execute 引脚变量，并复位自动运行标志位 GVL.gx_Automatic_Busy，然后将使能 Enable 引脚变量设为 FALSE，为后续的自动运行步骤做准备，程序如图 6-86 所示。

```
70  //先闭合xAutoModeSelect-ABE4的P7开关，再闭合xMachineStart-I3开关，断开I2Stop开关
71  fbmachineStart(CLK:=xAutoStart AND xAutoModeSelect
72  AND NOT xStopMove, Q=>xMachineStartflag );
73  CASE di_AutoStep OF
74      0://初始化故障复位和回原点
75      xReset:=FALSE;
76      fbSetposition_Master.Execute:=FALSE;
77      //用在机械手上需要回原点，
78      fbHome_X.Execute:=FALSE;fbHome_Y.Execute:=FALSE;fbHome_Z.Execute:=FALSE;
79      fbSetposition_X.Execute:=FALSE; fbSetposition_Y.Execute:=FALSE;
80      fbSetposition_Z.Execute:=FALSE;
81      GVL.gx_Automatic_Busy   :=FALSE;//清除自动运行位
82      fbMaster_speed.Execute:=FALSE;//清除主轴的速度移动运行位
83      //复位凸轮Execute引脚变量
84      fbCam_1.Execute:=FALSE; fbCam_2.Execute:=FALSE; fbCam_feed.Execute:=FALSE;
85      fbCam_saw.Execute:=FALSE;       fbCam_saw_1.Execute:=FALSE;
86      //手轮
87      fbjogWheeltest.Execute:=FALSE;
88      //去掉使能，为再次启动做好准备
89      fbMC_Power_Master.Enable:=FALSE;    fbMc_Power_X.Enable:=FALSE;
90      fbMc_Power_Y.Enable:=FALSE; fbMc_Power_Z.Enable:=FALSE;
91      di_AutoStep:=di_AutoStep+1;
```

图 6-86　自动运行步 0 中的程序

在自动运行步 1 中执行 MC_Reset 功能块，来复位伺服驱动器和功能块可能出现的故障，如图 6-87 所示。

```
SR_Main.autoSequence
93          1://故障复位先清除伺服驱动器上可能出现的故障
94          xReset:=TRUE;
95          IF fbResetErr_X.Done THEN   di_AutoStep:=di_AutoStep+1; xReset:=FALSE;
96          END_IF
97
```

图 6-87　自动运行步 1 的程序

在自动运行步 2 中，xMachineStart 机器启动开关和自动模式选择开关 xAutoModeSelect 闭合条件满足后，给主轴和 X、Y、Z 轴上使能，如果其中有某个伺服轴故障，则返回步 0，自动复位故障，如图 6-88 所示。

```
SR_Main.autoSequence
98          2://等待xMachineStart开关和自动模式选择开关闭合
99           fbCam_1.Master:=DRV_Master; fbCam_2.Master:=DRV_Master;
100          fbCam_feed.Master:=DRV_Master;  fbCam_saw.Master:=DRV_Master;
101           fbCam_saw_1.Master:=DRV_Master;
102
103         IF xMachineStartflag THEN
104         //闭合启动开关后给4个轴使能
105         GVL.gx_Automatic_Busy   :=TRUE;//自动运行标志位为TRUE
106         //为4个伺服轴上使能
107         fbMC_Power_Master.Enable:=TRUE; fbMc_Power_X.Enable:=TRUE;
108         fbMc_Power_Y.Enable:=TRUE;  fbMc_Power_Z.Enable:=TRUE;
109         END_IF
110         //使能出错返回步0先复位故障
111         IF fbMC_Power_Master.Error OR  fbMc_Power_X.Error
112             OR fbMc_Power_Y.Error OR fbMc_Power_Z.Error THEN
113             di_AutoStep:=0;//回步0，重新初始化并进行故障复位
114         END_IF
```

图 6-88　自动运行步 2 中使能的操作

使能成功后，4 个轴的输出 Status 引脚变为高电平，如果没有使用机械手，则开始执行 MC_SetPosition 功能块来完成设置原点的操作，同时进入步 3，如果 X 轴和 Z 轴使用机械手，应修改程序，改用 MC_Home 回原点，在面板上设置回原点方式。本案例不使用机械手。程序如图 6-89 所示。

```
SR_Main.autoSequence
116         //使能成功后主轴使用SetPosition获得原点，X、Y、Z轴回原点模式23
117         //回原点模式在P5-04中设置，P5-05设回原点高速，P5-06设回原点低速
118         IF  fbMC_Power_Master.Status AND fbMc_Power_X.Status
119       AND  fbMc_Power_Y.Status AND fbMc_Power_Z.Status
120       AND GVL.gx_Automatic_Busy THEN
121         fbSetposition_Master.Position:=0;   fbjogwheelSp.Execute :=TRUE;
122         fbSetposition_Master.Execute:=TRUE;//主轴设置原点
123         //用在机械手上需要回原点23号方式
124         fbHome_X.Execute:=TRUE;//X开始回原点，锯刀轴
125         fbHome_Y.Execute:=TRUE;//Y开始回原点，平移轴
126         IF GVL.xSelectMotor THEN//低电平是柜内电动机，高电平是机械手
127         fbHome_Z.Execute:=TRUE;//Z开始回原点
128         ELSE
129         fbSetposition_Z.Position:=0;//Z轴此时是虚轴
130         fbSetposition_Z.Execute:=TRUE;
131         END_IF
132         di_AutoStep:=di_AutoStep+1;
133         END_IF
```

图 6-89　回原点的操作

自动运行步 3 中，如果回原点成功则开始运行平移轴、锯刀轴和物料输送轴的电子凸轮功能块，如果顺利完成，进入步 4；如果回原点功能块出错，进入步 100 进行处理。程序如图 6-90 所示。

```
SR_Main.autoSequence
135         3://回原点成功后，开始平移轴、锯刀轴、物料输送轴电子凸轮功能块的运行
136         IF fbSetposition_Master.Done AND    fbHome_X.Done
137       AND  fbHome_Y.Done AND   (fbHome_Z.Done OR fbSetposition_Z.Done)
138       THEN
139        fbCam_1.Execute:=TRUE;       fbCam_feed.Execute:=TRUE;
140        fbCam_saw.Execute:=TRUE;     di_AutoStep:=di_AutoStep+1;
141          END_IF
142       //回原点出错到步100处理
143       IF fbHome_X.Error OR fbHome_Y.Error   OR fbHome_Z.Error THEN
144           di_AutoStep:=100;
145       END_IF
```

图 6-90　自动运行步 3 中的程序

在自动运行步 4 中，根据在触摸屏上选择的是主虚轴还是手轮进行编程，如果选择的是手轮，则开始手轮与主虚轴的电子齿轮同步，这样转动手轮后，主虚轴跟着手轮运动，而主虚轴又是 3 个伺服轴的主轴，可以慢慢地选择手轮，观察凸轮曲线是否正确。

如果在触摸屏上选择的是主虚轴，则使用 MC_MoveVelocity 功能块控制主虚轴开始按给定速度运行，因为 3 个实轴都与主虚轴同步，主虚轴的运行速度就是机器的运行速度。主虚轴的速度给定值为 1000×屏幕上设定比例值，比例值越大，机械运行速度越快。

平移轴因为物料长度的变化需要切换凸轮曲线，因此在平移轴 fbCam_1 功能块的激活位激活下一个凸轮曲线功能块 fbCam_2 的执行引脚，为两个凸轮曲线切换做准备。

锯刀轴也需要跟着平移轴凸轮曲线的切换而切换，否则会出现锯刀轴动作时机错误的问题，编程与平移轴类似。

在步 4 中，如果闭合 xStop 开关，程序将跳转到步 50，执行伺服轴的停止，同时断开凸轮。如果在自动运行中出现了某个轴故障，将跳转到步 100，停止自动运行，并等待故障处理，直到轴上无故障后回到初始步，程序如图 6-91 所示。

```
SR_Main.autoSequence
147        4://开始主轴的速度运行，在触摸屏上设置上料速度
148        //高电平选择手轮
149        IF  GVL.x_choseMaster THEN
150         fbjogWheeltest.Execute:=TRUE;//开始主虚轴的运行
151         END_IF
152        //低电平是虚主轴，设置主虚轴运行速度
153        IF NOT GVL.x_choseMaster THEN
154         fbMaster_speed.Velocity:=1000.0*INT_TO_LREAL(GVL.i_MachineSpeed);
155         fbMaster_speed.Acceleration:=36000;
156         fbMaster_speed.Execute:=TRUE;//开始主虚轴的运行
157         END_IF
158        IF fbCam_1.Active THEN
159           fbCam_2.Execute:=TRUE; //使用fb_Cam1的激活位将fbCam_2的执行引脚设为TRUE
160        END_IF
161        IF fbCam_saw.Active THEN
162           fbCam_saw_1.Execute:=TRUE; //使用fbCam_Saw的激活位执行fbCam_Saw_1
163        END_IF
164        IF fbCam_1.EndOfProfile THEN//第一段凸轮执行完成，fbCam_1.EndOfProfile为TRUE
165           fbCam_1.Execute:=FALSE; //fbCam_1和fbCam_saw的Excute设为FALSE
166           fbCam_saw.Execute:=FALSE;   di_AutoStep:=di_AutoStep+1;
167        END_IF
168
169        //当闭合I2停止自动运行
170        IF  xStopMove THEN       di_AutoStep:=50;
171         END_IF
172         //轴故障跳转到步100，轴状态枚举变量etAxisState等于0是故障停止
173        IF DRV_X.Axis.etAxisState=0 OR  DRV_Y.Axis.etAxisState=0
174          OR  DRV_Z.Axis.etAxisState=0 THEN      di_AutoStep:=100;
175        END_IF
```

图 6-91　自动运行步 4 中的程序

在自动运行步 5 中，使用 fbCam_2 的激活位将 fbCam_1 和 fbCam_saw 的 Execute 引脚变量设为 TRUE，在第二段凸轮曲线执行完成后，使用它的标志位 EndOfProfile 将 fbCam_2 和 fbCam_saw_1 的 Execute 引脚变量设为 FALSE，然后跳转到步 4，开始下一个工作循环。

在步 5 中，如果闭合 xStop 开关，程序将跳转到步 50，执行伺服轴的停止，同时断开凸轮。如果在自动运行过程中出现了某个轴故障，程序将跳转到步 100，停止自动运行，并等待

故障处理，轴上无故障后，回到初始步。程序如图 6-92 所示。

```
SR_Main.autoSequence
177         5:
178         //使用fbCam_2的激活位把fbCam_1和fbCam_saw的Excute引脚设为TRUE
179         IF    fbCam_2.Active THEN        fbCam_1.Execute:=TRUE;
180           fbCam_saw.Execute:=TRUE;
181        END_IF
182          //第二段执行完成fbCam_2.EndOfProfile为TRUE
183           IF fbCam_2.EndOfProfile THEN
184           fbCam_2.Execute:=FALSE;   //fbCam_2和fbCam_saw的Excute引脚设为TRUE
185           fbCam_saw_1.Execute:=FALSE;
186           di_AutoStep:=4;  //跳转回步4开始下一个工作循环
187        END_IF
188          //停止
189        IF  xStopMove THEN       di_AutoStep:=50;
190         END_IF
191         //轴故障跳转到步100，轴状态枚举变量etAxisState等于0是故障停止
192        IF DRV_X.Axis.etAxisState=0 OR  DRV_Y.Axis.etAxisState=0
193     OR  DRV_Z.Axis.etAxisState=0 THEN      di_AutoStep:=100;
194        END_IF
```

图 6-92　自动运行步 5 中的程序

如果闭合 xStop 开关，程序将调用 MC_Halt 功能块，在步 50 中完成 4 个伺服轴的停止，伺服停止完成后，进入步 51 将自动运行位 GVL.gx_Automatic_Busy 设为 FALSE，然后返回步 0。如图 6-93 所示。

```
SR_Main.autoSequence
196        50://使用MC_Halt功能块完成凸轮停止
197        fbHalt_Master.Execute:=TRUE;    fbHalt_X.Execute:=TRUE;
198        fbHalt_Y.Execute:=TRUE;    fbHalt_Z.Execute:=TRUE;
199
200        IF   fbHalt_Master.Done AND fbHalt_X.Done
201            AND fbHalt_Y.Done AND fbHalt_Z.Done THEN
202            di_AutoStep:=di_AutoStep+1;
203        END_IF
204
205        51:
206        GVL.gx_Automatic_Busy    :=FALSE;//退出自动运行位
207         fbHalt_Master.Execute:=FALSE;    fbHalt_X.Execute:=FALSE;
208        fbHalt_Y.Execute:=FALSE; fbHalt_Z.Execute:=FALSE;di_AutoStep:=0;
```

图 6-93　伺服的自动停止程序

在步 100 中，调用 MC_Stop 停止所有的 4 个轴，然后进入步 101，等待所有轴的伺服故障被复位。如果在触摸屏画面中按下故障复位按钮，布尔变量 xReset 置位 1，MC_Reset 功能块执行。如果故障复位成功，将 MC_Stop 功能块的 Execute 引脚变量设为 FALSE，再回到步 0，开始等待新的运行命令。

如果按下急停开关或者选择柜外电动机时安全门没有关好，则调用 MC_Stop 停止一切伺服运动。程序如图 6-94 所示。

```
210        100://异常处理，停止所有轴
211        GVL.gx_Automatic_Busy:=FALSE; fbStop_master.Execute :=TRUE;
212        fbStop_X.Execute          :=TRUE; fbStop_Y.Execute    :=TRUE;
213        fbStop_Z.Execute          :=TRUE; di_AutoStep:=di_AutoStep+1;
214
215        101: //等待故障复位和处理
216        IF DRV_X.Axis.etAxisState<>0 AND DRV_Y.Axis.etAxisState<>0
217          AND DRV_Z.Axis.etAxisState<>0 THEN
218            fbStop_master.Execute :=FALSE;  fbStop_X.Execute:=FALSE;
219            fbStop_Y.Execute:=FALSE;        fbStop_Z.Execute:=FALSE;
220            di_AutoStep:=0;
221        END_IF
222
223    END_CASE
224    //急停的程序，按下急停按钮或者在选择柜外电动机时安全门打开，开始快速停止
225    IF NOT xEStop OR (NOT GVL.xSelectMotor AND NOT xDoorSafety ) THEN
226        fbStop_X.Execute:=TRUE;
227        fbStop_Y.Execute:=TRUE;
228        fbStop_Z.Execute:=TRUE;
229        diAutoStep:=0;
230        ELSE
231        fbStop_X.Execute:=FALSE;
232        fbStop_Y.Execute:=FALSE;
233        fbStop_Z.Execute:=FALSE;
234    END_IF
```

图 6-94　步 100 和步 101 中的故障处理程序

6.2.8　故障处理 ErrorHandling 动作和编程

创建 ErrorHandling 新动作，编程语言选择 ST，调用前面编写的 FB_ReadErrorNumber_LXM28 功能块读取 X、Y、Z 轴的故障码，并输出伺服轴的警告和故障位，如图 6-95 所示。

```
SR_Main.ErrorHandling
1    //LXM28伺服X轴故障码的读取
2    fb_ReadAxisError_X(
3        Axis:=DRV_X.Axis ,                       //读取X轴的故障码
4        i_TimeRead:= T#1S,                       //读参数时间间隔2s
5        q_xWarning=>GVL.xDrv_X_Warning ,         //输出报警位
6        q_xError=>GVL.xDrive_X_Error ,           //输出故障位
7        q_uiErrorNumber=>GVL.ui_ErrorNumber_X );//X轴的故障码
8
9    //LXM28伺服Y轴故障码的读取
10   fb_ReadAxisError_Y(
11       Axis:=DRV_Y.Axis ,                       //读取X轴的故障码
12       i_TimeRead:= T#1S,                       //读参数时间间隔2s
13       q_xWarning=>GVL.xDrv_Y_Warning ,         //输出报警位
14       q_xError=>GVL.xDrive_Y_Error ,           //输出故障位
15       q_uiErrorNumber=>GVL.ui_ErrorNumber_Y );//Y轴的故障码
16
17   //LXM28伺服Z轴故障码的读取
18   fb_ReadAxisError_Z(
19       Axis:=DRV_Z.Axis ,                       //读取Z轴的故障码
20       i_TimeRead:= T#1S,                       //读参数时间间隔2s
21       q_xWarning=>GVL.xDrv_Z_Warning ,         //输出报警位
22       q_xError=>GVL.xDrive_Z_Error ,           //输出故障位
23       q_uiErrorNumber=>GVL.ui_ErrorNumber_Z );//Z轴的故障码
24
```

图 6-95　调用编写的功能块 FB_ReadErrorNumber_LXM28 程序

检查 X、Y、Z 轴的通信连接状态，如果是 Operational（值等于 0）则通信状态是 OK。如果 X、Y、Z 轴的通信没有处于 Operational，或者读取伺服的判定是故障，或者 M262 中 X、Y、Z 轴的轴状态是 ErrorStop，则系统的故障位输出为 TRUE。程序如图 6-96 所示。

```
SR_Main.ErrorHandling
24
25  //检查X轴的通信状态
26  GVL.xComOK_X:=DRV_X.SercosDiagnostics.ConnectionState=0;
27  //检查Y轴的通信状态
28  GVL.xComOK_Y:=(DRV_Y.SercosDiagnostics.ConnectionState=0);
29  //检查Z轴的通信状态
30  GVL.xComOK_Z:=(DRV_Z.SercosDiagnostics.ConnectionState=0);
31  //系统故障位
32  GVL.gx_Error:=NOT GVL.xComOK_X OR NOT GVL.xComOK_Y OR NOT GVL.xComOK_Z
33   OR (DRV_X.Axis.etAxisState=0)OR (DRV_Y.Axis.etAxisState=0)
34   OR (DRV_Z.Axis.etAxisState=0)  OR GVL.xDrive_X Error
35   OR CVL.xDrive_Y_Error UR GVL.xDrive_Z_Error ;
```

图 6-96　检查 3 个轴的通信连接状态和系统故障位的程序

M262 的 ETH1 口通信线断开再恢复连接后，将自动恢复 SERCOS 通信状态。

以太网口 1 的连接状态如果已经正常连接从站，则通信口状态变量 i_wPortALinkStatus 等于 1，通信线如果断开，通信口状态变量就不为 1，这时需要设置通信口的状态，先将 SERCOS 状态设为 0，再设为 4，如果 SERCOS 状态为出错（值等于 11），则将 SERCOS 通信相位设为 NRT，如此循环，直到通信线恢复，SERCOS 通信恢复正常，程序如图 6-97 所示。

```
SR_Main.ErrorHandling
37  //断线恢复
38  IF NOT  xInitOK THEN// 初始化正常后执行后面的程序，否则断线恢复程序对初始化程序有影响
39      RETURN;
40  END_IF
41  IF SEC.PLC_GVL.ETH_R.i_wPortALinkStatus <>1 THEN //断线时以太网口1的连接状态不是1
42      sercosmaster.SercosPhaseChanger.DesiredPhase:=0;//将SERCOS通信状态设为0
43  END_IF
44  IF sercosmaster.SercosPhaseChanger.ActualState = -1
45  OR sercosmaster.SercosPhaseChanger.ActualState = 0 THEN
46      sercosmaster.SercosPhaseChanger.DesiredPhase:=4;
47  END_IF
48  IF sercosmaster.SercosPhaseChanger.ActualState=11  THEN
49      sercosmaster.SercosPhaseChanger.DesiredPhase:=-1;
50  END_IF
```

图 6-97　M262 的 SERCOS 通信断线的处理程序

值得注意的是，即使通过以上程序将 SERCOS 通信恢复正常，LXM28S 依然会出现 AL557 通信中断报警，还需要在触摸屏上复位这个故障。

6.2.9　全局变量

凸轮曲线的变量在 GVL 全局变量中声明，变量类型为 PLCO.MC_CAM_ID，如图 6-98 所示。

```
GVL
1   VAR_GLOBAL
2       x_IsPhase4: BOOL;
3       gxDriveX_ComOK: BOOL;
4       xWorkDelay: BOOL;
5   //声明凸轮曲线的Cam_ID
6       Cam_feed:PLCO.MC_CAM_ID;//输送轴
7       Cam_Move:PLCO.MC_CAM_ID;//剪切机构平移轴
8       Cam_Move_changelength:PLCO.MC_CAM_ID;//剪切机构平移轴第二个凸轮，切割长度
9       Cam_SawCut:PLCO.MC_CAM_ID;//锯刀轴1
10      Cam_SawCut_1:PLCO.MC_CAM_ID;//锯刀轴2
11
12      Cam_inter: MOIN.ST_InterpolationParameter;
13      CamInterpolation_1: ARRAY[1..10] OF MOIN.ST_InterpolationPointXYVA;
14      cam_test:SM3_Basic.MC_CAM_REF;
15      ginValue_X: INT;
16      xTappet_2: BOOL;
17  //3个轴的故障和故障码
18      xDrv_X_Warning: BOOL;//X轴警告位
19      ui_ErrorNumber_X AT %MW100: UINT ;//X轴故障码
20      xDrive_X_Error AT %MX0.1: BOOL;//X轴报警位
21
22      xDrv_Y_Warning: BOOL;//Y轴警告位
23      ui_ErrorNumber_Y AT %MW101 : UINT ;//Y轴故障码
24      xDrive_Y_Error AT %MX0.2: BOOL;//Y轴报警位
25
26      xDrv_Z_Warning: BOOL;//Z轴警告位
27      ui_ErrorNumber_Z AT %MW102 : UINT;//Z轴故障码
28      xDrive_Z_Error AT %MX0.3: BOOL;//Z轴报警位
29  //机器速度
30      i_MachineSpeed AT %MW103: UINT:=40;//机器速度
31  //自动运行位
32      gx_Automatic_Busy AT %MX0.6: BOOL;//自动运行标志位
33  //选择主轴是手轮还是虚主轴，高电平手轮，低电平虚主轴
34      x_choseMaster AT %MX0.8: BOOL;
35      xComOK_X: BOOL;
36      xComOK_Y: BOOL;
37      xComOK_Z: BOOL;
38  //系统故障
39      gx_Error AT %MX0.7: BOOL;
40  //急停按钮接到IO
41      xEStopHMI AT %MX0.4:BOOL;//用于触摸屏的急停显示
42  //故障复位
43      xResetError AT %MX0.0 :BOOL;
44  //柜内电动机和柜外电动机切换HMI设置
45      xSelectMotor AT %MX1.1: BOOL;
46  END_VAR
```

图 6-98　在全局变量中声明凸轮曲线的 CAM_ID 的程序

6.2.10　SR_Main 主程序和变量

在 SR_Main 中将项目程序分为 5 个动作（部分），在动作 Init 中对伺服轴进行初始化，在动作 Motionblocks 中调用项目中的功能块，在动作 AutoSequence 中完成追剪的自动运行，在动作 ErrorHandling 中完成故障处理，MotorSwitch 用于柜内电动机和机械手电动机的切换。动作的调用如图 6-99 所示。

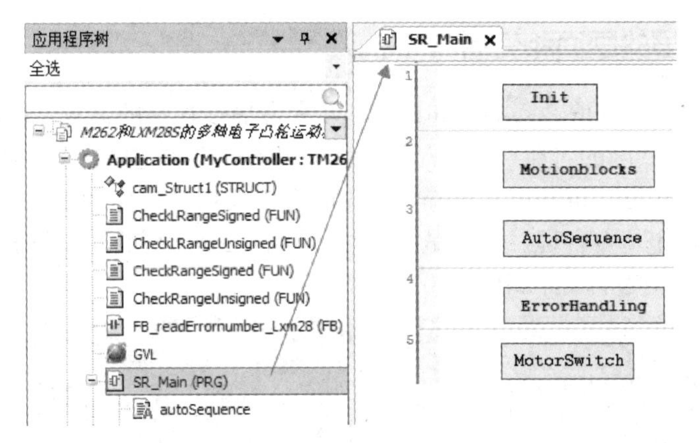

图 6-99　SR_Main 中的动作调用

SR_Main 变量表如图 6-100 所示。

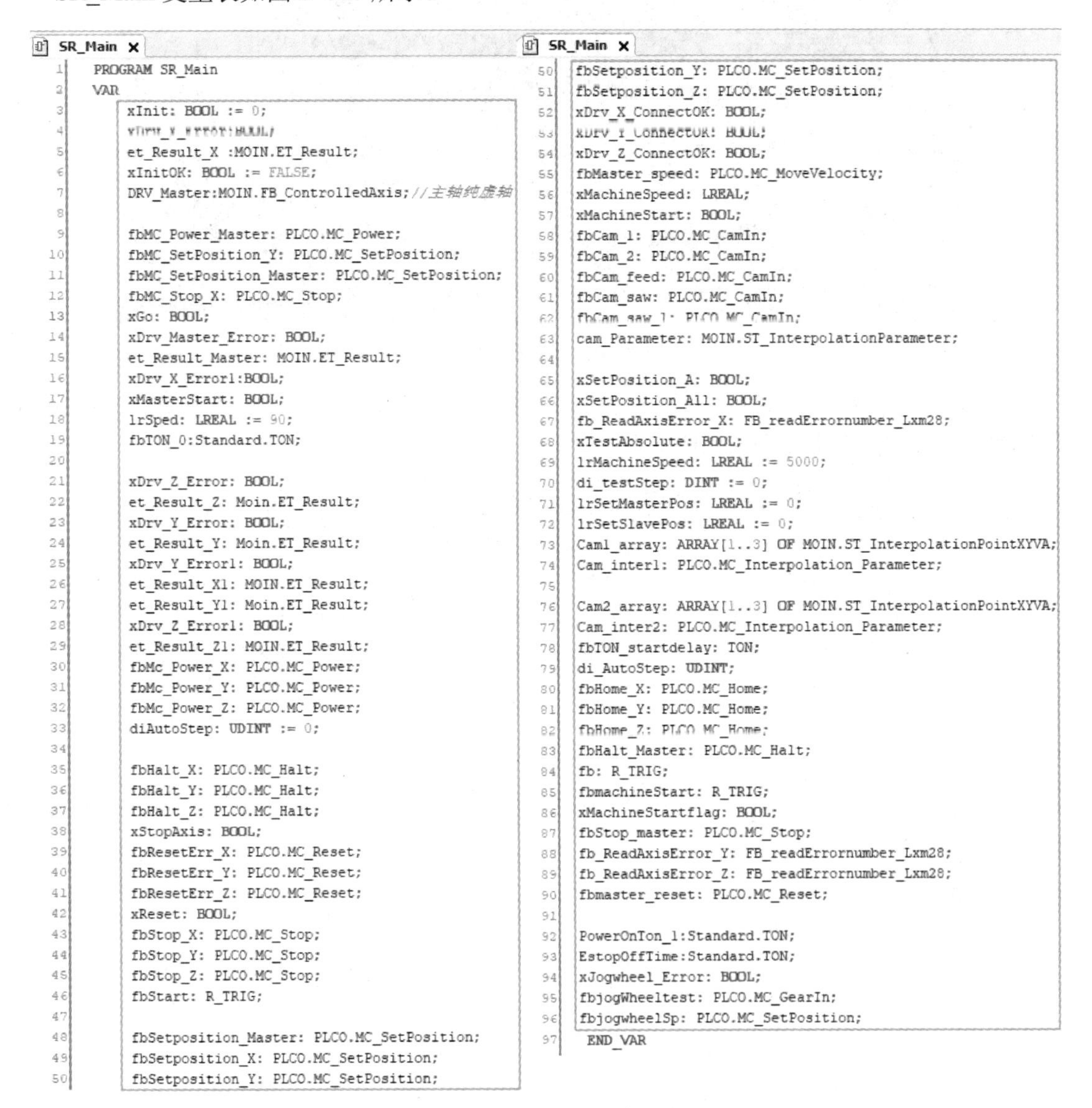

```
PROGRAM SR_Main
VAR
    xInit: BOOL := 0;
    xDrv_Y_Error:BOOL;
    et_Result_X :MOIN.ET_Result;
    xInitOK: BOOL := FALSE;
    DRV_Master:MOIN.FB_ControlledAxis;//主轴纯虚轴

    fbMC_Power_Master: PLCO.MC_Power;
    fbMC_SetPosition_Y: PLCO.MC_SetPosition;
    fbMC_SetPosition_Master: PLCO.MC_SetPosition;
    fbMC_Stop_X: PLCO.MC_Stop;
    xGo: BOOL;
    xDrv_Master_Error: BOOL;
    et_Result_Master: MOIN.ET_Result;
    xDrv_X_Error1:BOOL;
    xMasterStart: BOOL;
    lrSped: LREAL := 90;
    fbTON_0:Standard.TON;

    xDrv_Z_Error: BOOL;
    et_Result_Z: Moin.ET_Result;
    xDrv_Y_Error: BOOL;
    et_Result_Y: Moin.ET_Result;
    xDrv_Y_Error1: BOOL;
    et_Result_X1: MOIN.ET_Result;
    et_Result_Y1: Moin.ET_Result;
    xDrv_Z_Error1: BOOL;
    et_Result_Z1: MOIN.ET_Result;
    fbMc_Power_X: PLCO.MC_Power;
    fbMc_Power_Y: PLCO.MC_Power;
    fbMc_Power_Z: PLCO.MC_Power;
    diAutoStep: UDINT := 0;

    fbHalt_X: PLCO.MC_Halt;
    fbHalt_Y: PLCO.MC_Halt;
    fbHalt_Z: PLCO.MC_Halt;
    xStopAxis: BOOL;
    fbResetErr_X: PLCO.MC_Reset;
    fbResetErr_Y: PLCO.MC_Reset;
    fbResetErr_Z: PLCO.MC_Reset;
    xReset: BOOL;
    fbStop_X: PLCO.MC_Stop;
    fbStop_Y: PLCO.MC_Stop;
    fbStop_Z: PLCO.MC_Stop;
    fbStart: R_TRIG;

    fbSetposition_Master: PLCO.MC_SetPosition;
    fbSetposition_X: PLCO.MC_SetPosition;
    fbSetposition_Y: PLCO.MC_SetPosition;
    fbSetposition_Z: PLCO.MC_SetPosition;
    xDrv_X_ConnectOK: BOOL;
    xDrv_Y_ConnectOK: BOOL;
    xDrv_Z_ConnectOK: BOOL;
    fbMaster_speed: PLCO.MC_MoveVelocity;
    xMachineSpeed: LREAL;
    xMachineStart: BOOL;
    fbCam_1: PLCO.MC_CamIn;
    fbCam_2: PLCO.MC_CamIn;
    fbCam_feed: PLCO.MC_CamIn;
    fbCam_saw: PLCO.MC_CamIn;
    fbCam_saw_1: PLCO.MC_CamIn;
    cam_Parameter: MOIN.ST_InterpolationParameter;

    xSetPosition_A: BOOL;
    xSetPosition_All: BOOL;
    fb_ReadAxisError_X: FB_readErrornumber_Lxm28;
    xTestAbsolute: BOOL;
    lrMachineSpeed: LREAL := 5000;
    di_testStep: DINT := 0;
    lrSetMasterPos: LREAL := 0;
    lrSetSlavePos: LREAL := 0;
    Cam1_array: ARRAY[1..3] OF MOIN.ST_InterpolationPointXYVA;
    Cam_inter1: PLCO.MC_Interpolation_Parameter;

    Cam2_array: ARRAY[1..3] OF MOIN.ST_InterpolationPointXYVA;
    Cam_inter2: PLCO.MC_Interpolation_Parameter;
    fbTON_startdelay: TON;
    di_AutoStep: UDINT;
    fbHome_X: PLCO.MC_Home;
    fbHome_Y: PLCO.MC_Home;
    fbHome_Z: PLCO.MC_Home;
    fbHalt_Master: PLCO.MC_Halt;
    fb: R_TRIG;
    fbmachineStart: R_TRIG;
    xMachineStartflag: BOOL;
    fbStop_master: PLCO.MC_Stop;
    fb_ReadAxisError_Y: FB_readErrornumber_Lxm28;
    fb_ReadAxisError_Z: FB_readErrornumber_Lxm28;
    fbmaster_reset: PLCO.MC_Reset;

    PowerOnTon_1:Standard.TON;
    EstopOffTime:Standard.TON;
    xJogwheel_Error: BOOL;
    fbjogWheeltest: PLCO.MC_GearIn;
    fbjogWheelSp: PLCO.MC_SetPosition;
END_VAR
```

图 6-100　SR_Main 变量表

6.2.11 触摸屏的画面和变量

触摸屏（HMI）用于伺服故障显示和电子凸轮两段曲线切换的设置，PLC 内部的两个凸轮曲线 X 轴的长度对应实际的飞剪切割物品的长度，机器加工的速度也是在触摸屏上设置。除此之外，主虚轴也可以在触摸屏画面上选择，调试时可以使用手轮作为主轴，用手转动手轮，观察几个从轴的凸轮动作是否合理，手轮是调试时重要的工具。而将主轴选择为虚轴，则是正常生产时的固定设置。触摸屏画面如图 6-101 所示。

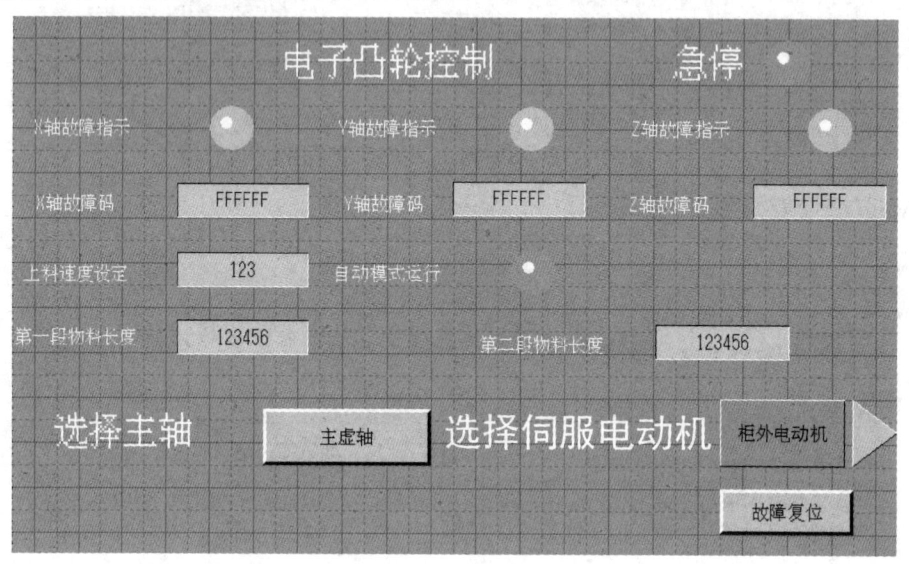

图 6-101 触摸屏的画面

参照 5.1.12 节中的内容，在“基本属性”界面中，设置变量名称、数据类型、数据源和扫描组等属性，完成的变量如图 6-102 所示。

	名称	数据类型	数据源	扫描组	设备地址
1	AutoRun	BOOL	外部	ModbusEquip...	%MW0:X6
2	AxisErr_X	BOOL	外部	ModbusEquip...	%MW0:X1
3	AxisErr_Y	BOOL	外部	ModbusEquip...	%MW0:X2
4	AxisErr_Z	BOOL	外部	ModbusEquip...	%MW0:X3
5	chooseMaster	BOOL	外部	ModbusEquip...	%MW0:X8
6	ErrorNumber_X	INT	外部	ModbusEquip...	%MW100
7	ErrorNumber_Y	INT	外部	ModbusEquip...	%MW101
8	ErrorNumber_Z	INT	外部	ModbusEquip...	%MW102
9	Estop	BOOL	外部	ModbusEquip...	%MW0:X4
10	MachineSpeed	INT	外部	ModbusEquip...	%MW103
11	resetErr	BOOL	外部	ModbusEquip...	%MW0:X0
12	SelectMotor	BOOL	外部	ModbusEquip...	%MW0:X9
13	systemfault	BOOL	外部	ModbusEquip...	%MW0:X7

图 6-102 HMI 的变量

6.2.12 编译、下载和跟踪

编译下载程序，使用 Trace 跟踪，可以看到主轴和物料轴同步，并且模数值都是 200000，平移轴在切料长 25cm、30cm 之间循环切换，切刀轴总是在同步区内切断物料，实现了本任务最初的要求。

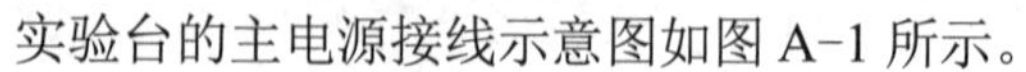

附录

实验台的主电源接线示意图如图 A-1 所示。

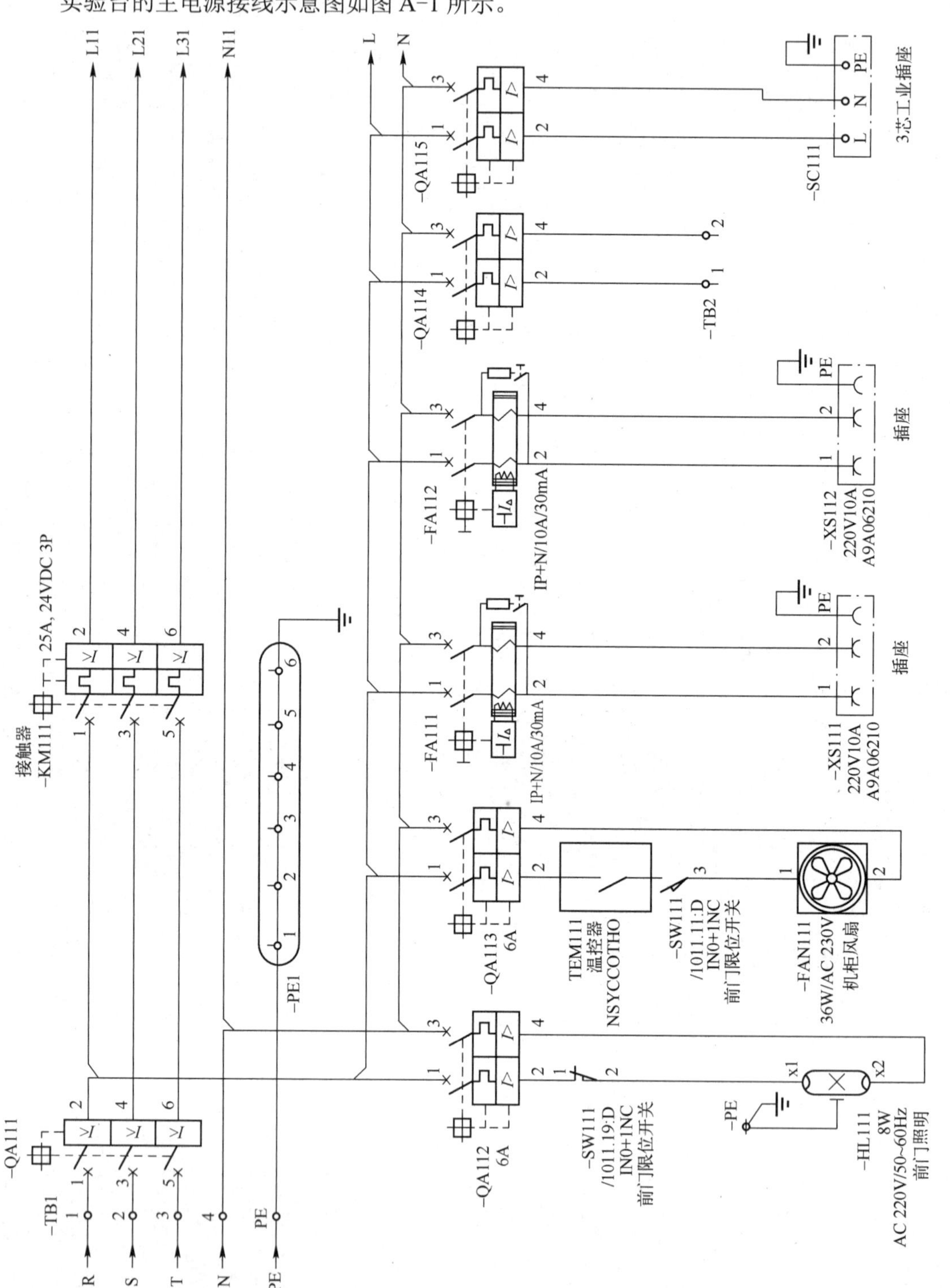

图 A-1 实验台的主电源接线示意图

M241 柜的控制电源接线示意图如图 A-2 所示。

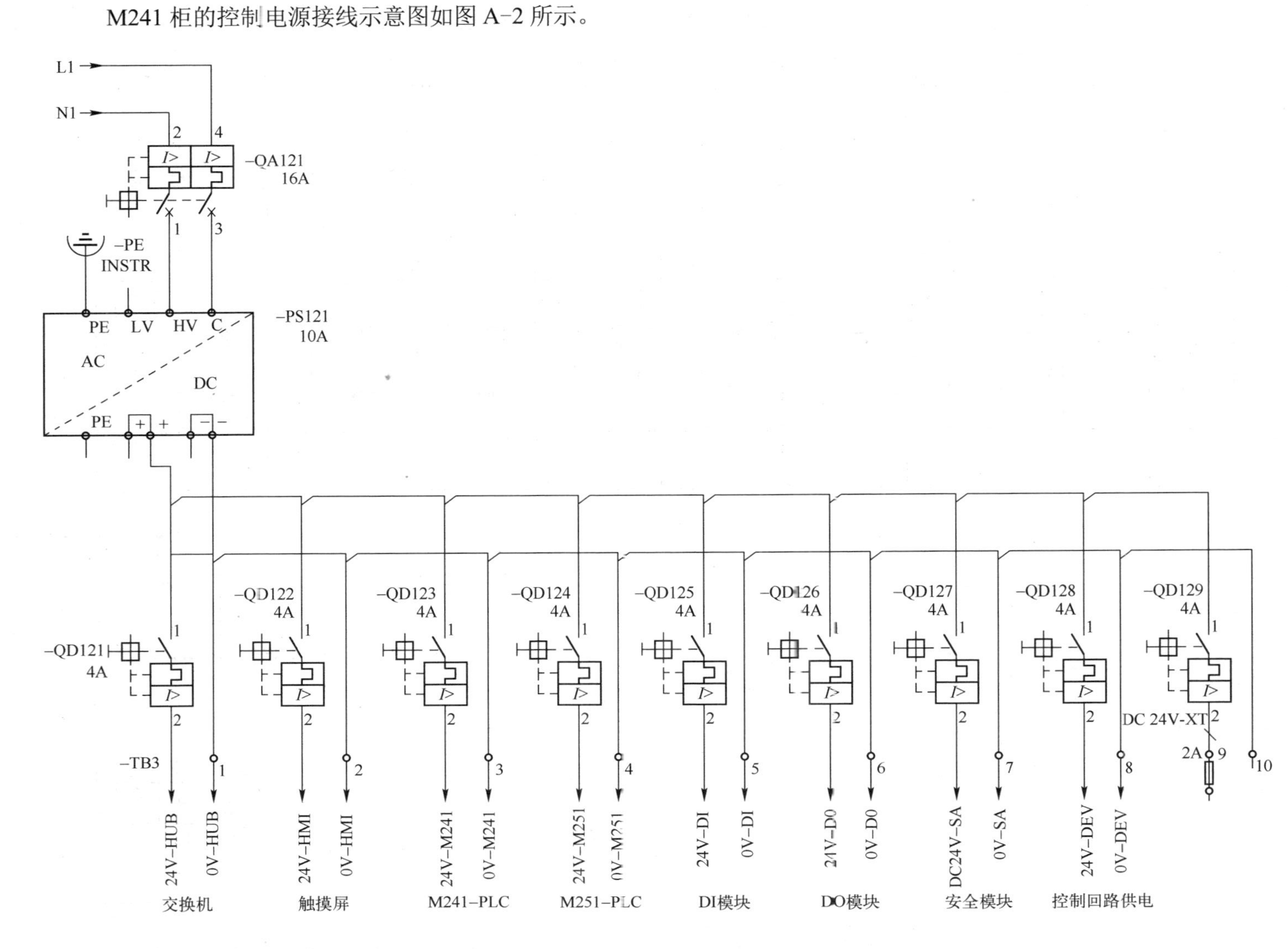

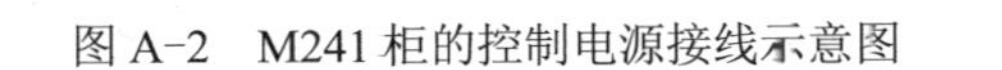
图 A-2　M241 柜的控制电源接线示意图

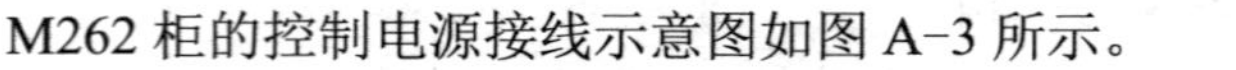

M262 柜的控制电源接线示意图如图 A-3 所示。

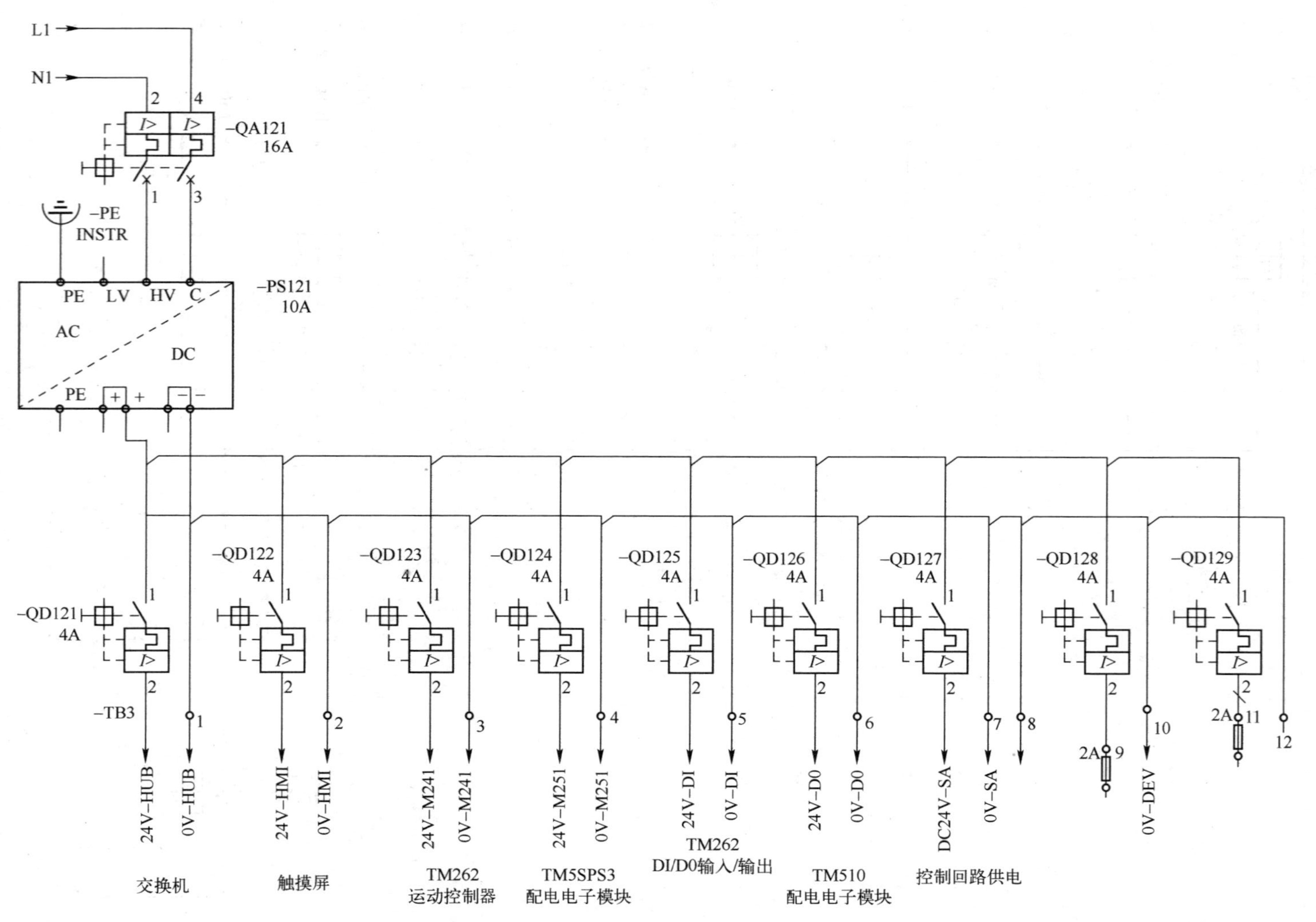

图 A-3　M262 柜的控制电源接线示意图

实验台 M241 PLC 本体 DI1 的控制电路示意图如图 A-4 所示。

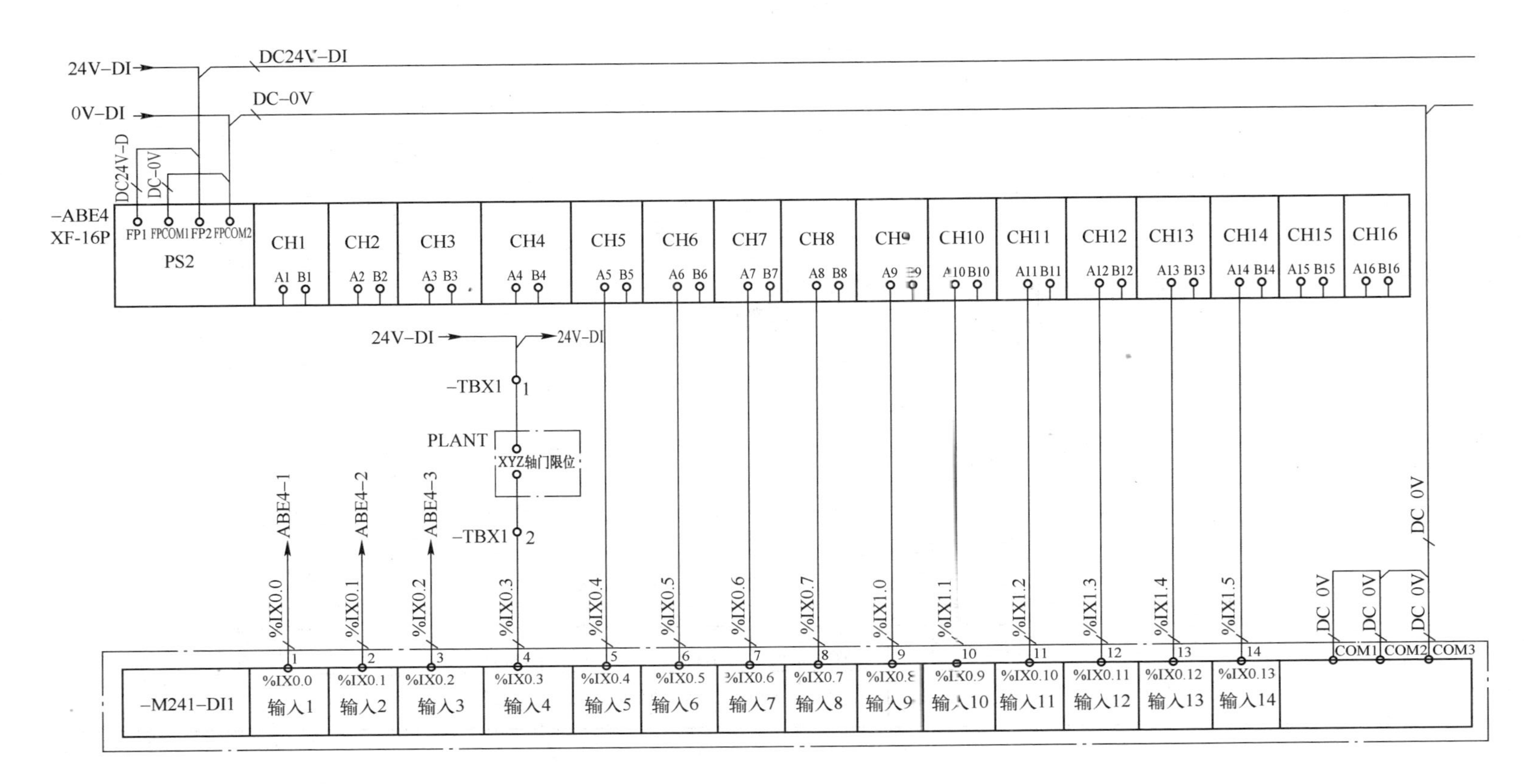

图 A-4 实验台 M241 PLC 本体 DI1 的控制电路示意图

实验台控制系统中配置的 M241CEC24T 是晶体管源型输出的 PLC，M241CEC24T 本体 DO1 的控制电路示意图如图 A-5 所示。

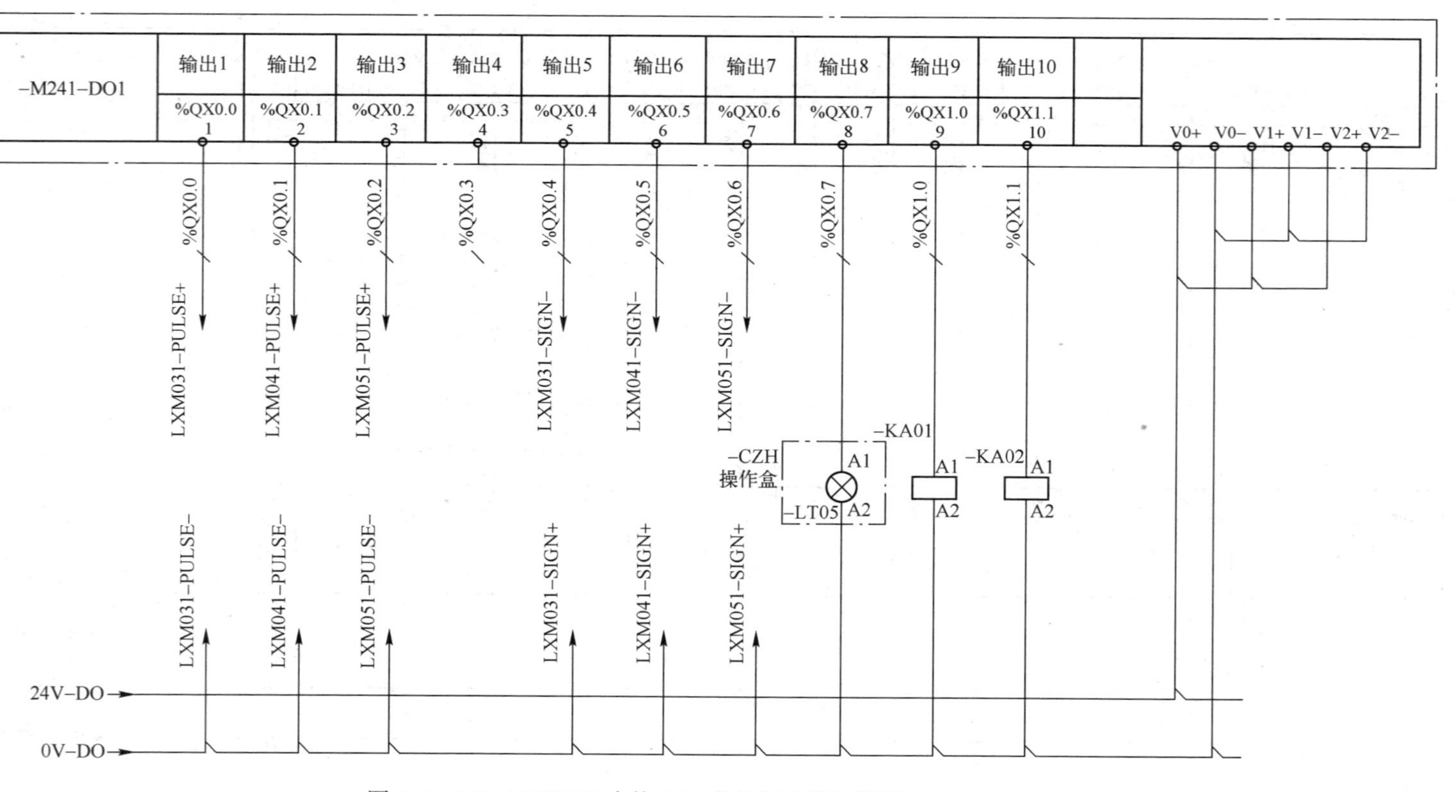

图 A-5 M241CEC24T 本体 DO1 的控制电路示意图

实验台控制系统扩展了两块数字量输出模块 TM3DQ16R，扩展的数字量输出模块 DO2 的电路示意图如图 A-6 所示。

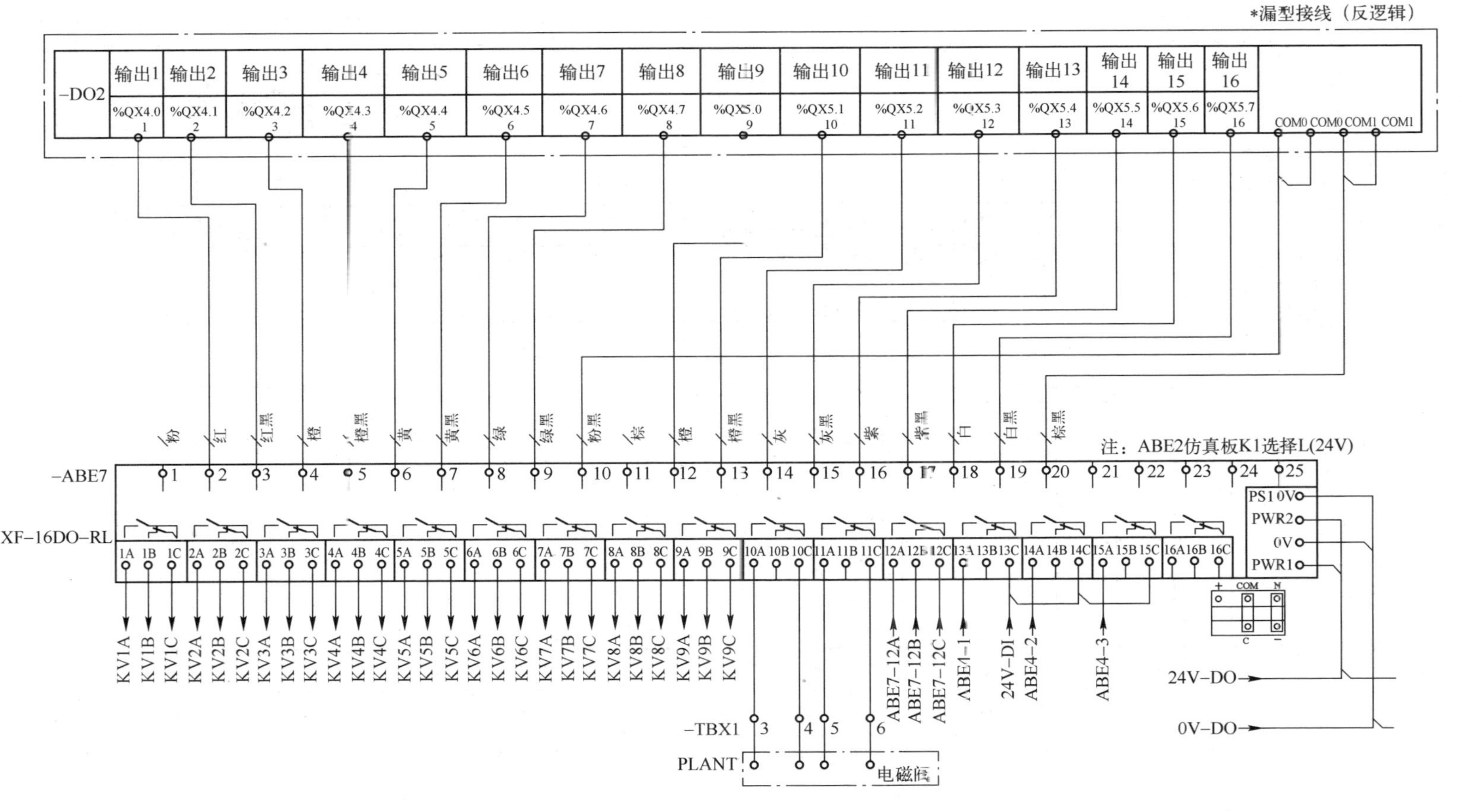

图 A-6 扩展的数字量输出模块 DO2 的电路示意图

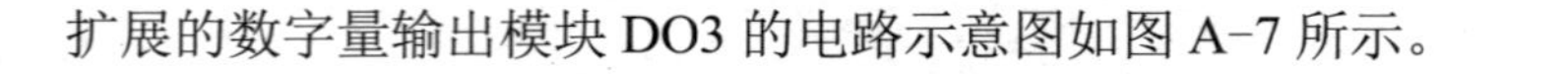

扩展的数字量输出模块 DO3 的电路示意图如图 A-7 所示。

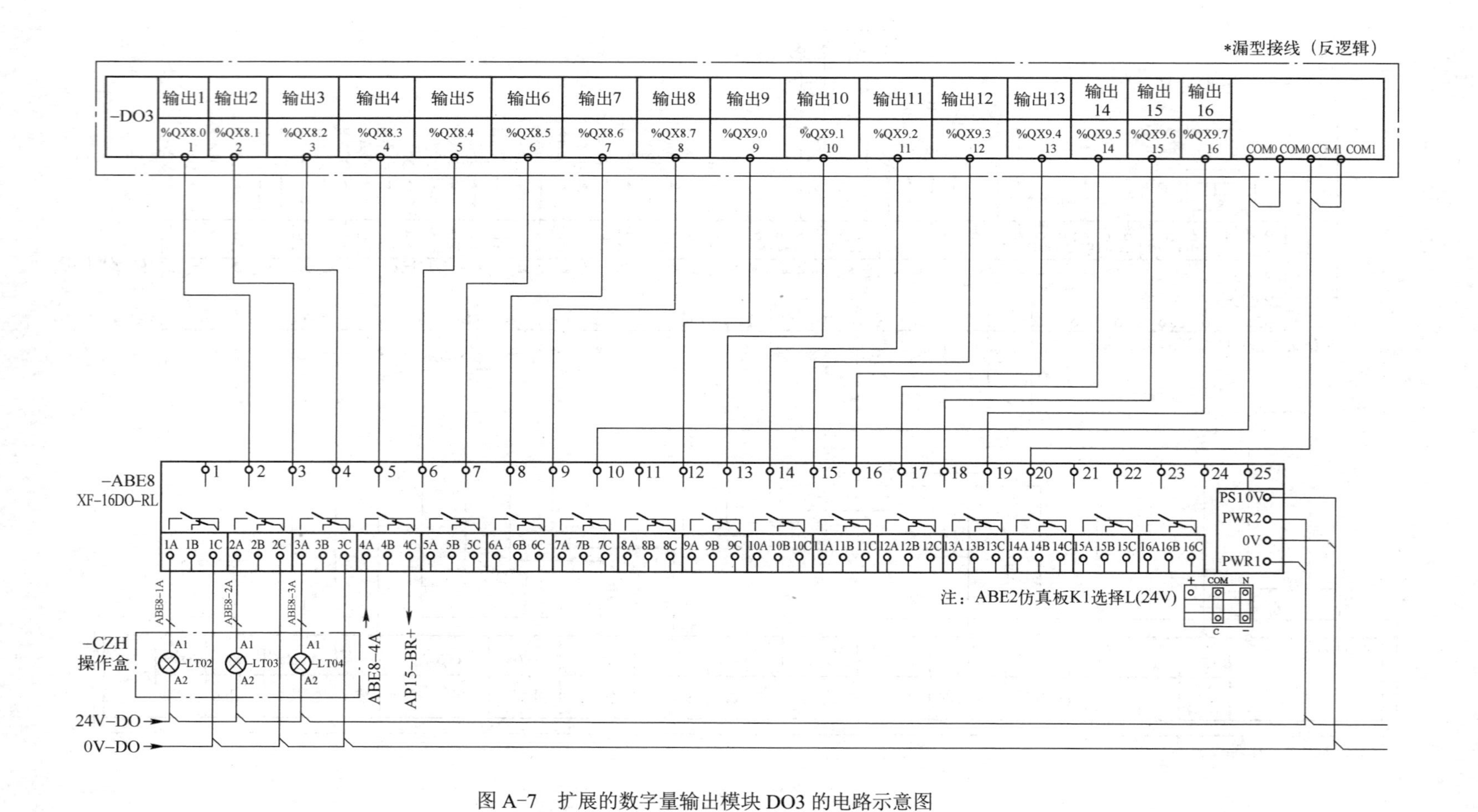

图 A-7 扩展的数字量输出模块 DO3 的电路示意图

实验台控制系统扩展了数字量输入模块 TM3DI16，扩展的数字量输入模块 DI2 的电路示意图如图 A-8 所示。

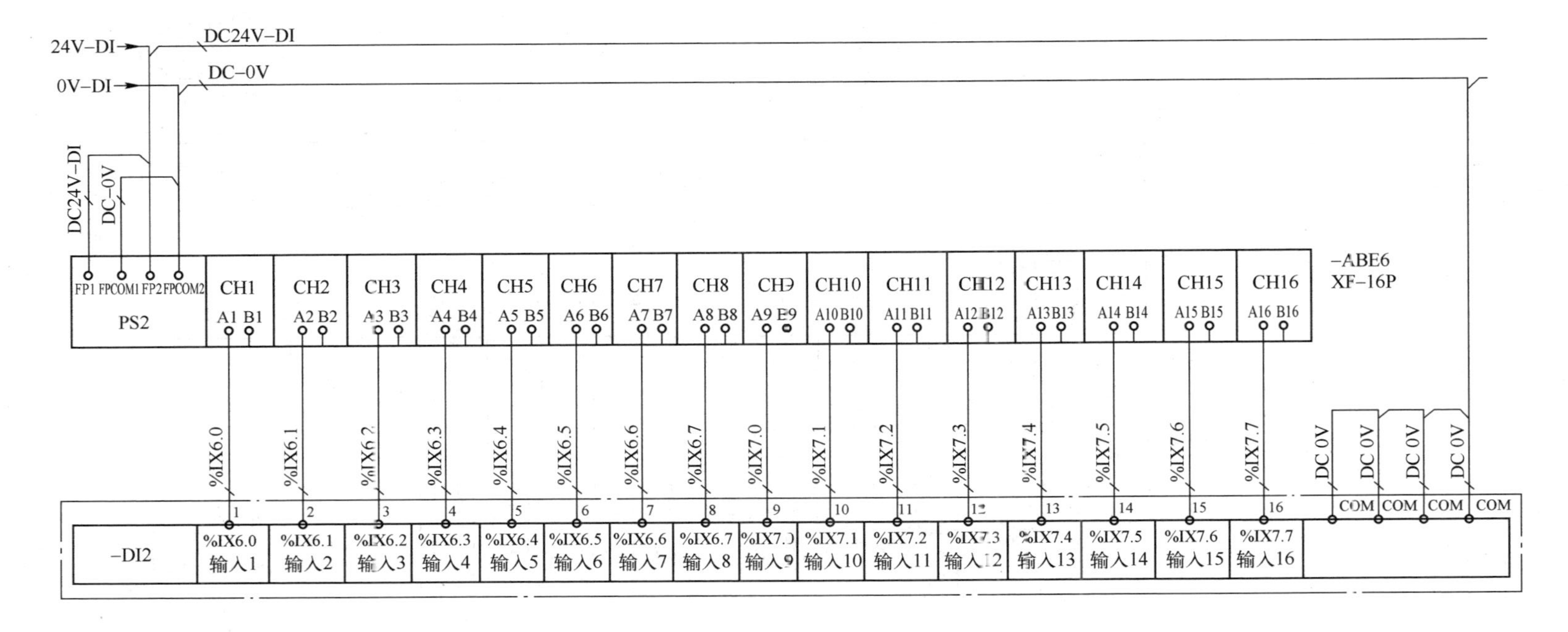

图 A-8 扩展的数字量输入模块 DI2 的电路示意图

实验台 ATV320 变频器的接线示意图如图 A-9 所示。

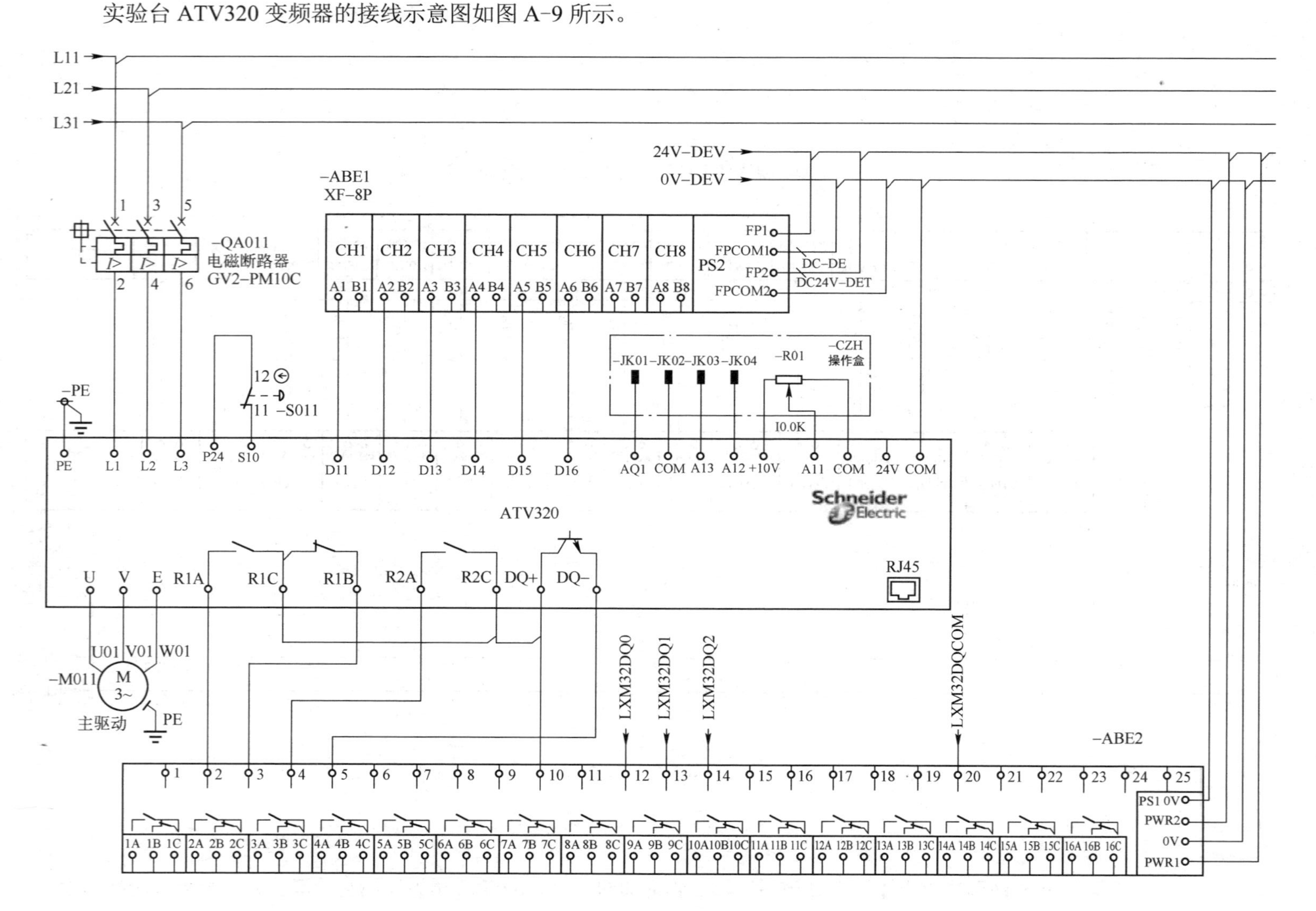

图 A-9 实验台 ATV320 变频器的接线示意图

其中，XF-8P 是有 8 个拨钮开关的操作盒。XF-16DO-RL 是继电器输出端子板，16 通道，带 3m 配套飞线。

实验台 3 台 LXM28A 伺服驱动器的输入电源是单相 AC 220V/50Hz，X 轴伺服 2P 的电磁断路器 QA021 作为伺服主电源的分断开关。X 轴 LXM28A 伺服驱动器的电气接线示意图如图 A-10 所示。

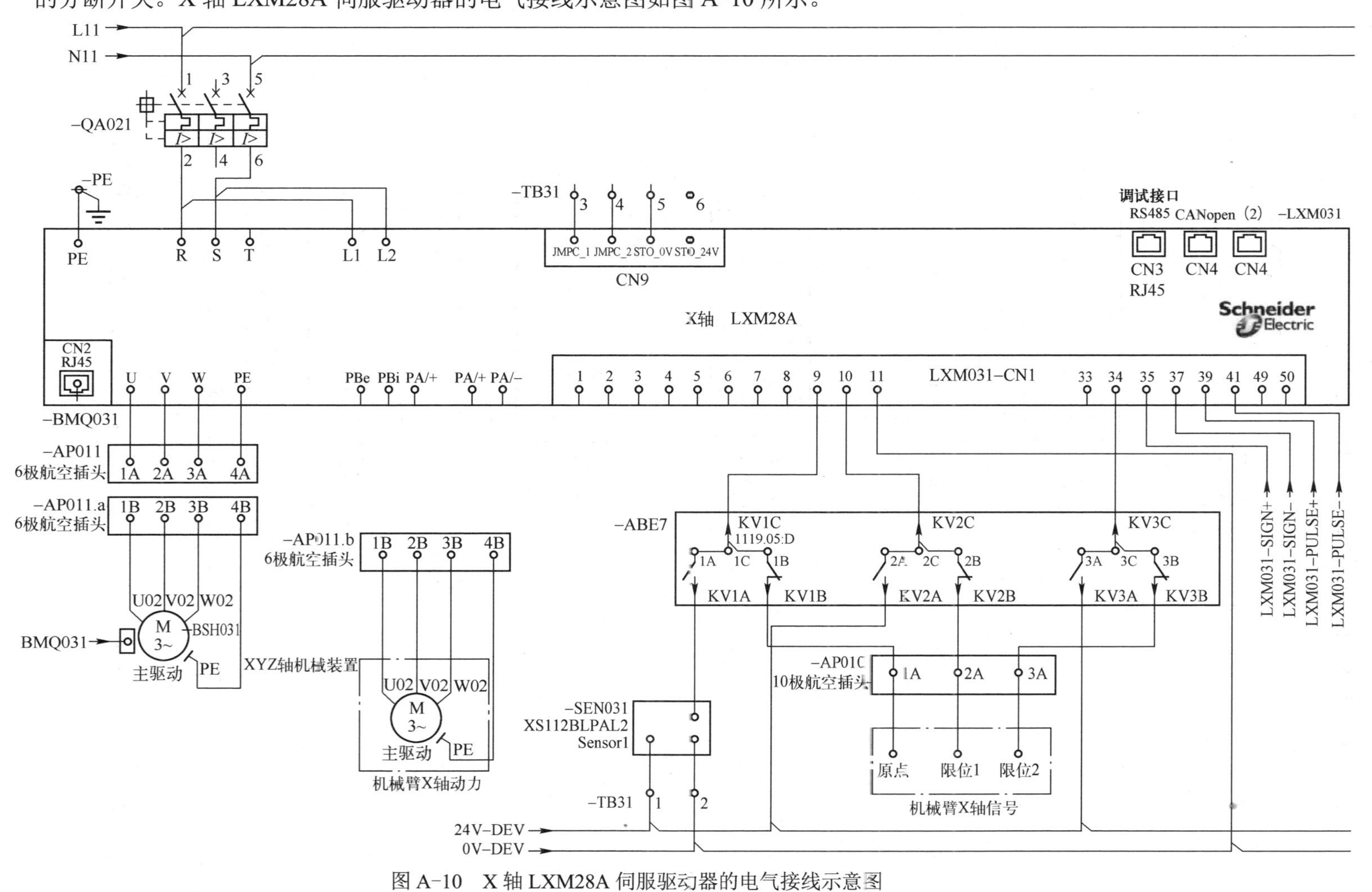

图 A-10　X 轴 LXM28A 伺服驱动器的电气接线示意图

X 轴伺服编码器的接线示意图如图 A-11 所示。

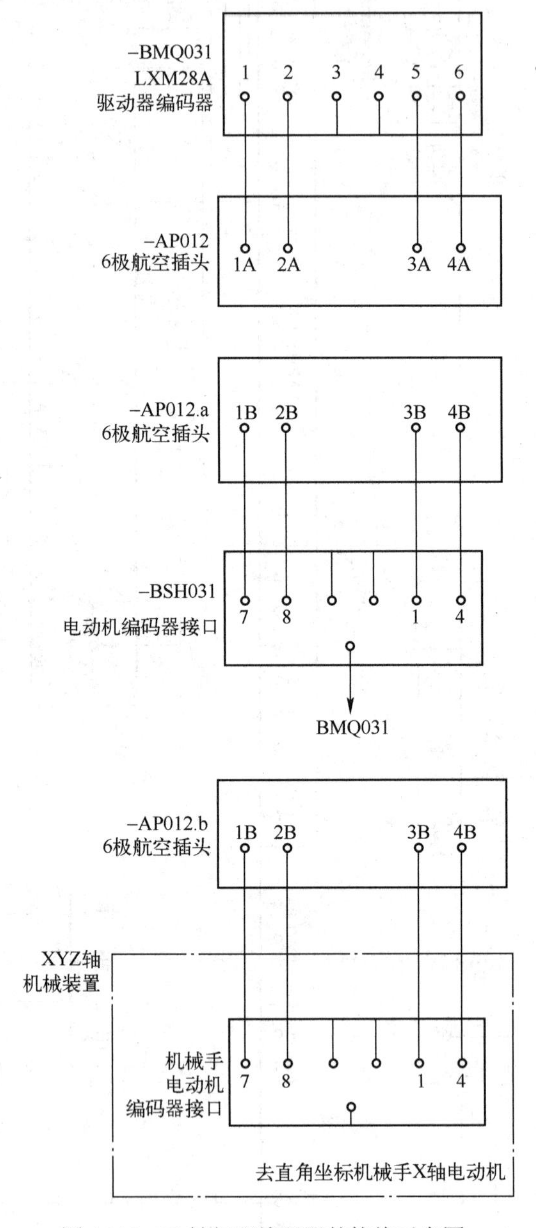

图 A-11　X 轴伺服编码器的接线示意图

实验台 Y 轴 LXM28A 伺服驱动器的电气接线示意图如图 A-12 所示。

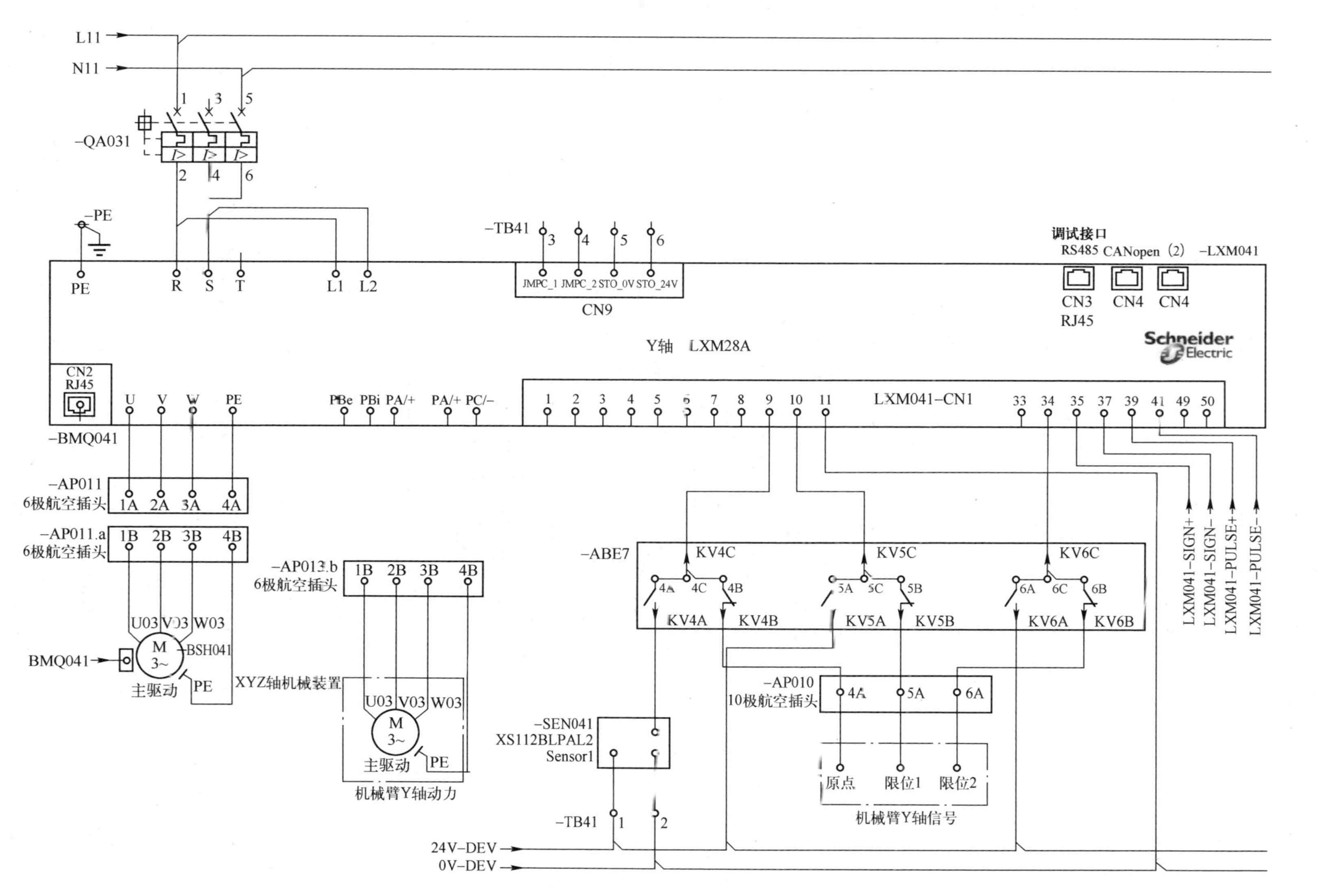

图 A-12 实验台 Y 轴 LXM28A 伺服驱动器的电气接线示意图

Y 轴伺服编码器的接线示意图如图 A-13 所示。

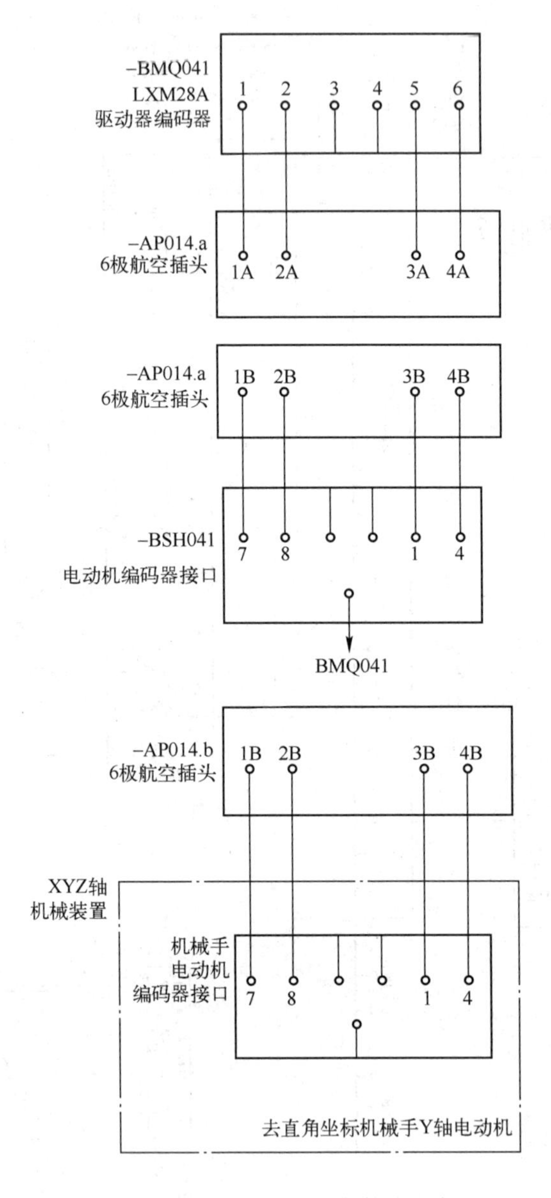

图 A-13　Y 轴伺服编码器的接线示意图

Z 轴伺服 2P 的电磁断路器 QA041 作为伺服主电源的分断开关，Z 轴 LXM28A 伺服驱动器的电气接线示意图如图 A-14 所示。

Z 轴伺服编码器的接线示意图如图 A-15 所示。

LXM28A 伺服驱动器编码器连接说明见表 A-1。

LXM28A 的 CN1 接口板端口说明见表 A-2。

实验台 LXM32M 伺服驱动器的输入电源采用 AC 380V/50Hz 三相四线制电源供电，3P 的断路器 QA051 作为设备主电源的分断开关，电气接线示意图如图 A-16 所示。

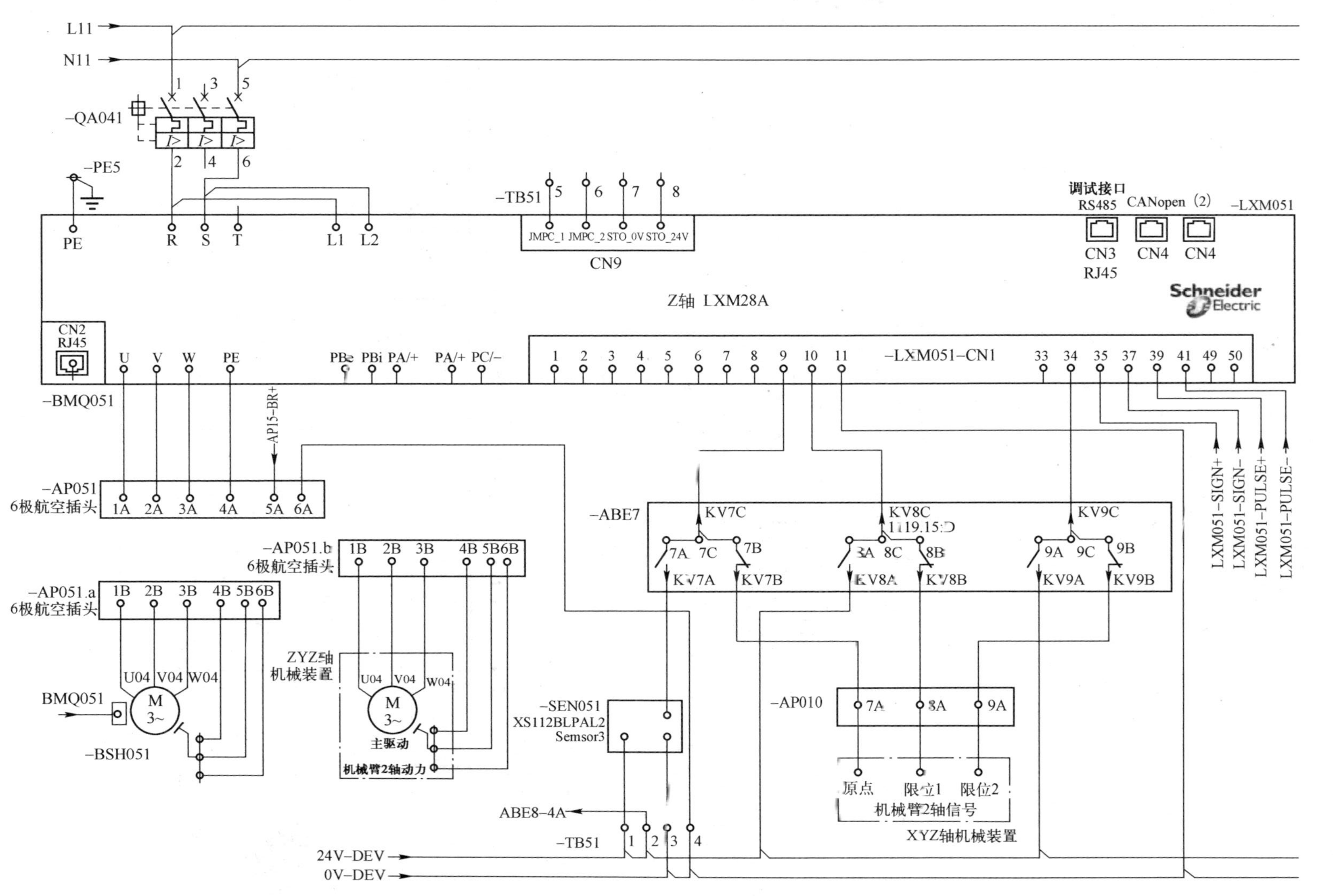

图 A-14 Z 轴 LXM28A 伺服驱动器的电气接线示意图

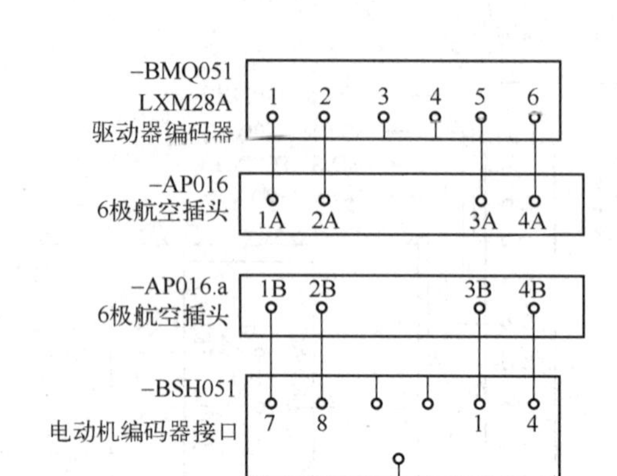

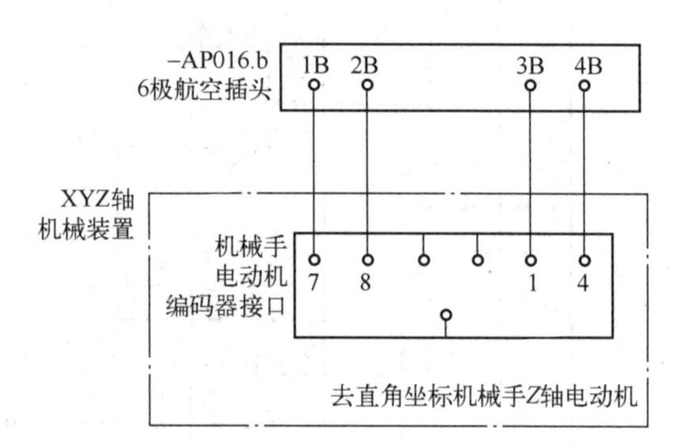

图 A-15　Z 轴伺服编码器的接线示意图

表 A-1　LXM28A 伺服驱动器编码器的连接说明

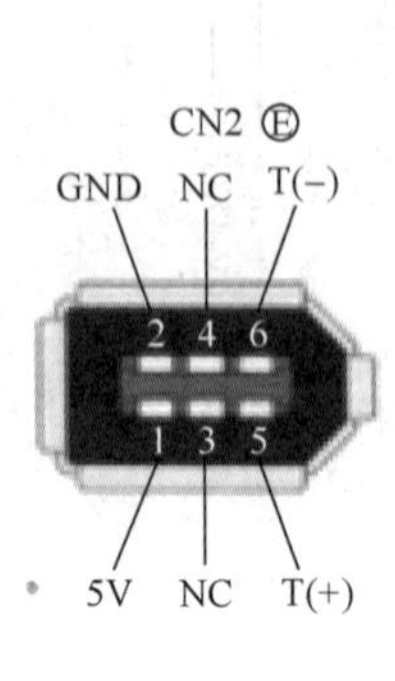

端口	信号	颜色（1）	含义	电动机军用接插件	电动机塑料接插件	输入/输出
5	T+	蓝色（BU）	余弦信号	A	1	输入/输出
6	T-	蓝色/黑色（BU/BK）	余弦信号基准电压	B	4	输入/输出
1	+5V	红色、红色/白色（RD、RD/WH）	正弦信号	S	7	输入
2	GND	黑色、黑色/白色（BK、BK/WH）	正弦信号基准电压	R	8	输出
3、4	NC	已保留				

表 A-2 LXM28A 的 CN1 接口板端口说明

端口	信号	含义	端口	信号	含义
1	DO4+	数字输出 4	26	DO4-	数字输出 4
2	DO3-	数字输出 3	27	DO5-	数字输出 5
3	DO3+	数字输出 3	28	DO5+	数字输出 5
4	DO2-	数字输出 2	29	/HPULSE	高速脉冲，反转
5	DO2+	数字输出 2	30	DI8-	数字输入 8
6	DO1-	数字输出 1	31	DI7-	数字输入 7
7	DO1+	数字输出 1	32	DI6-	数字输入 6
8	DI4-	数字输入 4	33	DI5-	数字输入 5
9	DI1-	数字输入 1	34	DI3-	数字输入 3
10	DI2-	数字输入 2	35	PULL HI_S（SIGN）	Pulse applied Power（SIGN）
11	COM+	DI1～8 参考电位	36	/SIGN	方向信号，反转
12	GND	模拟输入端参考电位	37	SIGN	方向信号
13	GND	模拟输入端的参考电位	38	HPULSE	高速脉冲
14	—	已保留	39	PULL HI_P（PULSE）	Pulse applied Power（PULSE）
15	MON2	模拟输出 2	40	/HSIGN	高速脉冲的方向信号，反转
16	MON1	模拟输出 1	41	PULSE	输入脉冲
17	V_{DD}	DC 24V 电压供给（用于外部输入/输出）	42	V_REF	给定速度的模拟输入
18	T_REF	额定转矩的模拟输入	43	/PULSE	输入脉冲
19	GND	模拟输入端的参考电位	44	GND	模拟输入信号地
20	V_{CC}	DC 12V 电压供给输出（对于模拟额定值）	45	COM-	相对于 V_{DD} 和 DO6（OCZ）的参考电位
21	OA	ESIM 通道 A	46	HSIGN	高速脉冲的方向信号
22	/OA	ESIM 通道 A，反转	47	COM-	相对于 V_{DD} 和 DO6（OCZ）的参考电位
23	/OB	ESIM 通道 B，反转	48	DO6（OCZ）	ESIM 标志脉冲，集电极开路输出
24	/OZ	ESIM 标志脉冲，反转	49	COM-	相对于 V_{DD} 和 DO6（OCZ）的参考电位
25	OB	ESIM 通道 B	50	OZ	ESIM 标志脉冲，线路驱动器输出

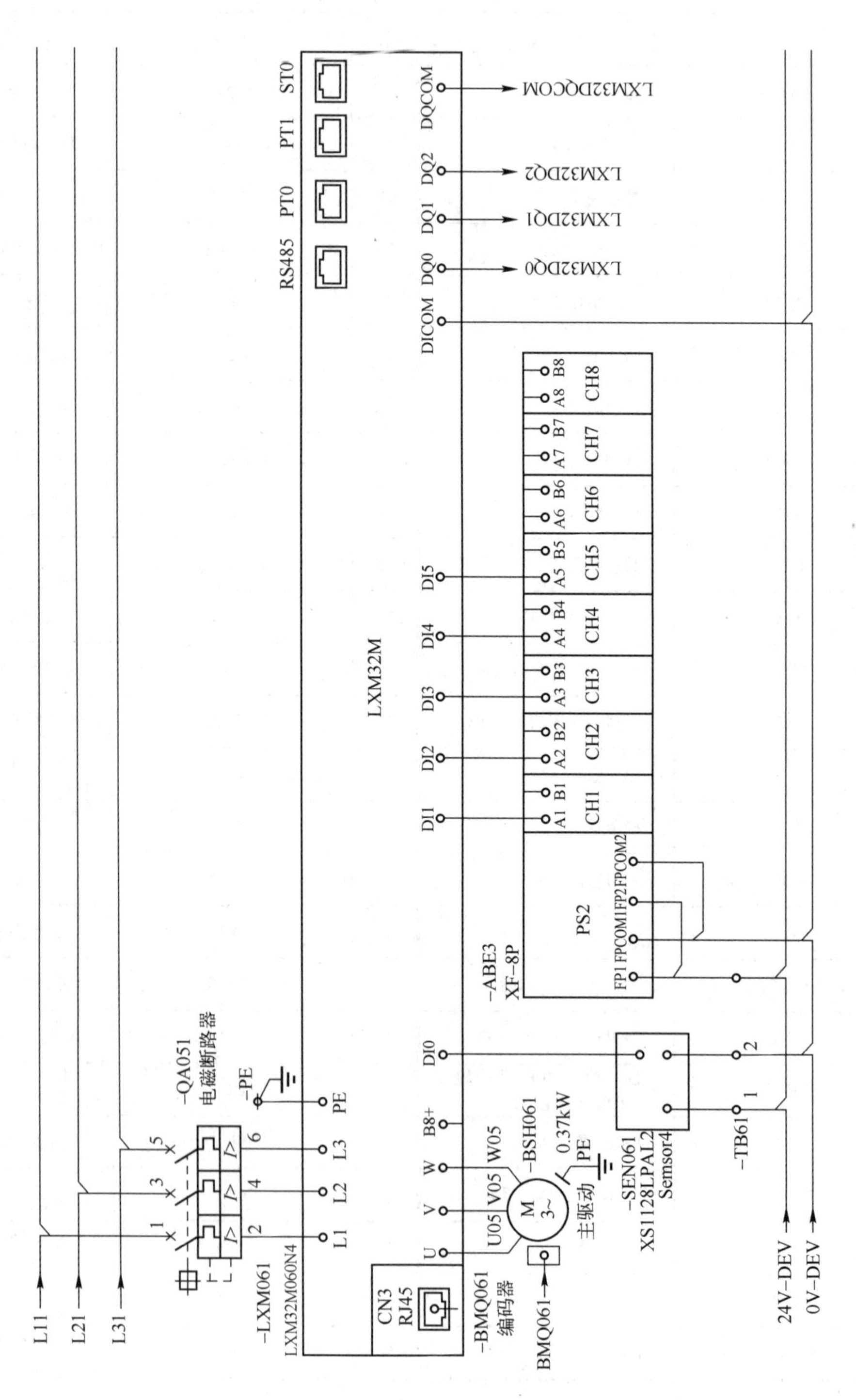

图 A-16 实验台 LXM32M 的电气接线示意图

电动机编码器端口接线示意图如图 A-17 所示。

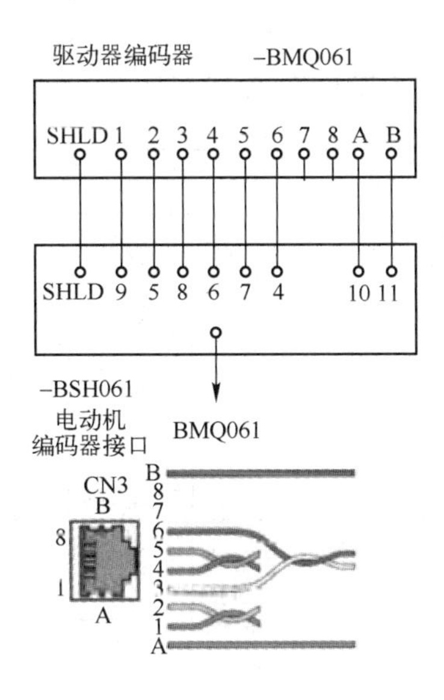

LXM32M驱动器编码器的连接说明

端口	信号	电动机端口	线对	含义	输入/输出
1	COS+	9	2	余弦信号	输入
2	REFCOS	5	2	余弦信号基准电压	输入
3	SIN+	8	3	正弦信号	输入
6	REFSIN	4	3	正弦信号基准电压	输入
4	Data	6	1	接收数据，发送数据	输入/输出
5	Data-	7	1	接收数据，发送数据，反向	输入/输出
7	reserved		4	空闲	
8	reserved		4	空闲	
A	ENC+10V_OUT	10	5	编码器电源输出	输出
B	ENC_0V	11	5	编码器电源参考电位	
SHLD	SHLD			屏蔽	

图 A-17　电动机编码器端口接线示意图

实验台 M262 PLC 本体 DIO 电气接线示意图如图 A-18 所示，在 DI 输入端子上安装的是 PB 按钮，在 DO 输出端子上安装的是指示灯 LT。

实验台 M262 PLC 的系统扩展输入模块 TM5SDI12D1 的接线示意图如图 A-19 所示。

实验台控制系统扩展模块的数字量输入模块 TM5SDI12D2，连接的是 12 通道的电源分配器 PS2，其连接部分的接线示意图如图 A-20 所示。

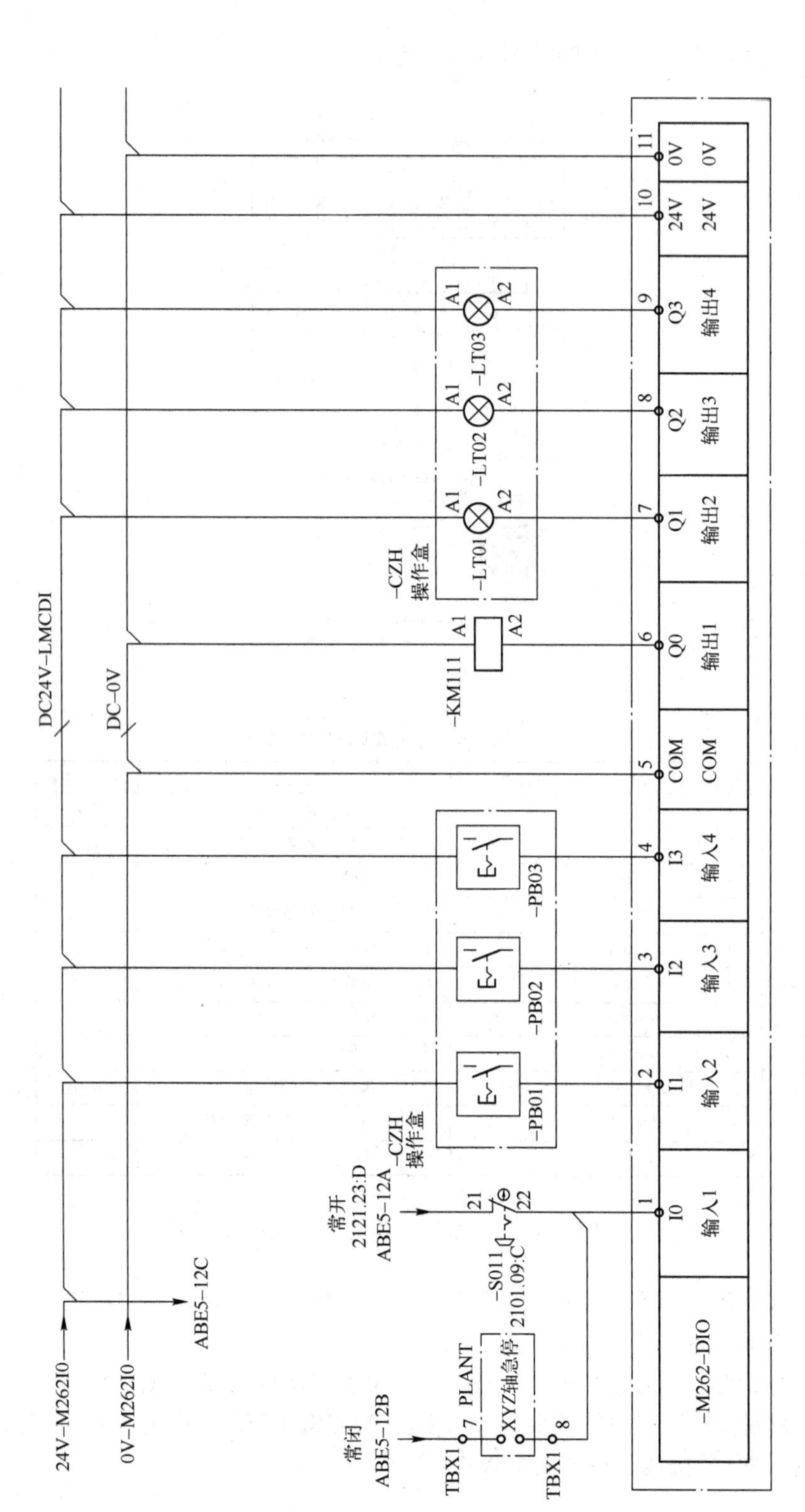

图 A-18 实验台 M262 PLC 本体 DIO 电气接线示意图

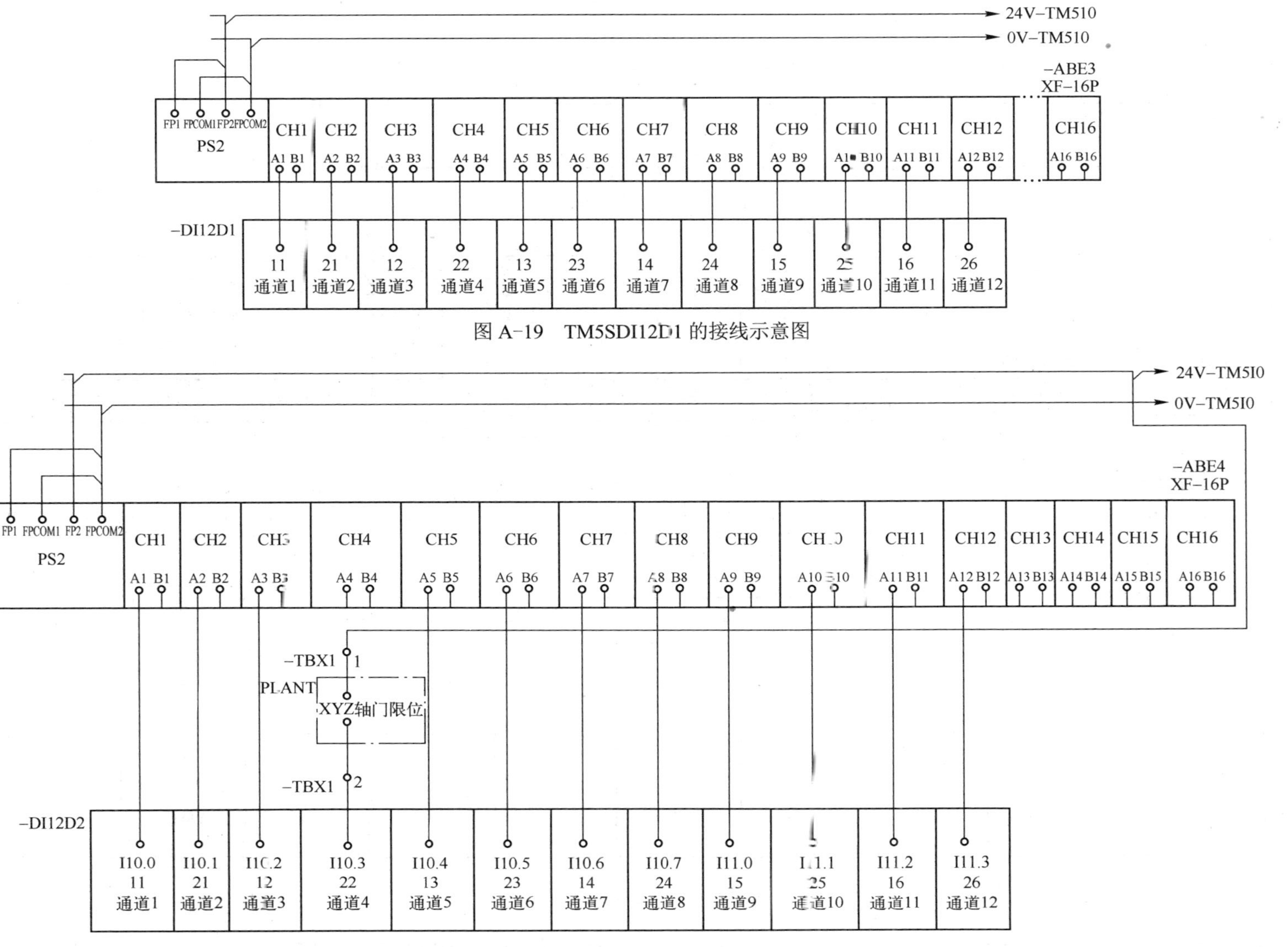

图 A-19 TM5SDI12D1 的接线示意图

图 A-20 数字量输入模块 TM5SDI12D2 的接线示意图

实验台控制系统扩展模块的数字量输出模块 TM5SDO12T1，连接的是 12 通道的电源分配器 PS1，其接线示意图如图 A-21 所示。

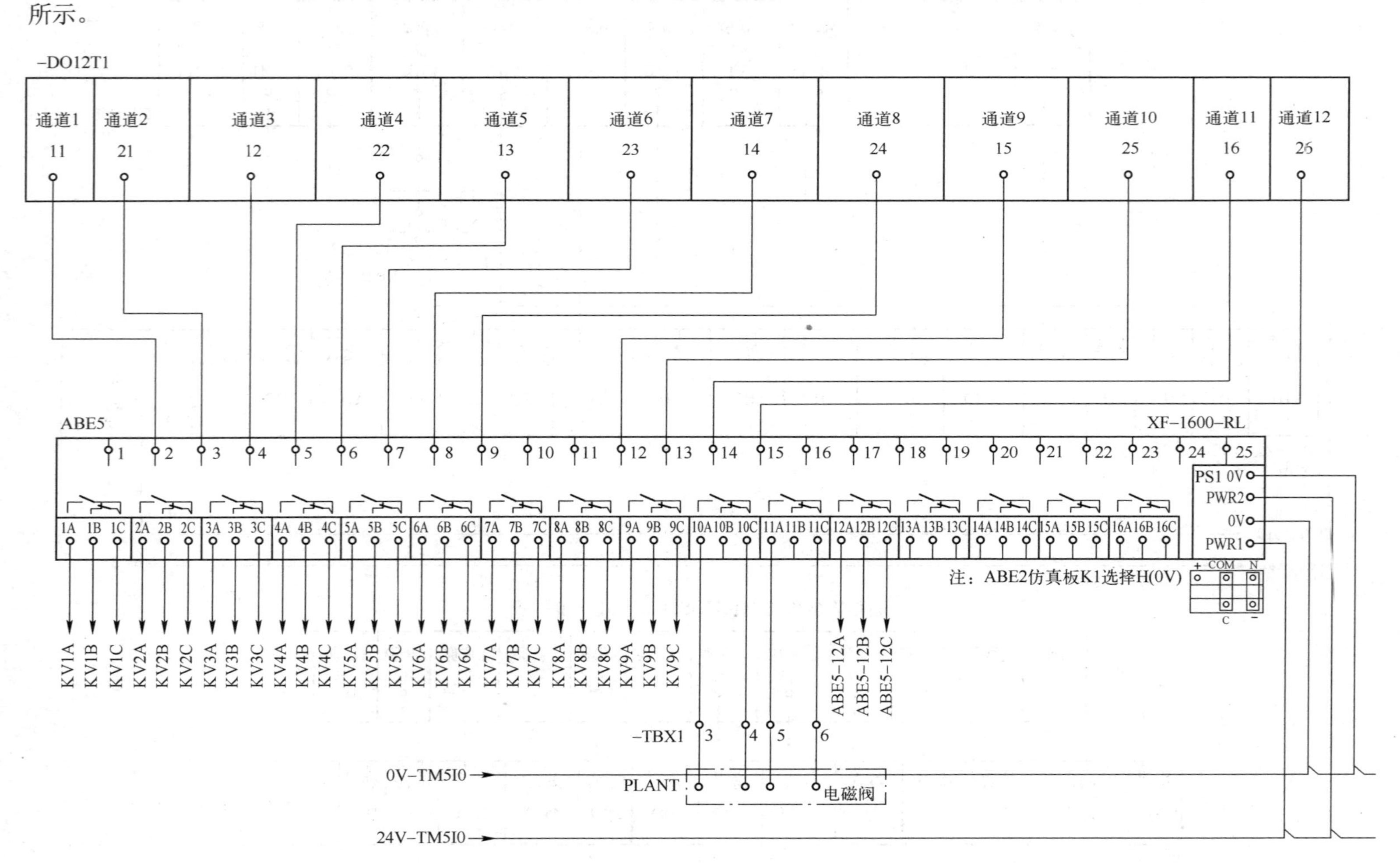

图 A-21 TM5SDO12T1 的接线示意图

实验台控制系统扩展模块的数字量输出模块 TM5SDO12T2 接线示意图如图 A-22 所示。

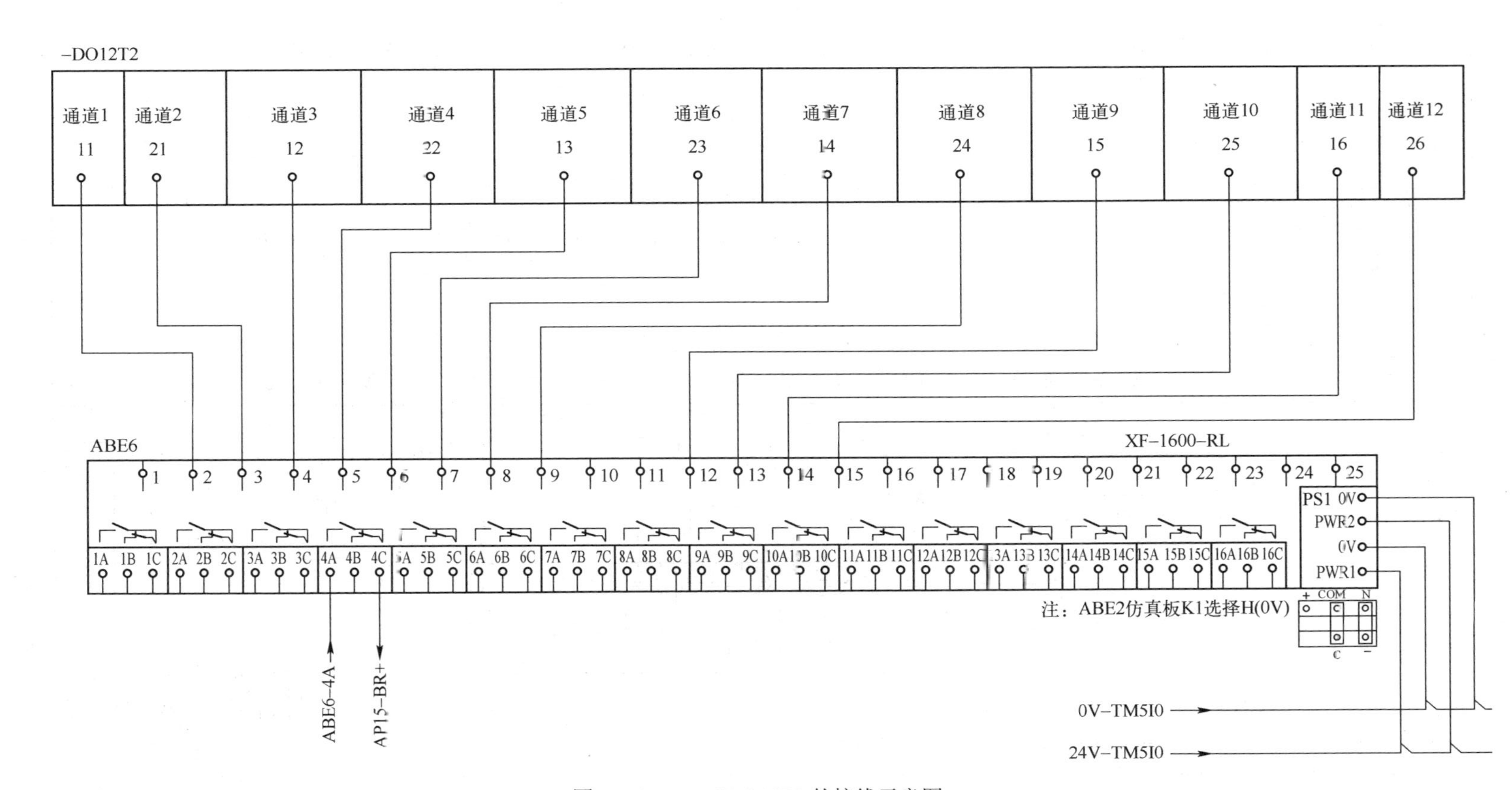

图 A-22　TM5SDO12T2 的接线示意图

电动机采用 AC 380V/50Hz 三相四线制电源供电，3P 的断路器 QA031 作为设备主电源的分断开关，能够起到短路保护的作用。实验台 ATV340 的接线示意图如图 A-23 所示。

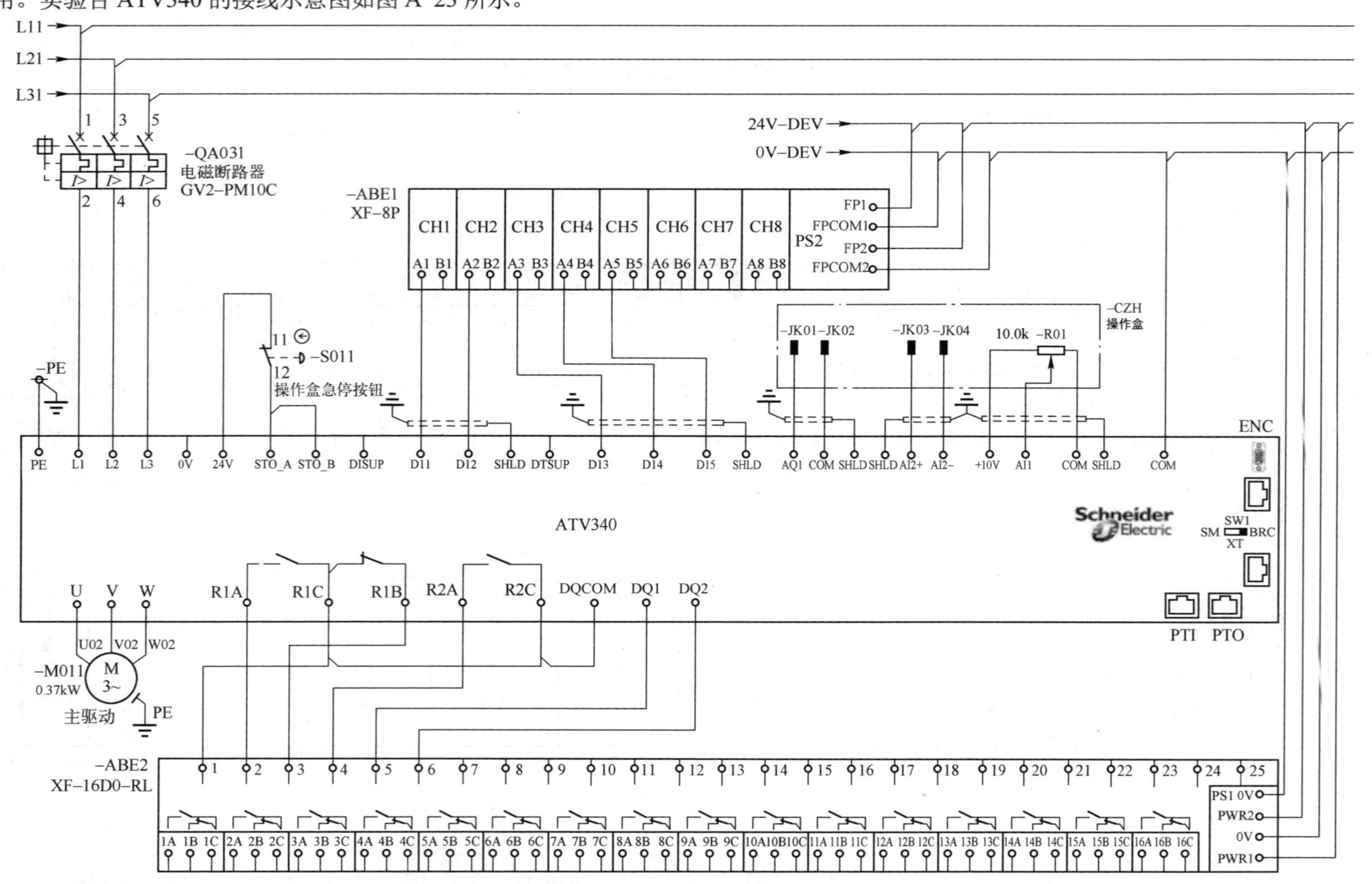

图 A-23 实验台 ATV340 的接线示意图

其中，XF-8P 是有 8 个拨钮开关的操作盒。XF-16DO-RL 是继电器输出端子板，16 通道，带 3m 配套飞线。

实验台 LXM28S 伺服驱动器的输入电源是单相 AC 220V/50Hz 供电电源，2P 的电磁断路器 QA041 作为伺服主电源的分断开关。X 轴的 LXM28S 的电气接线示意图如图 A-24 所示。

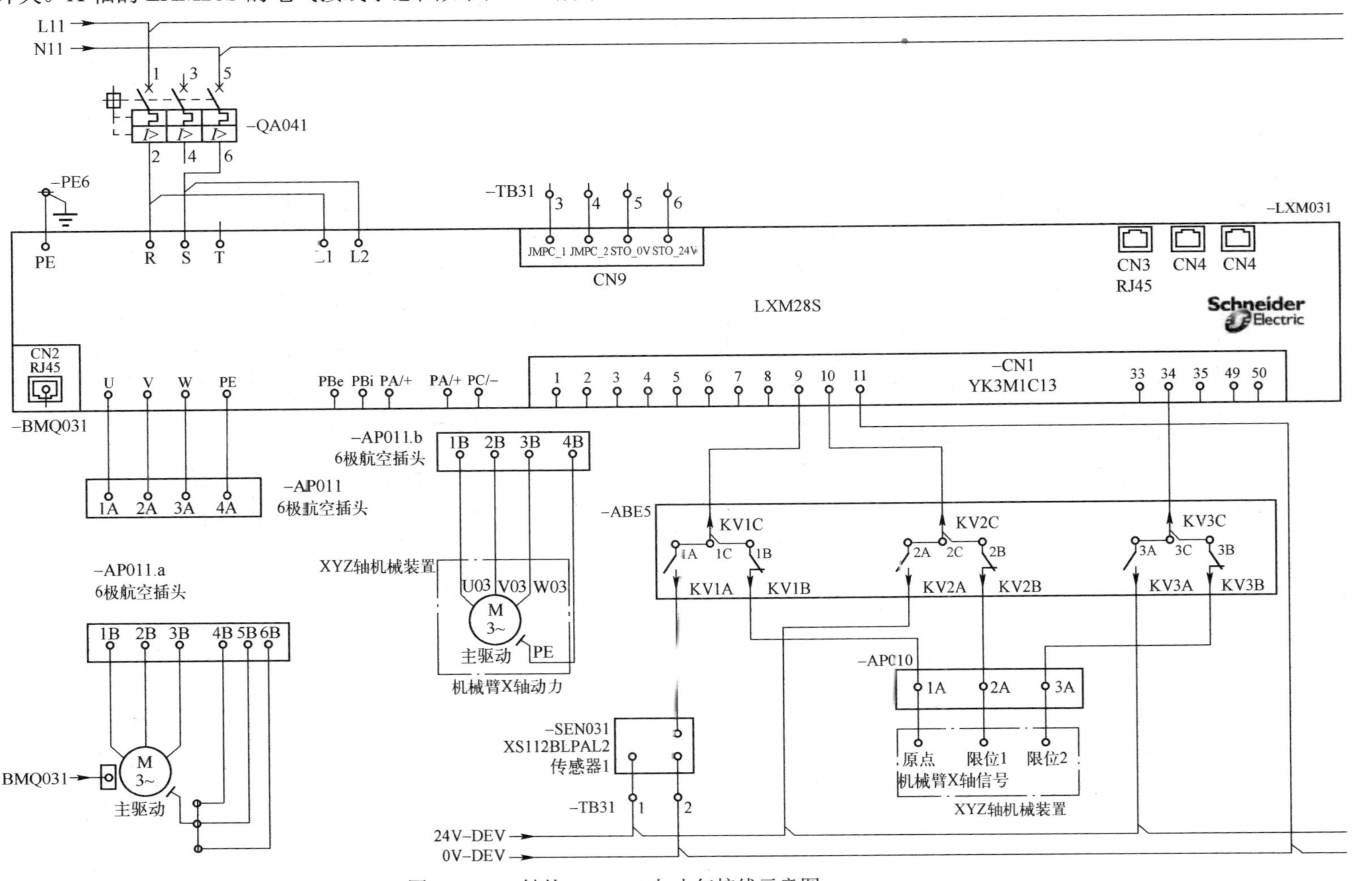

图 A-24　X 轴的 LXM28S 的电气接线示意图

X 轴伺服编码器的接线示意图如图 A-25 所示。

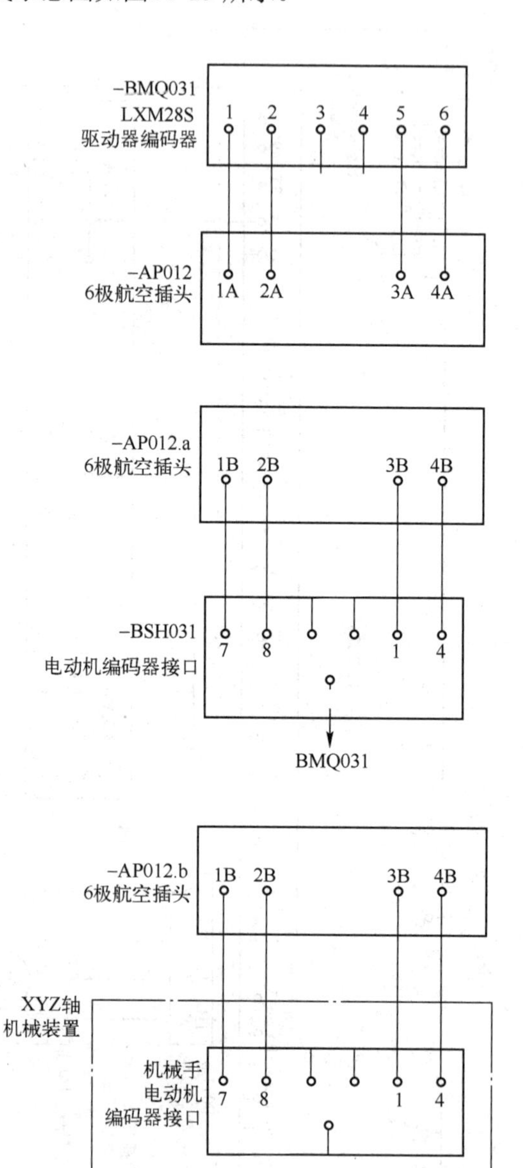

图 A-25　X 轴伺服编码器的接线示意图

实验台 LXM28S 伺服驱动器的输入电源是单相 AC 220V/50Hz 供电电源，2 相的电磁断路器 QA051 作为伺服主电源的分断开关。Y 轴的 LXM28S 的电气接线示意图如图 A-26 所示。

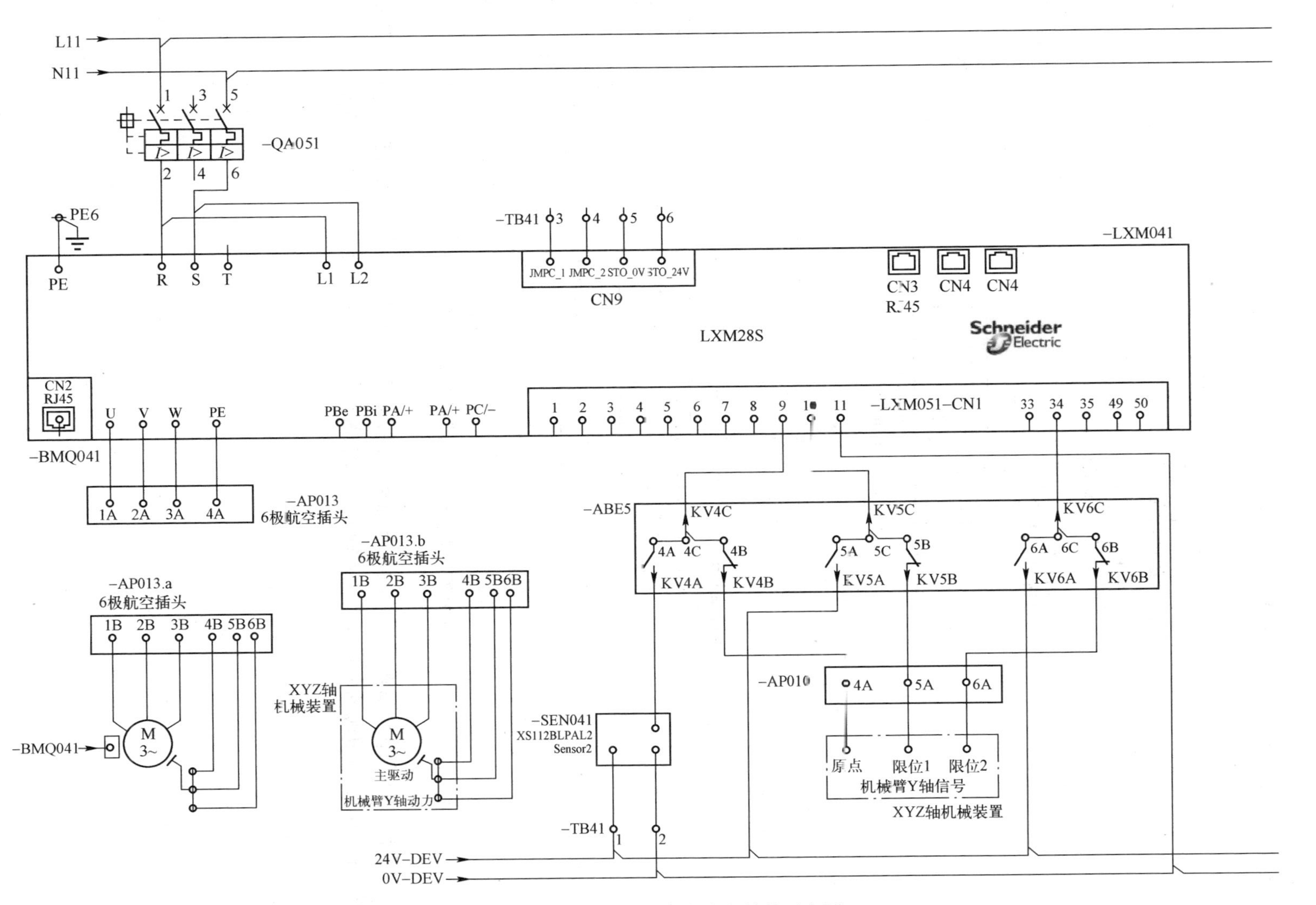

图 A-26 Y 轴的 LXM28S 的电气接线示意图

Y 轴伺服编码器的接线示意图如图 A-27 所示。

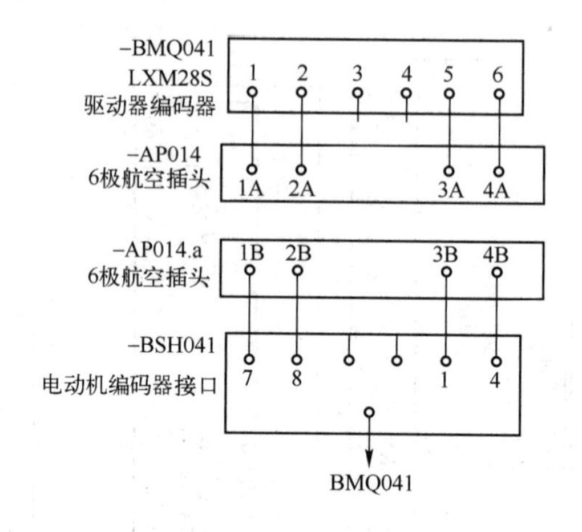

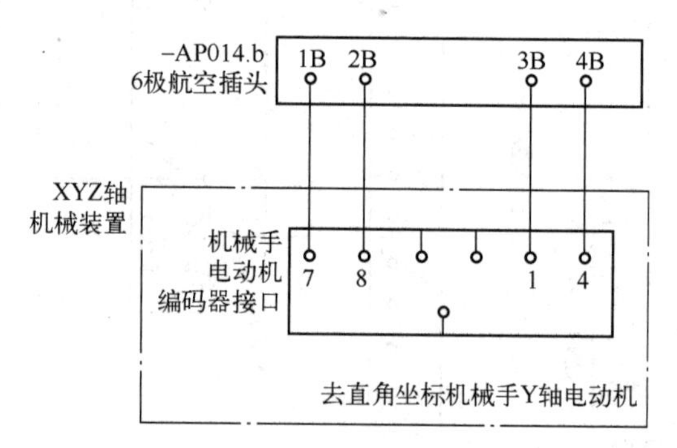

图 A-27　Y 轴伺服编码器的接线示意图

实验台 LXM28S 伺服驱动器的输入电源是单相 AC 220V/50Hz 供电电源，2P 的电磁断路器 QA061 作为伺服主电源的分断开关。Z 轴的 LXM28S 的电气接线示意图如图 A-28 所示。

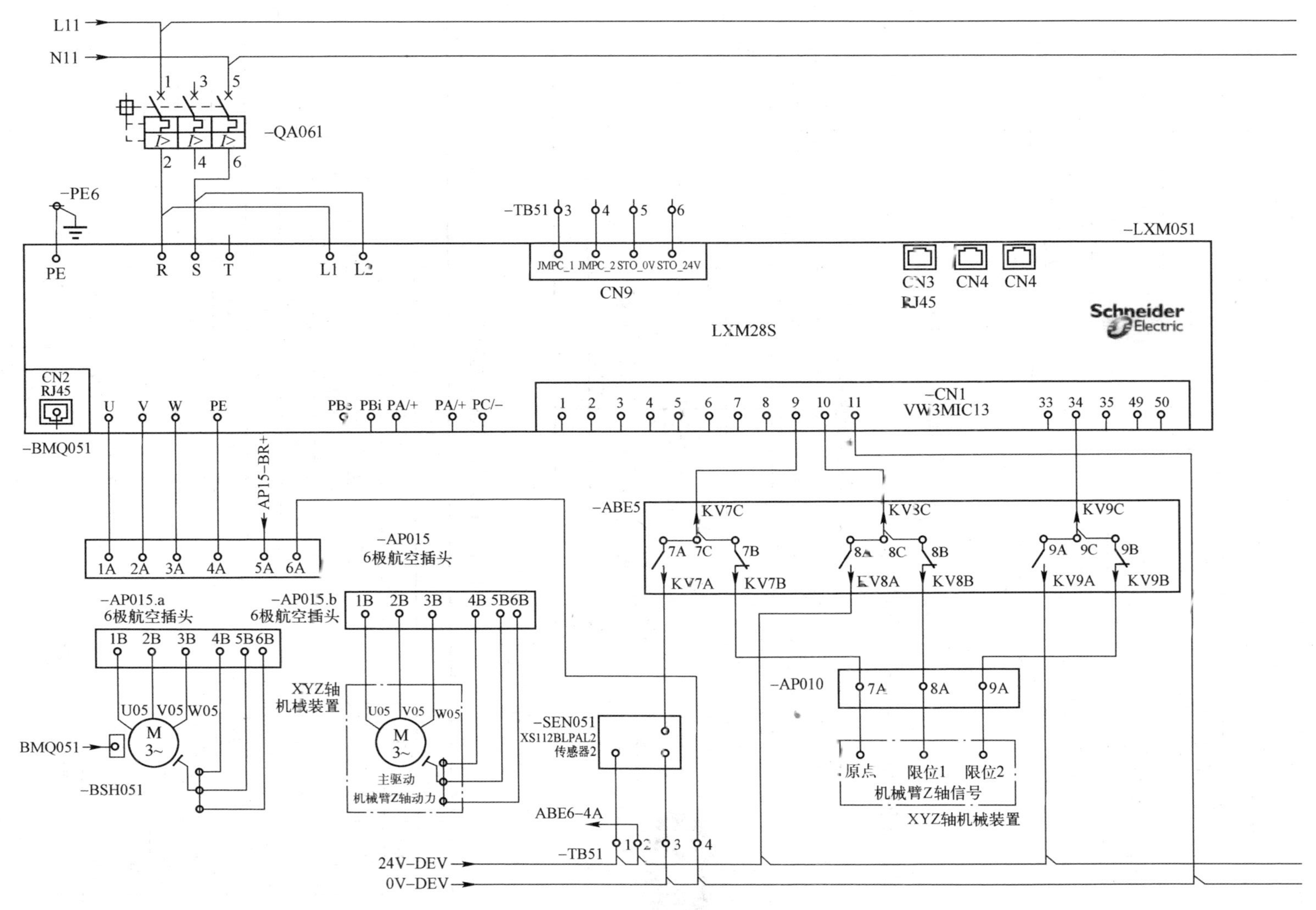

图 A-28 Z 轴的 LXM28S 的电气接线示意图

Z 轴伺服编码器的接线示意图如图 A-29 所示。

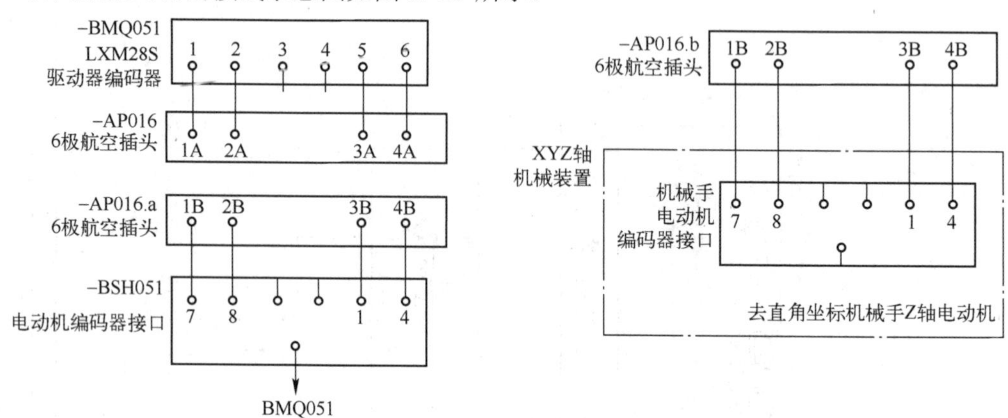

图 A-29　Z 轴伺服编码器的接线示意图

LXM28S 的驱动器编码器的说明见表 A-3。

表 A-3　LXM28S 的驱动器编码器的说明

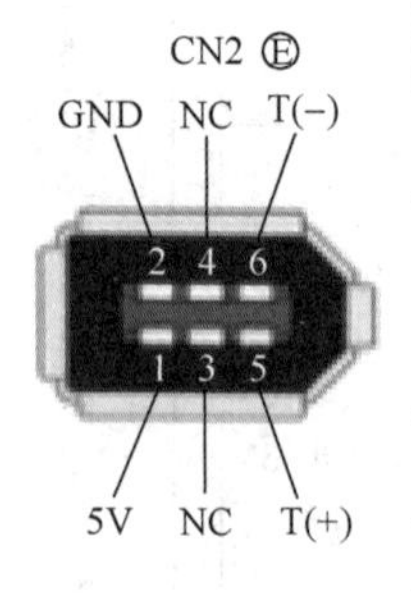

端口	信号	颜色（1）	含义	电动机军用接插件	电动机塑料接插件	输入/输出
5	T+	蓝色（BU）	余弦信号	A	1	输入/输出
6	T−	蓝色/黑色（BU/BK）	余弦信号基准电压	B	4	输入/输出
1	+5V	红色、红色/白色（RD、RD/WH）	正弦信号	S	7	输入
2	GND	黑色、黑色/白色（BK、BK/WH）	正弦信号基准电压	R	8	输出
3、4	NC	已保留				

LXM28S 接口板的端口说明见表 A-4。

表 A-4　LXM28S 接口板的端口说明

端口	信号	含义	端口	信号	含义
1	DO4+	数字量输出 4	15		保留
2	DO3−	数字量输出 3	16		保留
3	DO3+	数字量输出 3	17	V_{DD}	DC 24V 电压供给（用于外部输入 / 输出）
4	DO2−	数字量输出 2	18		保留
5	DO2+	数字量输出 2	19		保留
6	DO1−	数字量输出 1	20		保留
7	DO1+	数字量输出 1	21	OA	ESIM 通道 A
8	DI4−	数字量输入 4	22	/OA	ESIM 通道 A，反转
9	DI1−	数字量输入 1	23	/OB	ESIM 通道 B，反转
10	DI2−	数字量输入 2	24	/OZ	ESIM 标志脉冲，反转
11	COM+	公共参考点 DI1～DI8	25	OB	ESIM 通道 B
12		保留	26	DO4−	数字量输出 4
13		保留	27		保留
14		保留	28		保留

（续）

端口	信号	含义	端口	信号	含义
29		保留	40		保留
30	DI8-	数字量输入 8	41		保留
31	DI7-	数字量输入 7	42		保留
32	DI6-	数字量输入 6	43		保留
33	DI5-	数字量输入 5	44		保留
34	DI3-	数字量输入 3	45	COM-	相对于 V_{DD} 和 OCZ 的参考电位
35		保留	46		保留
36		保留	47	COM-	相对于 V_{DD} 和 OCZ 的参考电位
37		保留	48	OCZ	ESIM 标志脉冲，集电极开路输出
38		保留	49	COM-	相对于 V_{DD} 和 OCZ 的参考电位
39		保留	50	OZ	ESIM 标志脉冲，线路驱动器输出

实验台设备中使用的 8 通道和 16 通道的操作盒的原理图如图 A-30 所示。

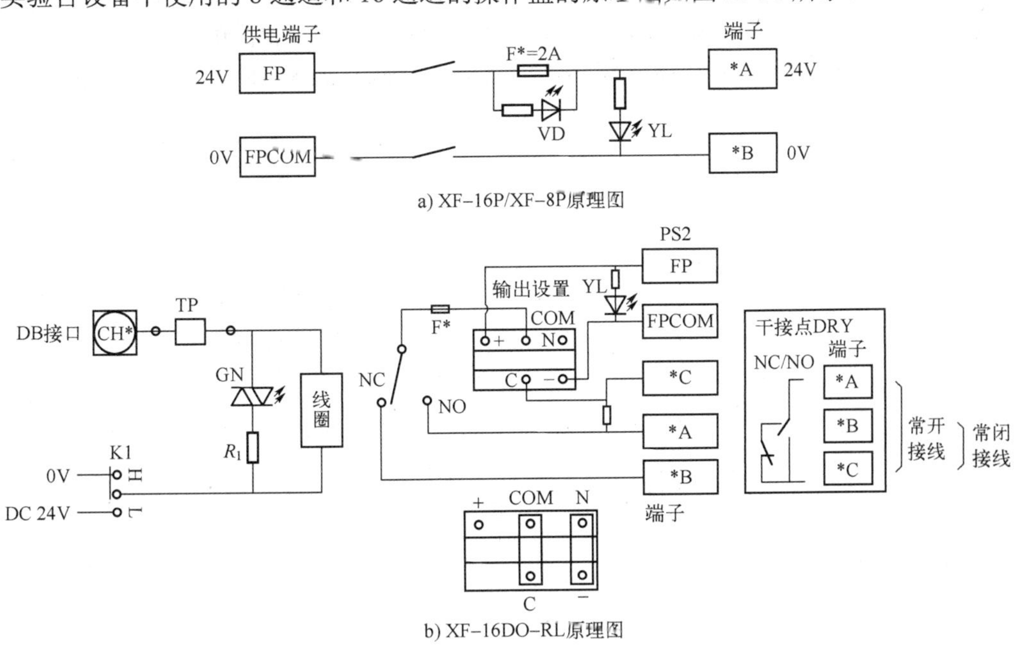

图 A-30　8 通道和 16 通道的操作盒的原理图

参 考 文 献

[1] 王兆宇. 施耐德电气变频器原理与应用[M]. 北京：机械工业出版社，2009.

[2] 王兆宇，沈伟峰. 施耐德 TM241 PLC、触摸屏、变频器应用设计与调试[M]. 北京：中国电力出版社，2019.

[3] 王兆宇. 深入理解施耐德 TM241/M262 PLC 及实战应用[M]. 北京：中国电力出版社，2020.

[4] 王兆宇. 变频器 ATV320 工程应用入门与进阶[M]. 北京：中国电力出版社，2020.

[5] 王兆宇. 施耐德 PLC 电气设计与编程自学宝典[M]. 北京：中国电力出版社，2014.

[6] 王兆宇. 施耐德 UnityPro PLC、变频器、触摸屏综合应用[M]. 北京：中国电力出版社，2017.

[7] 王兆宇. 施耐德 SoMachine PLC、变频器、触摸屏综合应用[M]. 北京：中国电力出版社，2016.

[8] 王兆宇. 彻底学会施耐德 PLC、变频器、触摸屏综合应用[M]. 北京：中国电力出版社，2012.

[9] 王兆宇. 一步一步学 PLC：施耐德 SoMachine[M]. 北京：中国电力出版社，2013.

[10] 施耐德电气（中国）有限公司. EcoStruxure Machine Expert 运动控制库指南[Z]. 2022.

[11] 施耐德电气（中国）有限公司. Modicon M262 Logic/Motion Controller，编程指南[Z]. 2022.

[12] 施耐德电气（中国）有限公司. Modicon M241 Logic Controller，用户指南[Z]. 2023.

[13] 施耐德电气（中国）有限公司. Lexium 28S and BCH2 Servo Drive System，User Guide[Z]. 2022.